从零开始学机械识图

卢修春 刘建宇 主编

化学工业出版社

·北京·

内容简介

《从零开始学机械识图》面向初学者，详细讲解机械制图基本知识、视图、机械图的识读、机械图样特殊表达的识读、装配图的识读、焊接图识读、结构图与展开图、机构图识读和液压图识读等内容。书中还配置大量实例和测评试题，及详细的答案解析，有助于读者更好地掌握书中知识点。

本书内容精练、循序渐进，适合职业技术院校和工科本科的学生学习参考，也可作为培养制造企业高素质管理、生产、技术和服务的初、中级专门人才及劳动者的自学教材。

图书在版编目（CIP）数据

从零开始学机械识图 / 卢修春，刘建宇主编 .—北京：化学工业出版社，2023.2（2025.1 重印）

ISBN 978-7-122-42435-8

Ⅰ . ①从… Ⅱ . ①卢… ②刘… Ⅲ . ①机械图 - 识图 Ⅳ . ① TH126.1

中国版本图书馆 CIP 数据核字（2022）第 201101 号

责任编辑：王 烨　　文字编辑：韩亚南
责任校对：边 涛　　装帧设计：刘丽华

出版发行：化学工业出版社（北京市东城区青年湖南街 13 号　邮政编码 100011）
印　　装：涿州市般润文化传播有限公司
787mm×1092mm　1/16　印张 20　字数 471 千字　2025年 1月北京第 1 版第 2次印刷

购书咨询：010-64518888　　售后服务：010-64518899
网　　址：http：//www.cip.com.cn
凡购买本书，如有缺损质量问题，本社销售中心负责调换。

定　　价：99.00 元

前言

随着国民经济和现代科学技术的迅猛发展，特别是“中国制造2025”等制造强国战略提出后，机械制造业得到了前所未有的发展，对生产一线人员的素质提出了更高的要求。熟练识读机械图样是机械行业技术工人和工程技术人员必须掌握的基本技能，为满足广大读者的需要，我们编写了本书。

本书按照国家标准的有关规定，详细地介绍了识读机械图样的相关知识与方法。内容上注重实用性和针对性，尽可能将机械图样涉及的问题解释清楚，使读者通过阅读此书来独立解决工作中所出现的各种问题。同时通过大量的看图举例，读者可了解和掌握识读机械图样的方法与技巧。

在具体编写过程中，我们力求通过理论与实例一体化讲解，培养读者探索的乐趣、良好的思维习惯、严谨的标准意识，为后续学习奠定良好的基础。同时，编者认真总结长期的课程教学和生产实践经验，广泛吸取同类图书的优点，使本书具有自己的特色，主要体现在以下几个方面：

① 采用机械制图和技术制图国家标准，养成标准意识，所选图例兼顾典型性、通用性，使教学与生产一线在制图规范与识图能力方面零距离，帮助读者积累机械常识，培养读图、用图的能力。

② 在内容编排上，改变了以知识点为体系的框架，突出对图样以识读为目的，以实践活动为主线的组织安排。每一章紧紧围绕知识点，通过具体实例，提出解题思路和提供完成任务所需的信息资源，为读者完成学习提供了必要的技术支持和帮助。在讲解完识图的相关知识后，还增加了知识测评环节，帮助读者对知识点进行回顾、拓展和提高。

③ 在呈现形式上，除了在层次上注意逻辑清晰之外，还考虑了读者的认知特点，简明扼要，采用双色印刷，对重点、难点内容以图表、彩色文字或引线标注的方式予以凸显强调。

本书对机械识图的知识做了详尽讲解，还将涉及的机械零件、机构、配合等常识也做了讲解，内容全面、图文并茂，既可供技术工人和工程技术人员学习使用，也可供大中专院校相关专业的师生学习参考。

本书由卢修春、刘建宇主编，逯伟、陈常珍、王本光副主编，张建林、金涛、王涛、王波、徐书娟、张冬青等老师参加编写。本书编者均为长期从事机械制图、识图的教师和生产一线的高级工程师。

在编写本书的过程中得到了临沂市技师学院领导和老师们的大力支持与帮助，在此一并表示感谢。由于编者水平所限，虽然认真编写、力求完美，但是难免存在瑕疵，敬请广大读者批评指正！

编者

2023年1月

目 录

第四章 零件图上标注的识读

第五章 机械图样特殊表达的识读

第六章 典型零件图的识读

第七章 装配图的识读

第八章 金属焊接图的识读

第九章 金属结构图与展开图

第十章 零件机构简图的识读

第十一章 液压传动和气压传动图样的识读

第一章
机械图样的基本知识

机械图样是现代工业生产中的重要技术文件，它反映设计者的思想，是产品制造与检验的依据，是技术交流的工程语言。要识读机械图样，就必须了解我国《机械制图》《技术制图》等有关国家标准。我国制定并发布了一系列国家标准，简称“国标”，包括强制性国家标准（代号“GB”）、推荐性国家标准（代号“GB/T”）和国家标准化指导性技术文件（代号“GB/Z”），本章简要介绍图幅、图线、字体、比例等有关国家制图标准。

一、图纸幅面（GB/T 14689—2008）

绘制技术图样时，应优先采用GB/T 14689—2008中规定的基本幅面。基本幅面代号有A0、A1、A2、A3、A4五种，尺寸如下（单位为毫米mm）：

A0：841×1189

A1：594×841

A2：420×594

A3：297×420

A4：210×297

各种幅面的图纸的关系如图1-1所示。

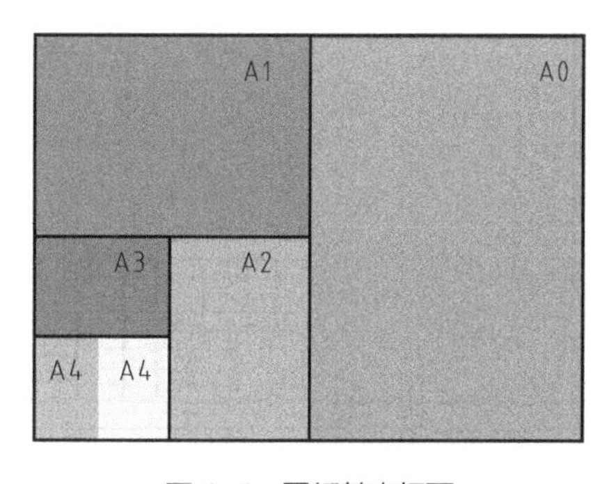

图1–1　图纸基本幅面

必要时，幅面允许加长，但加长量必须符合国标中的规定，即加长幅面的尺寸是由基本幅面的短边成整数倍增后得出。

二、图框格式（GB/T 14689—2008）

图样中的图框由内、外两框组成，外框用细实线绘制，大小为幅面尺寸，内框用粗实线绘制，内外框周边的间距尺寸与格式有关。图框格式分为两种：要留有装订边，如图1-2所示；不留装订边，如图1-3所示。

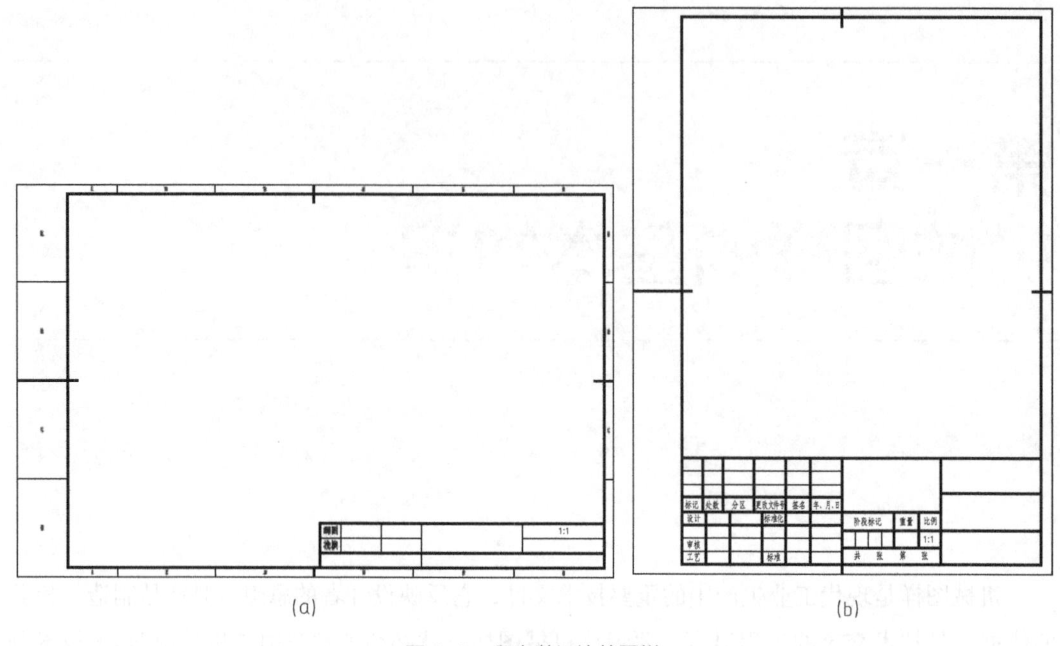

(a) (b)

图 1-2　留有装订边的图样

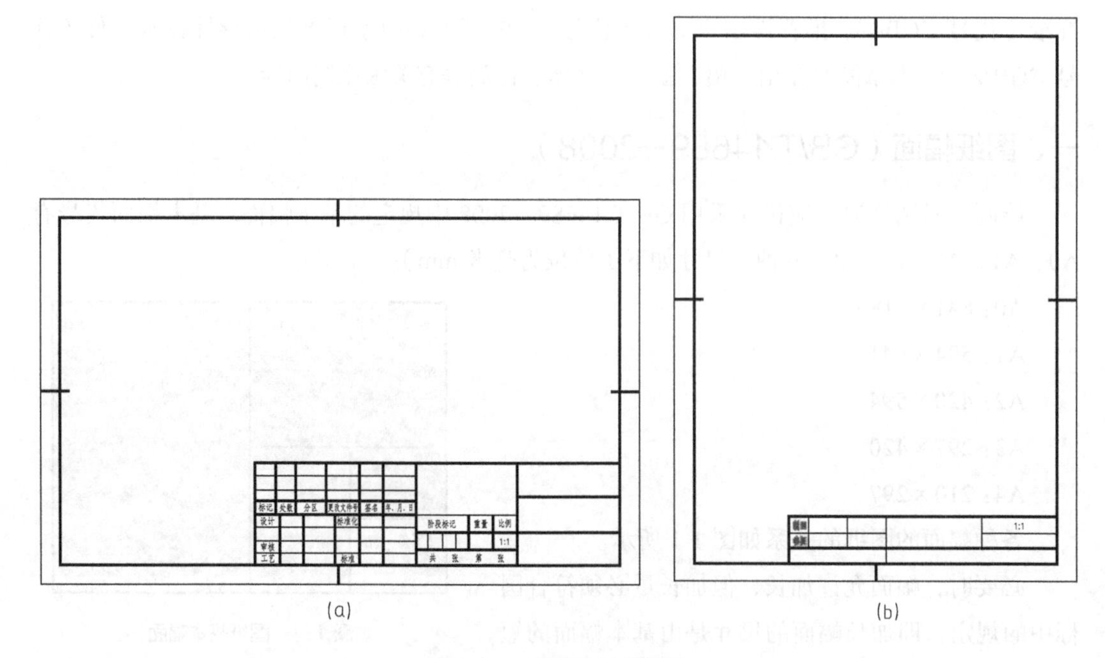

(a) (b)

图 1-3　不留装订边的图样

三、标题栏（GB/T 10609.1—2008）

标题栏用来填写零部件名称、所用材料、图形比例、图号、单位名称及设计、审核、批准等有关人员签字。在正规的图纸上，标题栏的格式和尺寸应按 GB/T 10609.1—2008 的规定绘制，如图 1-4 所示。

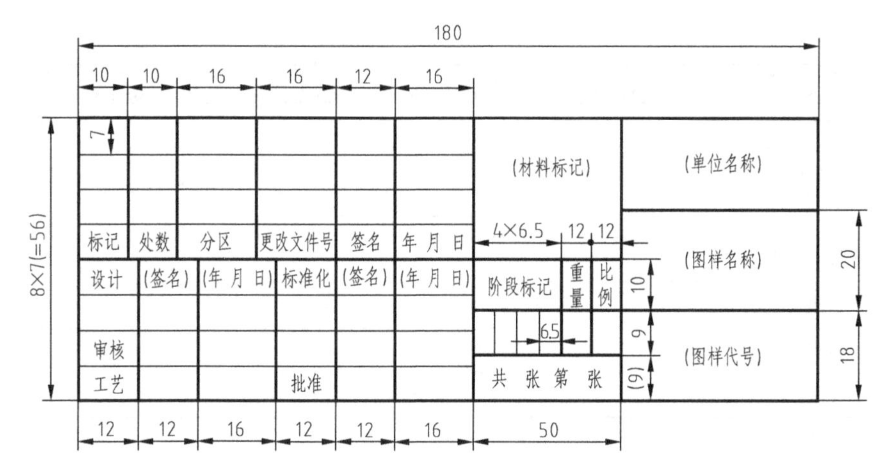

图 1-4　标题栏的格式和尺寸

每张图纸的右下角都应有标题栏，如图 1-5 所示。标题栏文字方向一般为看图的方向。

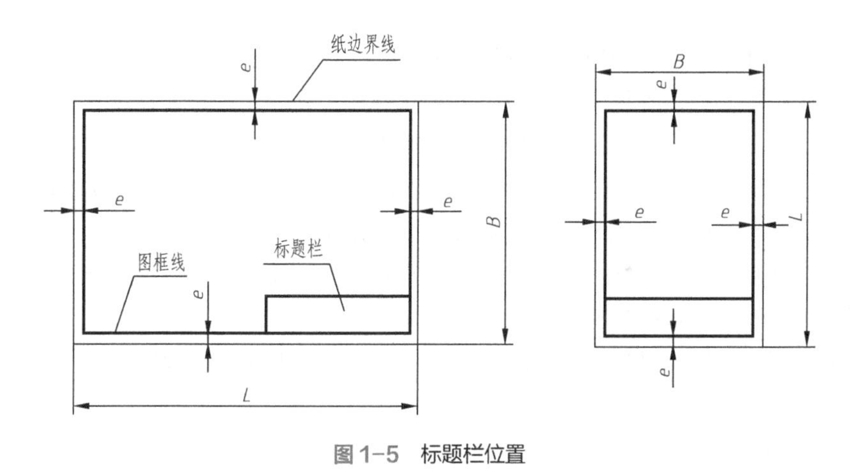

图 1-5　标题栏位置

四、图线（GB/T 17450—1998、GB/T 4457.4—2002）

机械图样中为了表示不同内容，并能分清主次，必须使用不同的线型。图线的线型由线宽和线素长度等构成，《技术制图　图线》（GB/T 17450—1998）对图线作了详细规定。

1. 机械图样所使用的图线

图线宽度的推荐系列为：0.18、0.25、0.35、0.5、0.7、1、1.4、2，单位 mm，优先选用 0.5mm、0.7mm。同一图样中，同类图线的宽度应基本一致。

机械图样的图线分粗、细两种。粗线的宽度 *b* 应照图的大小及复杂程度，通常在 0.5 ～ 2mm 之间选择，细线的宽度约为 *b*/2。各种图线如表 1-1 所示。

表 1-1　图线的类型

图线名称	图线类型	图线宽度
粗实线	————————	*b*
细实线	————————	*b*/2

续表

图线名称	图线类型	图线宽度
细虚线	— — — — — — — —	*b*/2
细点画线	——·——·——	*b*/2
粗点画线	——·——·——	*b*
细双点画线	——··——··——	*b*/2
波浪线	～～～～～	*b*/2
双折线	——∧/——∧/——	*b*/2
粗虚线	— — — — — — — —	*b*

2. 图线的应用

机械制图中各种线型的主要用途如下。

粗实线：物体可见的棱边、可见的轮廓线、可见过渡线、螺纹的牙顶线、螺纹终止线等。

细虚线：物体不可见的棱边、不可见的轮廓线。

细点画线：中心线、轴线、对称线、齿轮分度圆、节圆、圆的圆心线等。

细实线：尺寸线和尺寸界线、指引线、基准线、剖面线、重合断面的轮廓线、螺纹的牙底线、齿轮齿根线、表示平面的对角线、局部放大范围线、短的中心线、过渡线等。

波浪线：断裂处的边界线、视图与剖视图的分界线。

双折线：断裂处的边界线、视图与剖视图的分界线（说明：在一张图样上一般采用一种线型，即采用波浪线或双折线）。

细双点画线：相邻辅助零件的轮廓线、运动件的极限位置的轮廓线、中断线、轨迹线等。

各类图线的应用如图 1-6 所示。

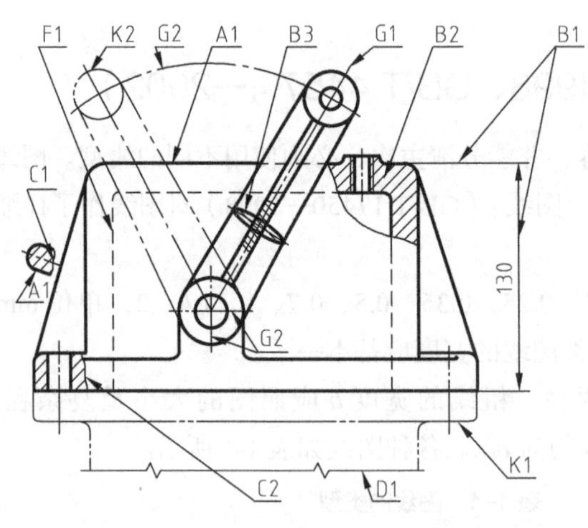

图 1-6　各类图线的应用

3. 图线的画法

① 同一图样中同类图线的线宽应一致，如图 1-7 所示，虚线、点画线、双点画线的线

段、短画长度和间隔应各自大致相等。

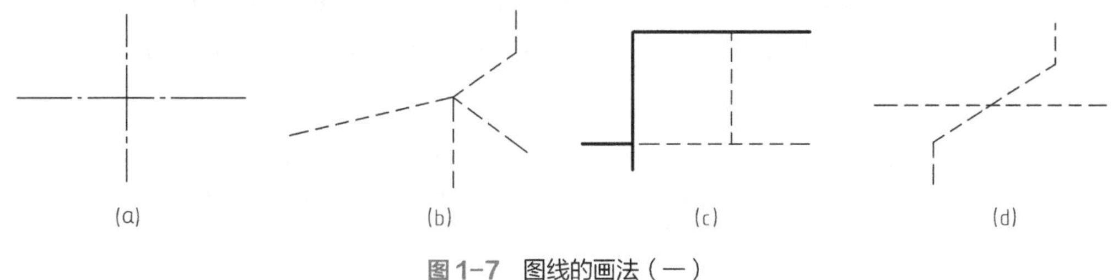

图 1-7　图线的画法（一）

② 虚线以及其他图线相交时，都应在线段处相交，不应在空隙处相交；但当虚线成为实线的延长线时，在虚、实线的连接处，虚线应留出空隙，如图 1-8 所示。

③ 绘制圆的中心线时，圆心应为点画线线段的交点。点画线的首末两端应为线段而不是短画，且超出圆弧 2 ～ 3mm，不可画随意长度，如图 1-9 所示。

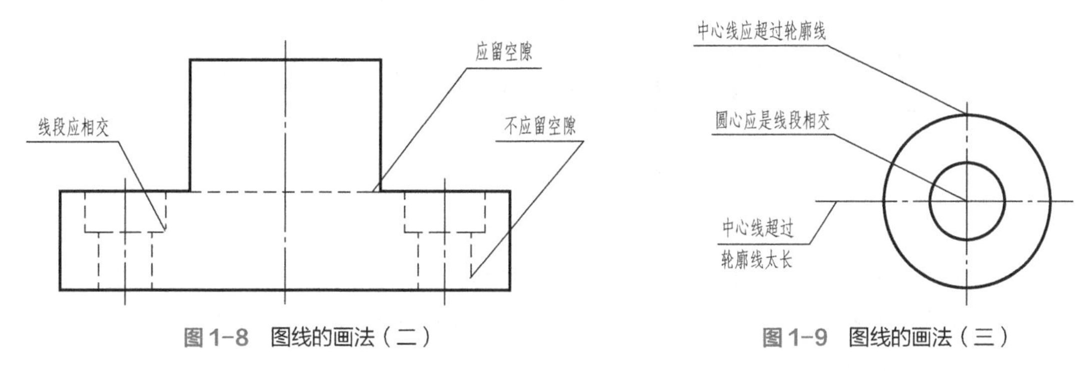

图 1-8　图线的画法（二）

图 1-9　图线的画法（三）

五、字体（GB/T 14691—1993）

1. 字体要求

在机械制图的图样中，除了图形外，还要根据需要书写文字和符号，包括汉字、数字、字母等，在书写时必须做到：字体工整，笔画清楚，间隔均匀，排列整齐。

2. 字号

字体的号数，即为字体的高度（用 h 表示），单位为 mm，其字体号数系列为：1.8、2.5、3.5、5、7、10、14、20。

如需要书写更大的字，字体高度可按 $\sqrt{2}$ 倍递增。

3. 汉字

汉字应采用中华人民共和国国务院正式公布推行的《汉字简化方案》中规定的简化字。

图样中的汉字应采用长仿宋体，其高度不应小于 3.5mm，其字宽一般为 $h/\sqrt{2}$ 。长仿宋体汉字书写的特点：横平竖直、起落有锋、粗细一致、结构匀称，如图 1-10 所示。

字体工整笔画清楚间隔均匀排列整齐

图 1-10　直体宋体汉字

4. 阿拉伯数字

在工程图样中，标注尺寸时需要注写阿拉伯数字，阿拉伯数字可写成斜体或直体，通常书写为斜体，斜体字字头向右倾斜，与水平基准线成 75°，如图 1-11 所示，注意数字的笔画，主要由直线和圆弧构成。

1 2 3 4 5 6 7 8 9 0

图 1-11 斜体阿拉伯数字

5. 罗马数字

在工程图样中，也经常使用罗马数字，罗马数字可写成斜体或直体，通常书写为斜体，斜体字字头向右倾斜，与水平基准线成 75°，如图 1-12 所示，注意数字的笔画，主要由直线构成。

I II III IV V VI VII VIII IX X XI XII

图 1-12 斜体罗马数字

6. 拉丁字母

在工程图样中，经常使用各种大小写的拉丁字母，可写成斜体或直体，通常书写为斜体，斜体字字头向右倾斜，与水平基准线成 75°，如图 1-13 所示，注意分析字母的笔顺，主要由直线和圆弧构成。

ABCDEFGHIJKLMNOPQRSTUVWXYZ

abcdefghijklmnopqrstuvwxyz

图 1-13 斜体拉丁字母

六、比例（GB/T 14690—1993）

1. 术语

比例：图样中机件要素的线性尺寸与实际机件相应要素的线性尺寸之比。

原值比例：比值为 1 的比例，这样绘制的图样与实物大小相同。

缩小比例：比值小于 1 的比例。

放大比例：比值大于 1 的比例。

三种比例如图 1-14 所示。

2. 注意

① 比例符号以“：”表示，如 1：1、1：5 等。

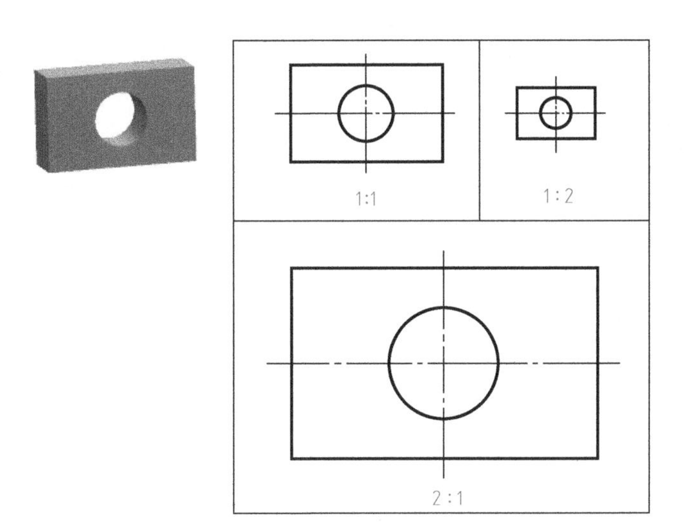

图 1-14　比例

② 绘制机械图样画图应尽量采用 1 : 1 的比例（即原值比例），以便直接从图样中看出机件的真实大小。

③ 图样不论放大或缩小，图样上标注的尺寸均为机件的实际大小，而与采用的比例无关。

④ 绘制同一机件的各个视图应采用相同的比例，并在标题栏的比例栏中填写比例。

⑤ 必要时，可在视图名称下方标注比例，如局部放大图。

【思考与练习 1】

1. 图纸的基本幅面代号有______种，A4 的幅面为______。

2. 每张图纸的右下角都应有标题栏，标题栏文字方向一般为____的方向。

3. 机械图样的图线分________两种。粗线的宽度 b 应照图的大小及复杂程度，通常在 0.5 ～ 2mm 之间选择，细线的宽度约为_____。

4. 字体的号数，即为字体的________（用 h 表示），单位为_________。图样中的汉字应采用______体。

5. 比例：图样中机件要素的______与实际机件相应要素的______之比。原值比例：比值为____的比例，这样绘制的图样与实物大小相同。缩小比例：比值小于____的比例。

【思考与练习 1】 答案

1. A0、A1、A2、A3、A4 五，210×297　2. 看图　3. 粗细、$b/2$　4. 高度、mm、长仿宋　5. 线性尺寸、线性尺寸、1、1

第二章 正投影

正投影图能准确表达物体的结构、形状，在工程上得到广泛的应用。本章重点介绍正投影的基本原理，它是机械图样识读的重要理论基础。

第一节 投影法概述

一、投影法

物体在光线的照射下，在地面或墙面上会产生影子，如图 2-1（a）所示。人们对这种现象进行研究，总结其中的规律，就创造了投影法，如图 2-1（b）所示。

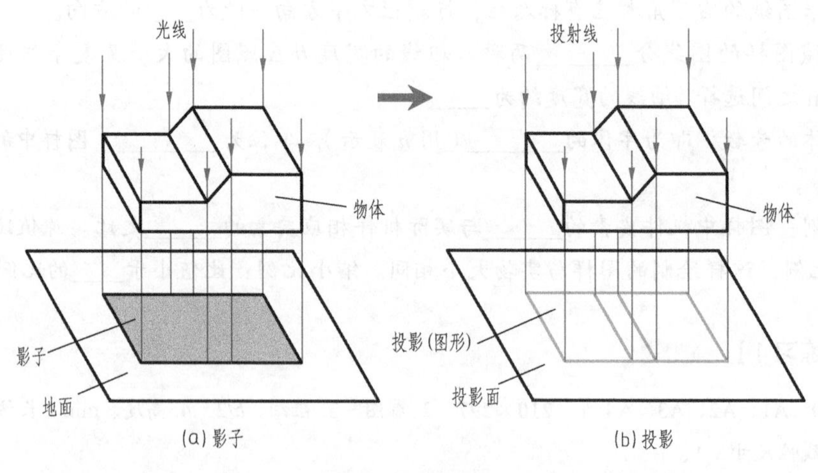

图 2-1 投影法

投射线通过物体投射到投影面（预定面），在该面上得到的图形称为投影，这种图示方法叫投影法。

投影不同于影子，投影是线框图形，由点、线等组成，表示物体的表面形状、结构，可见轮廓线用粗实线表示，如图 2-1（b）所示。

二、投影法分类

1. 中心投影法

所有射线都汇交于一点的投影方法叫做中心投影法，如图 2-2（a）所示。

由中心投影法所得到的图形简称中心投影，日常生活中的照相、放映电影都是中心投影的实例，它符合人的单眼视觉原理，直观性强，但是图形的大小要随着形体与投影面距离的改变而改变。中心投影法是绘制建筑、机械产品效果图常用的方法。

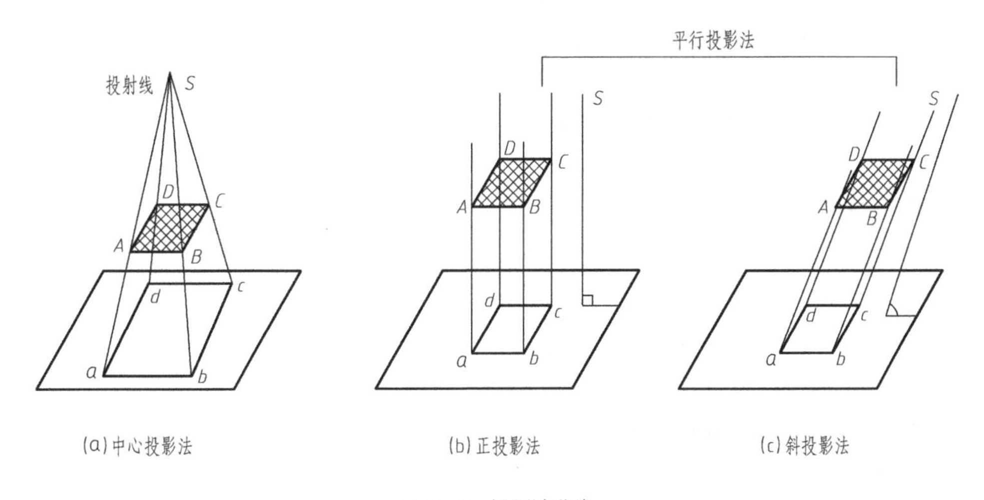

图 2-2　投影法分类

2. 平行投影法

投射线相互平行的投影方法叫做平行投影法，如图 2-2 所示。

平行投影法的投影图形的大小不随着形体与投影面距离的改变而改变。

按照投射线与投影面倾斜或垂直的关系，平行投影法分为斜投影法和正投影法。

① 斜投影法：投射线倾斜于投影面的平行投影法，如图 2-2（c）所示。

② 正投影法：投射线垂直于投影面的平行投影法，如图 2-2（b）所示。

正投影法比其他投影法作图简单，所以在工程图样中正投影法应用广泛，根据正投影法得到的图形称为正投影，简称“投影”，也简称为“视图”。

三、正投影法的投影特性

本书提到的直线均指有限长度的直线段，简称直线；由直线或曲线围成的平面形简称平面。

① 真实性：当直线或平面平行于投影面时，直线的投影反映直线的实长，平面的投影反映平面的真实形状，如图 2-3（a）所示。

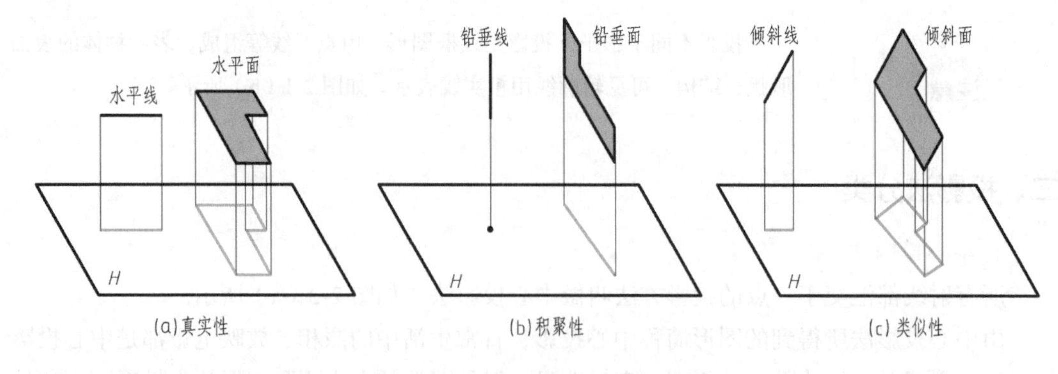

图 2-3　正投影法的投影特性

② 积聚性：当直线或平面与投影面垂直时，直线在该投影面上的投影积聚为一点，平面在该投影面上的投影积聚为一条直线，如图 2-3（b）所示。

③ 类似性：当直线或平面倾斜于投影面时，直线的投影仍是直线，但投影长度小于直线实长。平面图形的投影仍为原图形的类似形，如图 2-3（c）所示。

【思考与练习 2-1】

一、填空

1. 所有射线都汇交于一点的投影方法叫做__________。

2. 投射线相互平行的投影方法叫做__________。

3. 按照投射线与投影面倾斜或垂直的关系，平行投影法分为__________和__________。

4. 投射线垂直于投影面的平行投影法叫做__________。

5. 根据正投影法得到的图形称为_______，简称_______，也简称为_______。

6. 正投影法的投影特性：__________、__________、__________。

二、思考题

1. 结合圆柱的投影（图 2-4），理解正投影法的投影特性。

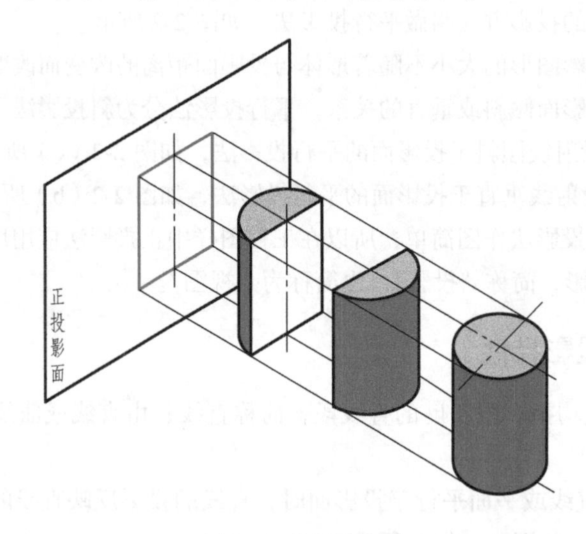

图 2-4　圆柱的投影

2. 根据图 2-5 实例，理解正投影法的积聚性。

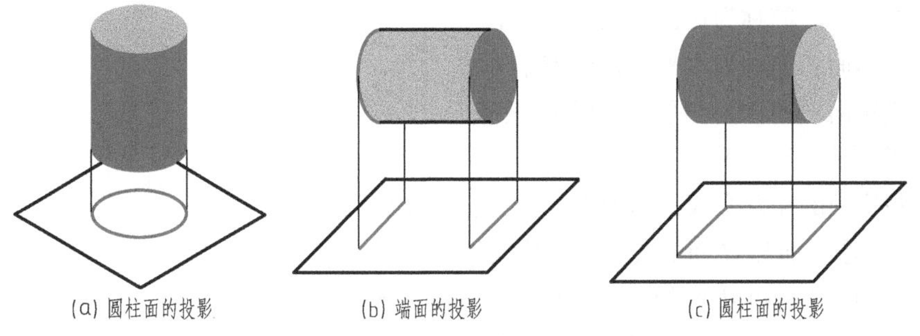

图 2-5　正投影法的积聚性

3. 根据图 2-6 所示，理解正投影法的特性。

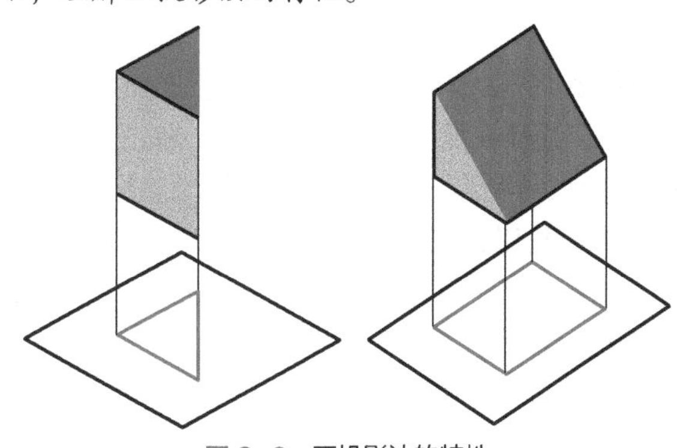

图 2-6　正投影法的特性

【思考与练习 2-1】 答案

一、填空

1. 中心投影法　2. 平行投影法　3. 斜投影法、正投影法　4. 正投影法　5. 正投影、投影、视图　6. 真实性、积聚性、类似性

二、思考题

1. 提示：图 2-4，理解正投影法的积聚特性，着重从物体的上、下表面积聚为直线来理解。

2. 提示：图 2-5，（a）理解正投影法的类似性；（b）理解正投影法的积聚特性；（c）理解正投影法的积聚性、类似性。

3. 提示：图 2-6，着重理解正投影法的类似性。

第二节　三视图的形成及其投影规律

一、三投影面体系的建立与三视图的形成

1. 三投影面体系的建立

（1）三投影面体系

由三个互相垂直的投影面所组成的投影面体系称为三投影面体系，如图 2-7 所示。在三

投影面体系中，三个投影面分别为正立投影面、水平投影面和侧立投影面。

正立投影面：简称为正面，用 *V* 表示；

水平投影面：简称为水平面，用 *H* 表示；

侧立投影面：简称为侧平面，用 *W* 表示。

（2）投影轴

三个投影面的相互交线，称为投影轴，它们分别是：

OX 轴：是 *V* 面和 *H* 面的交线，它代表长度方向；

OY 轴：是 *H* 面和 *W* 面的交线，它代表宽度方向；

OZ 轴：是 *V* 面和 *W* 面的交线，它代表高度方向；

三个投影轴垂直相交的交点 *O*，称为原点，如图 2-7 所示。

2. 三视图的形成

将物体放在三投影面体系中，物体的位置处在人与投影面之间，然后将物体向各个投影面进行投影，得到三个视图，这样就能把物体的长、宽、高三个方向即上下、左右、前后六个方位的形状表达出来，如图 2-8 所示。三个视图分别为：

① 主视图：从前往后进行投影，在正立投影面（*V* 面）上所得到的视图。

② 俯视图：从上往下进行投影，在水平投影面（*H* 面）上所得到的视图。

③ 左视图：从左往右进行投影，在侧立投影面（*W* 面）上所得到的视图。

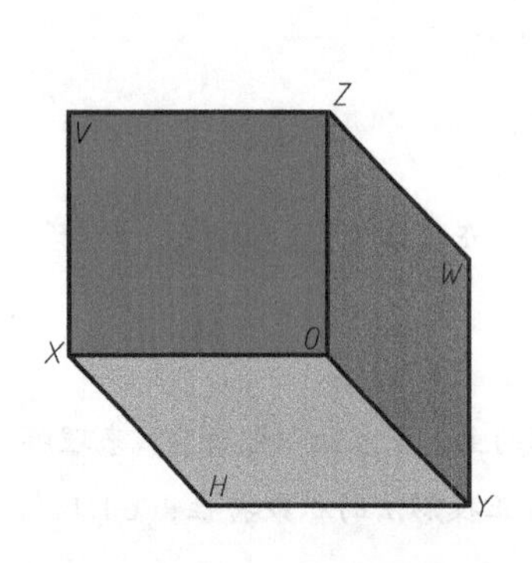

图 2-7　三投影面体系

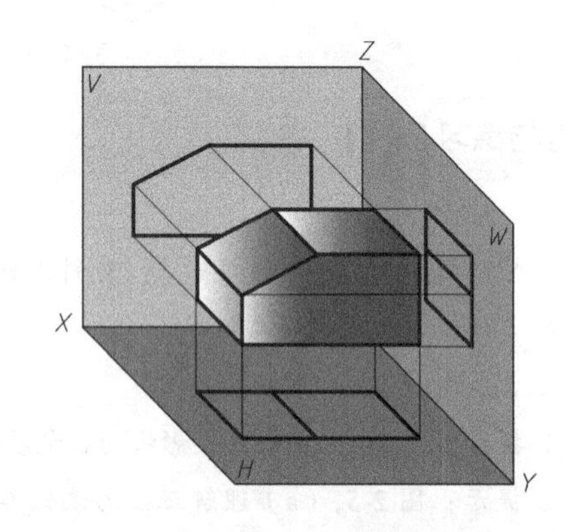

图 2-8　三视图

在实际作图中，为了画图方便，需要将三个投影面在一个平面（纸面）上表示出来，规定：使 *V* 面不动，*H* 面绕 *OX* 轴向下旋转 90° 与 *V* 面重合，*W* 面绕 *OZ* 轴向右旋转 90° 与 *V* 面重合，这样就得到了在同一平面上的三视图，如图 2-8 所示。

可以看出，俯视图在主视图的下方，左视图在主视图的右方。在这里应特别注意的是：同一条 *OY* 轴旋转后出现了两个位置，因为 *OY* 是 *H* 面和 *W* 面的交线，也就是两投影面的共有线，所以 *OY* 轴随着 *H* 面旋转到 *OYH* 的位置，同时又随着 *W* 面旋转到 *OYW* 的位置。为了作图简便，投影图中不必画出投影面的边框；由于画三视图时主要依据投影规律，所以投影轴也可以进一步省略，从而得到三视图，如图 2-9 所示。

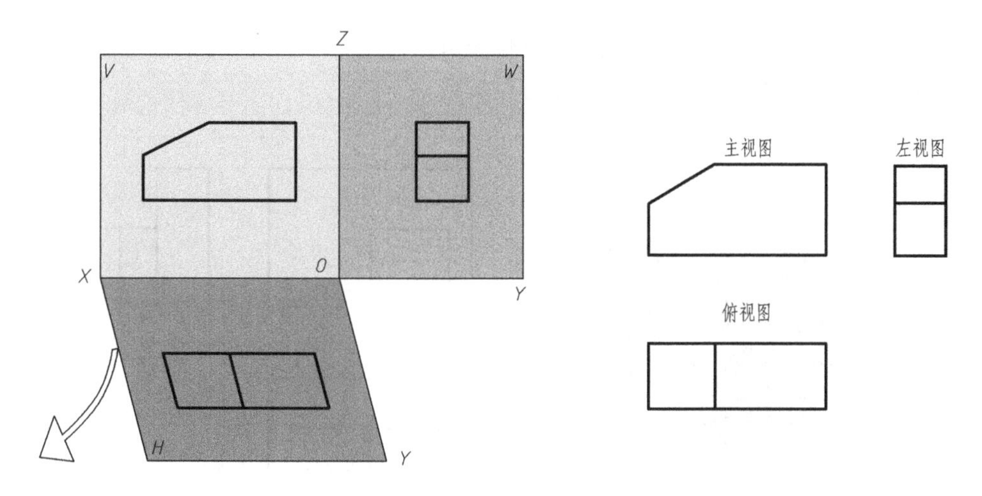

图 2-9　三视图及展开

二、三视图的投影规律

从图 2-9 可以看出，一个视图只能反映两个方向的尺寸，主视图反映了物体的长度和高度，俯视图反映了物体的长度和宽度，左视图反映了物体的宽度和高度。由此可以归纳出三视图的投影规律：

主、俯视图“长对正”(即等长);

主、左视图“高平齐”(即等高);

俯、左视图“宽相等”(即等宽);

三视图的投影规律反映了三视图的重要特性，也是画图和读图的依据。无论是整个物体还是物体的局部，其三面投影都必须符合这一规律，如图 2-10 所示。

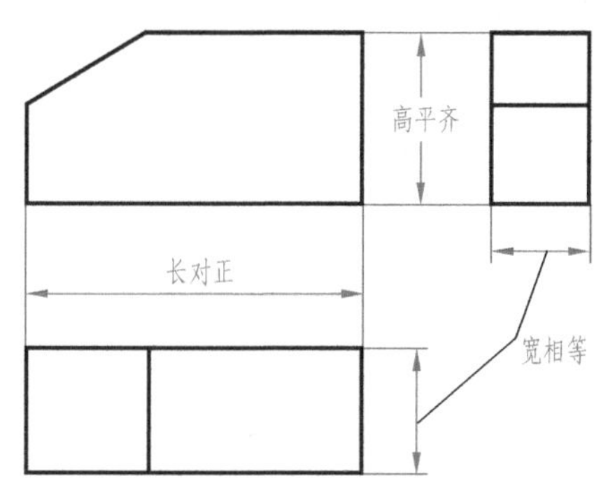

图 2-10　三视图的投影规律

三、三视图与物体方位的对应关系

物体有长、宽、高三个方向的尺寸，有上下、左右、前后六个方位关系，六个方位在三视图中的对应关系如图 2-11 所示。

主视图反映了物体的上下、左右四个方位关系；

俯视图反映了物体的前后、左右四个方位关系；

左视图反映了物体的上下、前后四个方位关系。

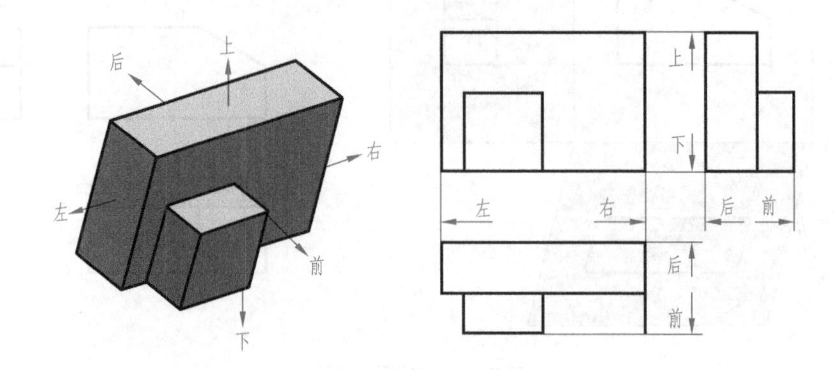

图 2-11　三视图与物体方位的对应关系

【思考与练习 2-2】

一、填空

1. 三投影面体系由三个互相垂直的投影面所组成，分别为：_____投影面，简称为______面，用______表示；______投影面，简称为______面，用______表示；______投影面，简称为_____面，用_____表示。

2. 主视图：从前往后进行投影，在_____投影面（V 面）上所得到的视图。

俯视图：从上往下进行投影，在_____投影面（H 面）上所得到的视图。

主视图：从前往后进行投影，在_____投影面（W 面）上所得到的视图。

3. 三视图的投影规律：主、俯视图______（即______）；主、左视图______（即______）；俯、左视图_____（即_____）。

二、在图 2-12 中填写视图名称，在尺寸线上的括号中选填“长、宽、高”。

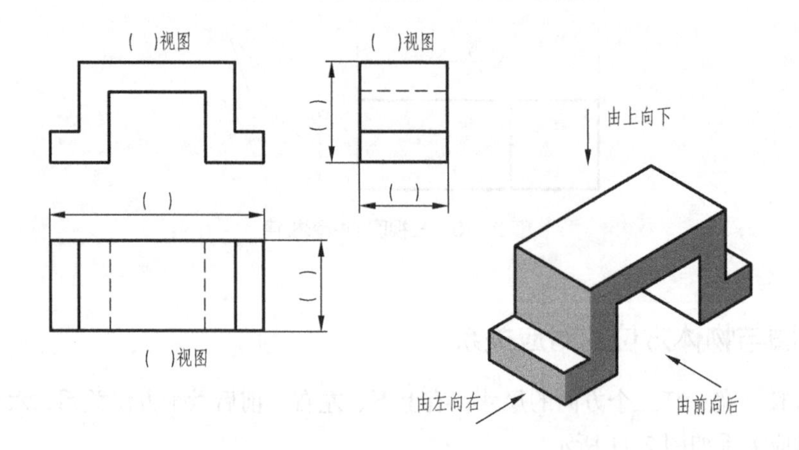

图 2-12

三、在图 2-13 的括号中选填"上、下、左、右、前、后"。

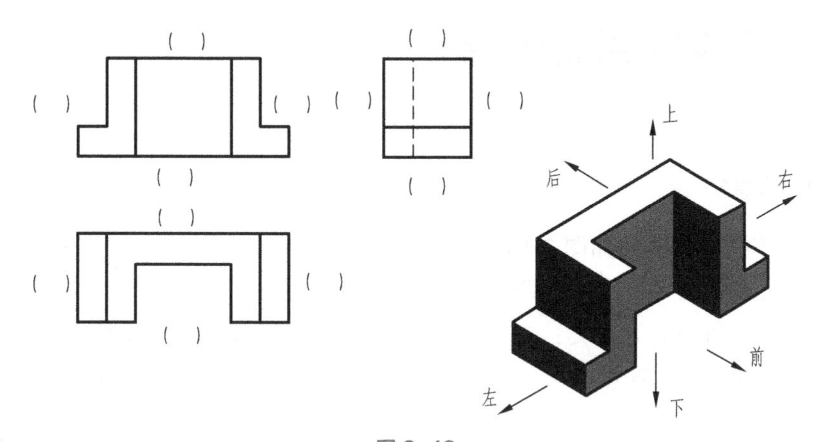

图 2-13

【思考与练习 2-2】 答案

一、填空

1. 正立、正、V；水平、水平、H；侧立、侧平、W 2. 正立、水平、侧立

3. 长对正、等长；高平齐、等高；宽相等、等宽

二、在图 2-12 中填写视图名称，在尺寸线上的括号中选填"长、宽、高"，如图 2-14 所示。

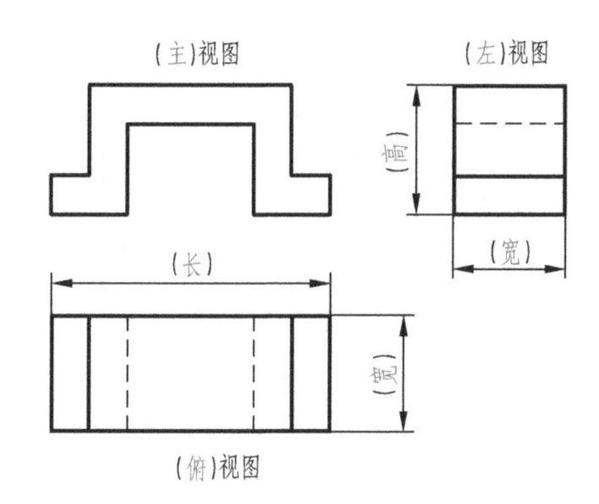

图 2-14

三、在图 2-13 的括号中选填"上、下、左、右、前、后"，如图 2-15 所示。

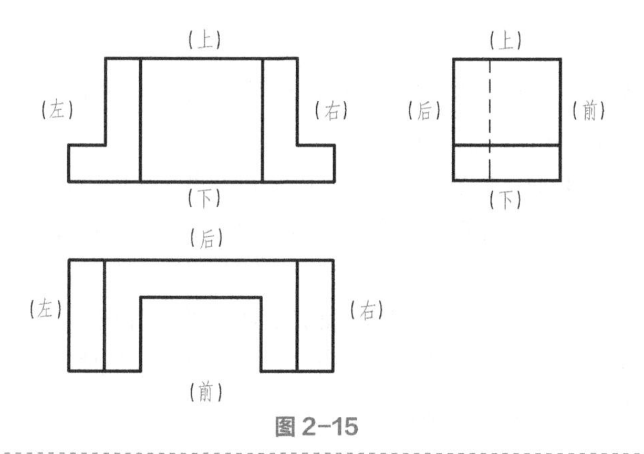

图 2-15

第三节　直线与平面的投影

一、直线的投影

三投影面体系中的物体如图 2-16 所示。物体上有棱线 *AB*、*BC*、*CD*、*DE* 等；按照直线与投影面的相对位置关系，直线分为三类：投影面的平行线、投影面的垂直线和一般位置直线。

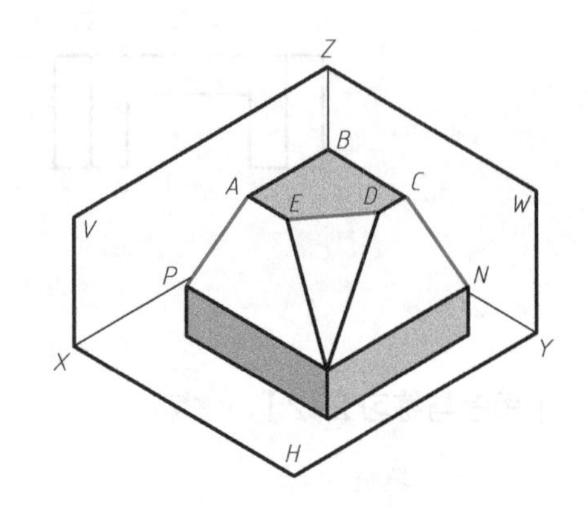

图 2-16　投影面的平行线

1. 投影面的平行线

投影面的平行线是指只平行于一个投影面而倾斜于另外两个投影面的直线。投影面的平行线分为三种：

① 水平线：平行于 *H* 面、倾斜于 *V* 面和 *W* 面的直线，如图 2-17 中的直线 *AB*。

直线的投影可由直线上两点在同一投影面上的投影用粗实线相连所得，如图 2-17 所示。

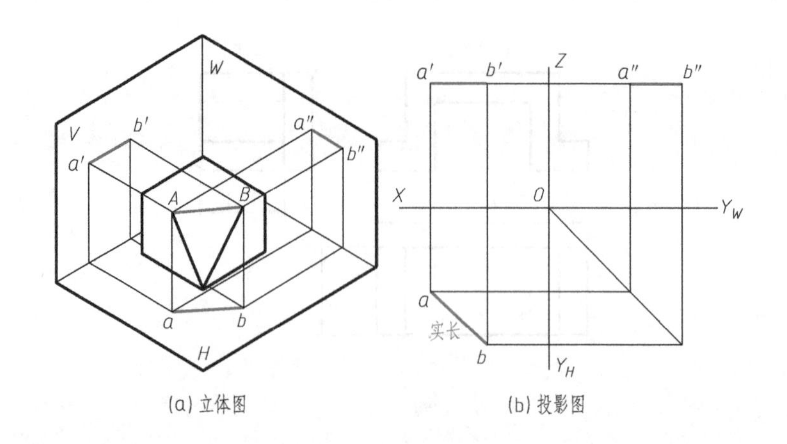

(a) 立体图　　(b) 投影图

图 2-17　水平线的投影

水平线的投影特性：三个面的投影都是直线，其中水平面的投影反映实长；另外两个投影都短于实长而且平行于相应的投影轴。

② 正平线：平行于 *V* 面、倾斜于 *H* 面和 *W* 面的直线，如图 2-18 中的直线 *AB*。

正平线的投影特性：三个面的投影都是直线，其中正平面的投影反映实长；另外两个投影都短于实长而且平行于相应的投影轴。

③ 侧平线：平行于 *W* 面、倾斜于 *H* 面和 *V* 面的直线，如图 2-19 中的直线 *AB*。

侧平线的投影特性：三个面的投影都是直线，其中侧平面的投影反映实长；另外两个投影都短于实长而且平行于相应的投影轴。

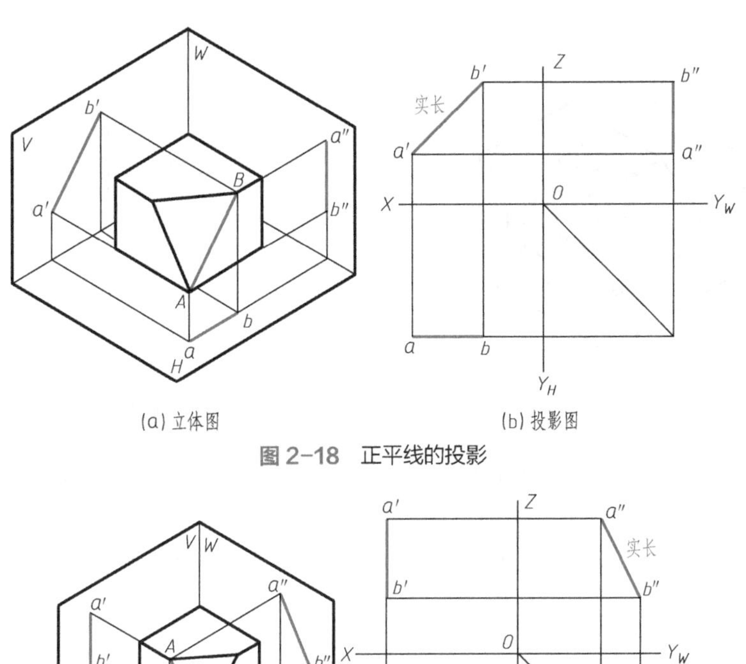

图 2-18　正平线的投影

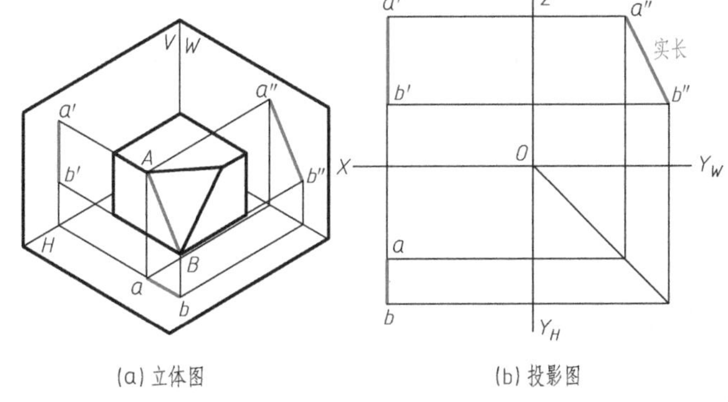

图 2-19　侧平线的投影

2. 投影面的垂直线

投影面的垂直线是指垂直于一个投影面而与另外两个投影面平行的直线。投影面的垂直线分为三种：

① 铅垂线：垂直于 *H* 面的直线，如图 2-20 中的直线 *AB*。铅垂线的三视图如图 2-21 所示。

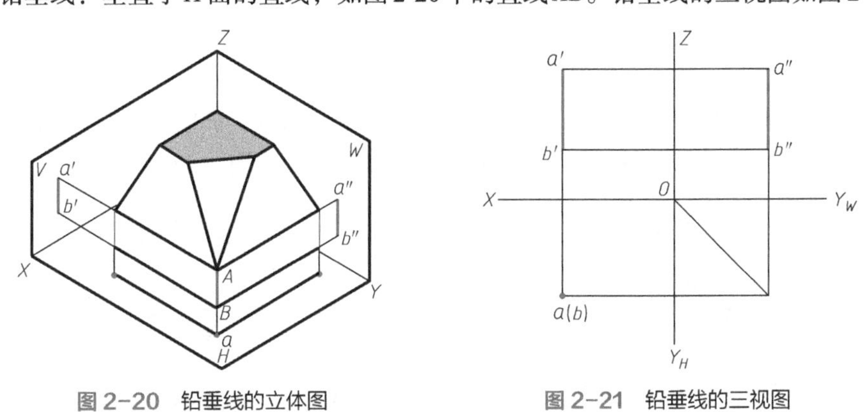

图 2-20　铅垂线的立体图　　图 2-21　铅垂线的三视图

铅垂线的投影特性：*H* 面上的投影积聚为一个点，另外两个投影反映实长而且平行于相应的投影轴。

② 正垂线：垂直于 *V* 面的直线，如图 2-22 中的直线 *AB*。正垂线的三视图如图 2-23 所示。

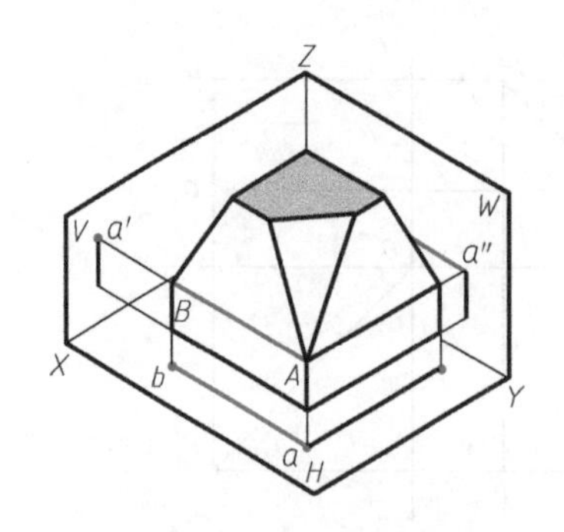

图 2-22　正垂线的立体图

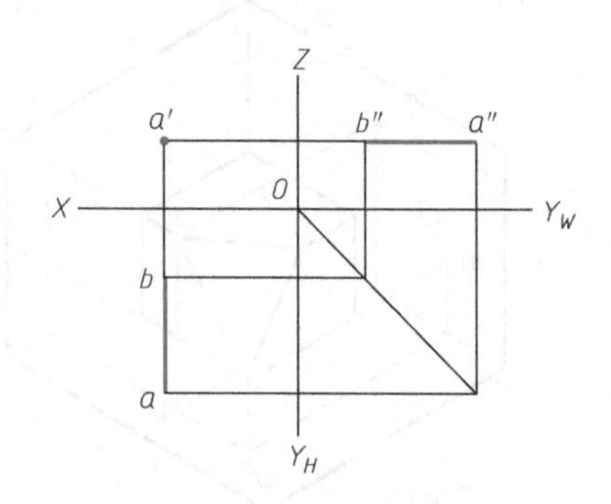

图 2-23　正垂线的三视图

正垂线的投影特性：*V* 面上的投影积聚为一个点，另外两个投影反映实长而且平行于相应的投影轴。

③ 侧垂线：垂直于 *W* 面的直线，如图 2-24 中的直线 *AB*。侧垂线的三视图如图 2-25 所示。

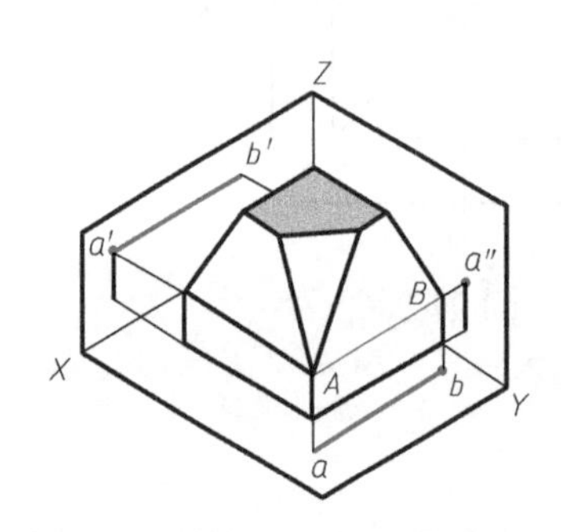

图 2-24　侧垂线的立体图

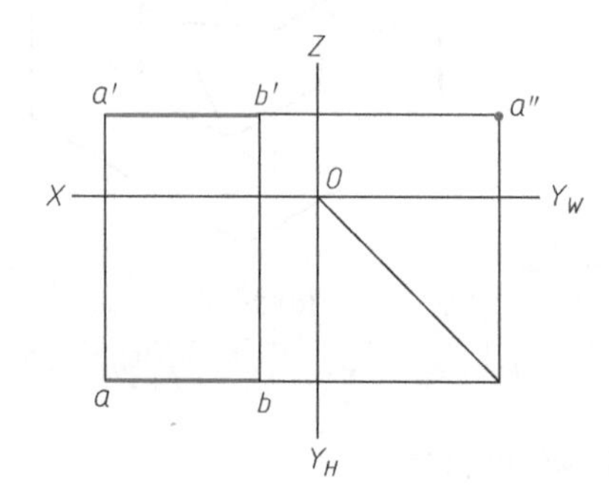

图 2-25　侧垂线的三视图

侧垂线的投影特性：*W* 面上的投影积聚为一个点，另外两个投影反映实长而且平行于相应的投影轴。

3. 一般位置直线

与三个投影面均处于倾斜位置的直线，称为一般位置直线，如图 2-26 中的直线 *AB*、*BC* 等。一般位置直线的投影均小于实长而且均与投影轴倾斜，如图 2-27 所示。

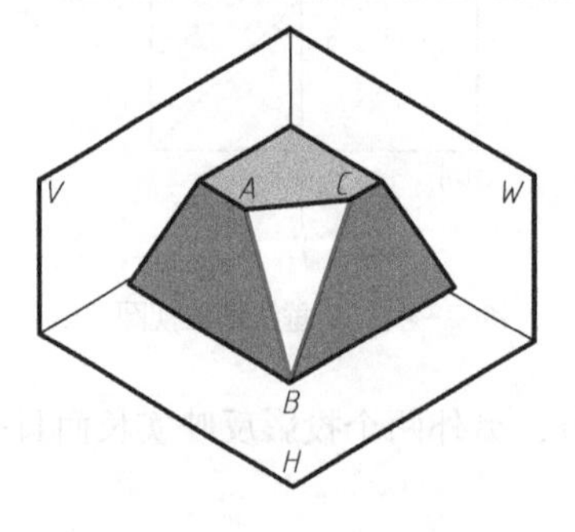

图 2-26　一般位置直线

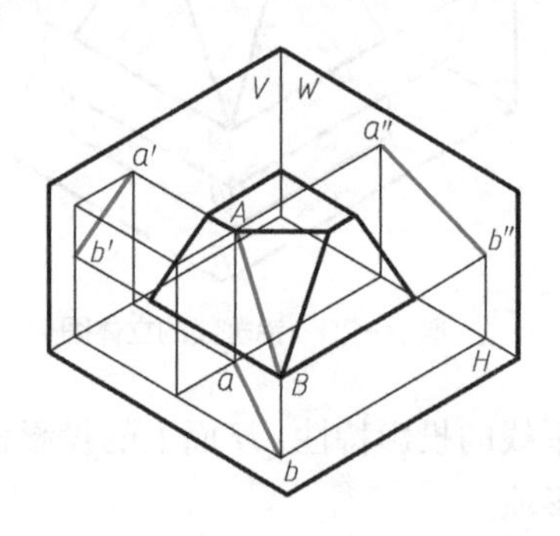

图 2-27　一般位置直线的投影

二、平面的投影

1. 投影面的平行面

投影面的平行面是指平行于一个投影面而垂直于另外两个投影面的平面。投影面平行面分为三种：水平面、正平面和侧平面，如图 2-28 所示。

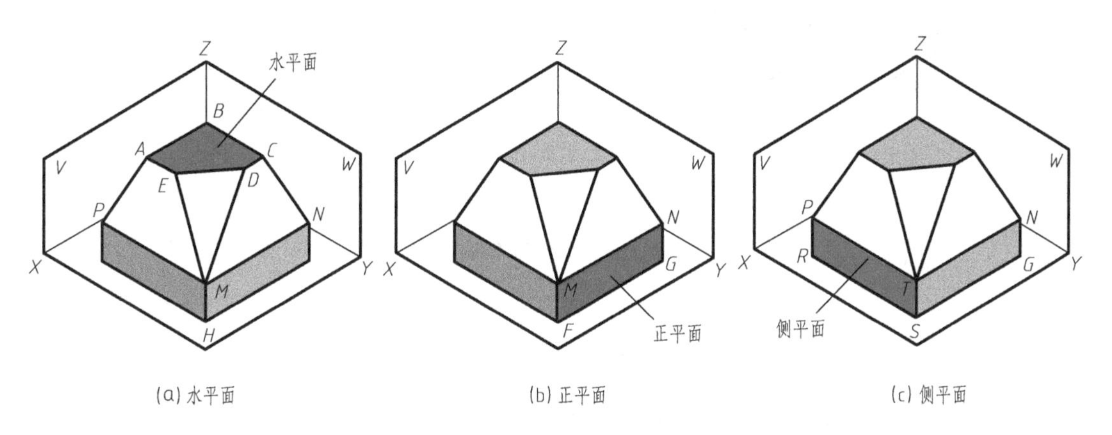

图 2-28　投影面的平行面

① 水平面：平行于 *H* 面、垂直于 *V* 面和 *W* 面的平面，如图 2-29（a）中的平面 *A*，其投影如图 2-29（b）所示。

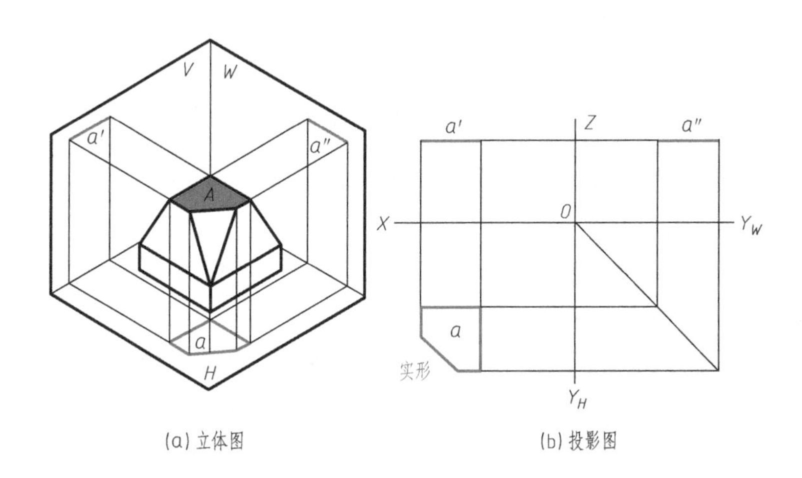

图 2-29　水平面的投影

水平面的投影特性：*H* 面上的投影反映实形，另外两个投影积聚为水平线段。

② 正平面：平行于 *V* 面、垂直于 *H* 面和 *W* 面的平面，如图 2-30（a）中的平面 *B*，其投影如图 2-30（b）所示。

水平面的投影特性：*V* 面上的投影反映实形，另外两个投影积聚为水平线段和铅垂线段。

③ 侧平面：平行于 *W* 面、垂直于 *H* 面和 *V* 面的平面，如图 2-31（a）中的平面 *P*，其投影如图 2-31（b）所示。

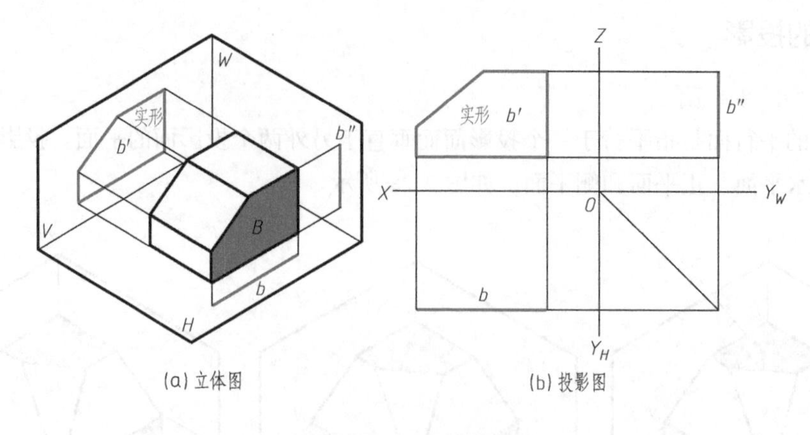

(a) 立体图　　(b) 投影图

图 2-30　正平面的投影

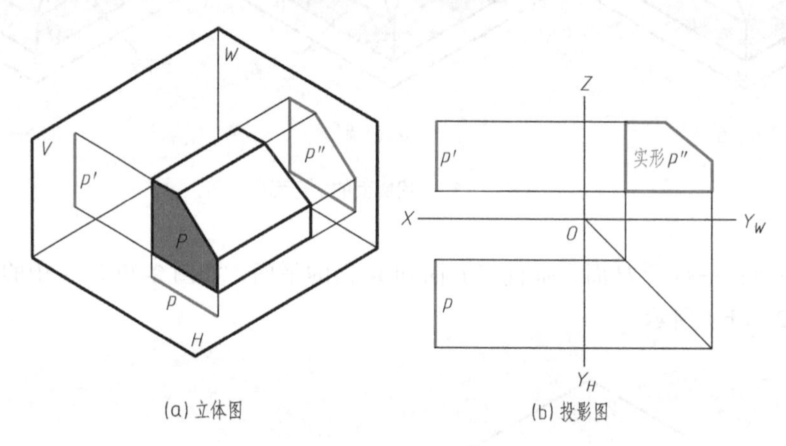

(a) 立体图　　(b) 投影图

图 2-31　侧平面的投影

侧平面的投影特性：*W* 面上的投影反映实形，另外两个投影积聚为铅垂线段。

2. 投影面的垂直面

投影面的垂直面是指垂直于一个投影面而与另外两个投影面平行的平面。投影面的垂直面分为三种：铅垂面、正垂面和侧垂面。

① 铅垂面：垂直于 *H* 面、倾斜于 *V* 面和 *W* 面的平面，如图 2-32（a）中的平面 *ABCD*。

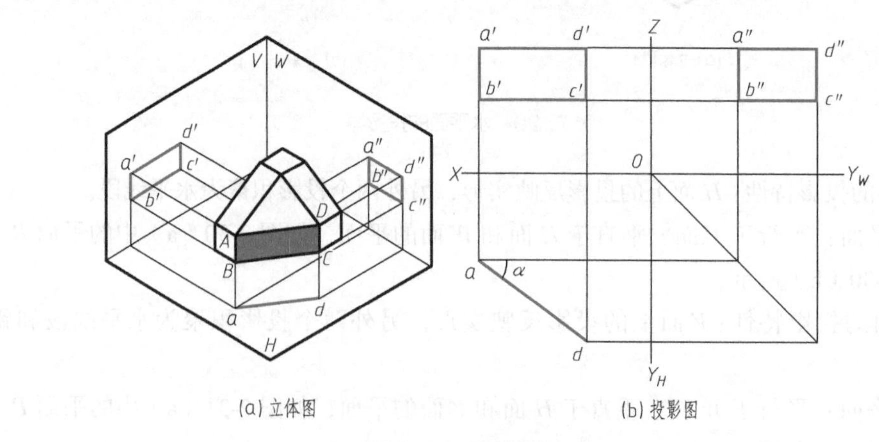

(a) 立体图　　(b) 投影图

图 2-32　铅垂面的投影

铅垂面的投影特性：H 面上的投影积聚为一倾斜线段，而且反映与另外两个投影面的夹角；另外两个投影都是缩小的类似形，如图 2-32（b）所示。

② 正垂面：垂直于 V 面、倾斜于 H 面和 W 面的平面，如图 2-33（a）中的平面 $ABCD$。

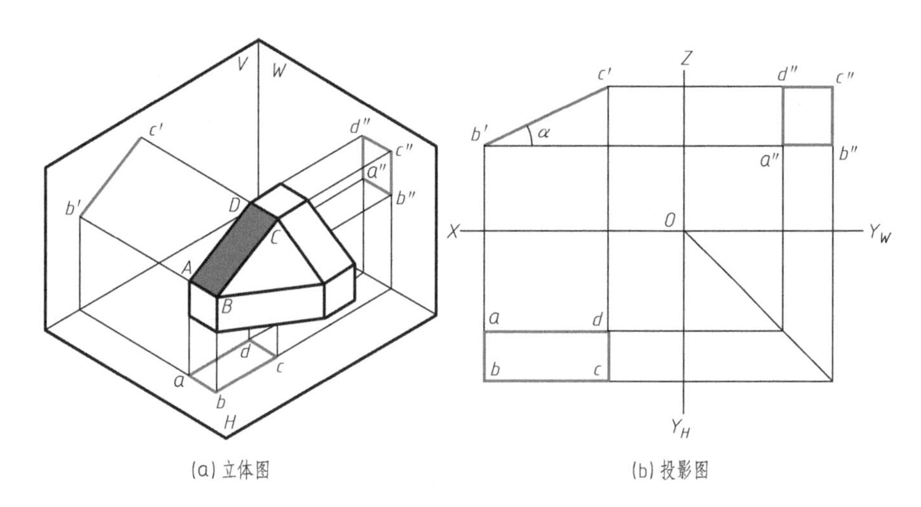

(a) 立体图　　(b) 投影图

图 2-33　正垂面的投影

正垂面的投影特性：V 面上的投影积聚为一倾斜线段，而且反映与另外两个投影面的夹角；另外两个投影都是缩小的类似形，如图 2-33（b）所示。

③ 侧垂面：垂直于 W 面、倾斜于 V 面和 H 面的平面，如图 2-34（a）中的平面 $ABCD$。

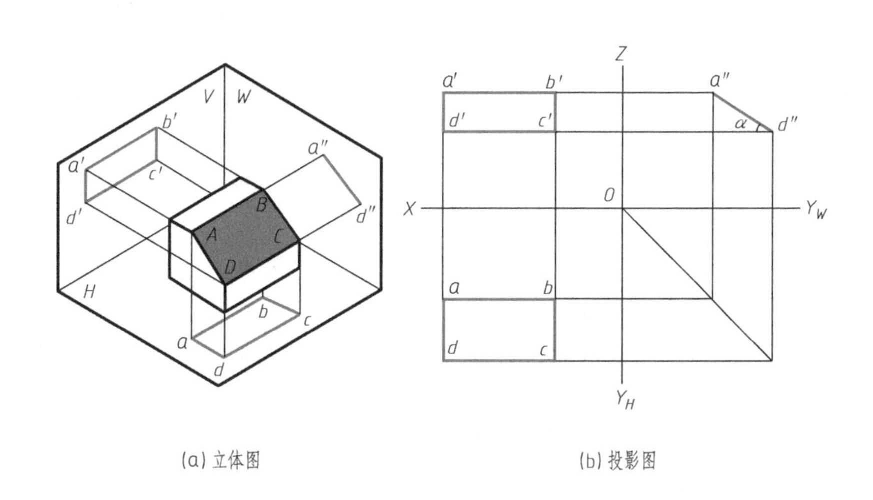

(a) 立体图　　(b) 投影图

图 2-34　侧垂面的投影

侧垂面的投影特性：W 面上的投影积聚为一倾斜线段，而且反映与另外两个投影面的夹角；另外两个投影都是缩小的类似形，如图 2-34（b）所示。

3. 一般位置平面

与三个投影面都倾斜的平面称为一般位置平面，如图 2-35（a）中的平面 P，平面

2

P倾斜于三个投影面，所以三个投影面上的投影均为平面P的类似形，如图2-35（b）所示。

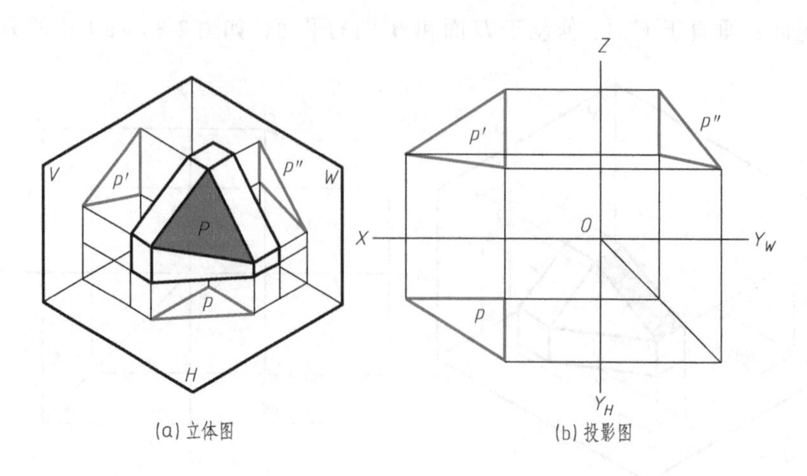

(a) 立体图　　(b) 投影图

图2-35　一般位置平面的投影

【思考与练习2-3】

一、填空

1. 按照直线与投影面的相对位置关系，直线分为三类：______、______、______。

2. 直线的投影可由直线上两点在同一投影面上的投影用______相连所得。

3. 水平线：平行于____面、倾斜于____面和____面的直线，三个面的投影都是____，其中水平面的投影反映____。

4. 正平线：平行于_____面、倾斜于_____面和_____面的直线，三个面的投影都是_____，其中正平面的投影反映_____。

5. 侧平线：平行于_____面、倾斜于_____面和_____面的直线，三个面的投影都是_____，其中侧平面的投影反映_____。

6. 铅垂线：垂直于______面的直线，H面上的投影积聚为______，另外两个投影反映______而且平行于相应的投影轴。

7. 正垂线：垂直于______面的直线，V面上的投影积聚为______，另外两个投影反映______而且平行于相应的投影轴。

8. 侧垂线：垂直于______面的直线，W面上的投影积聚为______，另外两个投影反映______而且平行于相应的投影轴。

9. 水平面：平行于_____面、垂直于_____面和_____面的平面，H面上的投影反映_____，另外两个投影积聚为_______。

10. 正平面：平行于_____面、垂直于_____面和_____面的平面，V面上的投影反映_____，另外两个投影积聚为_______。

11. 侧平面：平行于_____面、垂直于_____面和_____面的平面，W面上的投影反映_____，另外两个投影积聚为______。

12. 铅垂面：垂直于_____面、倾斜于_____面和_____面的平面，H 面上的投影积聚为一_____，而且反映与另外两个投影面的夹角；另外两个投影都是缩小的类似形。

13. 正垂面：垂直于_____面、倾斜于_____面和_____面的平面，V 面上的投影积聚为一_____，而且反映与另外两个投影面的夹角；另外两个投影都是缩小的类似形。

14. 侧垂面：垂直于_____面、倾斜于_____面和_____面的平面，W 面上的投影积聚为一_____，而且反映与另外两个投影面的夹角；另外两个投影都是缩小的类似形。

二、根据图 2-36，分析 *P*、*Q*、*S* 平面的类型，明确其投影特性。

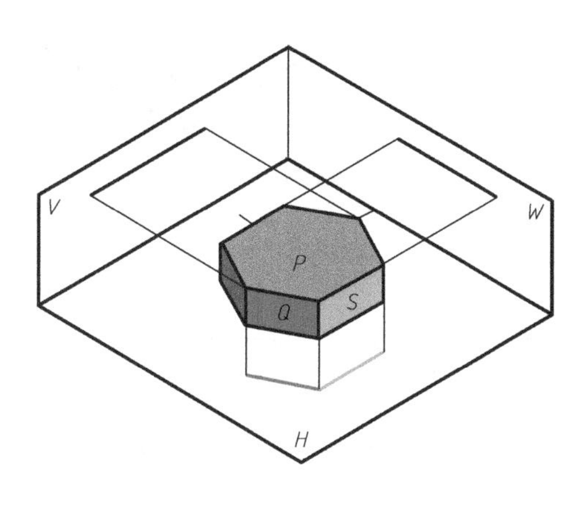

图 2-36

三、在图 2-37 中，标出立体图上 *A*、*B*、*C* 三点的三面投影，并填空：*AB* 是_____线，*BC* 是____线，*AC* 是____线。

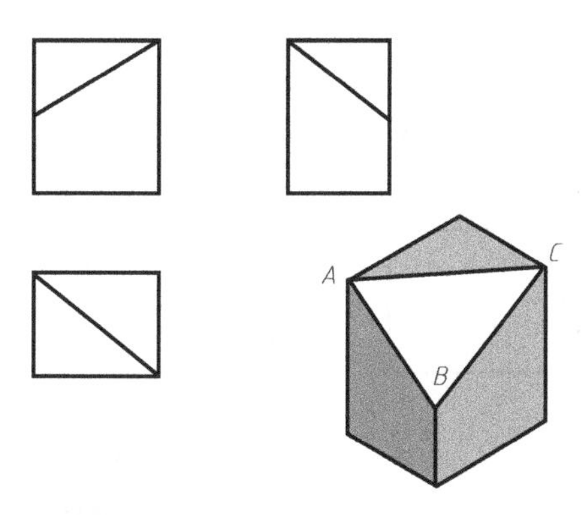

图 2-37

四、在图 2-38 中，标出立体图上各点的三面投影，并填空：*AB* 是_____线，*BC* 是____线，*BF* 是____线，*AE* 是____线。

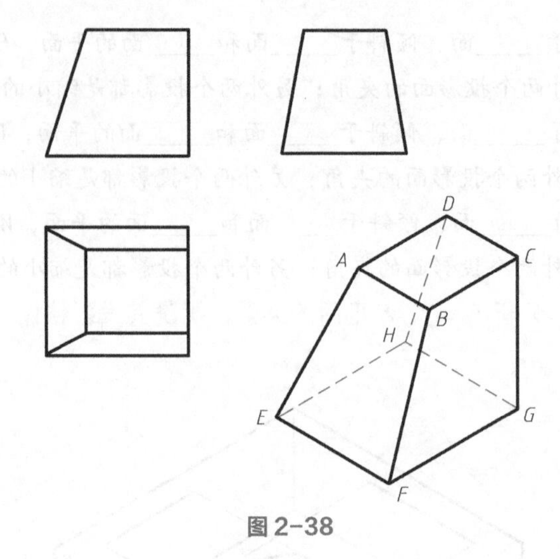

图 2-38

五、在图 2-39 中，标出平面 ***P***、***Q*** 的三面投影，并填空：***P*** 平面是_____面，***Q*** 平面是_____面。

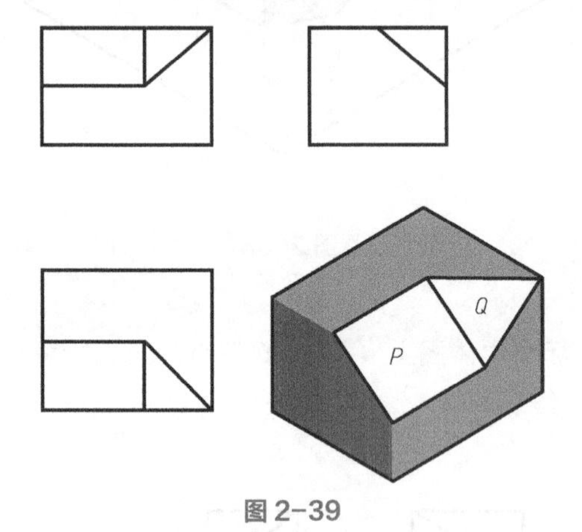

图 2-39

六、在图 2-40 中，标出平面 ***P***、***Q*** 的三面投影，并填空：***P*** 平面是_____面，***Q*** 平面是____面。

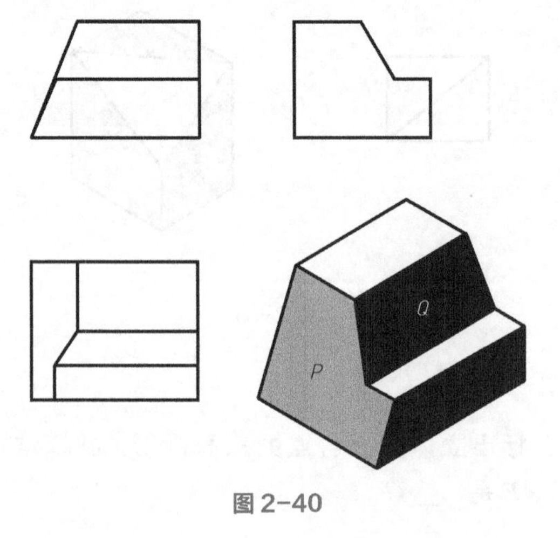

图 2-40

七、在图 2-41 中，标出平面 *P*、*Q* 的三面投影，并填空：*P* 平面是______面，*Q* 平面是______面。

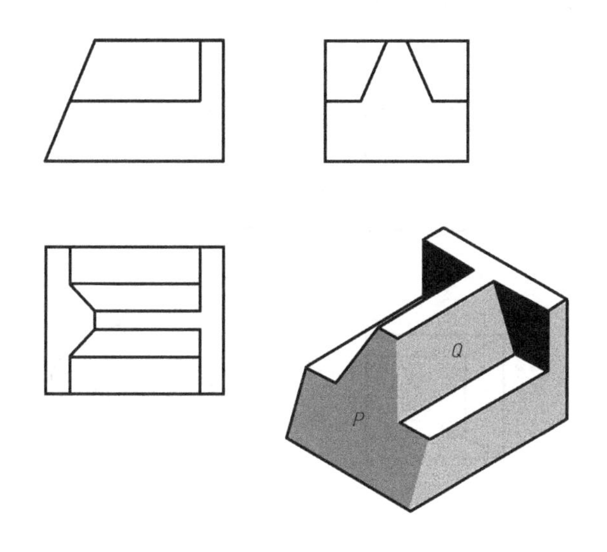

图 2-41

【思考与练习 2-3】 答案

一、填空

1. 投影面的平行线、投影面的垂直线、一般位置直线　2. 粗实线　3. *H*、*V*、*W*、直线、实长　4. *V*、*H*、*W*、直线、实长　5. *W*、*H*、*V*、直线、实长　6. *H*、一个点、实长　7. *V*、一个点、实长　8. *W*、一个点、实长　9. *H*、*V*、*W*、实形、水平线段　10. *V*、*H*、*W*、实形、水平线段和铅垂线段　11. *W*、*H*、*V*、实形、铅垂线段　12. *H*、*V*、*W*、倾斜线段　13. *V*、*H*、*W*、倾斜线段　14. *W*、*V*、*H*、倾斜线段

二、根据图 2-36，分析 *P*、*Q*、*S* 平面的类型，着重理解投影的积聚特性。

三、在图 2-37 中，标 *A*、*B*、*C* 三点的三面投影，如图 2-42 所示；填空：*AB* 是 侧平 线，*BC* 是 正平 线，*AC* 是 水平 线。

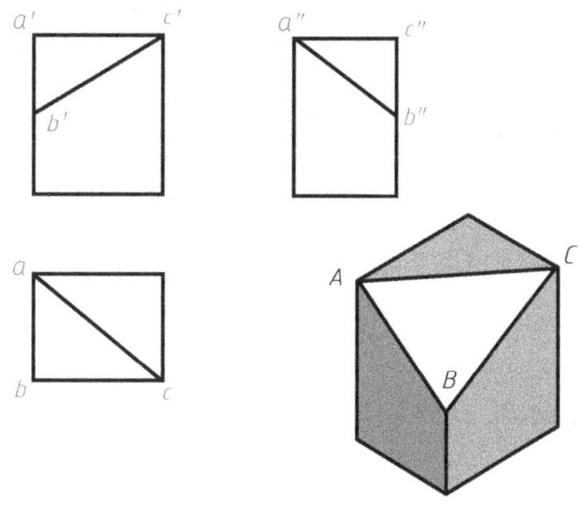

图 2-42

四、在图2-38上各点的三面投影，如图2-43所示；填空：*AB*是<u>正垂</u>线，*BC*是<u>侧垂</u>线，*BF*是<u>一般位置直</u>线，*AE*是<u>一般位置直</u>线。

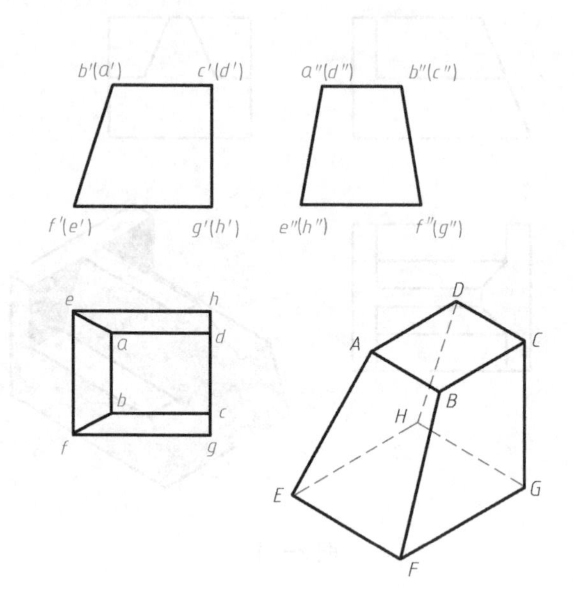

图2-43

五、在图2-39上标出平面*P*、*Q*的三面投影，如图2-44所示；填空：*P*平面是<u>侧垂</u>面，*Q*平面是<u>一般位置平</u>面。

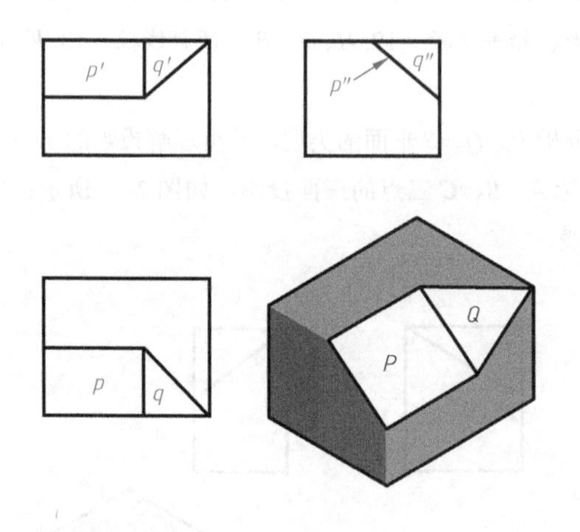

图2-44

六、在图2-40上标出平面*P*、*Q*的三面投影，如题图2-45所示；填空：*P*平面是<u>正垂</u>面，*Q*平面是<u>侧垂</u>面。

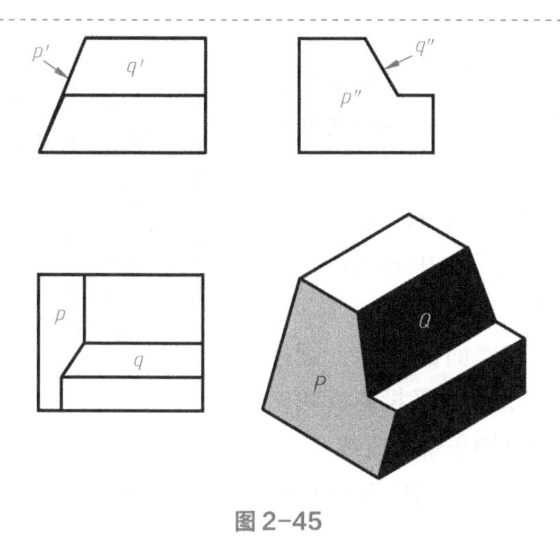

图 2-45

七、在图 2-41 上标出平面 *P*、*Q* 的三面投影，如题图 2-46 所示；填空：*P* 平面是 正垂 面，*Q* 平面是 侧垂 面。

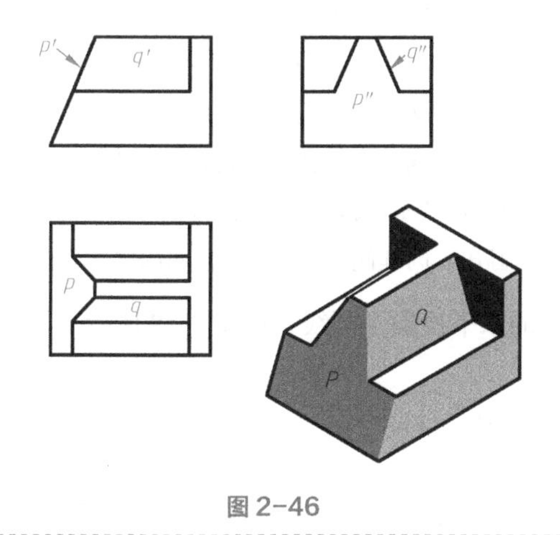

图 2-46

第四节　基本体的投影

任何物体都可以看作由若干个基本体组合而成。基本体分为平面体和曲面体两类，平面体的每个表面都是平面，如棱柱、棱锥等；曲面体至少有一个平面是曲面，如圆柱体、圆锥体、圆球等。

基本体的投影是我们学习的重点，掌握基本体的投影及其特性是机械识图的基本要求。

一、圆柱体

圆柱体由圆柱面和上、下底面构成，如图 2-47 所示。圆柱面上任意一条平行于轴线的直线称为圆柱面的素线，如图 2-47 中素线 *Aa*、*Bb*、*Cc*、*Dd* 等。

1. 圆柱体的投影

对于回转体要将构成回转体的平面和回转体的投影画出来，同时要画出回转体轴线的投影。对于圆柱体：

① 画出圆柱轴线和顶面（底面）中心线的三面投影：轴线和顶面（底面）中心线用细点画线，确定各视图的位置。

② 画出圆柱上表面和底面的投影，圆柱上表面和底面是水平面，故其水平投影反映实形，正面投影和侧面投影分别积聚为直线。

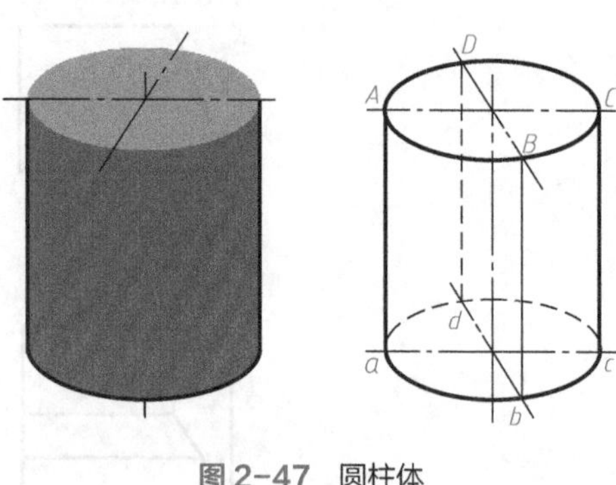

图 2-47　圆柱体

③画出圆柱面的三面投影：圆柱面的水平投影积聚为圆线；圆柱面的正面投影和侧面投影应画出它的转向轮廓线。

在正面投影面上：圆柱前半部分可见，后半部分不可见；圆柱的转向轮廓线是圆柱表面上最左素线 *Aa* 和最右素线 *Cc* 的投影，因此正面投影是矩形。

在左侧投影面上：左半圆柱可见，右半圆柱不可见；圆柱的转向轮廓线是圆柱表面上最前素线 *Bb* 和最后素线 *Dd* 的投影，因此侧面投影也是矩形。

转向轮廓线并不是圆柱表面上客观存在的线，而是规定画的线。因此正面投影的转向轮廓线在其他投影面上不应画出，例如 *Aa* 在 *W* 面投影的位置与轴线在 *W* 面投影位置重合，但 *Aa* 的 *W* 面投影不应画出，轴线的 *W* 面投影要画出。同理侧面投影的转向轮廓线在其他投影面也不应画出。

圆柱面的上、下端面的水平投影是圆线，如图 2-48 所示。

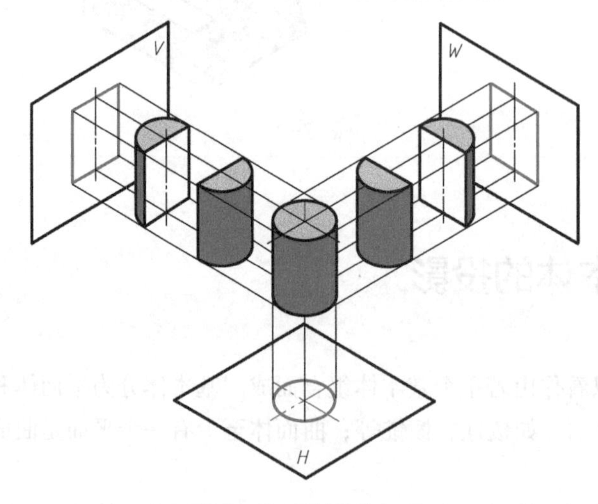

图 2-48　圆柱体的投影

圆柱体的三视图如图 2-49 所示，可见轮廓线用粗实线表示，中心线用细点画线表示。

2. 尺寸标注

（1）尺寸标注的依据

图形只能表示物体的形状，其大小由标注的尺寸确定。尺寸标注的依据是国家标准《机械制图　尺寸注法》（GB/T 4458.4—2003）。

（2）尺寸标注的要素

尺寸标注由尺寸线、尺寸界线和尺寸数字三个要素组成，如图 2-50 所示。

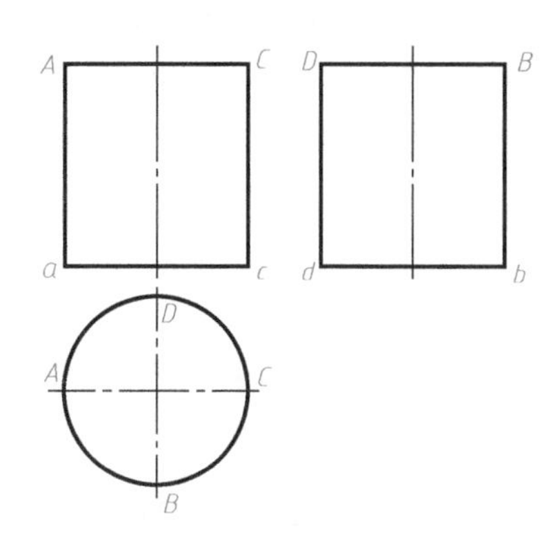

图 2-49　圆柱体的三视图

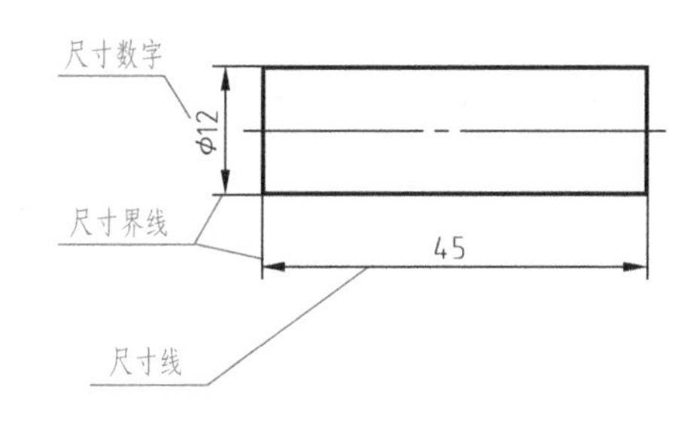

图 2-50　尺寸标注的要素

① 尺寸界线：尺寸界线表示所注尺寸的起始位置和终止位置，用细实线绘制，并应从图形的轮廓线、轴线或对称中心线引出；也可以直接利用轮廓线、轴线或对称中心线作为尺寸界线。尺寸界线一般应与尺寸线垂直，并超出尺寸线约 2mm。

② 尺寸线：尺寸线用细实线绘制，应平行于被标注的线段。尺寸线既不能用图形上的其他图线代替，也不能与其他图线重合或画在其延长线上，并应尽量避免与其他尺寸线或尺寸界线相交。

尺寸线终端有箭头和斜线两种形式。通常机械图样的尺寸线终端画箭头，土木建筑图的尺寸线终端画斜线，当没有足够的位置画箭头时，可用小点或斜线代替。

③ 尺寸数字：线性尺寸数字一般应注写在尺寸线的上方或左方，也允许注写在尺寸线的中断处。注写线性尺寸数字，如尺寸线为水平方向时，尺寸数字规定由左向右书写，字头朝上；如尺寸线为竖直方向时，尺寸数字规定由下向上书写，字头朝左。在倾斜的尺寸线上注写尺寸数字时，必使字头方向有向上的趋势。

圆及圆弧尺寸注法：圆的直径数字前面加注“ϕ”，圆弧半径数字前面加注“R”，半径尺寸线一般应通过圆心。

3. 圆柱体的尺寸标注

在表达物体的一组三视图中，尺寸应尽量标注在反映基本体形状特征的视图上，而圆的直径一般标注在非圆的视图上，需要注意的是一个径向尺寸包含两个方向。

圆柱体的尺寸标注，如图 2-51 所示，圆柱的直径标注在非圆的主视图上，直径尺寸包含了长度和宽度两个方向。

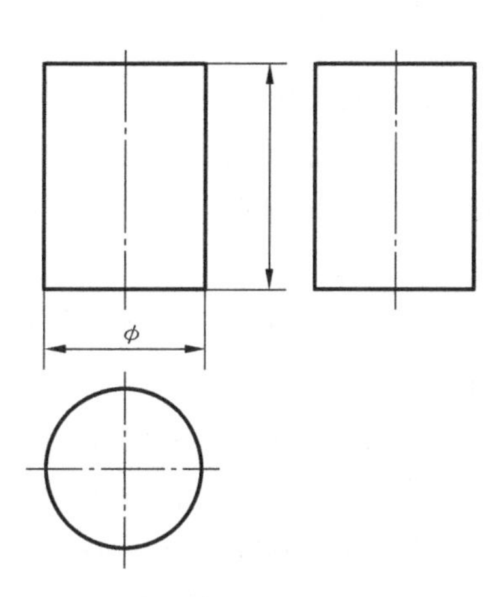

图 2-51　圆柱体的尺寸标注

图 2-51 所示的圆柱体，三个尺寸在主视图上标注出来了，主视图就清晰地表达了圆柱体的形状和大小，因此，俯视图与左视图就可以省略不用了。

【例 2-1】 如图 2-52 所示的圆柱体，其长度 50mm、直径 30mm，思考它的三视图。

解 分析：圆柱体轴线是水平的，左、右两个侧面是侧平面，故其侧面投影反映实形，正面投影和水平投影分别积聚为直线；圆柱面的侧面投影积聚为圆线，正面投影与水平投影是矩形。

圆柱体的三视图如图 2-53 所示。

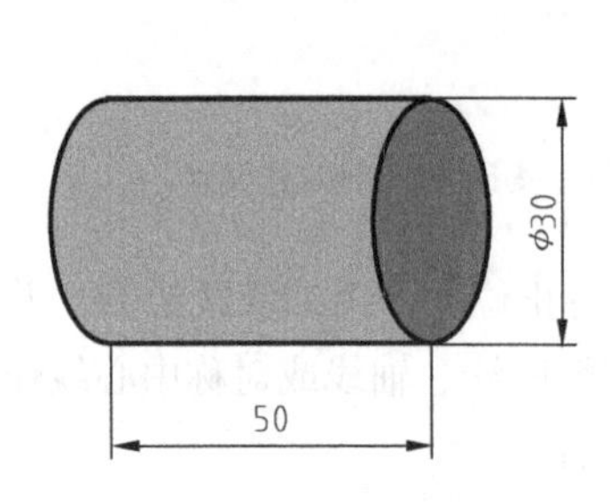

图 2-52 圆柱体轴线是水平的

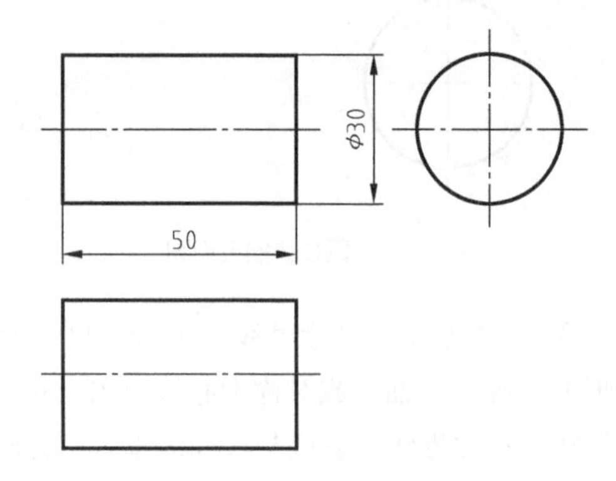

图 2-53 圆柱体的三视图

同样的物体，其三视图是相同的，如图 2-51 和图 2-53 所示，都是圆柱的投影，三视图都是两个矩形和一个圆；但物体的方位不同，其三视图的方位也不同，而且会在不同的投影面上，如图 2-51 中俯视图是圆，图 2-53 中侧视图是圆。

二、圆锥体

圆锥体由圆锥面和底面（平面）构成，如图 2-54 所示。

① 圆锥体底面的三面投影：圆锥体底面是水平面，其在 H 面上的投影是圆面，在 V 面和 W 面的投影分别积聚为直线，如图 2-55 所示。

② 圆锥面的 H 面投影是圆面，其 V 面、W 面投影分别是三角形面积。

在水平投影上，圆锥面可见，在 V 投影上前半圆锥面可见，后半圆锥面不可见；在 W 面投影上，圆锥左半部分可见，右半部分不可见，圆锥体的三面投影如图 2-55 所示。

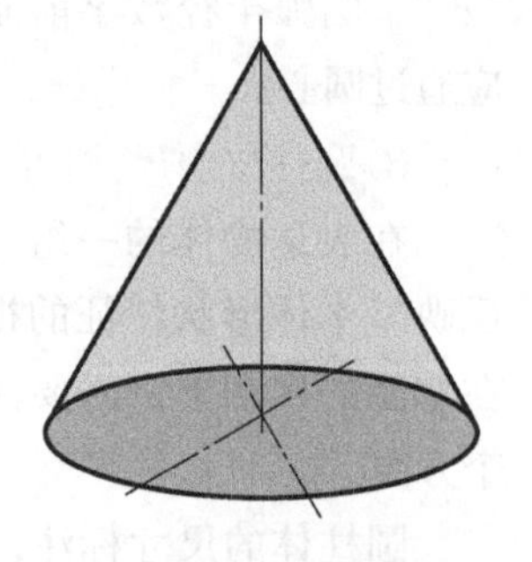
图 2-54 圆锥体

③ 圆锥体的三视图如图 2-56 所示。

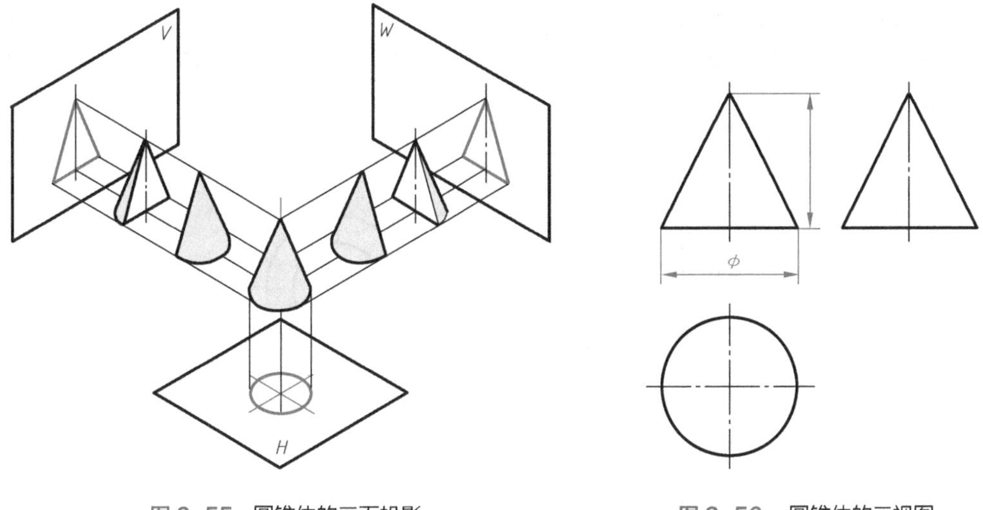

图 2-55　圆锥体的三面投影　　　图 2-56　圆锥体的三视图

思考：用哪几个视图就可以清晰表达圆锥体？哪个视图可以省略？

三、圆台

圆台由圆锥面、顶面和底面构成，如图 2-57 所示。

圆台的顶面和底面为圆形且为水平面，水平投影反映实形，在正投影面上的投影有积聚性；圆锥面正面投影为梯形，水平面的投影有积聚性，圆台的投影如图 2-58 所示。

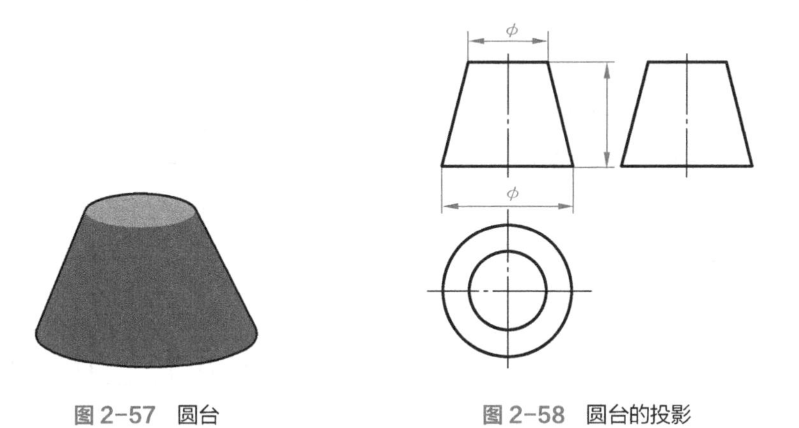

图 2-57　圆台　　　图 2-58　圆台的投影

【例 2-2】 圆台如图 2-59 所示，思考它的三视图。

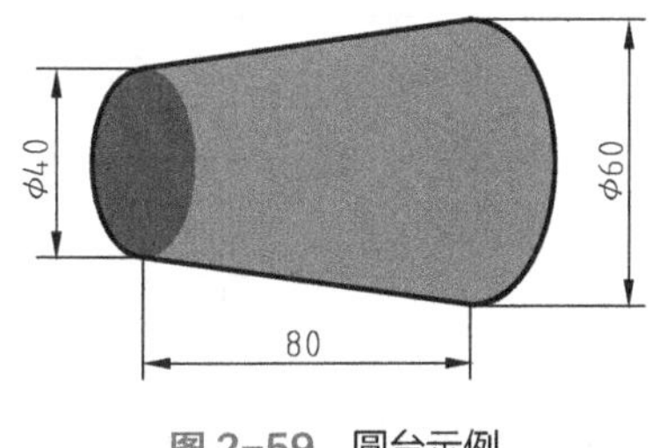

图 2-59　圆台示例

解　分析：圆台的轴线处于水平状态，左、右两个侧面是侧平面，故其侧面投影反映实形，正面投影和水平投影分别积聚为直线；圆锥面的侧面投影积聚为圆环面，正面投影与水平投影是梯形。

因此圆台的三视图如图 2-60 所示。

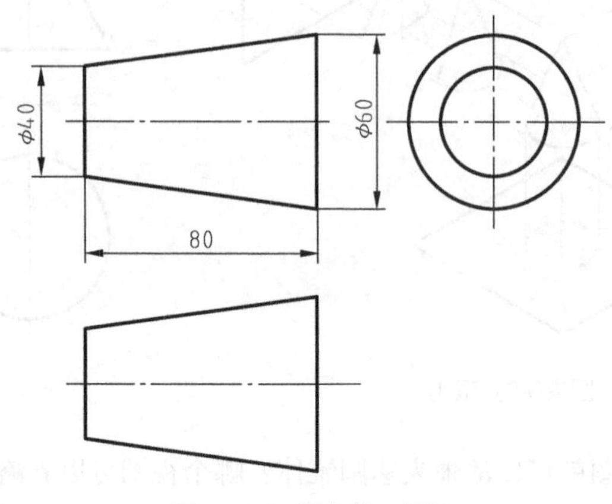

图 2-60　圆台的三视图

可见：圆台的方位改变，其三视图也随之改变；采用主视图就可以清晰地表达圆台。

四、棱柱体

棱柱体由两个形状、大小相同且平行的顶面、底面和若干个矩形棱面围成，如图 2-61 所示的正六棱柱。

1. 正六棱柱体的投影

图 2-61 所示的水平放置的正六棱柱，它的顶面和底面为正六边形，且为水平面，水平投影反映实形；六个棱面为铅垂面，在水平投影面上的投影有积聚性；正面投影为三个相邻的矩形，中间矩形线框为前后棱面的投影，反映实形，左右两线框是其余四个棱面的投影，为类似形。正六棱柱的投影如图 2-62 所示。

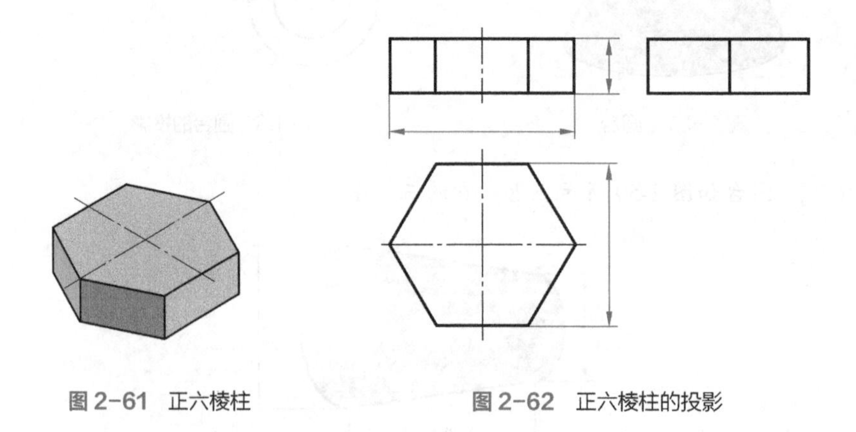

图 2-61　正六棱柱　　图 2-62　正六棱柱的投影

从正六棱柱的投影可见：正六棱柱的形状与三个方向的尺寸，采用主视图和俯视图就可以清晰地表达，左视图可以省略。

2. 四棱柱的投影

四棱柱如图 2-63 所示，其三视图如图 2-64 所示。

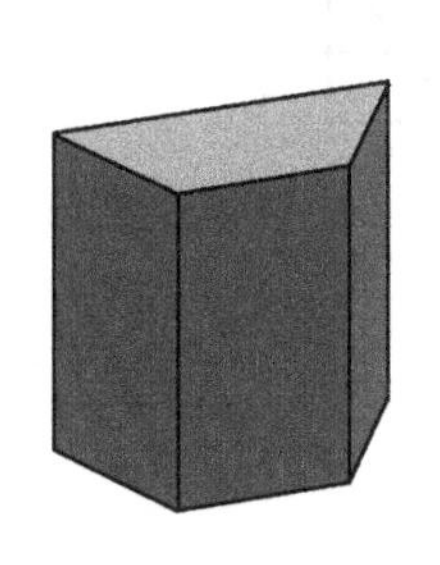

图 2-63　四棱柱

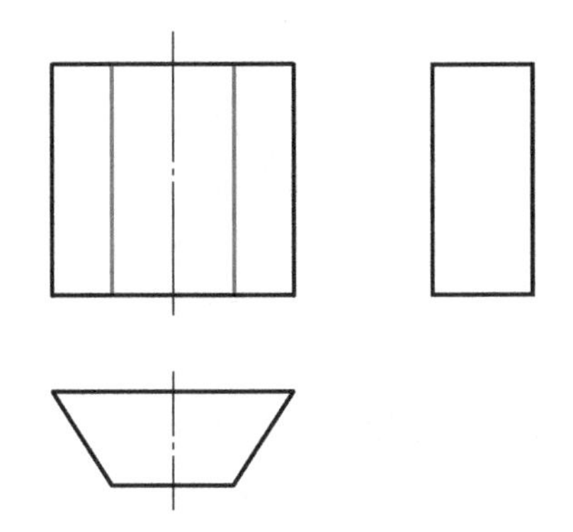

图 2-64　四棱柱的投影

物体的投影，可见的轮廓线用粗实线表示，如图 2-64 所示四棱柱的投影。当四棱柱处于图 2-65 所示的状态时，后面的三个矩形棱面不可见，其棱线是不可见的，此时不可见轮廓线的投影要用细虚线表示，如图 2-66 所示。

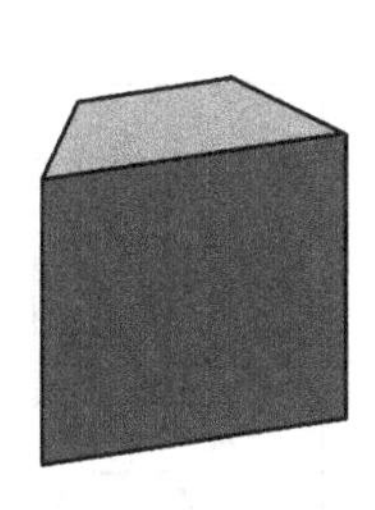

图 2-65　四棱柱不可见棱面

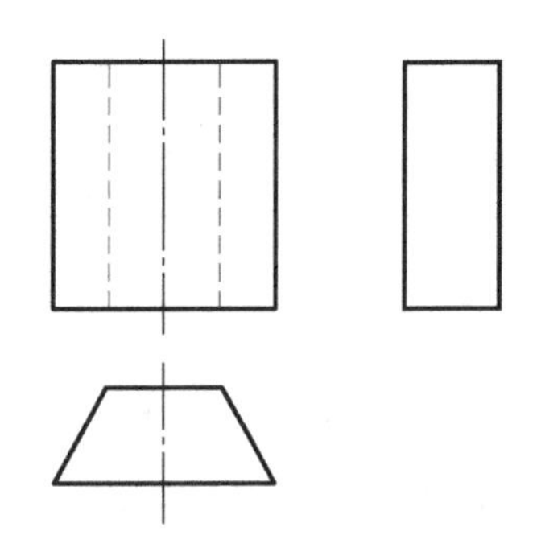

图 2-66　四棱柱不可见棱面的投影

五、棱锥体

棱锥是由一个多边形底面和若干个共顶点的三角形棱面所围成的。从棱锥顶点到底面的距离叫做棱锥的高。当棱锥底面为正多边形，各棱面是全等的等腰三角形时，称之为正棱锥，如图 2-67 所示。

较常见的四棱锥由一个四边形底面和四个共顶点的三角形棱面所围成，底面为水平面，其水平投影反映实形，前后棱面为侧垂面，其侧面投影有积聚性，其水平投影和正面投影为前后棱面的类似形；左右棱面为正垂面，其正面投影有积聚性，其余两投影为左右棱面的类似形，四棱锥的投影如图 2-68 所示。

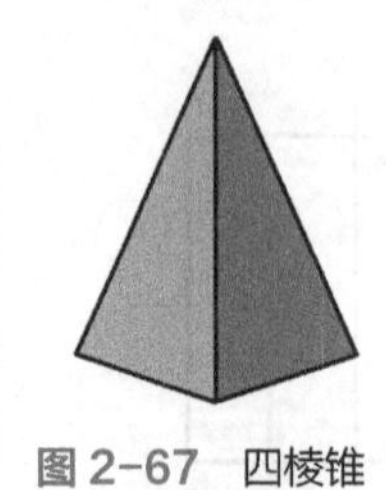

图 2-67　四棱锥

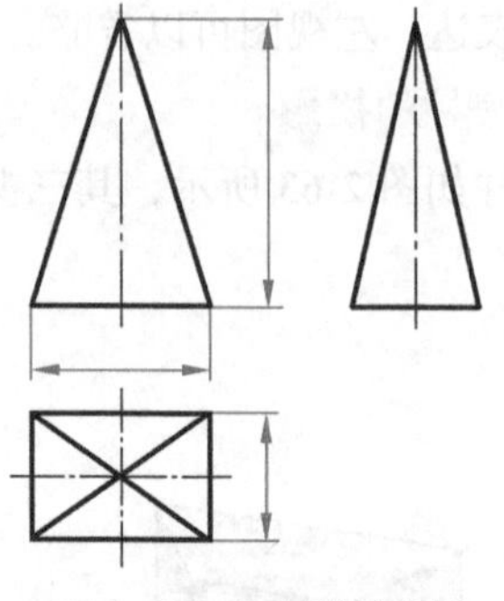

图 2-68　四棱锥的投影

【思考与练习 2-4】

一、根据表 2-1 理解常见基本体的投影与尺寸标注。

表 2-1　常见基本体的投影

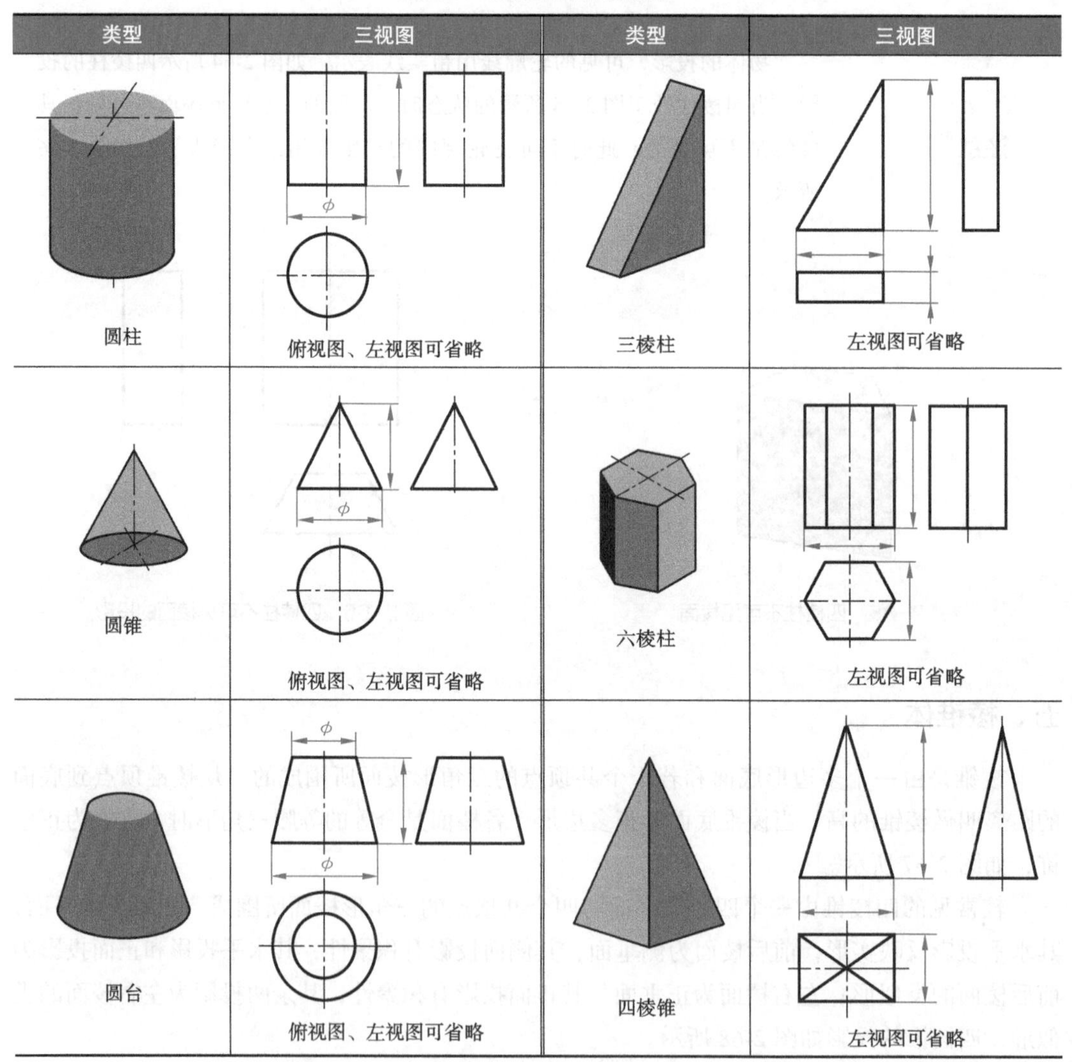

类型	三视图	类型	三视图
圆柱	俯视图、左视图可省略	三棱柱	左视图可省略
圆锥	俯视图、左视图可省略	六棱柱	左视图可省略
圆台	俯视图、左视图可省略	四棱锥	左视图可省略

续表

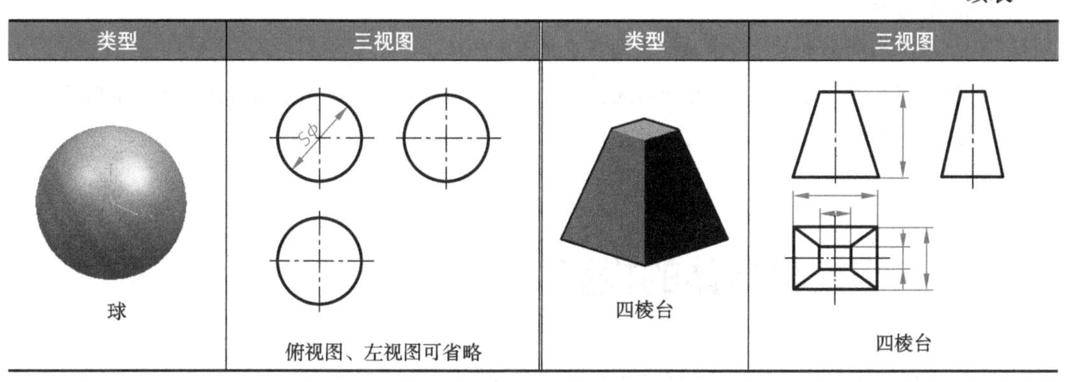

类型	三视图	类型	三视图
球	俯视图、左视图可省略	四棱台	四棱台

二、填空

1. 圆柱的轴线和顶面（底面）中心线的三面投影用__________表示，可见轮廓线用______表示。

2. 尺寸标注由__________、__________和__________三个要素组成。

3. 尺寸界线表示所注尺寸的______位置和______位置，用________绘制。

4. 尺寸线用______绘制，应______于被标注的线段。

5. 圆及圆弧尺寸注法：圆的直径数字前面加注_____，圆弧半径数字前面加注_____，半径尺寸线一般应通过圆心。

三、思考题

1. 根据图 2-69 理解圆筒的三视图。

2. 根据图 2-70 的三视图，比较零件 *A*、*B* 异同点。

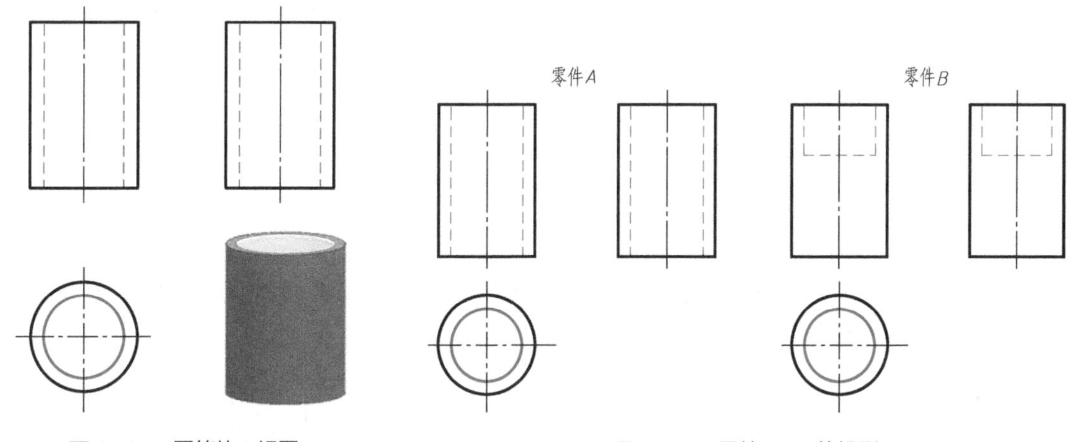

图 2-69　圆筒的三视图　　　　图 2-70　零件 *A*、*B* 的投影

【思考与练习 2-4】 答案

一、(略)

二、填空

1. 细点画线、粗实线　2. 尺寸线、尺寸界线、尺寸数字　3. 起始、终止、细实线　4. 细实线、平行　5. ϕ、R

三、思考题

1. 根据图 2-69，重点理解圆筒的内轮廓采用虚线表达。

2. 根据图 2-70，零件 *A*、*B* 的相同点：二者都是圆筒零件，内轮廓采用虚线表达。不同的是：零件 *A* 的孔是通孔，而零件 *B* 的孔是盲孔。

第五节　切割基本体的投影

机械零件中有许多简单零件是基本体经过切割而形成的，即使复杂的零件也有许多是基本体经过加工而形成的，因此掌握切割圆柱体、切割圆球、切割圆锥体等的投影是机械识图的基础，是我们学习的一个重点。

一、切割圆柱体

1. 平面切割圆柱体

平面切割圆柱体的截平面与圆柱轴线平行，如图 2-71 所示。

（1）平面切割整个圆柱体

其投影如图 2-72 所示。

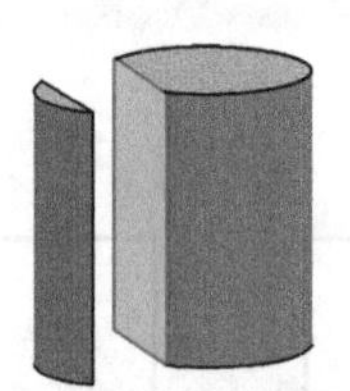

图 2-71　平面切割整个圆柱体

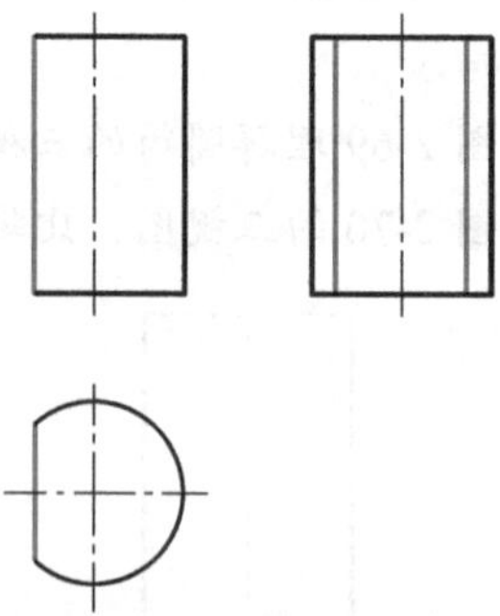

图 2-72　切割圆柱体的投影

（2）带切口的圆柱体

如图 2-73 所示，圆柱体左上角的切口由一侧平面和一水平面切割而成，表示切口特征的投影如图 2-74 所示。

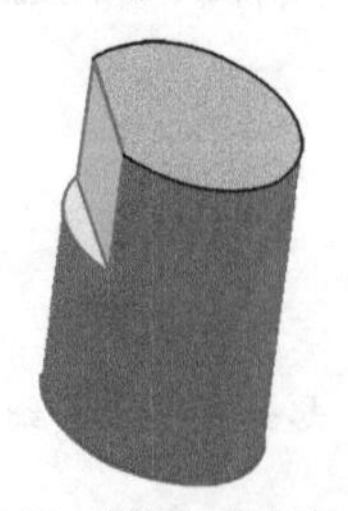

图 2-73　带切口的圆柱体

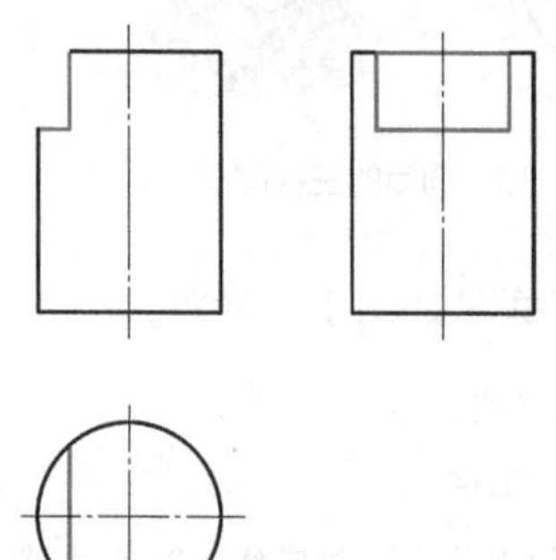

图 2-74　带切口的圆柱体的投影

（3）带切口的圆筒

圆筒由内圆柱面、外圆柱面、顶面和底面组成，图 2-75 所示为带切口的圆筒，其切口由水平面及侧平面切割圆筒而成，反映切口特征的投影，如图 2-76 所示。

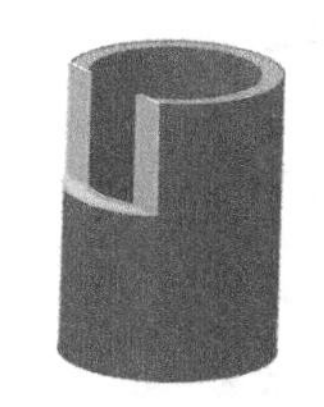

图 2-75 带切口的圆筒

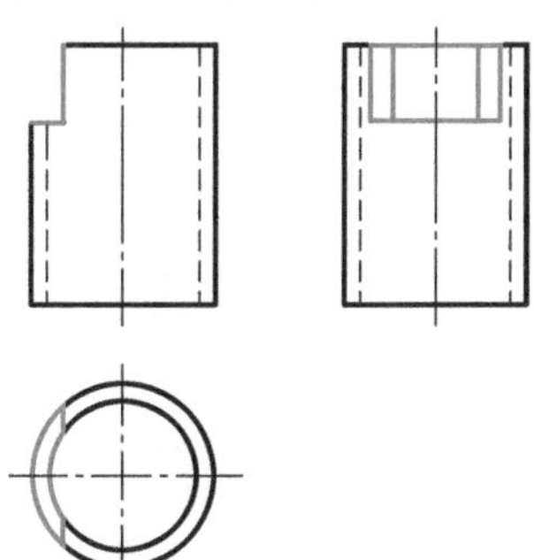

图 2-76 带切口的圆筒投影

圆筒的内圆柱面不可见，其轮廓线用细虚线表示，如图 2-76 所示。

（4）圆柱接头

圆柱接头如图 2-77 所示，与圆柱不同的是接头中间开槽后，此部分圆柱的最上、最下素线被切去了，因此接头的三面投影如图 2-78 所示。

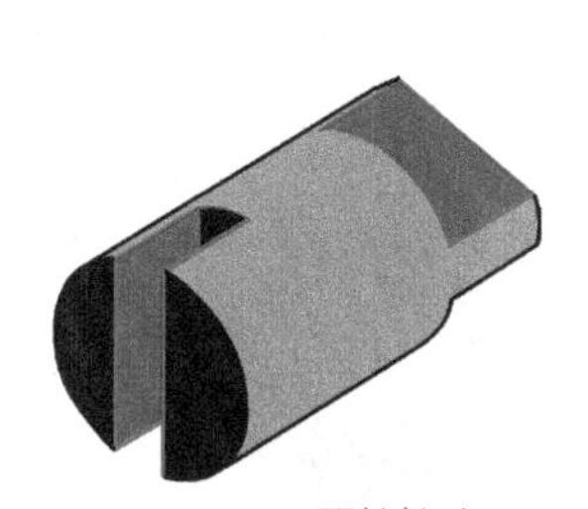

图 2-77 圆柱接头

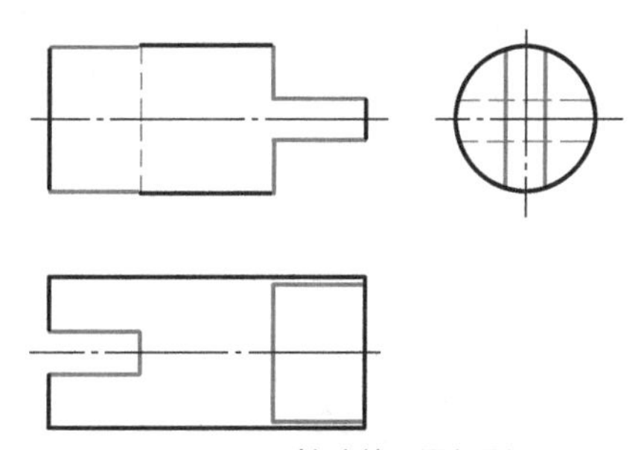

图 2-78 接头的三面投影

2. 切割平面与圆柱轴线相交

平面与圆柱相交时，截平面与圆柱轴线倾斜，得到切割圆柱如图 2-79 所示，截交面为椭圆面，其三视图如图 2-80 所示。

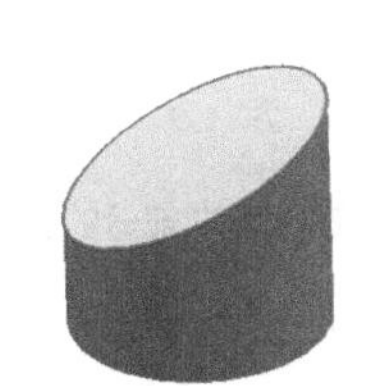

图 2-79 切割圆柱

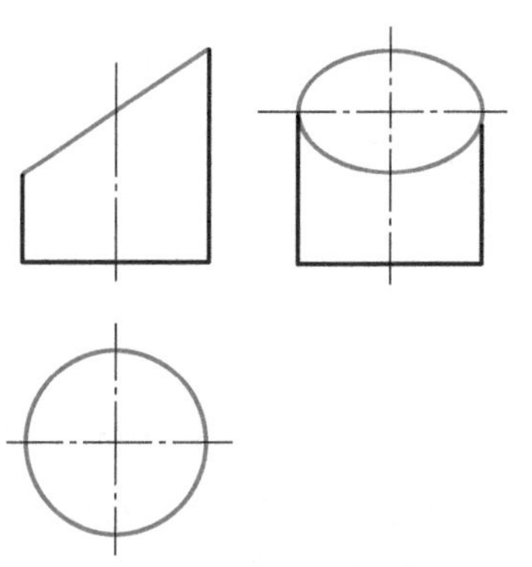

图 2-80 切割圆柱三视图

3. 圆柱抽孔

圆柱抽孔如图 2-81 所示，在圆柱面上产生的交线为相贯线，其三视图如图 2-82 所示。

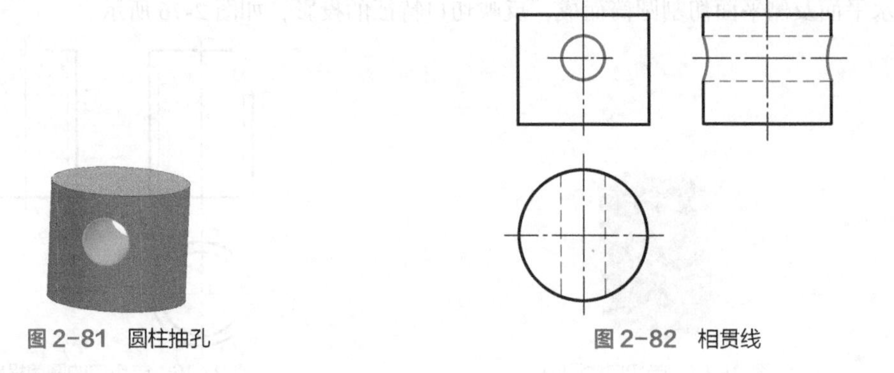

图 2-81　圆柱抽孔　　图 2-82　相贯线

二、切割圆球

1. 平面切割圆球

（1）分析

圆球被任何位置平面切割时，其交线是圆，如图 2-83 所示。切割平面与球心的距离 h 不同，交线圆的直径大小也不相同。h 愈小，交线圆的直径愈大；反之，圆的直径愈小。

（2）平面切割圆球的三视图

① 切割平面将圆球均分为两部分：如图 2-84 所示，切割平面为水平面，交线在水平投影面的投影反映圆的实形；上半部分的三视图如图 2-85 所示，下半部分的三视图如图 2-86 所示。

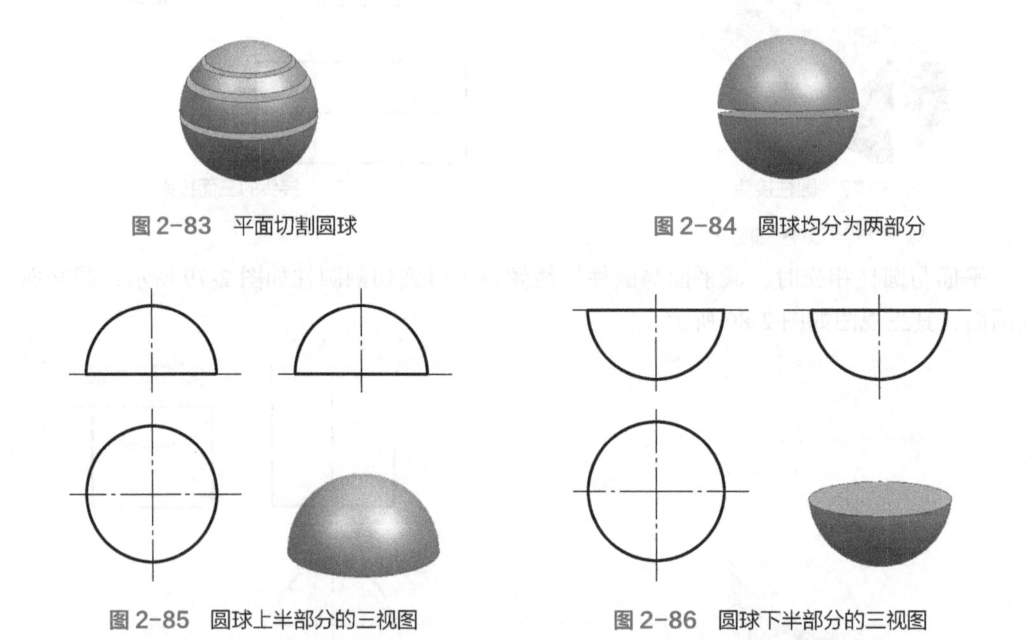

图 2-83　平面切割圆球　　图 2-84　圆球均分为两部分

图 2-85　圆球上半部分的三视图　　图 2-86　圆球下半部分的三视图

② 切割平面将球切掉一小部分：如图 2-87 所示，其三视图如图 2-88 所示。注意切割平面与球心的距离 h，是一个重要参数。

图 2-87　平面切圆球

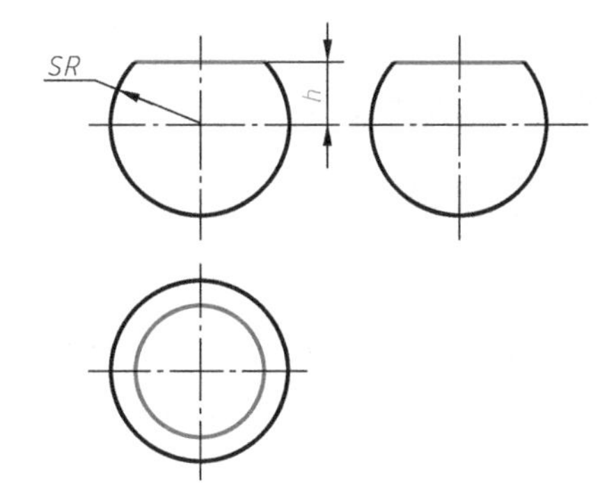

图 2-88　平面切圆球的投影

思考：小半球如图 2-89 所示，此时半球的三视图是怎样的？

③ 两平行平面切割圆球，得到圆球台如图 2-90 所示，圆球台的三视图如图 2-91 所示。

图 2-89　小半球

图 2-90　两平行平面切割圆球

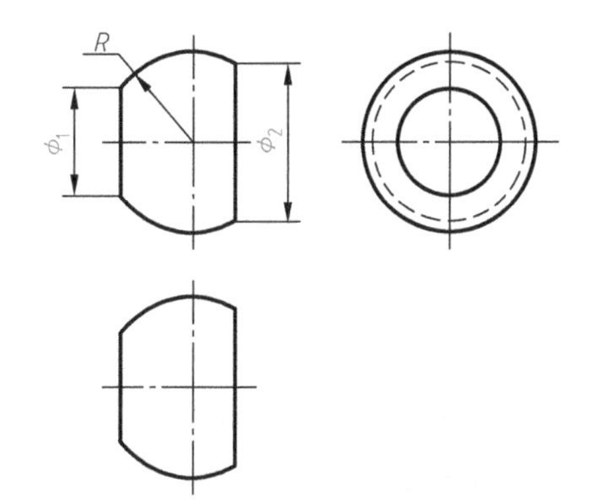

图 2-91　圆球台的三视图

平面切割圆球，切割平面与球心的距离 h 是一个重要参数，也可以采用截交线的直径或半径表达这一参数，如图 2-91 中的标注 ϕ_1、ϕ_2。

2. 带切口的半球

分析：带切口的半球如图 2-92 所示，半球的切口由一个水平面和两个侧平面切割而成。带切口半球的投影如图 2-93 所示。

图 2-92　带切口的半球

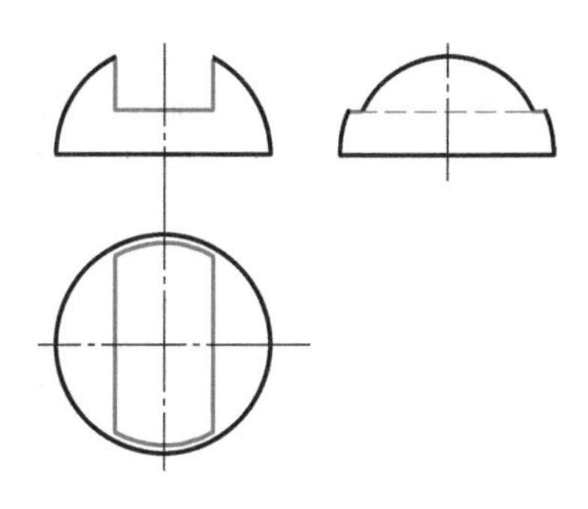

图 2-93　带切口半球的投影

思考：带切口半球如图 2-94 所示，槽的宽度与深度变小，此时半球的三视图是怎样的？

图 2-94　小切口半球

三、切割圆锥体

1. 平面平行切割圆锥体

平面平行切割圆锥体：切割平面平行于圆锥体的轴线，切割圆锥体如图 2-95 所示，切割圆锥体上的截交线是双曲线，其三视图如图 2-96 所示。

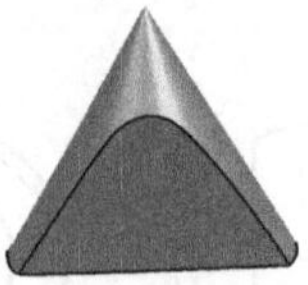

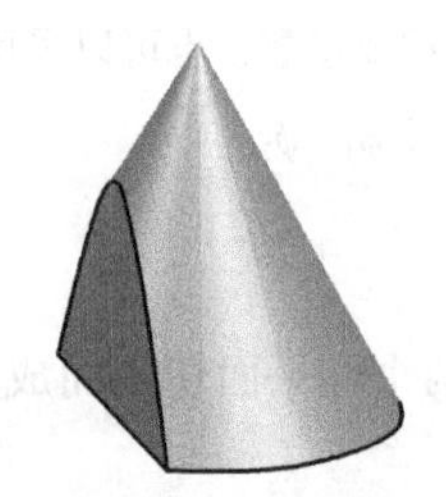
图 2-95　平面平行切割圆锥体

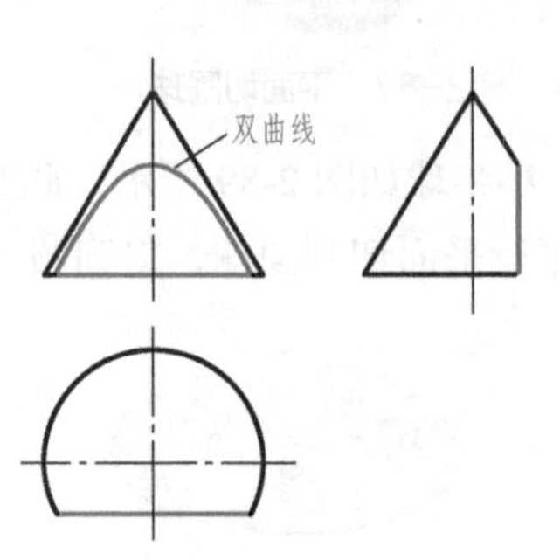

图 2-96　切割圆锥体的三视图

思考：切割圆锥体处于图 2-97 状态时的三视图是怎样的？

2. 平面倾斜切割圆锥体

平面倾斜切割圆锥体：切割平面倾斜于圆锥体的轴线，切割圆锥体如图 2-98 所示，切割圆锥体上的截交线是椭圆，其三视图如图 2-99 所示。

图 2-97　切割圆锥体（一）

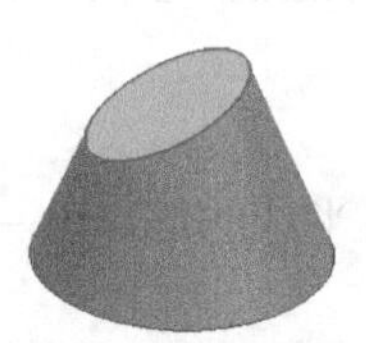
图 2-98　平面倾斜切割圆锥体

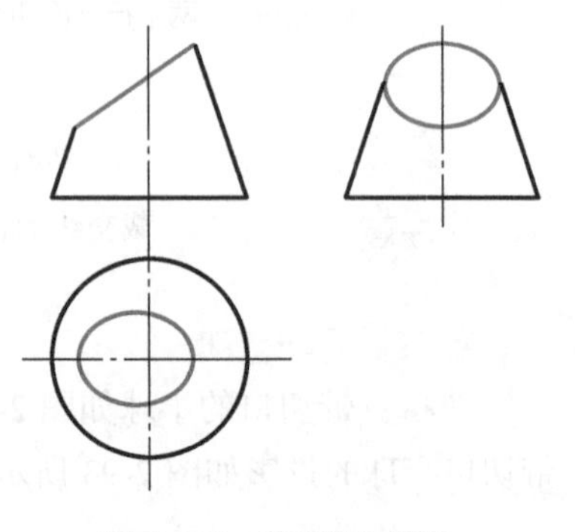
图 2-99　截交线是椭圆

思考：切割圆锥体如图 2-100，它的三视图是怎样的？

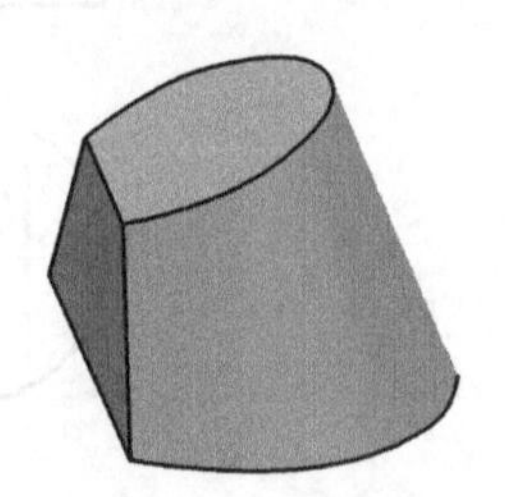
图 2-100　切割圆锥体（二）

四、带切口的棱台

带切口的棱台如图 2-101 所示，棱台的切口由一个水平面和两个侧平面切割而成。带切口棱台的投影如图 2-102 所示。

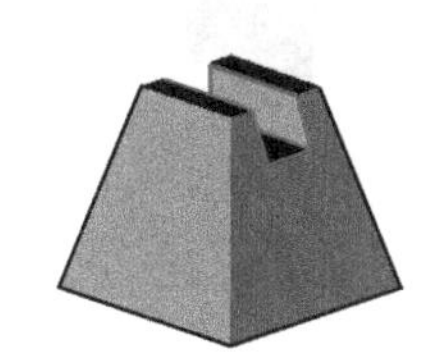

图 2-101　带切口的棱台

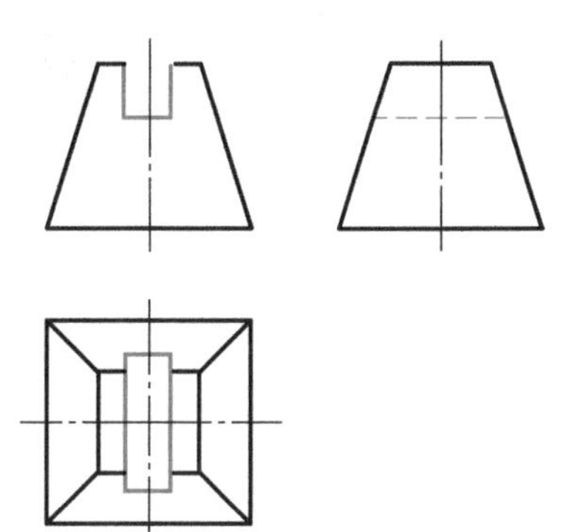

图 2-102　带切口棱台的投影

【思考与练习 2-5】

一、填空

1. 截平面与圆柱轴线倾斜，得到切割圆柱，截交面为________。

2. 切割平面平行于圆锥体的轴线，切割圆锥体上的截交线是________。

3. 切割平面倾斜于圆锥体的轴线，切割圆锥体上的截交线是________。

二、思考题

1. 平面切割阶梯轴如图 2-103 所示，思考：阶梯轴处于水平状态、竖直状态的三视图分别是怎样的？

2. 三视图如图 2-104 所示，思考它表达的物体形状是怎样的？

3. 三视图如图 2-105 所示，思考它表达的物体形状是怎样的？

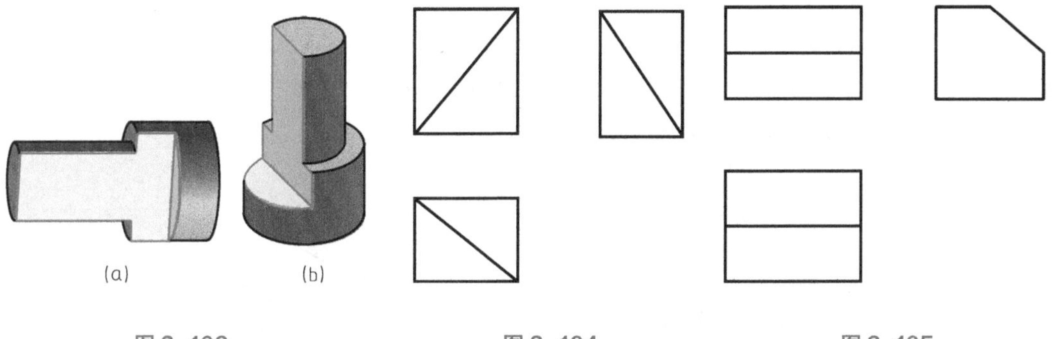

图 2-103　　图 2-104　　图 2-105

4. 根据给出的主视图（图 2-106），参照立体图，思考其俯视图、左视图。

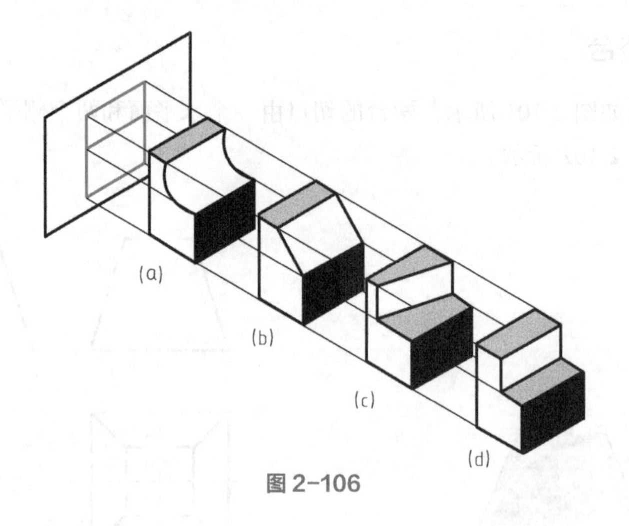

图 2-106

【思考与练习 2-5】 答案

一、填空

1. 椭圆面 2. 双曲线 3. 椭圆

二、思考题

1. 平面切割阶梯轴如图 2-103 所示，阶梯轴处于水平状态、竖直状态的三视图如图 2-107 所示。

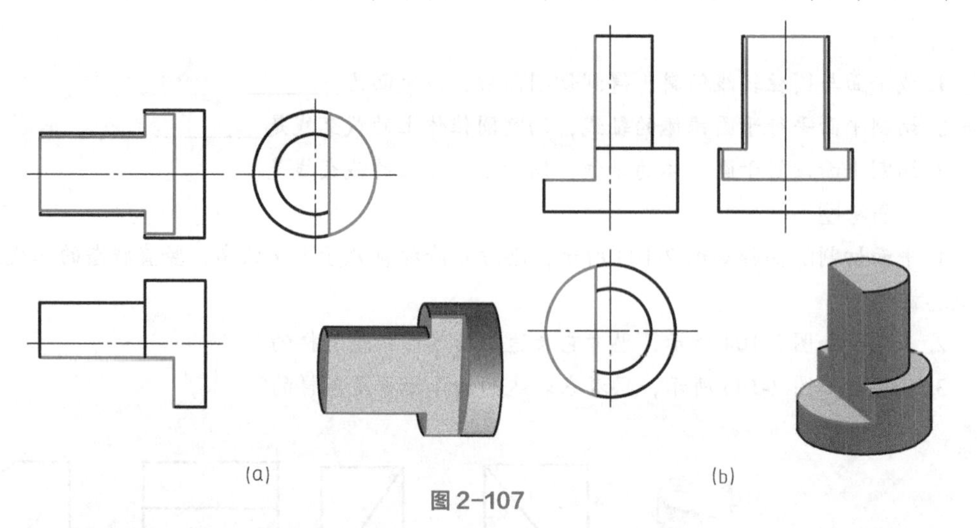

图 2-107

2. 三视图如图 2-104 所示，它表达的物体如图 2-108 所示。

3. 三视图如图 2-105 所示，它表达的物体如图 2-109 所示。

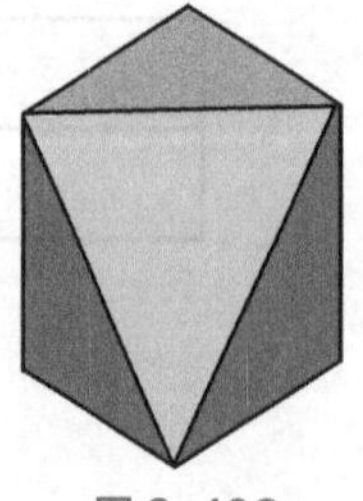

图 2-108

图 2-109

4. 图 2-106 所示各物体的三视图如图 2-110 所示。

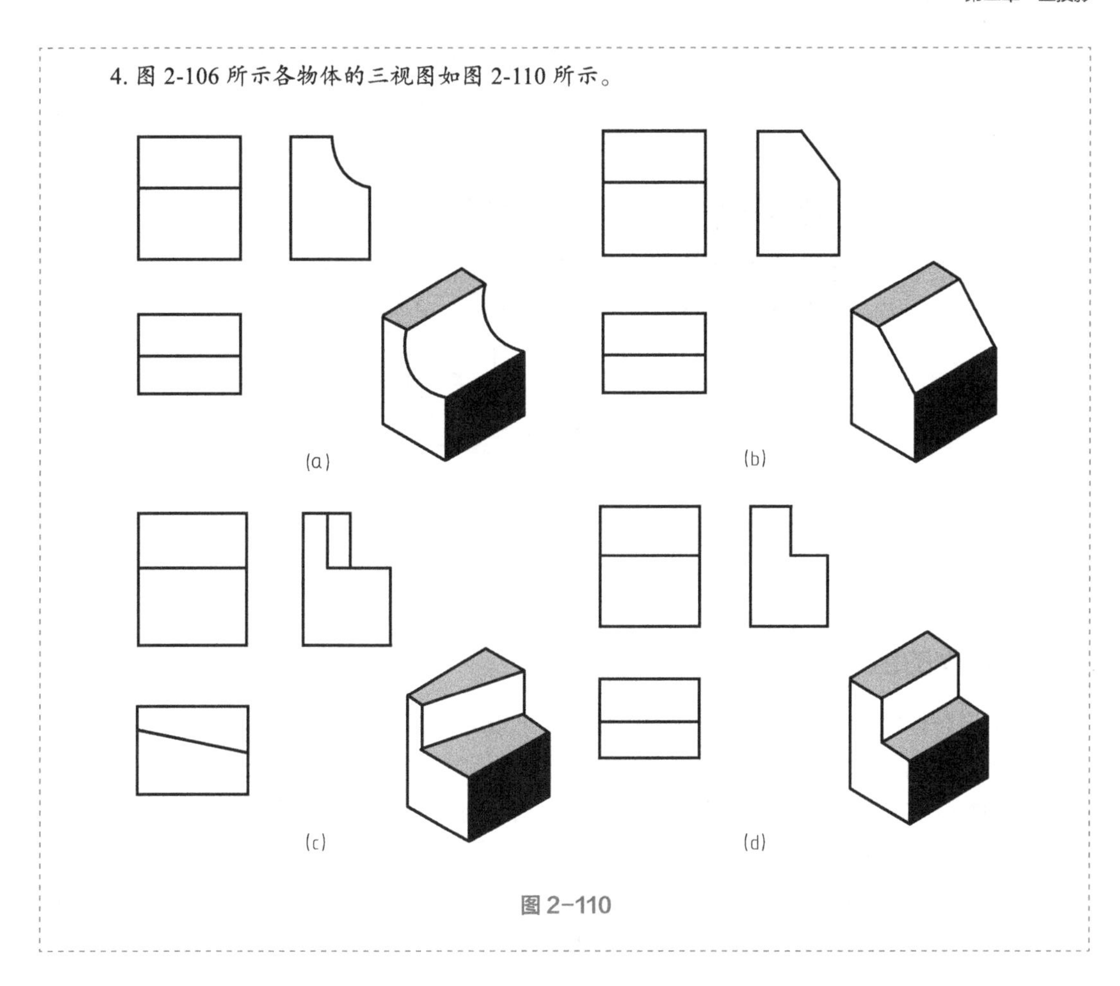

图 2-110

第六节　组合体的投影

一、组合体的形体分析法

对于一般的机器零件，从结构考虑都可以把它分解成若干个基本体，以便分析、设计和加工。学习、掌握组合体的投影，是机械识图的基础之一。

1. 组合体

由两个或两个以上的基本体组合构成的整体称为组合体。

2. 组合体的形体分析法

在制图中人们常常把物体分解成若干个基本体或组成部分，通过分析各基本体或各组成部分的形状、相对位置及组成方式，逐步达到了解总体的目的，这种分析和思考的方法称为形体分析法。

如图 2-111 所示的支座，可将其分解为底板Ⅰ、竖板Ⅱ和支承座Ⅲ三个主要组成部分，如图 2-111（a）所示。其中每个组成部分，例如支承座Ⅲ，又可把它看成是由一个四棱柱和一个半圆柱相结合，然后被截割去一个圆柱孔而成的，如图 2-111（b）所示。

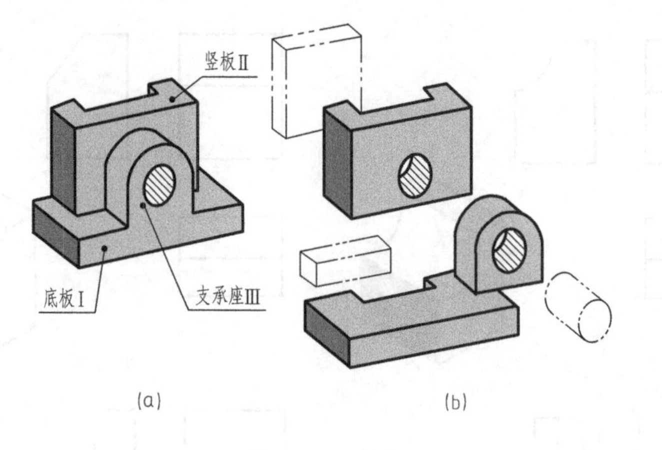

图 2-111　支座

二、组合体的组成方式

根据组合体的组合特点，组合体的组成方式可以分为叠加式、切割式和综合式三种。

1. 叠加式组合体

叠加组合体是指把若干个基本体叠加而成。当各组成基本体叠加时，它们贴合处的两表面之间有以下四种情况。

① 两表面平齐如图 2-112 所示，组成物体的底板和支座两部分宽度相等，叠加时前后两个面平齐，所以在正面投影中，贴合处不画出分界线。

② 两表面不平齐如图 2-113 所示，底板和支座两部分的宽度不等，前表面不平齐，在正面投影中，贴合处必须画出分界线。

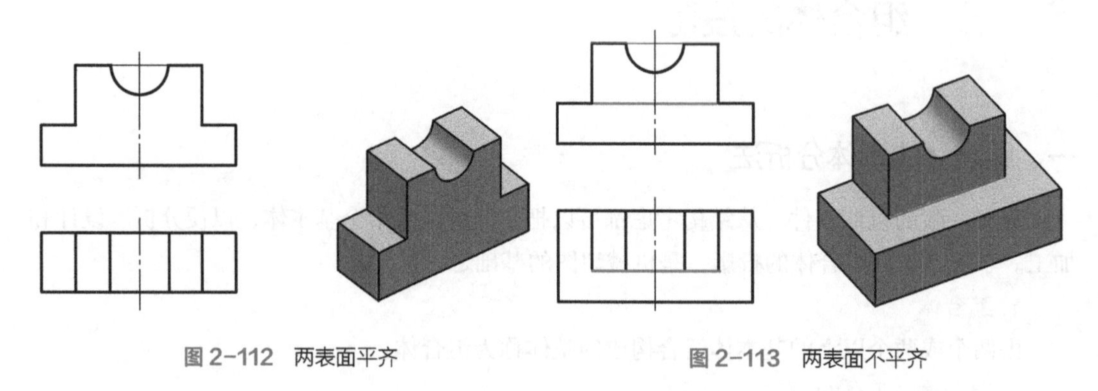

图 2-112　两表面平齐　　　　图 2-113　两表面不平齐

③ 两表面相交：当两表面相交时，它们之间产生明显的转折，因此在相交处必须画出交线（截交线或相贯线）。如图 2-114 所示，在作图时应画出交线的投影。

④ 两表面相切：当平面与曲面或曲面与曲面相切时，两表面光滑过渡，如图 2-115 所示，顶板的侧面与圆柱面相切，相切处不应画线，顶板上、下面的正面投影和侧面投影画到切点为止。

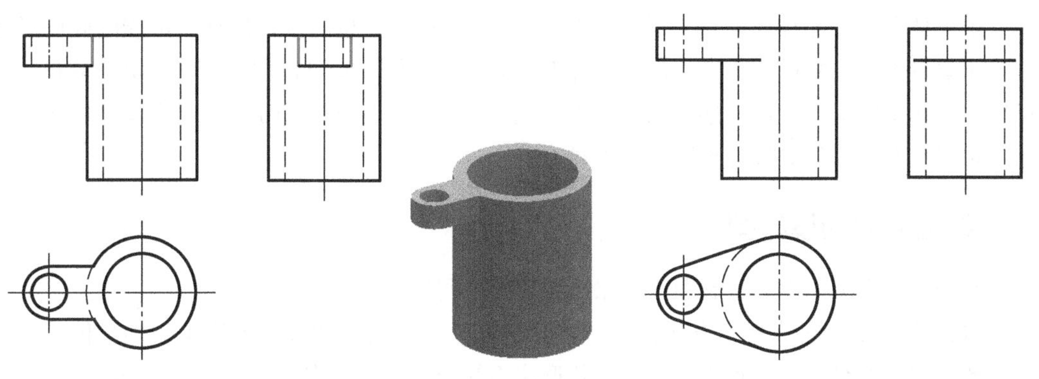

图 2-114　两表面相交的三视图　　　图 2-115　两表面相切的三视图

2. 切割式组合体

切割式组合体是指把一个基本体用平面或曲面切割去若干部分。如图 2-116 所示的组合体，就属于切割式组合体。

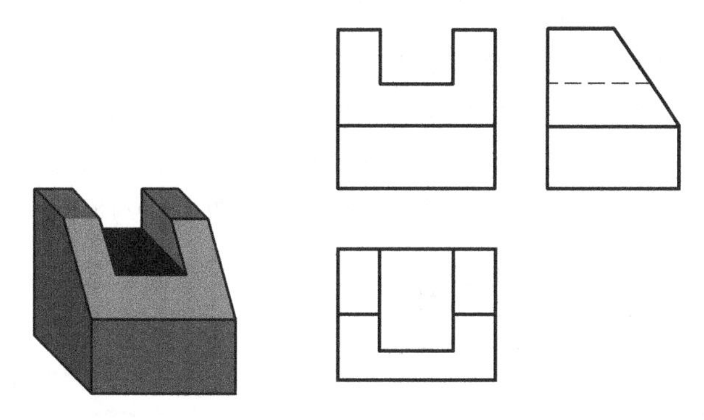

图 2-116　切割式组合体及其三面投影图

3. 综合式组合体

综合式组合体是既有叠加又有切割的组合体，如图 2-117 所示，圆柱与圆柱叠加，两圆柱面正交形成相贯线，三视图见图 2-117。

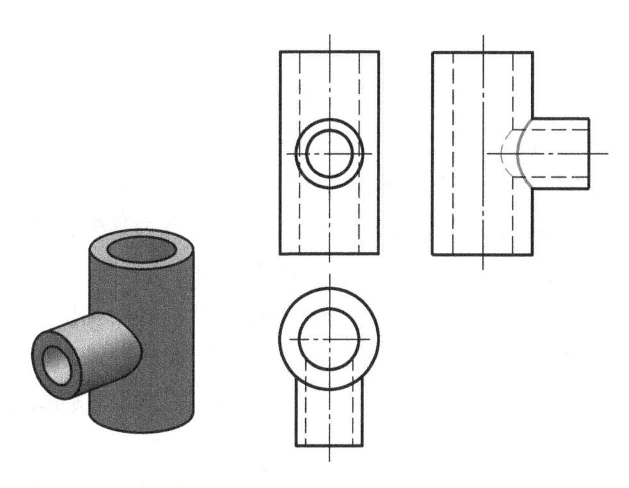

图 2-117　圆柱与圆柱的综合式组合体

组合体是一个整体，所谓“叠加”“切割”只是形体分析的具体体现，不能因此而增加组合体本身不存在的轮廓线；在许多情况下，同一组合体，既可以按“叠加”进行分析，也可以按“切割”进行分析，还可以视为综合式进行分析。如图 2-116 所示组合体，组成方式为“切割”方式，其实质与叠加基本相同。

三、看组合体的投影图

看图就是根据给出的投影图，想象出物体的空间形状。

看组合体投影图的基本方法仍是形体分析法，即根据已知投影图逐个识别形体，并确定各形体之间的组成方式和相对位置。若形体不甚明显或有疑难之处，则需结合线面投影分析，想象出该物体的完整形状。下面以图 2-118 所示的零件为例，说明看图的一般步骤。

① 初步了解组合体的特征，并采用形体分析法把物体分解成若干组成部分。看图一般从正面投影图入手，根据图 2-118 的正面投影图，可看出该组合体左右对称。

② 根据投影规律，逐步弄清楚各组成部分的形状，可借助丁字尺、三角板和分规等工具，用“对线条”的办法，找出三个投影之间一一对应的关系，从而想象出各个组成部分的空间形状。在图 2-118 中，粗实线表示零件的可见轮廓，虚线表示零件的不可见轮廓。

③ 深入看懂细节，综合想象整体形状。该物体的主体为半圆筒，半圆筒前上方带有切口，切口的切割平面将与圆筒外表面产生交线；在切口上钻有一圆孔，圆孔与圆筒的内表面产生相贯线。因此想象出整个物体的形状，其轴测图如图 2-119 所示。

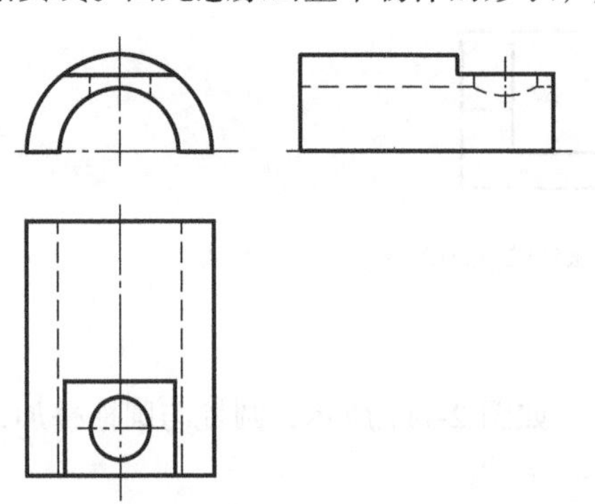

图 2-118　用形体分析法看图

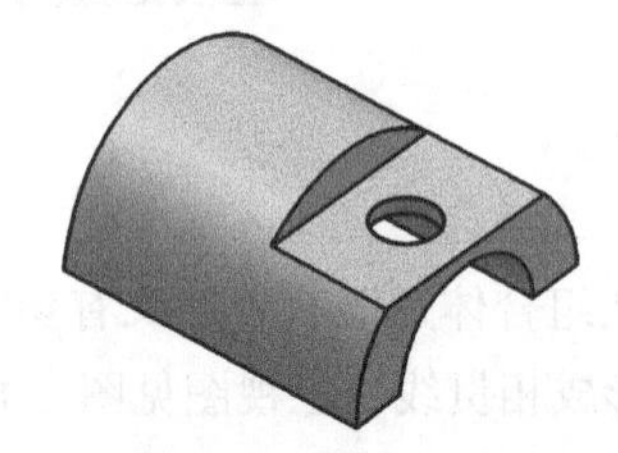

图 2-119　带切口的半圆筒

若组合体的形体组合比较清晰，各形体形状不太复杂，则采用形体分析法按上述步骤看图，在一般情况下能完全看懂。但是，对于形状和组合方式比较复杂的物体，特别是对于切割式的物体，在看投影图时常常碰到一些难以看懂的线框和线条，就必须进行线面分析。

进行线面分析时，要以熟悉各种位置直线和平面的投影为基础，并注意掌握如下几点：

① 一个线框表示物体上的一个表面。投影图上的每个封闭线框，一般都表示物体上的一个表面。如图 2-120 所示，正面投影线框 *abc*，按照投影规律找出水平投影为直线 *a'b'c'*，即可判断出线框 *abc* 为正垂面；水平投影线框 *a'b'd'e'f'*，按照投影规律找出正面投影为直线 *aec*，即可判断出线框 *a'b'd'e'f'* 为水平面；投影图中其余各线框可按此方法相应地作出判断，它们均表示物体上不同位置的面。

② 相邻两线框表示物体上两个不同的表面。这两个表面可能相交，也可能不相交。若

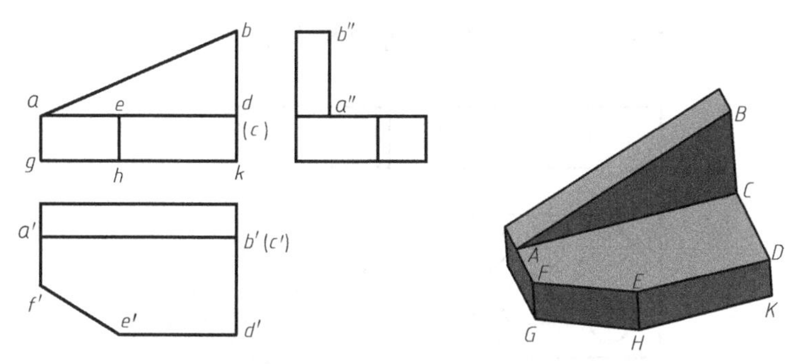

图 2-120　组合体的投影图

两表面相交，其公有线是交线的投影；若不相交，其公有线为两表面过渡的第三个表面的有积聚性的投影。图 2-120 中，正面投影有两相邻线框 *abd* 和 *adkg*，其公有线 *ad* 为此两线框所代表的正平面和铅垂面不相交。公有线 *ad* 是水平面 *ACDEF* 的投影，有积聚性。

③ 正面投影上各线框表示物体上前、后位置不同的面，水平投影上各线框表示物体上、下位置不同的面，侧面投影上各线框表示物体左、右位置不同的面。要区分物体上各表面的上、下、左、右、前、后位置，也必须遵循投影规律，把几个投影联系起来分析判别。

看组合体的投影图常常是形体分析法和线面分析法并用，而且是以形体分析法为主，再辅以线面分析法。

【思考与练习 2-6】

一、填空题

1. 由两个或两个以上的基本体组合构成的整体称为________。

2. 在制图中人们常常把物体分解成若干个基本体或组成部分，通过分析各基本体或各组成部分的形状、相对位置及组成方式，逐步达到了解总体的目的，这种分析和思考的方法称为________。

3. 根据组合体的组合特点，组合体的组成方式可以分为__________、__________和________三种。

4. 看组合体的投影图常常是________和________。

二、巩固提高

1. 法兰盘如图 2-121 所示，分析其三视图，明确其结构。

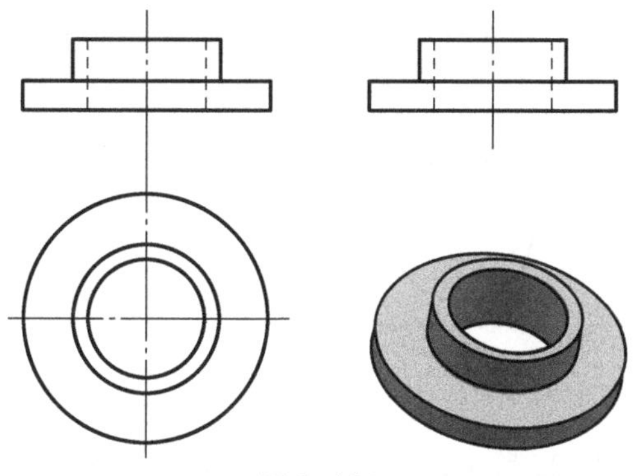

图 2-121

2. 基座如图 2-122 所示，分析其三视图，明确其结构。

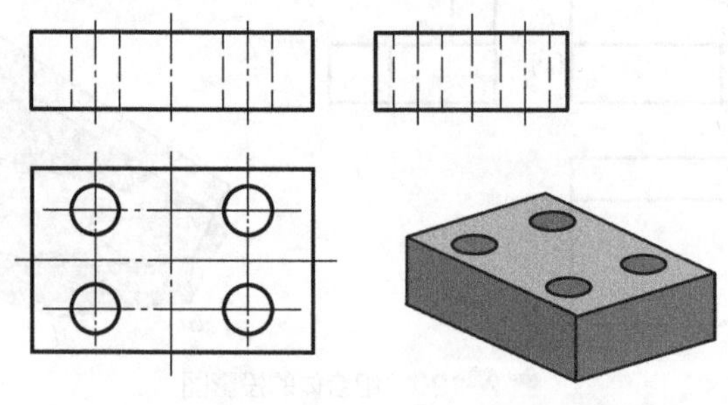

图 2-122

三、识读三视图

1. 零件的三视图如图 2-123 所示，想象零件的结构、形状。

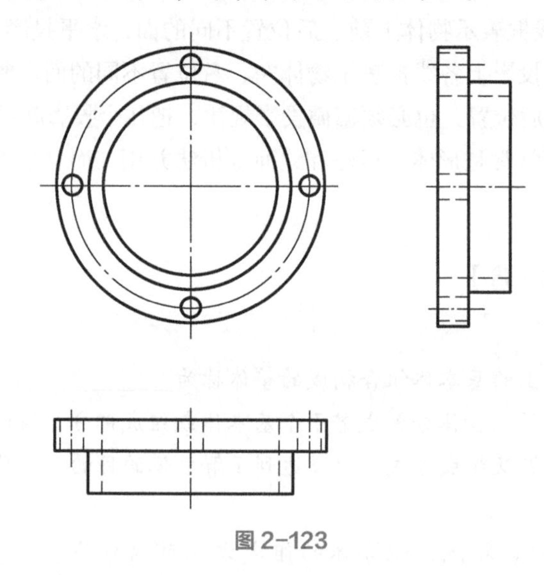

图 2-123

2. 零件的三视图如图 2-124 所示，想象零件的结构、形状。

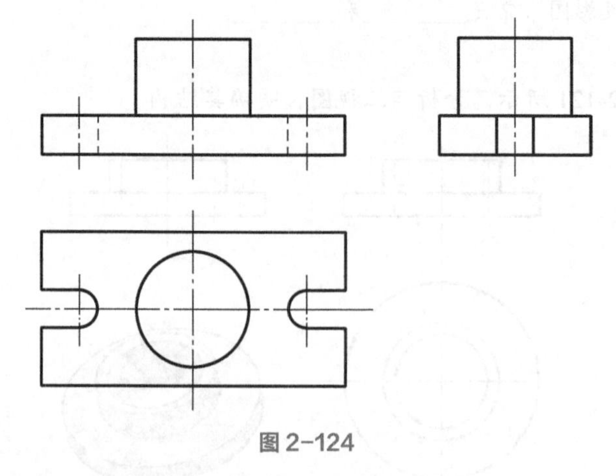

图 2-124

3. 零件的三视图如图 2-125 所示，想象零件的结构、形状。

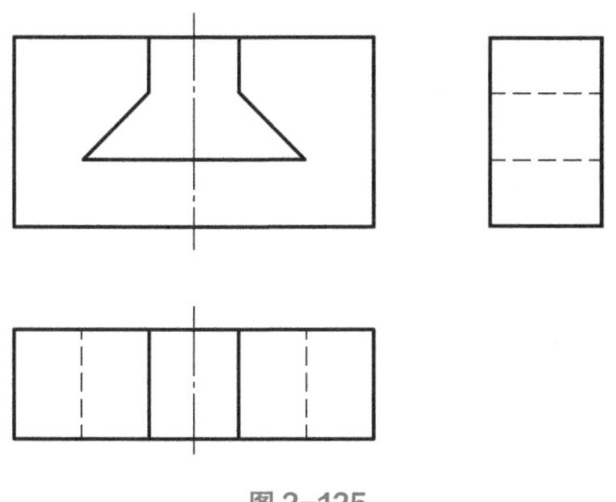

图 2-125

四、思考题

1. 导柱套如图 2-126 所示，分析其结构并思考其三视图。

2. 零件如图 2-127 所示，分析其结构并思考其三视图。

3. 四棱基座如图 2-128 所示，分析其结构并思考其三视图。

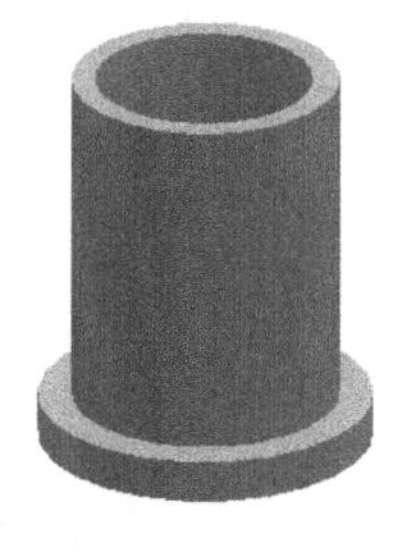

图 2-126　导柱套

图 2-127　零件

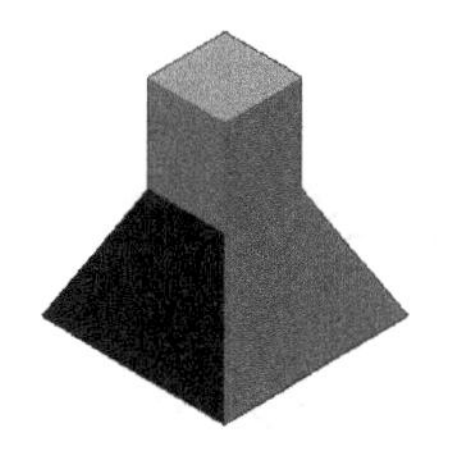

图 2-128　四棱基座

4. 阶台轴如图 2-129 所示，分析其结构并思考其三视图。

5. 带有卡槽的圆柱如图 2-130 所示，分析其结构并思考其三视图。

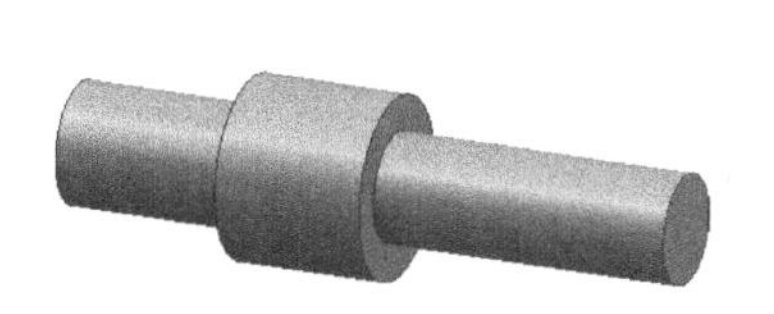

图 2-129　阶台轴（一）

图 2-130　带有卡槽的圆柱

6. 阶台轴如图 2-131 所示，分析其结构并思考其三视图。

7. 铆钉如图 2-132 所示，分析其结构并思考其三视图。

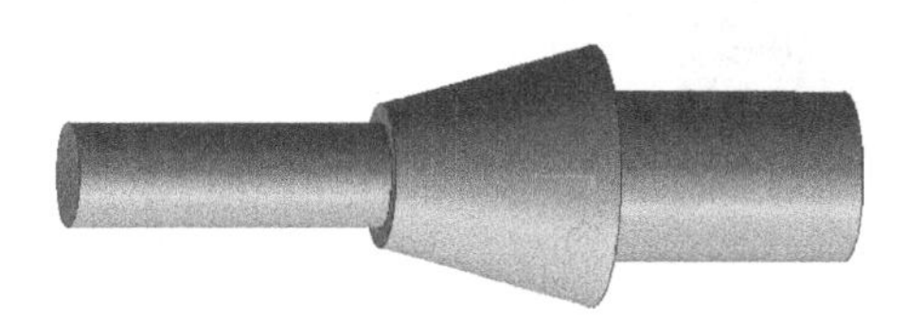

图 2-131　阶台轴（二）

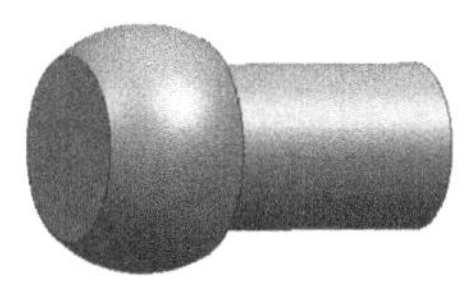

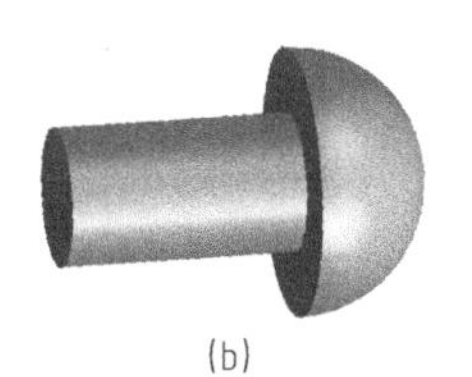

(a)　　(b)

图 2-132　铆钉

【思考与练习 2-6】 答案

一、填空题

1. 组合体　2. 形体分析法　3. 叠加式、切割式、综合式　4. 形体分析法、线面分析法

二、巩固提高

1. 识图重点：虚线表示不可见轮廓线。

2. 识图重点：虚线表示不可见轮廓线。

三、(略)

四、思考题

1. 导柱套三视图如图 2-133 所示。

2. 零件的三视图如图 2-134 所示。

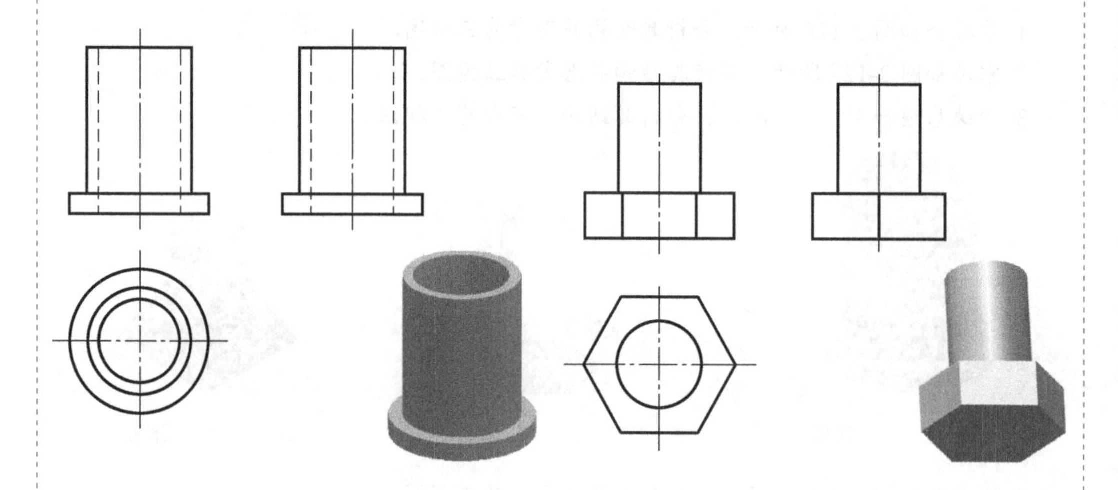

图 2-133　　图 2-134

3. 零件的三视图如图 2-135 所示。

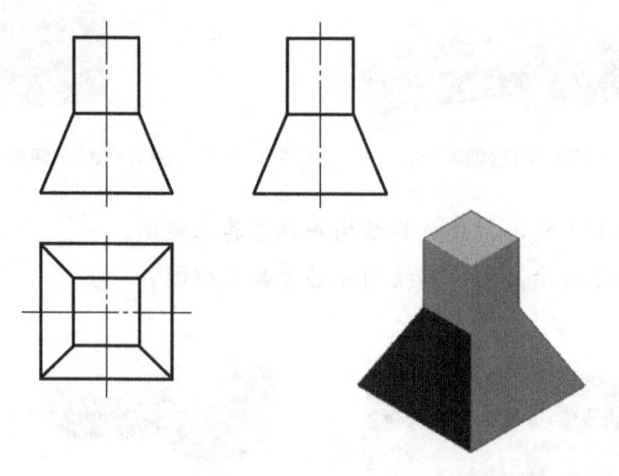

图 2-135

4. 零件的三视图如图 2-136 所示。

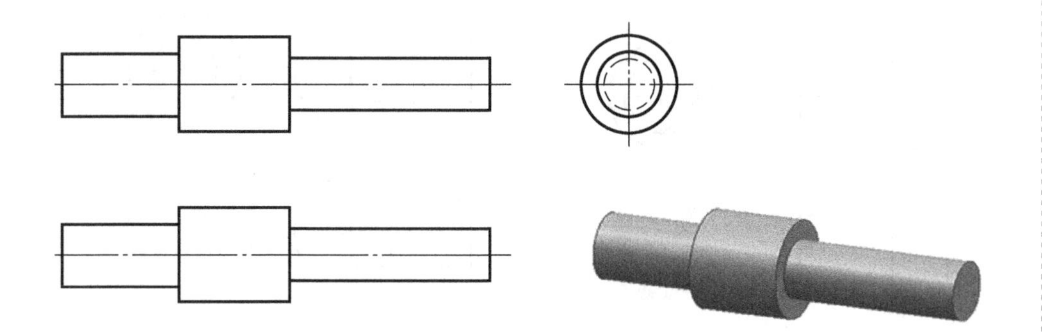

图 2-136

5. 零件的三视图如图 2-137 所示。

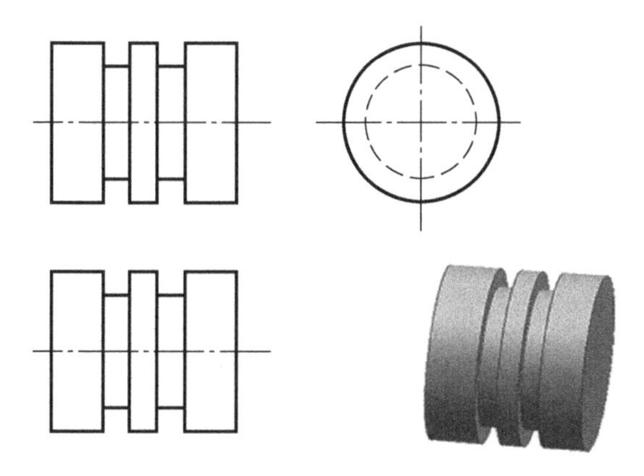

图 2-137

6. 零件的三视图如图 2-138 所示。

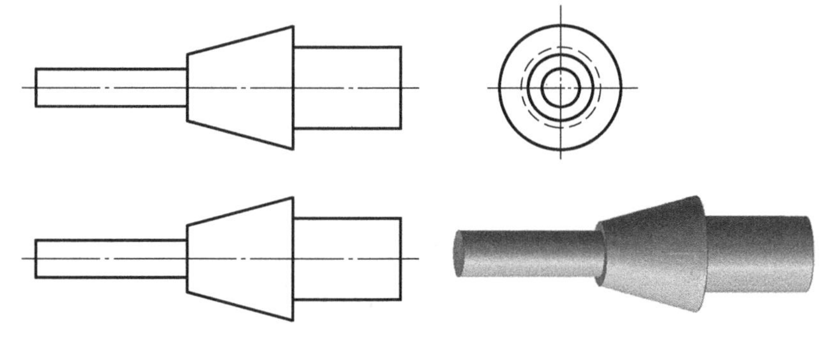

图 2-138

7. 零件的三视图如图 2-139 所示。

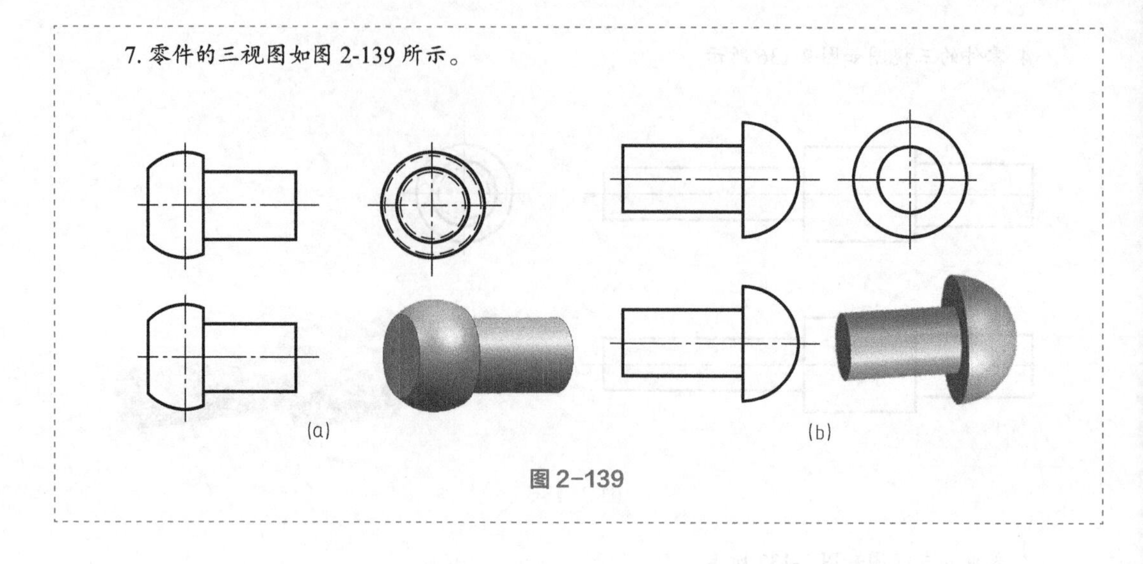

图 2-139

第三章 视图与零件图

实际生产中机件形状是多种多样的，有些零件的内、外形状都比较复杂，如果只用三视图的方法，可见部分画粗实线，不可见部分画细虚线，往往不能完整、清楚地表达零件。为此，国家标准规定了视图、剖视图和断面图等基本表示法，本章就介绍这些基本表示法的特点和用法。

第一节 视图

视图是用正投影法将物体向投影面投射所得的图形，主要用来表达物体的外部结构形状。一般用它来表示物体的可见部分，必要时才用虚线画出其不可见的部分。

视图分为基本视图、向视图、局部视图和斜视图四种。

一、基本视图

物体向基本投影面投射所得的视图，称为基本视图。

在原有水平面、正面和侧面三个投影面的基础上，再增设三个投影面构成一个正六面体，正六面体的六个侧面称为基本投影面，如图 3-1 所示；分别向六个基本投影面投射，即得到六个基本视图，六个视图除了前面介绍的主视图、俯视图和左视图外，新增加的基本视图是：

右视图：由右向左投射所得的视图；

仰视图：由下向上投射所得的视图；

后视图：由后向前投射所得的视图。

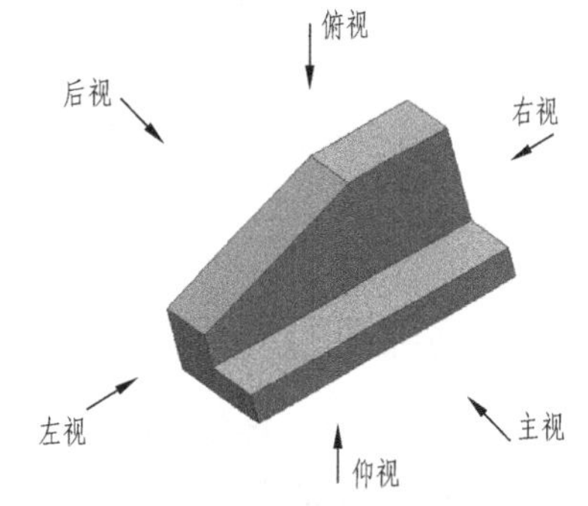

图 3-1 六个基本投影面

各基本投影面的展开方式如图 3-2 所示，即保持正投影面不动，其余各面按箭头所指方向展开，使之与正投影面共面，即得到六个基本视图。展开后各视图的配置如图 3-3 所示。六个基本视图之间仍保持着与三视图相同的“长对正、高平齐、宽相等”的投影规律，即主视图、俯视图和仰视图长对正（后视图同样反映零件的长度尺寸），主视图、左视图、右视图和后视图高平齐，左视图、右视图与俯视图、仰视图宽相等。

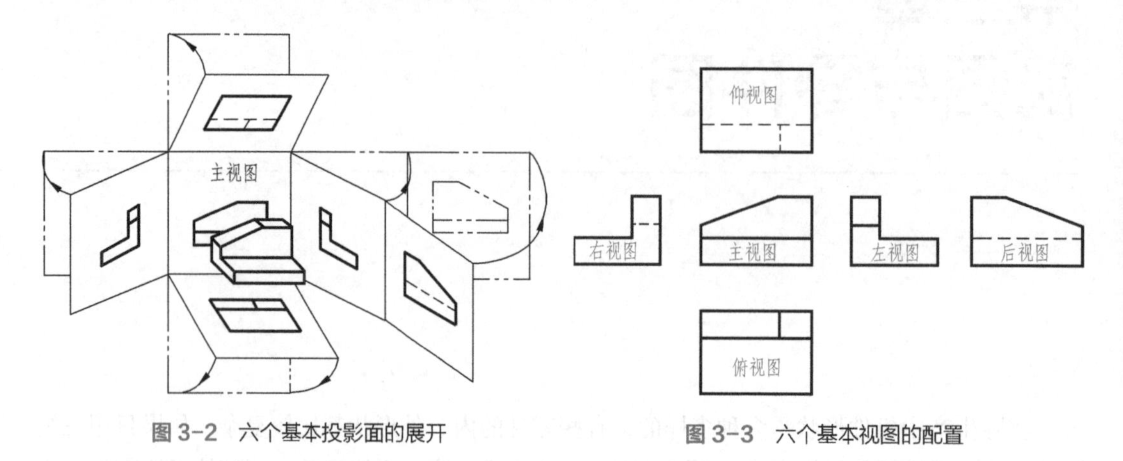

图 3-2　六个基本投影面的展开　　图 3-3　六个基本视图的配置

在实际绘图时，应根据物体的结构特点，按实际需要选择基本视图。选择基本视图的要求是表达完整、清晰，又不重复，使视图的数量最少。

二、向视图

向视图是可以移位配置的基本视图。当某视图不能按照投影关系配置时，可以按照向视图绘制，如图 3-4 中的向视图 *A* 和向视图 *B*。

向视图必须在图形上方中间位置注出视图名称“×”（“×”为大写拉丁字母，下同），并在相应的视图附近用箭头指明投射方向，注写相同的字母。

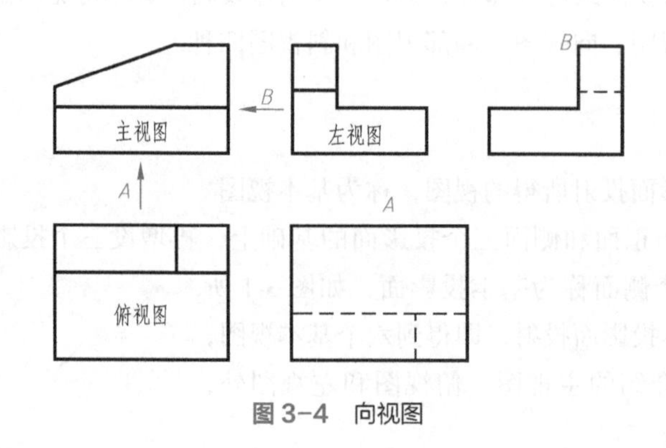

图 3-4　向视图

三、局部视图

局部视图是将零件的某一部分向基本投影面投射所得的视图。如图 3-5 中的向视图 *A*，着重表达零件底面的结构，底面的前后对称，采用局部视图来表达，既简练又突出重点。

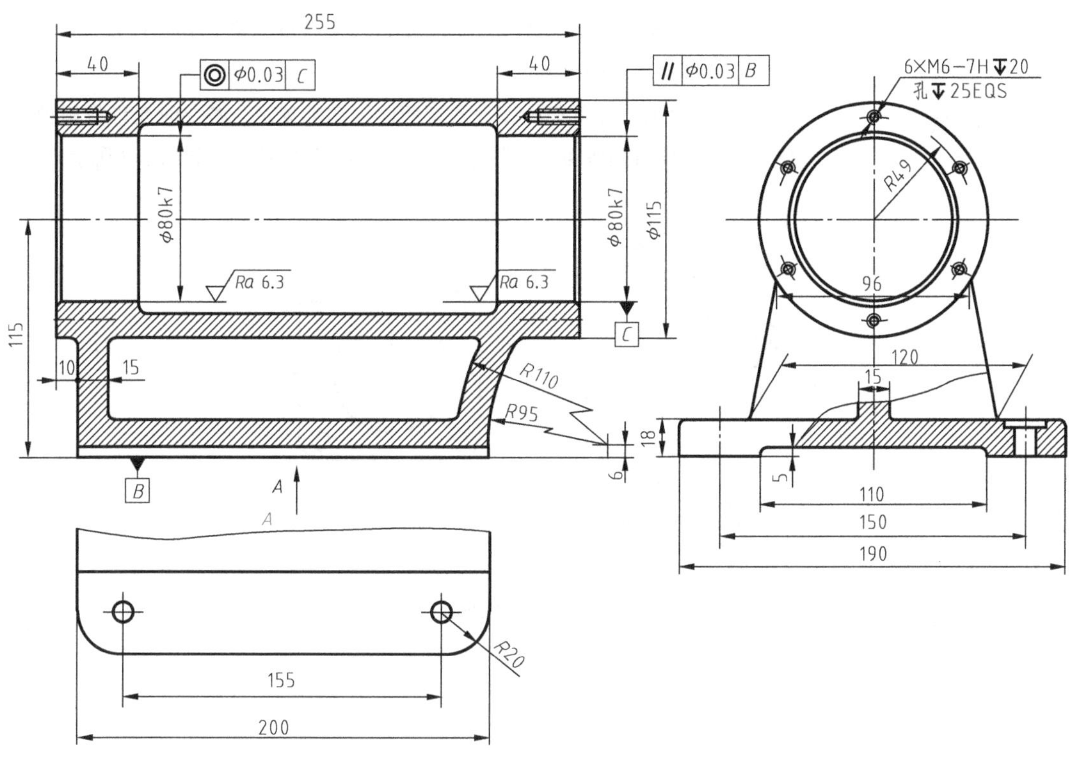

图 3-5　局部视图

① 局部视图可以按照向视图的配置形式配置在适当的位置，需标注视图名称；按照基本视图位置配置、中间没有其他视图隔开时，则不必标注。

② 局部视图的断裂边界常用波浪线或双折线表示，如图 3-5 所示，但是当局部视图表示的局部结构是完整的，其图形的外轮廓线呈封闭状时，波浪线或双折线可省略不画。

四、斜视图

将零件向不平行于基本投影面的平面投射所得的视图称为斜视图，如图 3-6 所示。

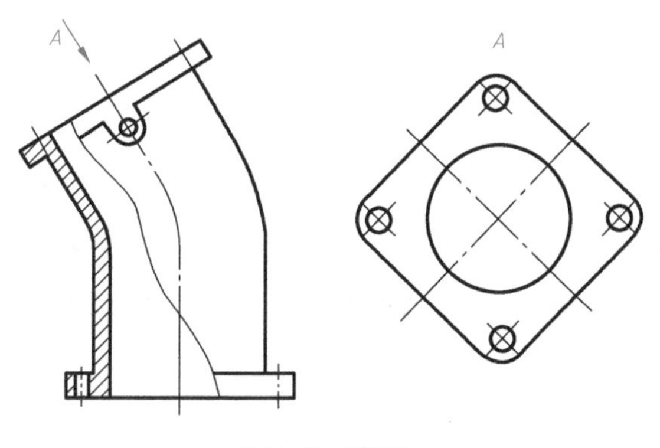

图 3-6　斜视图

① 斜视图常用于表达零件上的倾斜结构。画出倾斜结构的实形后，零件的其余部分不必画出。

② 斜视图的配置和标注一般遵照向视图的规定，必要时允许将斜视图旋转配置，此时仍按照向视图标注，而且加注旋转符号，如图 3-7 所示。

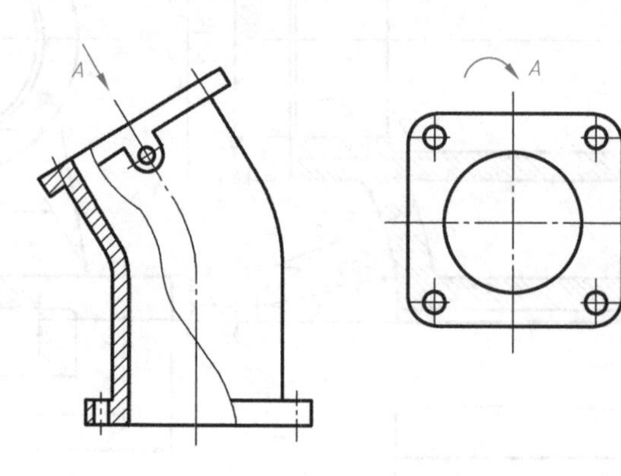

图 3-7 斜视图旋转配置

【思考与练习 3-1】

一、填空

1. 视图是用正投影法将物体向投影面投射所得的图形，分为________、________、________和______。

2. 六个基本视图：______、_______、_______、_______、_______、______。

3. 六个基本视图之间仍保持着与三视图相同的投影规律，即______、______、______长对正（后视图同样反映零件的长度尺寸），______、______、______和______高平齐，______、______、______与______宽相等。

4. 向视图是可以______配置的基本视图。

5. 局部视图是将零件的______向基本投影面投射所得的视图。

6. 将零件向______基本投影面的平面投射所得的视图称为斜视图。

二、思考题

图 3-3 中，采用哪几个基本视图就能完整、清晰地表达零件的结构？

【思考与练习 3-1】 答案

一、填空

1. 基本视图、向视图、局部视图、斜视图　2. 主视图、俯视图、左视图、右视图、仰视图、后视图　3. 主视图、俯视图、仰视图、主视图、左视图、右视图、后视图、左视图、右视图、俯视图、仰视图　4. 移位　5. 某一部分　6. 不平行于

二、思考题

采用主视图与俯视图或者主视图与左视图就能完整、清晰地表达零件的结构。

第二节 简单零件图

在生产过程中，根据零件图样和图样的技术要求进行零件的生产准备、加工制造及检验，因此零件图是指导零件生产的重要技术文件。通过本节的学习，明确零件图的组成、作用；掌握光轴（圆柱体）、长方体的零件图的识读方法；掌握尺寸、基准等概念。

一、零件图

零件图是表示单个零件的结构、形状、大小和有关技术要求的图样，也是制造和检验零件时所用的图样，又称零件工作图，如图 3-8 所示燕尾槽块的零件图。

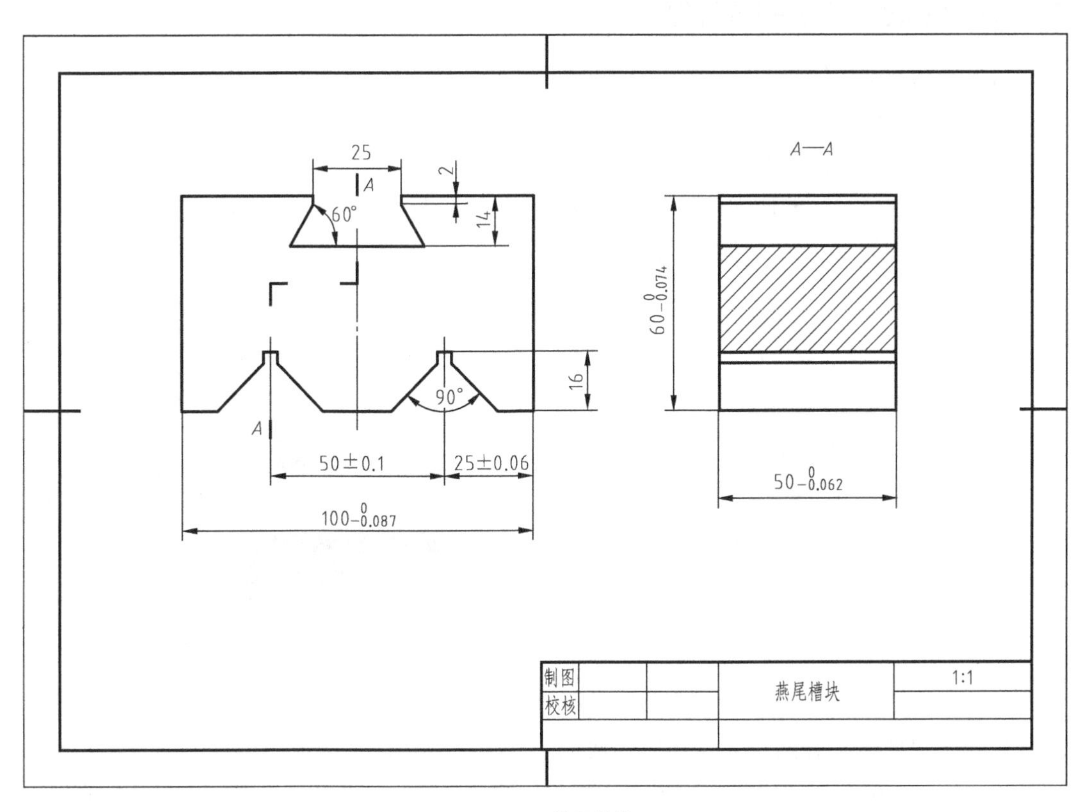

图 3-8 燕尾槽块

作为加工和检验依据的零件图，应包括图形、尺寸、技术要求和标题栏等内容。

（1）图形

选用一组合适的视图、剖视图、断面图等图形，正确、清晰地表达零件的内、外结构形状及其各部分的相对位置关系。

由于零件的结构形状是多种多样的，所以在画图前应对零件进行结构形状分析，并针对不同零件的特点选择主视图及其他视图，确定最佳表达方案。一个好的零件视图表达方案是：表达正确、完整、清晰、简练，同时易于识读。

实际画图时，无须将六个基本视图全部画出，应根据机件的复杂程度和表达需要，选用其中必要的几个基本视图。若无特殊情况，优先选用主、俯、左视图，尽量减少图形数量，以方便画图和看图。

（2）尺寸

正确、完整、清晰、合理地标注零件在加工和检验时所需要的全部尺寸。

（3）技术要求

用规定的符号、代号、标记和文字说明等简明地给出零件在加工和检验时所应达到的各项技术指标和要求，如尺寸公差、几何公差、表面结构、热处理等。

（4）标题栏

填写零件名称、材料、比例、图号以及设计、审核人员的签字等。

二、光轴（圆柱体）的零件图

（1）光轴（圆柱体）

光轴（圆柱体）如图 3-9 所示。

（2）光轴（圆柱体）的三视图

绘制零件图时，一般使零件处于加工或工作时的状态。轴类零件一般采用车削加工，如图 3-10 所示，轴类零件加工时轴线是水平的，因此，光轴（圆柱体）的三视图如图 3-11 所示。

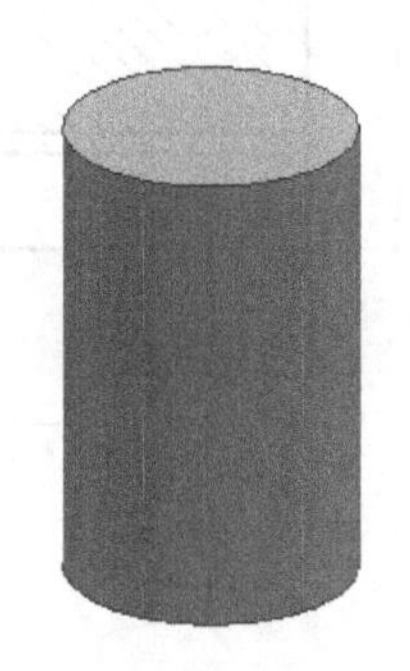

图 3-9　光轴（圆柱体）

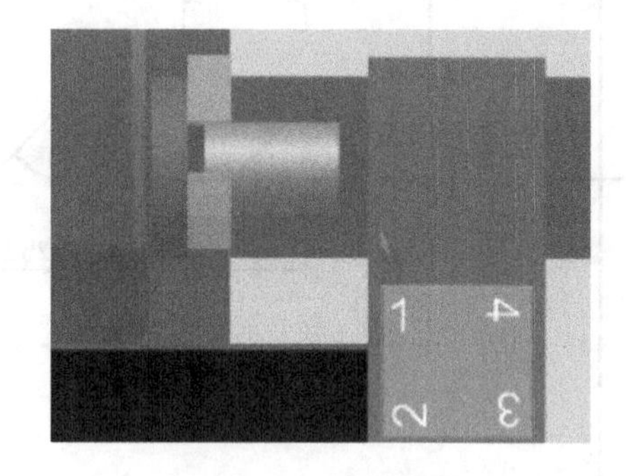

图 3-10　光轴的车削

（3）光轴（圆柱体）的零件图画法

光轴（圆柱体）有两个完全相同的底面，光轴（圆柱体）的大小由底面的直径和圆柱体的高（长度）两个参数决定，主视图就能表达这两个参数。圆柱、圆锥等回转体的直径尺寸，应尽量标注在反映其轴线的投影图上，采用主视图就能完整地表达光轴（圆柱体），如图 3-12 所示。

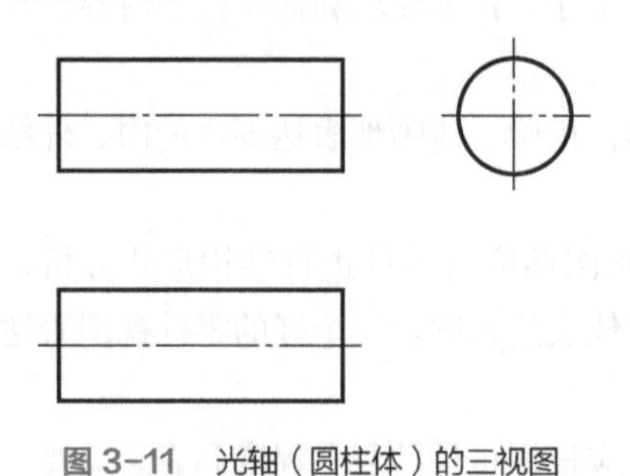

图 3-11　光轴（圆柱体）的三视图

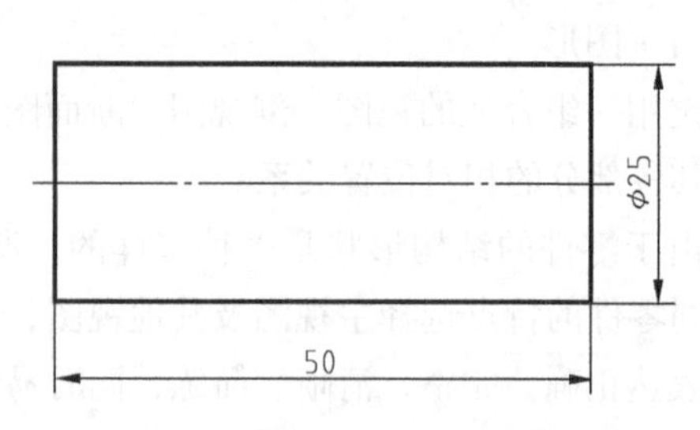

图 3-12　光轴（圆柱体）零件图（一）

光轴的零件图如图 3-13 所示，包括视图、尺寸、技术要求和标题栏等内容。

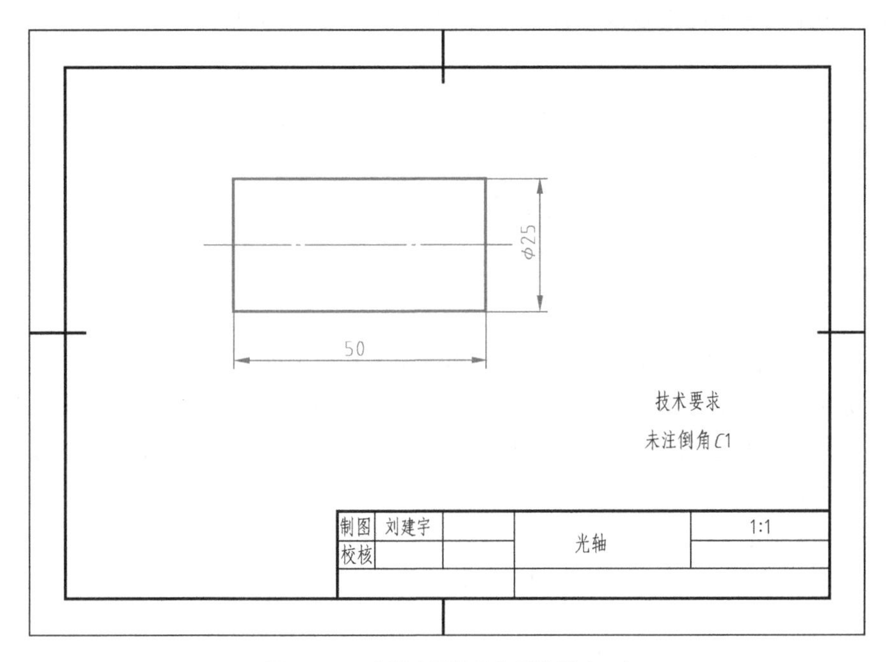

图 3-13 光轴（圆柱体）零件图（二）

① 在光轴的零件图上，视图是带有中心线的矩形，矩形用粗实线表示，中心线用点画线表示。视图上出现矩形线框，就应立刻联想它可能是圆柱体或四棱柱；再从标注的尺寸或其他投影，就会明确它是圆柱体还是四棱柱。

② 矩形上标注两个尺寸，一个尺寸是数字，表示长度，另一个尺寸是数字前面加注“ϕ”，表示直径，这样的视图就表示光轴（圆柱体）。中心线表示光轴（圆柱体）的轴线，矩形表示光轴（圆柱体）的轮廓。

③ 零件图中的视图是零件图的主体，应清晰、准确地表达零件的结构和形状。为了描述清晰、简洁，本章所说的零件图就是指零件图中的视图。

【例 3-1】 零件如图 3-14 所示，分析该图表示怎样的零件。

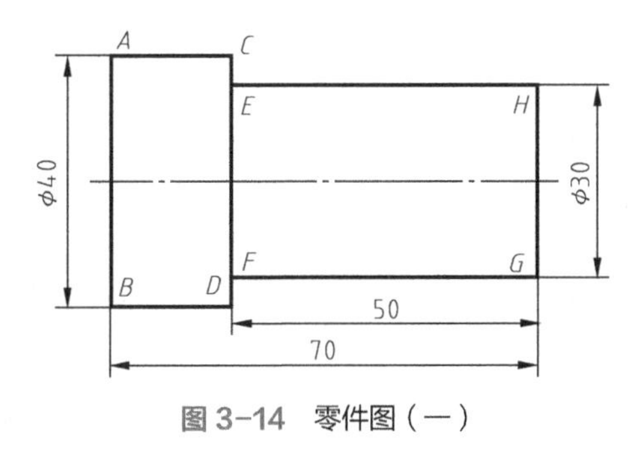

图 3-14 零件图（一）

解 分析：零件图分左、右两部分，左部分 $ABCD$、右部分 $EFGH$ 都是带中心线的矩形，矩形上标注两个尺寸，一个尺寸是数字，另一个尺寸分别是 $\phi40$、$\phi30$，因此，左部分

ABCD 表示一个直径 40mm 的圆柱体，右部分 *EFGH* 表示一个直径 30mm 圆柱体，该零件图就表示由两个不同直径的圆柱体叠加形成的阶梯轴，如图 3-15 所示。

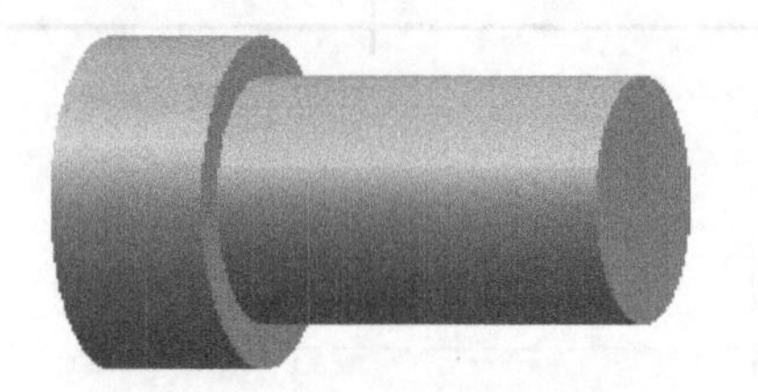

图 3-15　阶梯轴（一）

【例 3-2】 零件如图 3-16 所示，分析该图表示怎样的零件。

解　分析：零件图 3-16 分左、右两部分，左部分是带中心线的矩形，矩形上标注两个尺寸，一个尺寸是长度 22mm，另一个尺寸是 $\phi10$，因此左部分表示一个直径 10mm 的圆柱体，右部分“*SR*10”表示一个半径 10mm 的半球体。

需要注意的是：符号“*SR*”“$S\phi$”表示球体的半径、直径。

因此，图 3-16 表达的零件如图 3-17 所示。

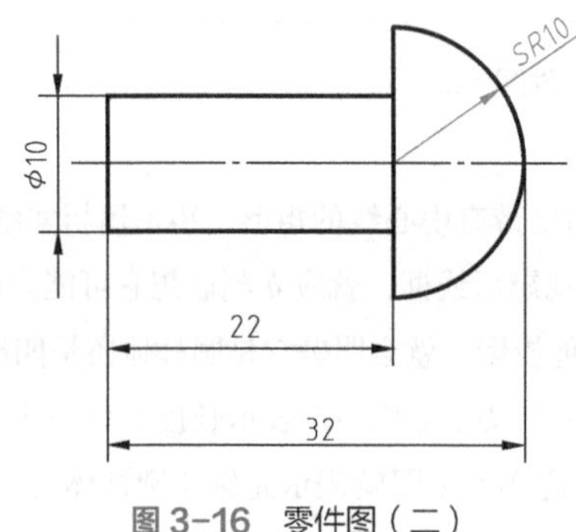

图 3-16　零件图（二）

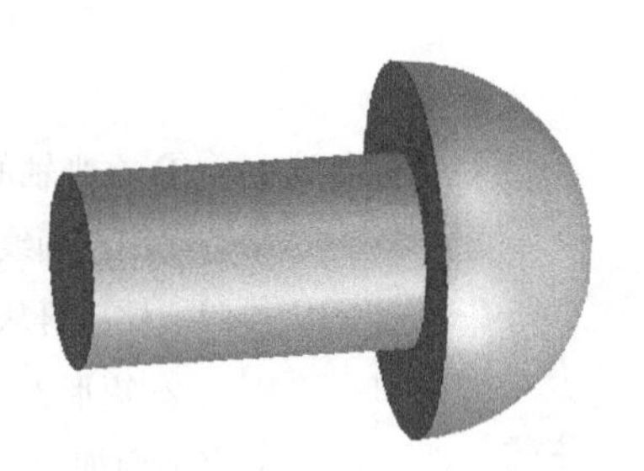

图 3-17　立体图（一）

【例 3-3】 零件如图 3-18 所示，分析该图表示怎样的零件。

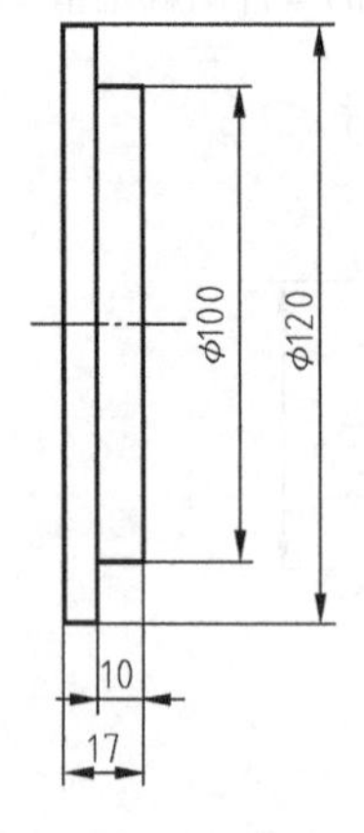

图 3-18　零件图（三）

图 3-19　法兰盘

解　分析：零件图 3-18 分左、右两部分，都是带中心线的矩形，矩形上标注两个尺寸，一个尺寸是数字，另一个尺寸分别是ϕ100、ϕ120，因此左部分表示一个直径120mm的圆柱体，右部分表示一个直径100mm圆柱体。

需要注意的是圆柱体的直径远远大于其宽度（高度），这样的零件通常称为盘类件，如齿轮、轴承盖、法兰盘、带轮等零件。零件图3-18表示的是法兰盘，法兰盘如图3-19所示。

【例3-4】 零件如图3-20所示，分析该图表示怎样的零件？

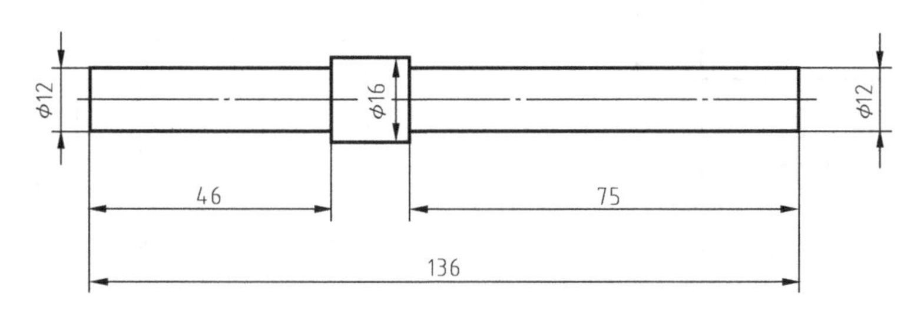

图3-20 零件图（四）

解 分析：零件图3-20分左、中、右三部分，三部分都是带中心线的矩形，矩形上标注两个尺寸，一个尺寸是数字，另一个尺寸分别是ϕ12、ϕ16、ϕ12，依次表示直径12mm、直径16mm、直径12mm的圆柱体，零件图就表示由三个不同直径的圆柱体叠加形成的阶梯轴，如图3-21所示。

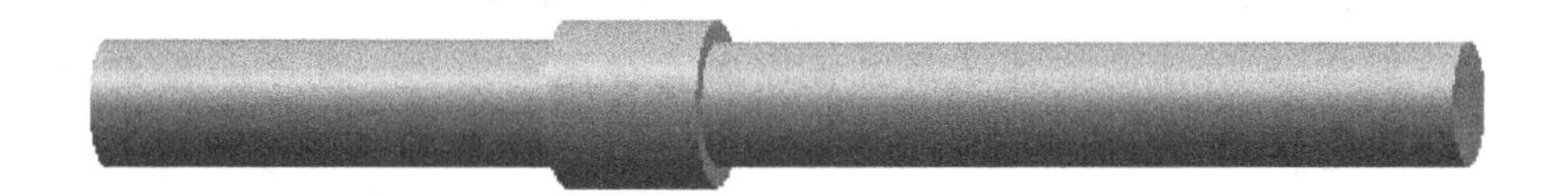

图3-21 阶梯轴（二）

图3-21所示的轴，其直径远远小于其长度（宽度），这样的零件通常称为杆件。

三、长方体的零件图

长方体的三视图如图3-22所示。

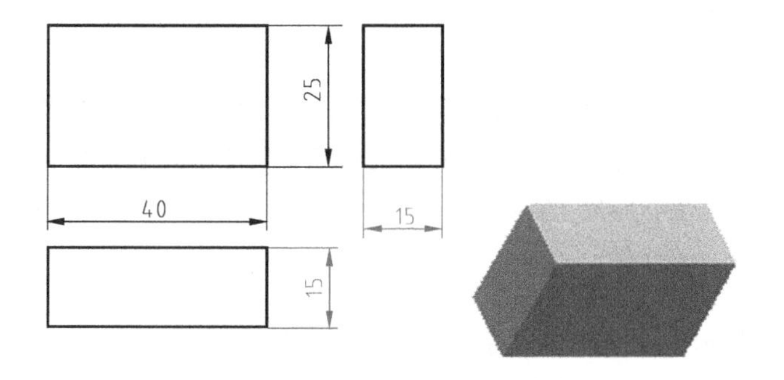

图3-22 长方体（一）

该长方体有三个尺寸：主视图表达了长度和高度，宽度需要俯视图或左视图表达，因此长方体的零件图需要两个视图才能清晰地表达零件。如图 3-23 所示，是采用主视图和俯视图表示一个长方体，而图 3-24 是采用主视图和左视图表达同一个长方体。

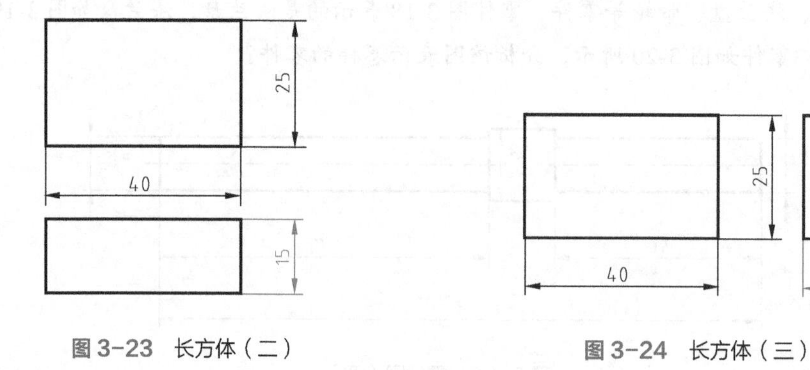

图 3-23 长方体（二）　　图 3-24 长方体（三）

长方体类的零件图需要两个视图，而圆柱体的零件图采用一个视图即可。长方体的零件图的两个视图虽然也是矩形，但是标注的两个尺寸都是数字，不带符号“ϕ”。

【例 3-5】 零件如图 3-25 所示，分析该图表达怎样的零件。

解 分析：图 3-25 所示的零件是用主视图和左视图来表达，两个视图都分上、中、下三部分，三部分都是带中心线的矩形，矩形上标注的仅仅是数字，矩形表达的是长方体。因此，图 3-25 就表示由三个不同的长方体叠加形成的塔形件，如图 3-26 所示。

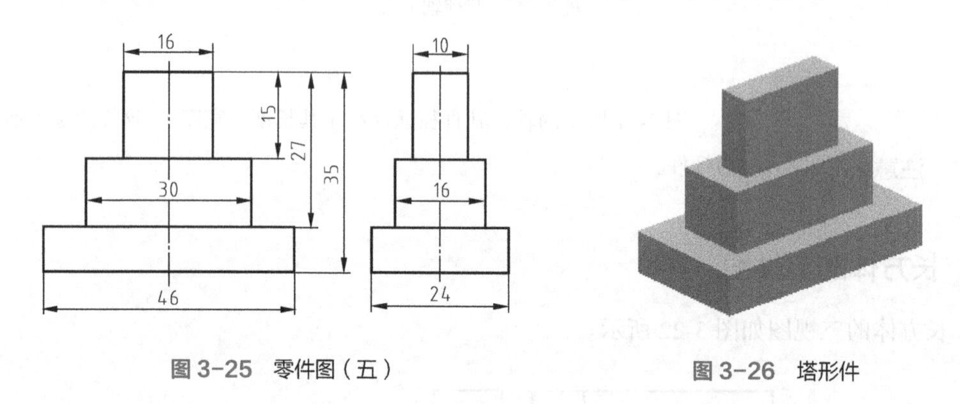

图 3-25 零件图（五）　　图 3-26 塔形件

零件图 3-25 中视图带有的中心线表示零件是对称的，即中心线是零件的对称线；从主视图的中心线看，零件在长度方向对称；从左视图的中心线看，零件在宽度方向对称。在轴类零件中，中心线表示其轴线，轴类零件是回转件。

【例 3-6】 零件如图 3-27 所示，分析该图表示怎样的零件。

解 分析：零件图 3-27 的两个视图都分上、下两部分，两部分都是带中心线的矩形，但是上面的矩形标注的两个尺寸是ϕ16、15，下面的矩形标注的两个尺寸是30、22。因此，视图的上部分表示圆柱体、下部分表示长方体，叠加形成零件如图3-28所示。

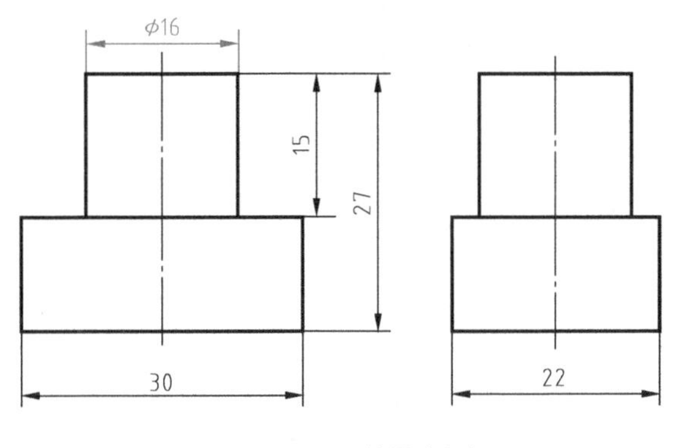

图3-27　零件图（六）

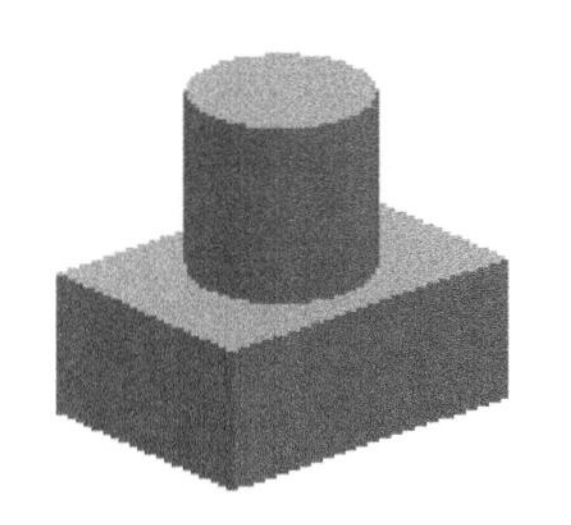

图3-28　立体图（二）

【例3-7】零件如图3-29所示，分析该图表示怎样的零件。

解　分析：零件图3-29的主视图分左、右两部分，左半部分是带中心线的矩形，矩形上标注的两个尺寸ϕ14、ϕ10，左半部分表示圆筒，右半部分的矩形表示长方体，从左视图可见长方体的四个角为R3的圆角，长方体的下端带有R2.5的圆弧凹槽。因此，零件由圆筒与长方体叠加形成，如图3-30所示。

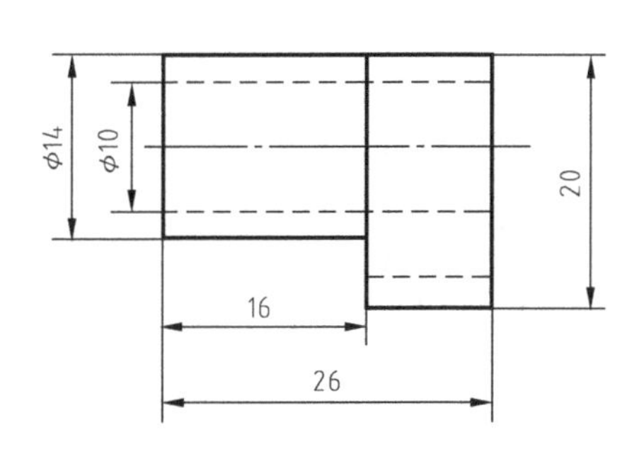

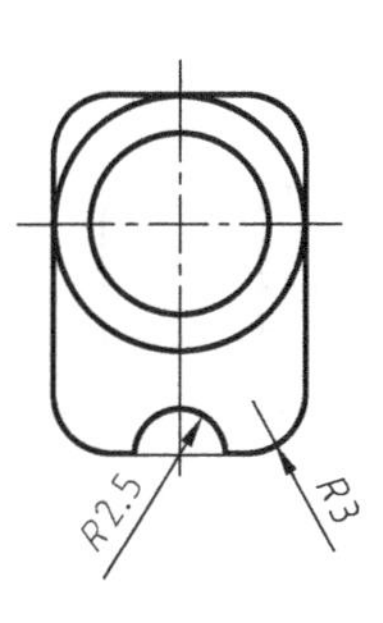

图3-29　零件图（七）

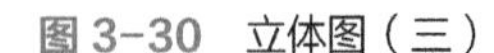

图3-30　立体图（三）

【思考与练习3-2】

一、填空题

1. 零件图是表示______的结构、形状、大小和有关技术要求的图样，也是制造和检验零件时所用的图样，又称零件工作图。

2. 一张零件图应包括______、______、______和______等内容。

3. 绘制零件的视图时，一般使零件处于______或______时的状态。

4. 符号“ϕ”，表示______；符号“SR”“$S\phi$”表示球体的______、______。

二、分析零件图

1. 零件如图3-31所示，分析该图表示怎样的零件。

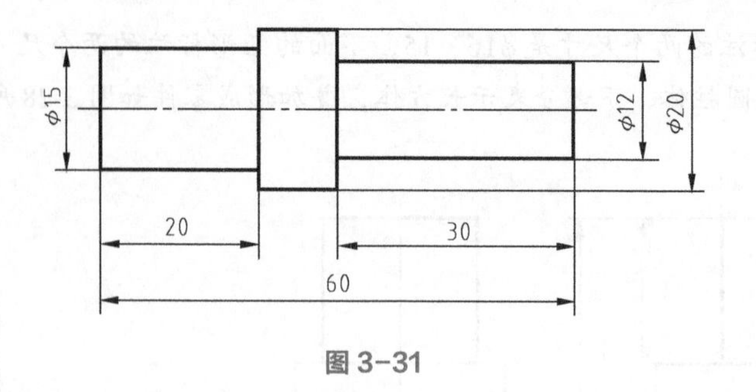

图 3-31

2. 零件如图 3-32 所示，分析该图表示怎样的零件。

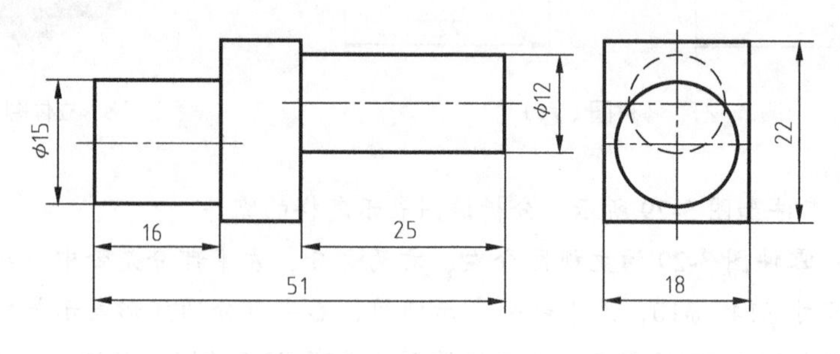

图 3-32

3. 零件如图 3-33 所示，分析该图表示怎样的零件。

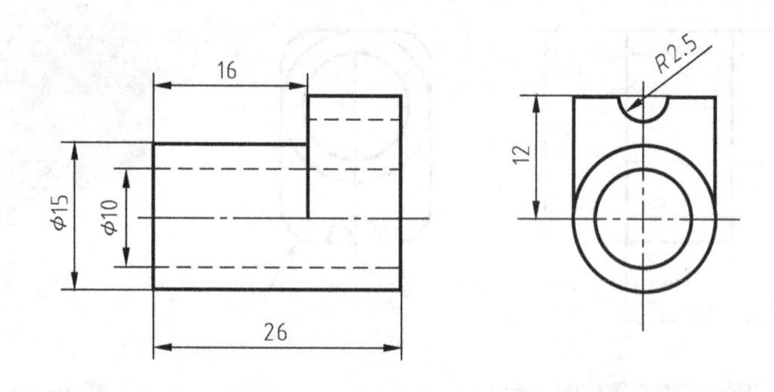

图 3-33

【思考与练习 3-2】 答案

一、填空题

1. 单个零件　2. 视图、尺寸、技术要求、标题栏　3. 加工、工作　4. 直径、半径、直径

二、分析零件图

1. 图 3-31 所示的零件分左、中、右三部分，三部分都是带中心线的矩形，矩形上标注两个尺寸，一个尺寸是数字（长度方向），另一个尺寸分别是 ϕ15、ϕ20、ϕ12，依次表示直径 15mm、直径 20mm、直径 12mm 的圆柱体。因此，该零件图就表示由三个不同直径的圆柱体叠加形成的阶梯轴，如图 3-34 所示。

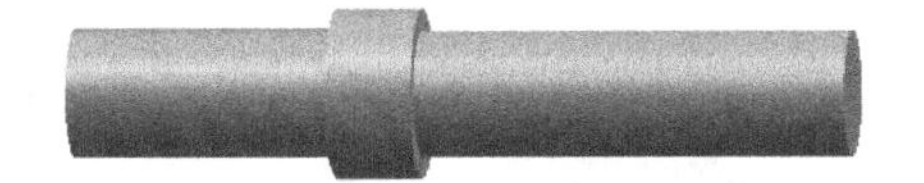

图 3-34

2. 图 3-32 所示的零件，从主视图看分左、中、右三部分，左、右两部分都是带中心线的矩形，矩形上标注两个尺寸，一个尺寸是数字（长度方向），另一个尺寸分别是 $\phi15$、$\phi12$，分别表示直径 15mm、直径 12mm 的圆柱体，中间部分也是带中心线的矩形，该部分从左视图看也是矩形。因此，中间部分表示长方体，该零件图就表示由左、右两个不同直径的圆柱体叠加在长方体的左、右两个侧面上形成的偏心轴，如图 3-35 所示。

3. 图 3-33 所示的零件，从主视图看分左、右两部分，左端是带中心线的矩形，矩形上标注两个尺寸，一个尺寸是数字（长度方向），另一个尺寸是 $\phi15$，表示直径 15mm 的圆柱体；右端也是矩形，该部分从左视图看也是矩形。因此，右端部分表示长方体，该零件图就表示由左端的圆柱体叠加右端的长方体形成的零件。圆柱体上有 $\phi10$ 的内孔，长方体的顶端有 $R2.5$ 的圆弧凹槽，零件如图 3-36 所示。

图 3-35

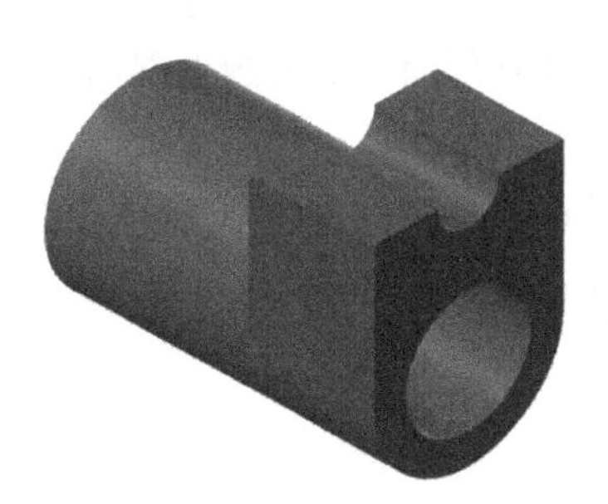

图 3-36

第三节 零件的剖视图

用视图表达物体形状时，物体内部的结构形状规定用虚线表示，不可见的结构越多、形状越复杂，虚线就越多，既影响图形表达的清晰性，又不利于标注尺寸。为此，对物体不可见的内部结构形状经常采用剖视图来表达。

通过本节的学习，掌握简单零件剖视图的识读；掌握标准公差、基本偏差等概念；掌握孔、轴的公差带等概念。

一、剖视图的概念

1. 剖视图

物体如图 3-37（a）所示，在物体的视图 3-37（b）中，主视图用虚线表达其内部形状，虚线较多、不够清晰。

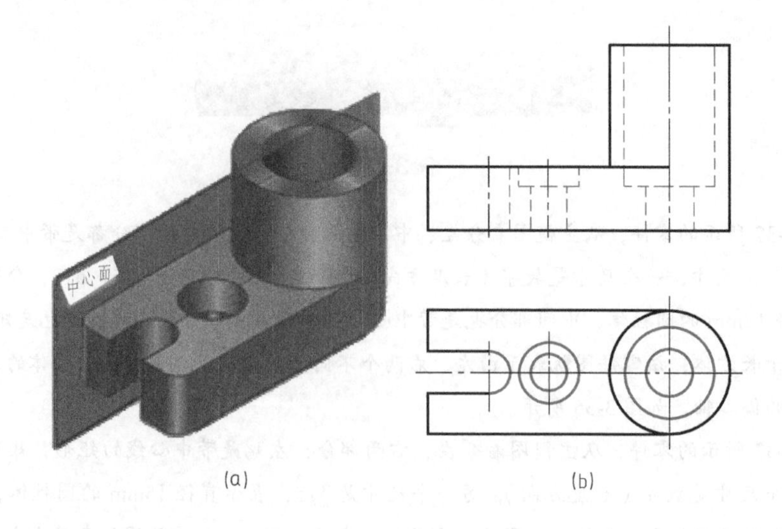

图 3-37　视图

假想用剖切面把物体剖开，移去观察者与剖切平面之间的部分，将留下的部分向投影面投射，并在剖面区域内画上剖面符号，这样得到的图形称为剖视图，简称剖视，如图 3-38 所示。

按图 3-38（a）所示方法，假想沿物体前后对称平面将其剖开，移去前半部分，将后半部分向正投影面投射，就得到剖视图，如图 3-38（b）所示。

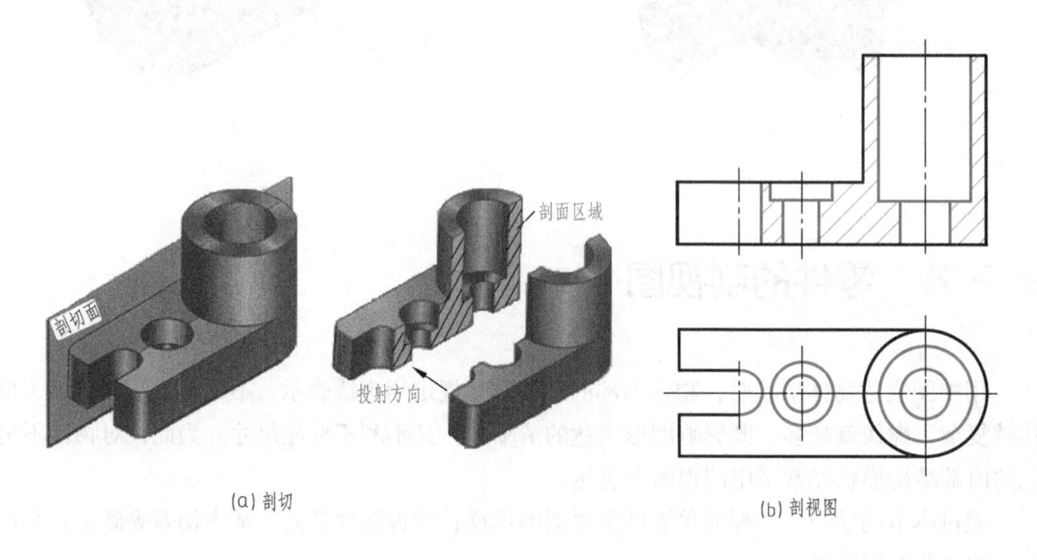

图 3-38　剖视图

2. 剖面符号和通用剖面线

剖切物体的假想平面或曲面称为剖切面，剖切面与物体的接触部分称为剖面区域。

画剖视图时，剖面区域内应画上剖面符号，以区分物体被剖切面剖切到的实体与空心部分。物体材料不同，其剖面符号画法也不同，国家标准规定了各种剖面符号，见表 3-1。

表 3-1 剖面符号（摘自 GB/T 4457.5—2013）

材料名称	剖面符号	材料名称	剖面符号	材料名称	剖面符号
金属材料（已有规定剖面符号者除外）		木质胶合板（不分层数）		格网（筛网、过滤网等）	
线圈绕组元件		基础周围的泥土		钢筋混凝土	
转子、电枢、变压器和电抗器等的叠钢片		混凝土		砖	
液体		非金属材料（已有规定剖面符号者除外）		木材	横剖面
玻璃及供观察用的其他透明材料		型砂、填砂、粉末冶金、砂轮、陶瓷刀片、硬质合金刀片等			纵剖面

注：1. 剖面符号仅表示材料的类别，材料的名称和代号必须另行注明。

2. 叠钢片的剖面线方向，应与束装中叠钢片的方向一致。

3. 液面用细实线绘制。

机械图样中，金属材料使用最多，剖面线用平行的细实线绘制，方向与主要轮廓线或剖面区域的对称线成 45° 角，如图 3-39 所示；剖面线的间隔应按剖面区域的大小选定，一般取 2 ～ 4mm。

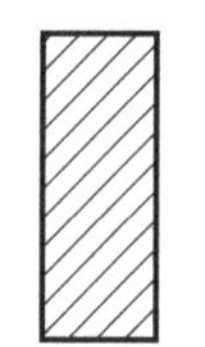
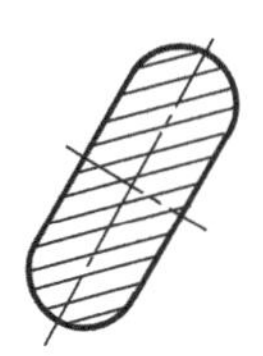
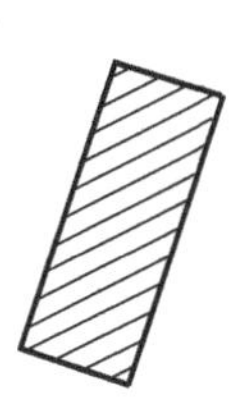
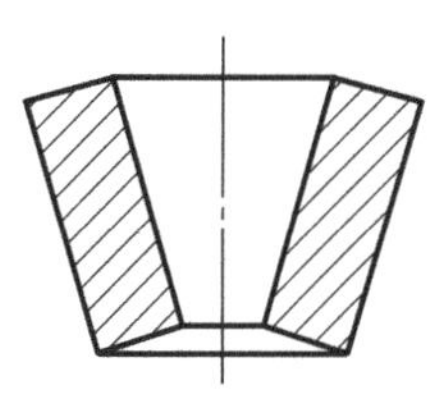
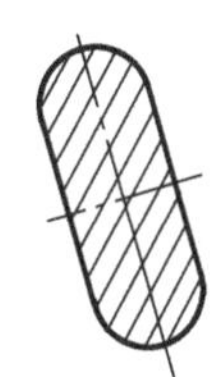

图 3-39 剖面线的方向

二、剖视图的分类

根据剖切范围的大小，剖视图可分为全剖视图、半剖视图和局部剖视图。

1. 全剖视图

用剖切面完全地剖开物体所得的剖视图，称为全剖视图。图 3-38 中的剖视图就是全剖视图。

全剖视图用于表达内形复杂的不对称物体。为了便于标注尺寸，对于外形简单，且具有对称平面的物体也常采用全剖视图。

【例 3-8】 零件视图如图 3-40（a）所示，该视图表示怎样的零件？

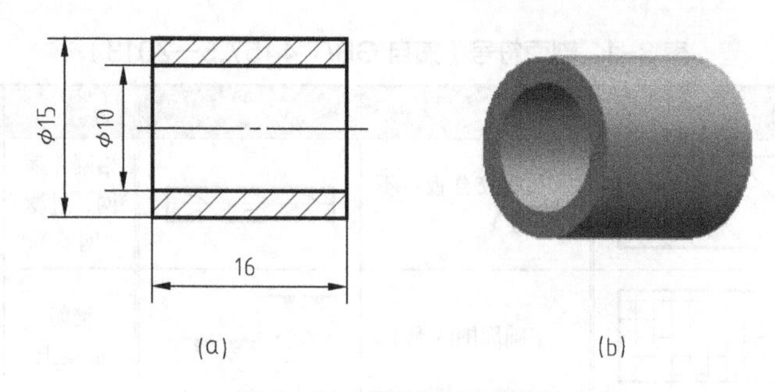

图 3-40 零件图及立体图

解 分析：图 3-40（a）是一个全剖视图，采用全剖视图主要是为了表达零件的内轮廓结构和形状。视图是带中心线的矩形，矩形上标注的两个尺寸 $\phi15$、$\phi10$，表示零件的外轮廓直径 15mm、内轮廓直径 10mm；零件的长度 16mm，内、外轮廓都是圆柱面。

因此，图 3-40（a）表达的零件是一个圆筒，如图 3-40（b）所示。

【例 3-9】 零件如图 3-41 所示，该视图表示怎样的零件？

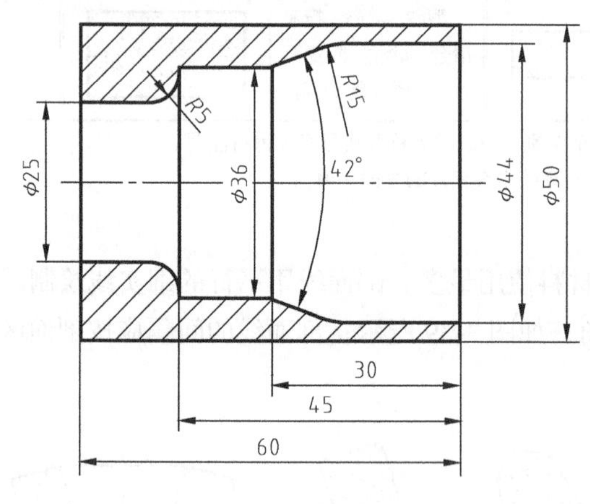

图 3-41 零件图（八）

解 （1）视图分析

图 3-41 是一个全剖视图，采用全剖视图主要是为了表达零件的内轮廓结构和形状。视图是带中心线的矩形，矩形上标注两个尺寸，表示轴类零件。

零件的外轮廓简单，是一个圆柱面；其内轮廓复杂，从左至右分别是 $\phi25$ 圆柱面、$\phi36$ 圆柱面、锥角 42° 的圆锥面、$\phi44$ 圆柱面。

（2）尺寸分析

零件图 3-41 中，需要注意的是尺寸 $R5$ 和 $R15$，尺寸 $R5$ 是连接 $\phi25$ 圆柱面和 $\phi36$ 圆柱面的圆弧曲面，尺寸 $R15$ 是连接锥角 42° 的圆锥面和 $\phi44$ 圆柱面的圆弧曲面。因此，零件图 3-41 表示带有内孔的圆柱体，其内孔比较复杂，由三个不同直径的圆柱面组成，圆柱面之间用圆弧曲面或圆锥面连接。

2. 半剖视图

当物体具有对称平面时，向垂直于对称平面的投影面上投射所得的图形，以对称中心线（细点画线）为界，一半画成视图用以表达外部结构形状，另一半画成剖视图用以表达内部结构形状，这种组合的图形称为半剖视图，如图 3-42 所示。

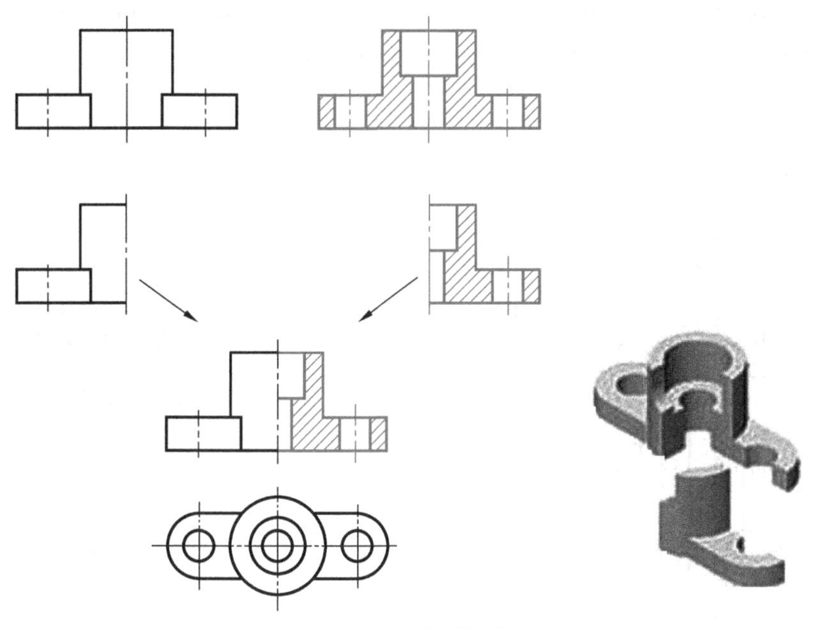

图 3-42　半剖视图

半剖视图适用于内、外形状都比较复杂的对称物体。若物体的形状接近对称，且不对称部分已在其他视图上表示清楚时，也可以画成半剖视图，如图 3-43 所示。半剖视图的标注与全剖视图相同。

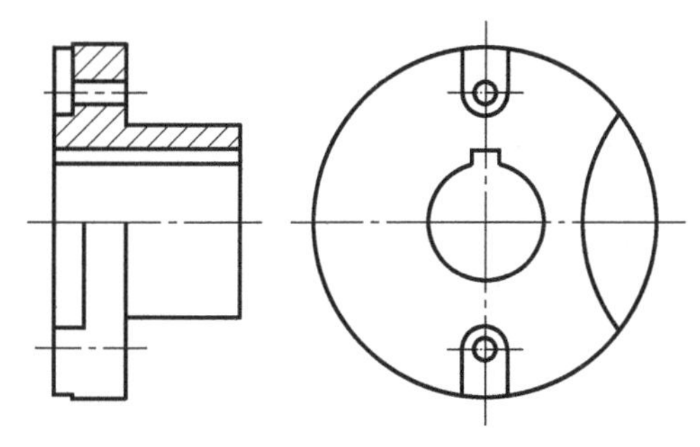

图 3-43　基本对称物体的半剖视图

识读半剖视图时应注意：半剖视图中，因为有些部分的形状只画出一半，所以标注尺寸时尺寸线上只能画出一端箭头，另一端只需超过中心线，不画箭头。

【例 3-10】 零件如图 3-44 所示，该视图表示怎样的零件？

解　（1）视图分析

图 3-44 是一个半剖视图，表示零件是内、外形状都比较复杂的对称物体。采用半剖视图主要是为了表达零件的内、外轮廓的结构和形状。视图主要是带中心线的矩形，矩形上标注两个尺寸，径向尺寸远大于轴向尺寸，因此该零件图表示盘类零件，这里是带轮。

带轮的内轮廓结构简单，是一个 $\phi 24$ 的圆柱面；其外轮廓复杂，是一个 $\phi 120$ 的圆柱面，圆柱面上有一个对称的侧面夹角 90° 的梯形槽。

（2）尺寸分析

零件图 3-44 中，需要注意的是尺寸 90° 的夹角，它表示梯形槽的两个侧面夹角是 90°，梯形槽是对称的。因此，该零件的立体图如图 3-45 所示。

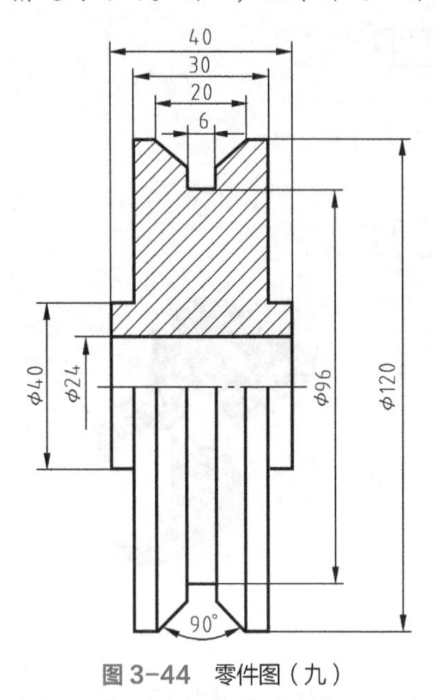

图 3-44　零件图（九）

图 3-45　立体图（四）

3. 局部剖视图

当物体尚有部分内部结构形状未表达清楚，但又没有必要作全剖视或不适合于作半剖视时，可用剖切平面局部地剖开物体，所得的剖视图称为局部剖视图，如图 3-46 所示。局部剖切后，物体断裂处的分界线用波浪线表示。

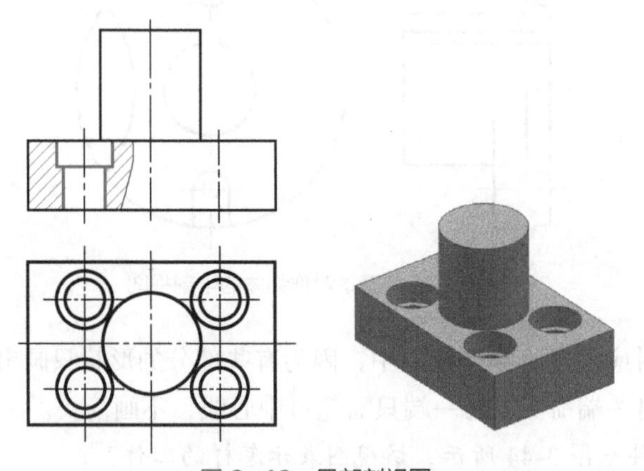

图 3-46　局部剖视图

局部剖视图与其视图的分界线用波浪线表示，而半剖视图以对称中心线（细点画线）为界，一半画成视图，另一半画成剖视图。

当被剖切部分的局部结构为回转体时，允许将该结构的中心线作为局部剖视与视图的分界线，如图 3-47 中的主视图。

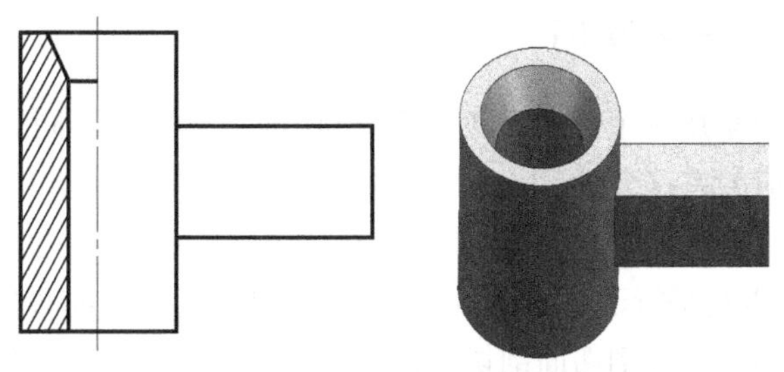

图 3-47 用中心线代替波浪线

局部剖视图既能把物体局部的内部形状表达清楚，又能保留物体的某些外形，是一种比较灵活的表达方法。对于剖切位置比较明显的局部结构，一般不用标注。若剖切位置不够明显时，则应进行标注。

【例 3-11】 零件如图 3-48 所示，该视图表达怎样的零件结构？

解 图 3-48 中采用了一个局部剖视图，表示零件上的键槽，采用局部剖视图主要是为了表达键槽的长度和深度。

零件的立体图如图 3-49 所示。

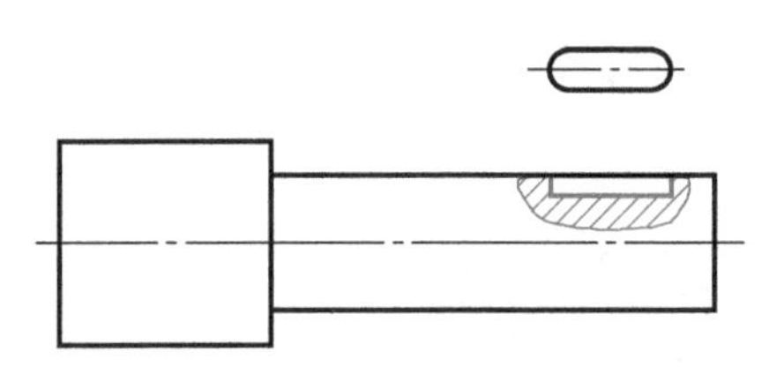

图 3-48 表达实心件上的键槽

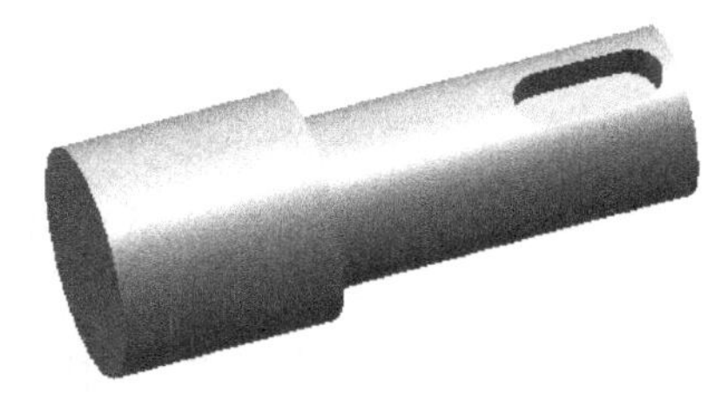

图 3-49 零件的立体图

【例 3-12】 零件如图 3-50 所示，该视图表达怎样的零件结构？

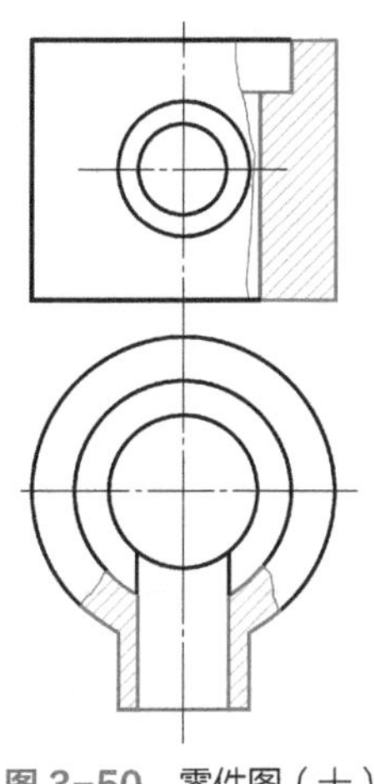

图 3-50 零件图（十）

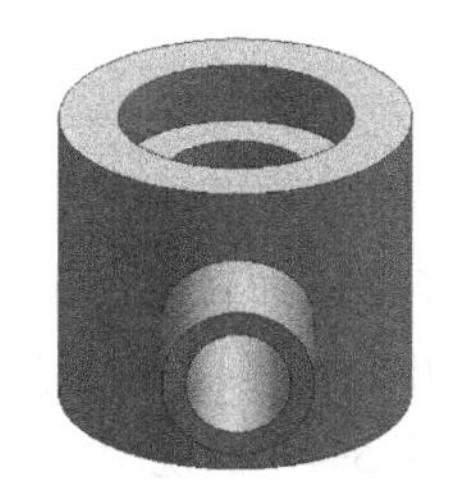

图 3-51 立体图（五）

解：图 3-50 中采用了主视图和俯视图两个基本视图，从主视图看主体是矩形，从俯视图看主体是圆形，因此，零件主体是圆柱体。主视图上还用了一个局部剖视图，表示零件主体的内轮廓，零件主体是圆筒。从主视图看零件主体的中心有两个圆，从俯视图看主体的前端是矩形，因此零件的前端是一个小的圆筒。

综上：图 3-50 表达的零件如图 3-51 所示。

三、识读剖视图应注意的事项

识读剖视图应注意采用一个剖切面还是几个剖切面，标注是不同的。剖视图应标注剖切位置、投射方向和对应关系三个要素。

1. 单一剖切面

① 单一剖切面可以是平行于基本投影面的单一剖切平面，如前面介绍的全剖视图、半剖视图和局部剖视图都是用这种剖切面剖切零件得到的剖视图。当单一剖切面通过机件的对称平面、剖视图按投影关系配置而且剖视图与相应视图之间没有其他图形隔开时，不需标注。

② 单一剖切面也可以是不平行于基本投影面的剖切平面，如图 3-52 所示，必须按国家标准的规定标注，如图中的 *A—A*，这种剖视图一般与倾斜部分保持投影关系，见图 3-52（a），也可以配置在其他位置，见图 3-52（b），为了画图、读图方便，可以把视图转正，见图 3-52（c）。

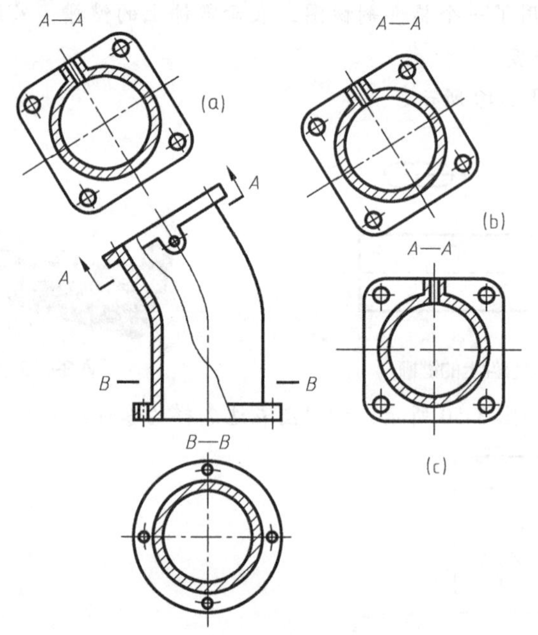

图 3-52　单一剖切面

③ 单一剖切面没通过机件的对称平面，但剖视图按投影关系配置而且剖视图与相应视图之间没有其他图形隔开时，可以省略表示投射方向的箭头，如图 3-52 中的 *B—B* 剖视图。

2. 几个平行的剖切平面

① 当物体上的孔、槽的轴线或对称平面位于几个相互平行的平面上时，可以用几个与基本投影面平行的剖切平面剖切物体，再向基本投影面投射，如图 3-53 所示。

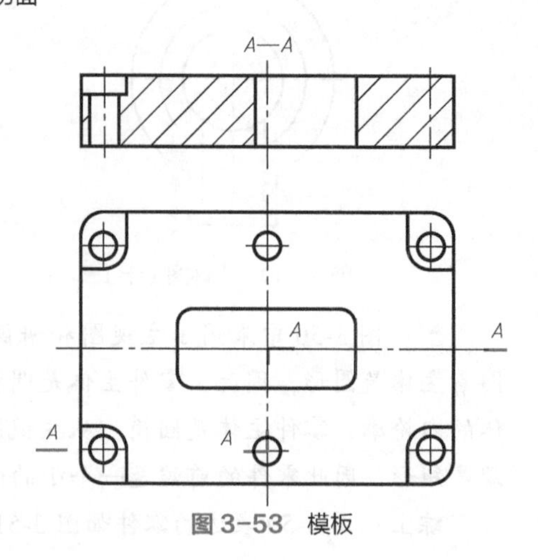

图 3-53　模板

② 标注方法。在剖视图上方标出相同字母的剖

视图名称“*X*—*X*”。在相应视图上用剖切符号表示剖切位置，在剖切平面的起、迄和转折处标注相同字母，剖切符号两端用箭头表示投射方向。当剖视图按投影关系配置，中间又无其他图形隔开时，可省略箭头。

3. 几个相交的剖切面

① 当物体的内部结构形状用一个剖切平面不能表达完全，且这个物体在整体上又具有回转轴时，可用几个相交的剖切平面（交线垂直于某一基本投影面）剖开物体，并将与投影面不平行剖切平面剖开的结构及其有关部分旋转到与投影面平行再进行投射，如图 3-54 所示。

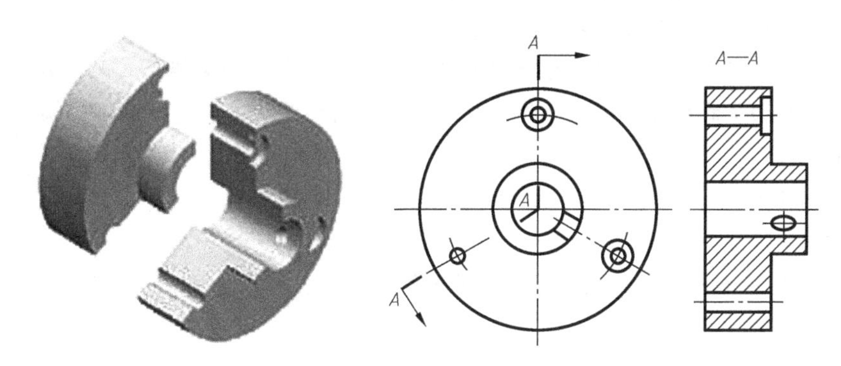

图 3-54　两个相交的剖切面

② 标注方法。在剖视图上方标出相同字母的剖视图名称“*X*—*X*”。在相应视图上用剖切符号表示剖切位置，在剖切平面的起、迄和转折处标注相同字母，剖切符号两端用箭头表示投射方向。当剖视图按投影关系配置，中间又无其他图形隔开时，可省略箭头，如图 3-55 所示。

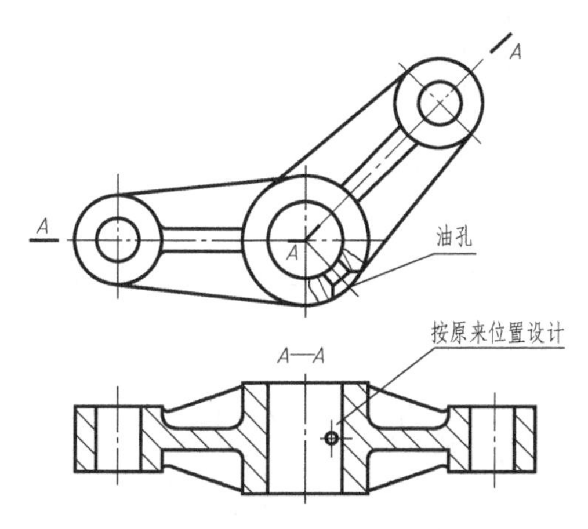

图 3-55　剖切后的结构按原来位置投射

【思考与练习 3-3】

一、填空题

1. 假想沿物体前后对称平面将其剖开，移去前半部，将后半部向正投影面投射，就得到__________。

2. 机械图样金属材料使用最多，剖面线用平行的________绘制，方向与主要轮廓线或剖面区域的对称线成________角。

3. 根据剖切范围的大小，剖视图可分为________、________和________。

4. 用剖切面完全地剖开物体所得的剖视图，称为________。全剖视图用于表达内形复杂的________。

5. 当物体具有对称平面时，向垂直于对称平面的投影面上投射所得的图形，以对称中心线（细点画线）为界，一半画成视图用以表达外部结构形状，另一半画成剖视图用以表达内部结构形状，这种组合的图形称为________。

6. 当物体尚有部分的内部结构形状未表达清楚，但又没有必要作全剖视或不适合于作半剖视时，可用剖切平面局部地剖开物体，所得的剖视图称为________。局部剖切后，物体断裂处的分界线用________线表示。

7. 剖视图应标注________、________和________三个要素。

二、识读零件图

1. 零件如图 3-56 所示，识读该零件图并理解其结构、形状。

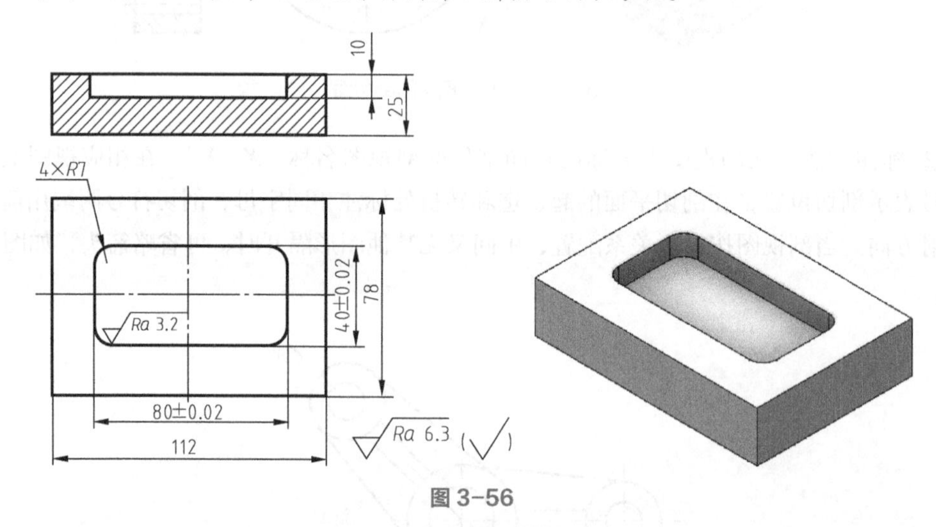

图 3-56

2. 零件如图 3-57 所示，识读该零件图并理解其结构、形状。

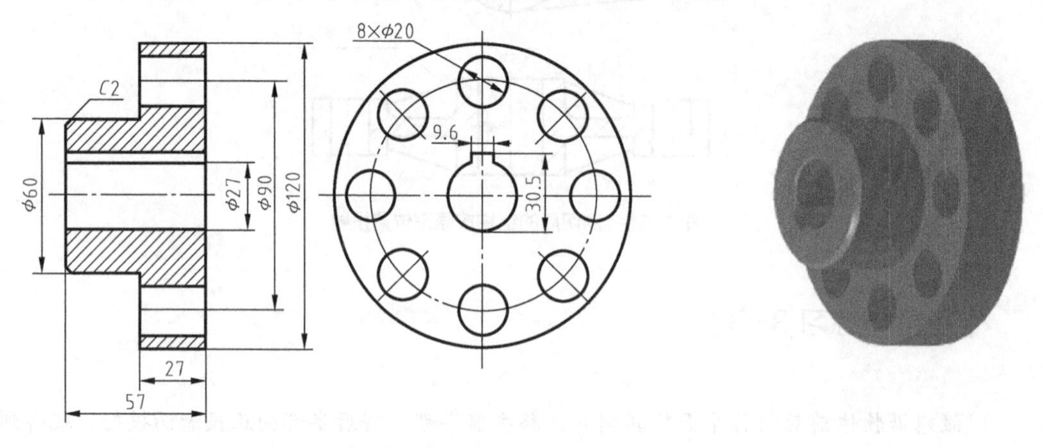

图 3-57

3. 零件如图 3-58 所示，识读该零件图并理解零件的结构、形状。

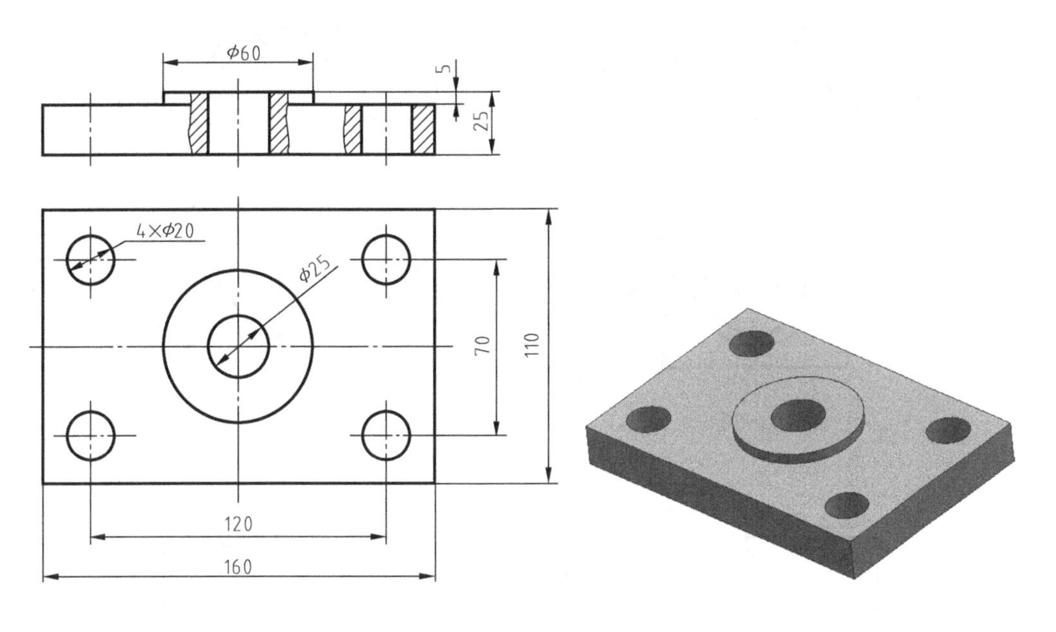

图 3-58

三、思考题

1. 零件如图 3-59 所示，识读该零件图的表达方式并思考零件的结构、形状。

2. 零件如图 3-60 所示，识读该零件图的表达方式并思考零件的结构、形状。

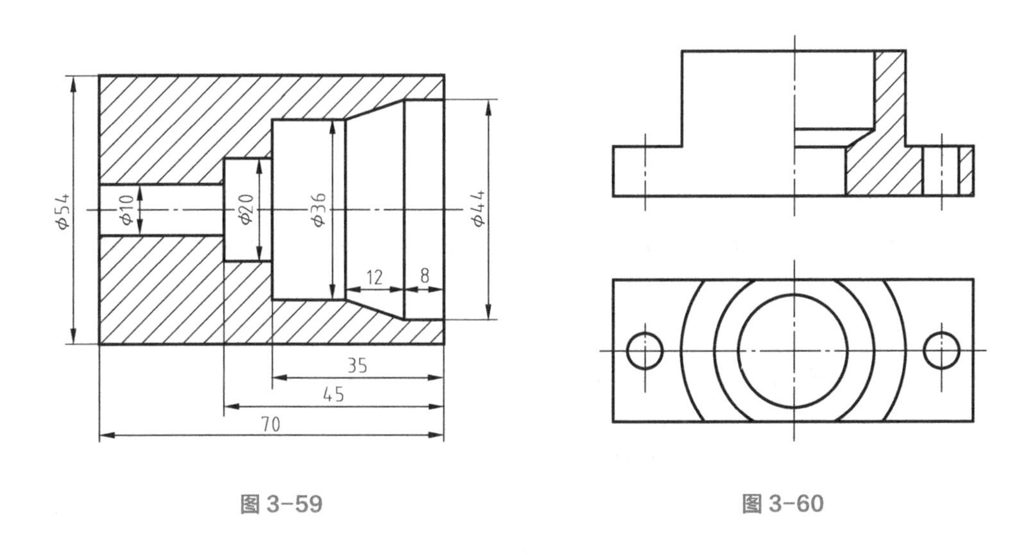

图 3-59　　图 3-60

3. 零件如图 3-61 所示，识读该零件图的表达方式并思考零件的结构、形状。

4. 零件如图 3-62 所示，识读该零件图的表达方式并思考零件的结构、形状。

5. 零件如图 3-63 所示，识读该零件图的表达方式并思考零件的结构、形状。

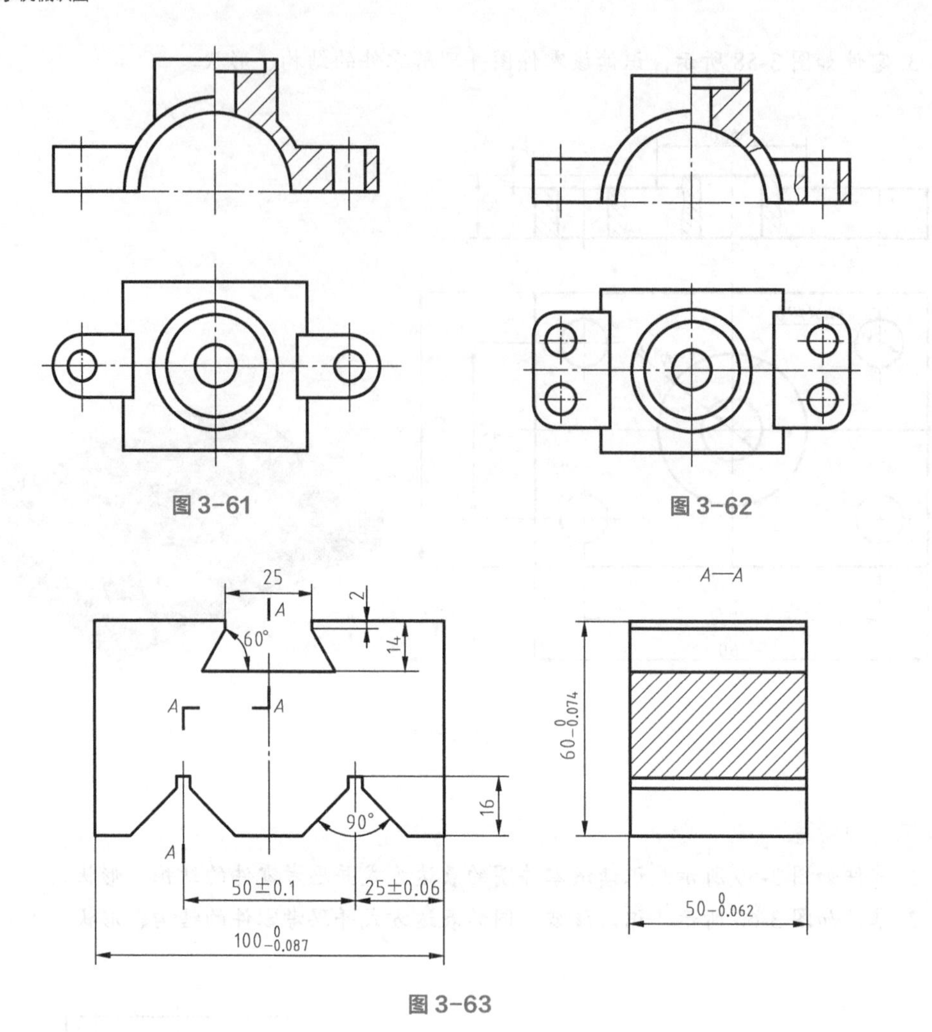

图 3-61

图 3-62

图 3-63

【思考与练习 3-3】 答案

一、填空题

1. 剖视图　2. 细实线、45°　3. 全剖视图、半剖视图、局部剖视图　4. 全剖视图、不对称物体　5. 半剖视图　6. 局部剖视图、波浪　7. 剖切位置、投射方向、对应关系

二、识读零件图

1. 图 3-56 识读的重点：主视图采用了全剖视。

2. 图 3-57 识读的重点：主视图采用了全剖视。

3. 图 3-58 识读的重点：主视图采用了局部剖视。

三、思考题

1. 图 3-59 所示的零件图，采用全剖视图，着重表达零件内部结构。零件内部由多个矩形组成，每个矩形都表示一个圆柱。因此，零件是一圆柱体，内部带有阶梯孔。

2. 图 3-60 所示的零件图，采用半剖视图，零件结构形状如图 3-64 所示。

3. 图 3-61 所示的零件图，采用半剖视图，零件结构形状如图 3-65 所示。

4. 图 3-62 所示的零件图，采用局部剖视图，零件结构形状如图 3-66 所示。

5. 图 3-63 所示的零件图，采用两个平行剖切面的剖视图，零件结构形状如图 3-67 所示。

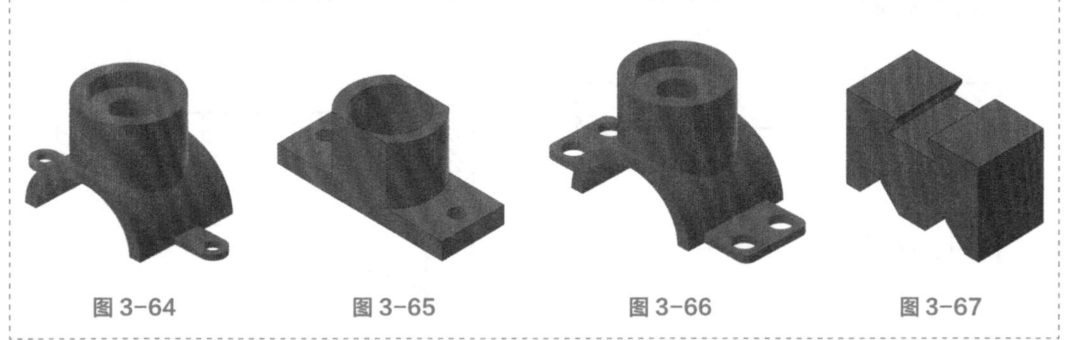

图 3-64　　图 3-65　　图 3-66　　图 3-67

第四节　断面图

一、断面图的概念与分类

1. 断面图的概念

假想用剖切面将物体某部分切断，如图 3-68 所示，仅画出该剖切面与物体接触部分的图形称为断面图，简称断面。断面上应画出剖面线，如图 3-68（c）所示，而剖视需画出剖切面后方结构的投影，如图 3-68（d）所示。

断面图一般用于表达物体某一部分的切断面形状，如轴及实心杆上的孔、槽等结构的形状。为获得物体结构实形，剖切面一般应垂直物体的主要轮廓或轴线。

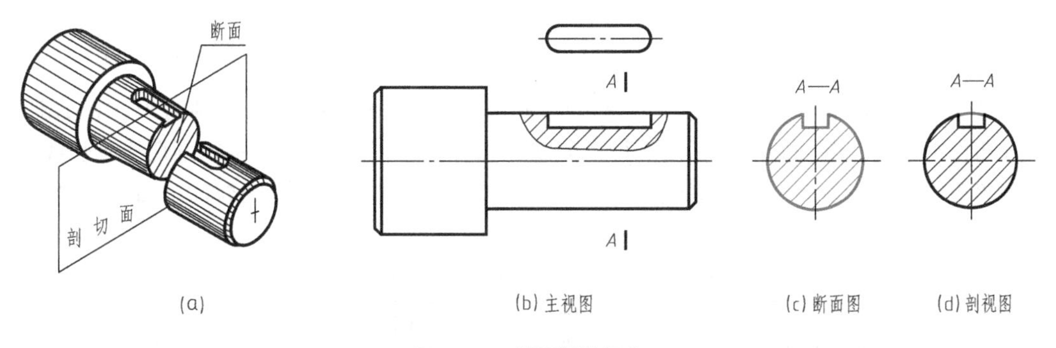

(a)　　(b) 主视图　　(c) 断面图　　(d) 剖视图

图 3-68　断面图的概念

2. 断面图的分类

按断面图放置的位置不同，断面图分为移出断面图和重合断面图两种。

（1）移出断面图

画在视图轮廓外的断面图叫移出断面图，其轮廓线用粗实线绘制，如图 3-69 所示。

（2）重合断面图

画在图样内的断面图叫重合断面图。重合断面图的轮廓线用细实线画出，当它与视图中轮廓线重叠时，视图中的轮廓线仍需完整画出而不中断。重合断面为对称图形时，不加标注，如图 3-70 所示。

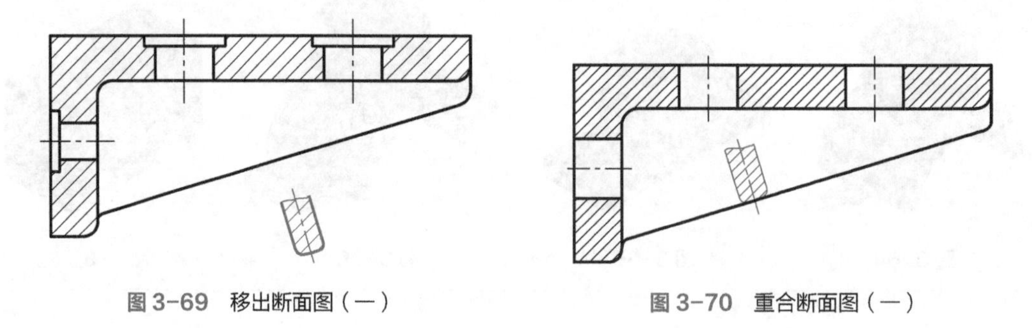

图 3-69　移出断面图（一）　　图 3-70　重合断面图（一）

二、移出断面图

① 剖切面通过圆孔、圆坑的轴线时，断面中这些结构按剖视图画出，如图 3-71 所示。

② 当剖切面通过非圆孔，会导致出现完全分离的两个断面时，这些结构按剖视图绘制。倾斜断面转平画出时，断面图形上方需标注大写字母作名字，同时加注旋转符号，如图 3-72 所示。

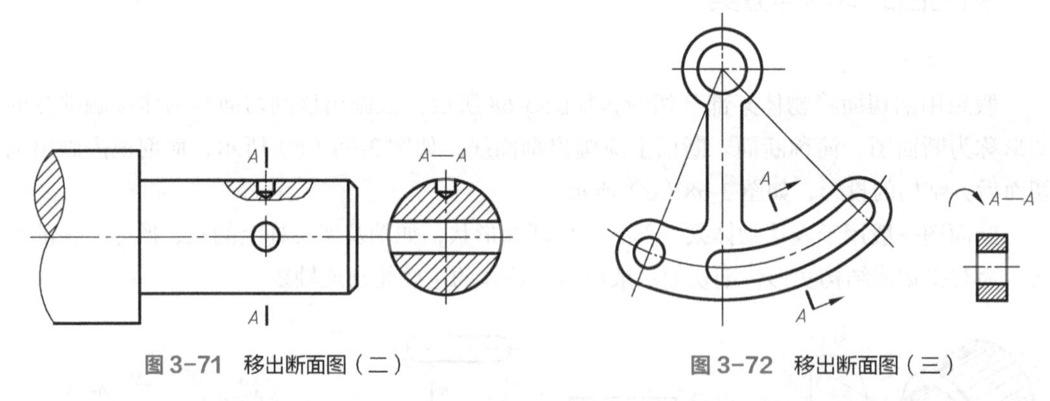

图 3-71　移出断面图（二）　　图 3-72　移出断面图（三）

③ 断面图在剖切线延长线上，且断面形状不对称时，剖切符号需加画箭头，表示剖切位置和投射方向，断面图不必标注字母，如图 3-73（a）所示；断面图不在剖切线延长线上，而按照投影关系配置时，不必标注投射方向但需加注大写字母作断面图名称，如图 3-73（b）所示。

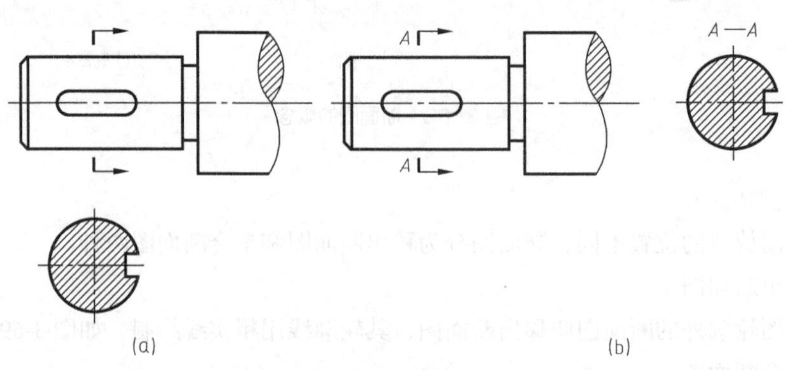

图 3-73　移出断面的标注

④ 断面图的一些特殊画法。

a. 移出断面图形对称时，也可画在视图的中断处，较长机件（轴、型材、杆件等）常用这种表达方式，如图 3-74 所示。

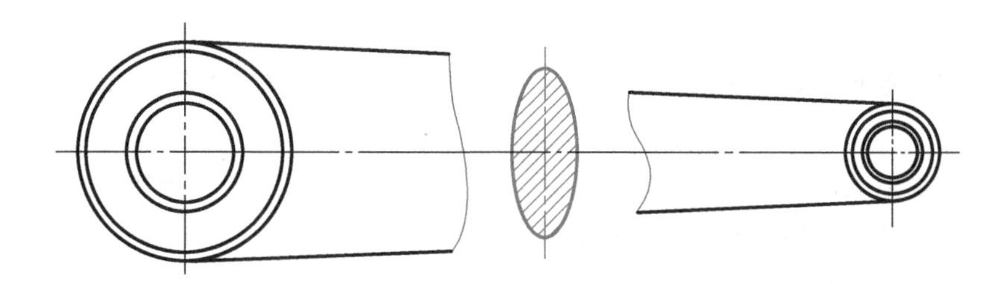

图 3-74　移出断面图（四）

b. 由两个相交平面剖切出的移出断面，中间应断开，如图 3-75 所示。

c. 在不致引起误解时，图样中的移出断面图，允许省略剖面符号，但剖切位置和断面图的标注必须遵守规定，如图 3-76 所示。

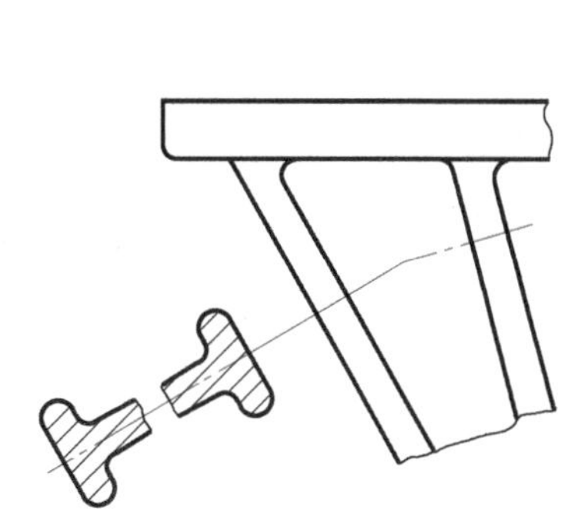

图 3-75　移出断面图（五）

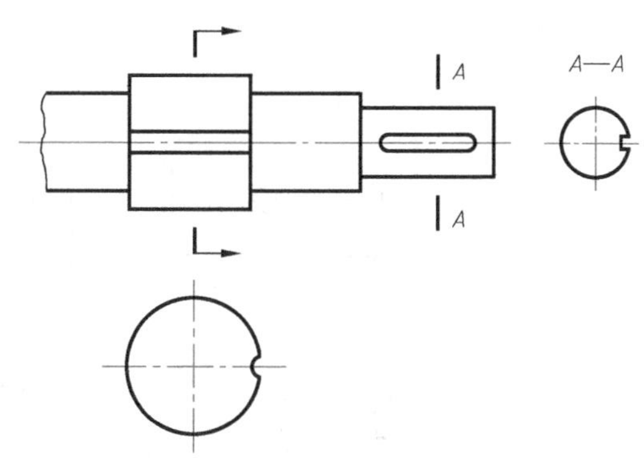

图 3-76　移出断面图的简化画法

三、重合断面图

① 重合断面图一般用来表示型材、零件的筋板、轮辐等结构的形状。

② 重合断面图的轮廓线用细实线画出，当它与视图中轮廓线重叠时，视图中的轮廓线仍需完整画出而不中断。重合断面图为对称图形时，不加标注，如图 3-77 所示。

③ 重合断面图为不对称图形时，应标出剖切符号及箭头，可以省略名称，较长机件（轴、型材、杆件等）常用这种表达方式，如图 3-78 所示。

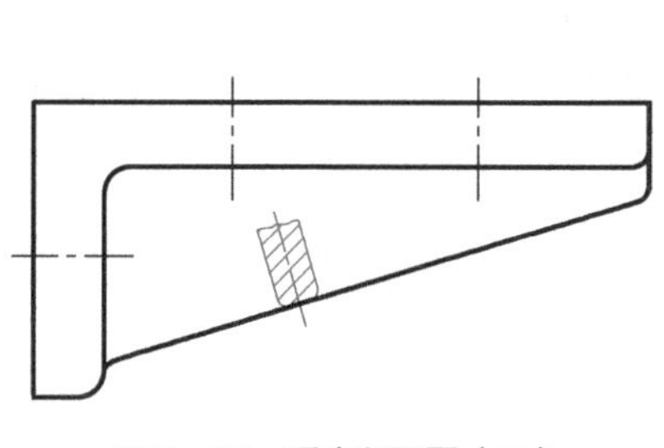

图 3-77　重合断面图（二）

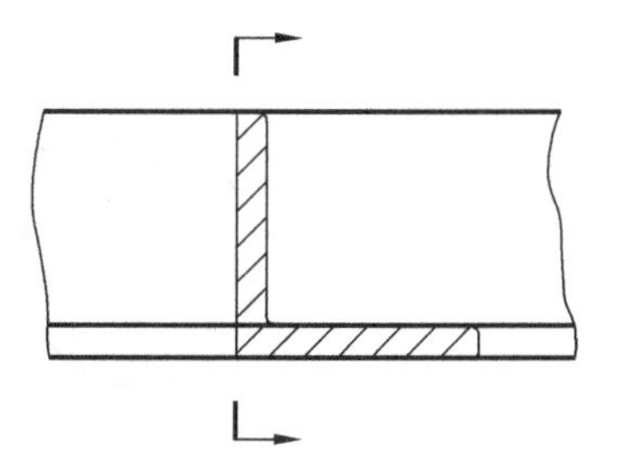

图 3-78　重合断面图（三）

【思考与练习 3-4】

一、填空题

1. 假想用剖切面将物体某部分切断，仅画出该剖切面与物体接触部分的图形称为______，简称为______。

2. 断面图一般用于表达物体某一部分的______形状，如轴及实心杆上的孔、槽等结构的形状。

3. 按断面图放置的位置不同，断面图分为__________和__________两种。

4. 画在视图轮廓外的断面图叫移出断面图，其轮廓线用_______绘制。

5. 画在图样内的断面叫重合断面。重合断面的轮廓线用_______画出，当它与视图中轮廓线重叠时，视图中的轮廓线仍需完整画出而不中断。

二、零件图识读

1. 零件如图 3-79 所示，识读零件图的表达方式并思考零件的结构、形状。

2. 零件如图 3-80 所示，识读其中的断面图，思考其表达的结构、形状，并比较两个断面图标注的不同。

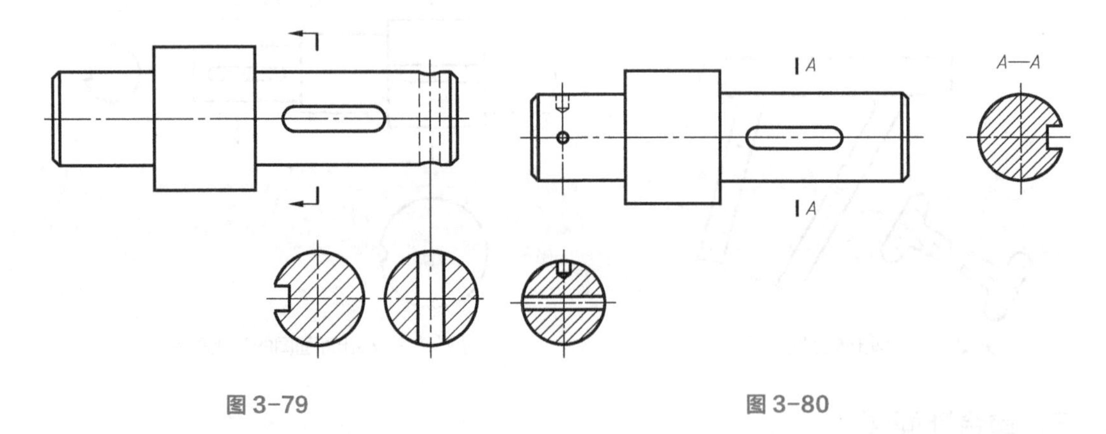

图 3-79　　图 3-80

3. 零件如图 3-81 所示，识读零件图，思考其表达的结构、形状。

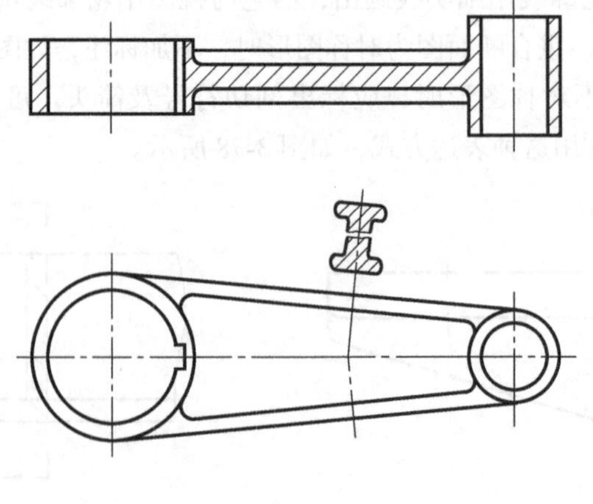

图 3-81

【思考与练习 3-4】 答案

一、填空题

1. 断面图、断面 2. 切断面 3. 移出断面图、重合断面图 4. 粗实线 5. 细实线

二、零件图识读

1. 图 3-79 所示零件图的识读重点：采用两个移出断面图，分别表达轴上的键槽、小孔的结构；左边的断面图在剖切线的延长线上，断面形状不对称，剖切符号需加画箭头，表示剖切位置和投射方向，断面图不必标注字母；右边的断面图在剖切线的延长线上，断面形状对称，剖切符号不需加画箭头，断面图不必标注字母。

2. 图 3-80 所示零件图，采用两个移出断面图；左端的断面图表达轴上的小孔的结构，断面图在剖切线的延长线上，断面图不必标注字母；右端的断面图表达轴上的键槽的结构，断面图不在剖切线延长线上，按照投影关系配置，不必标注投射方向，但需加注大写字母作断面图名称。

3. 图 3-81 所示的零件图，主视图采用了全剖视图，表达零件的内部结构；还采用了由两个相交平面剖切出的移出断面图，表达零件中间部分的结构。

第五节 零件图上的特殊表达

一、局部放大图（GB/T 4458.1—2002）

当按一定比例画出机件的视图时，其上的细小结构常常会表达不清，且难以标注尺寸，此时可局部地画出这些结构的放大图，如图 3-82 所示。将机件上的部分结构用大于原图的比例画出的图形，称为局部放大图。

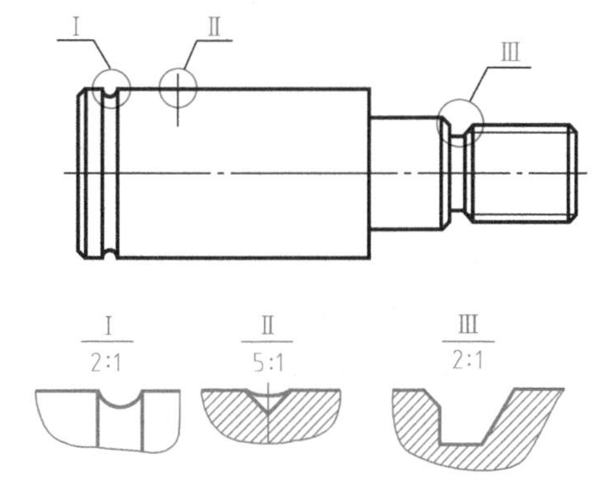

图 3-82 局部放大图

识读局部放大图注意的问题：

① 局部放大图可以画成视图、剖视图或断面图，它与被放大部分的表达方式无关。

② 局部放大图应尽量配置在被放大部分的附近。局部放大图的投影方向应与被放大部分的投影方向一致，与整体联系的部分用细实线圈出。

③ 同一机件上不同部位的局部放大图，应用罗马数字编号，并在局部放大图上方标注相应的罗马数字和采用的比例，如图 3-82 所示。

二、简化画法（GB/T 16675.1—2012）

① 对称的零件：视图可只绘制一半或 1/4，但应对其中不对称的部分加注说明，如图 3-83 所示，这种简化画法要在中心线的两端画两条与其垂直的平行细实线。

② 在不致引起误解时，图形中的过渡线、相贯线可以简化，例如用圆弧或直线代替非圆曲线，如图3-84所示。

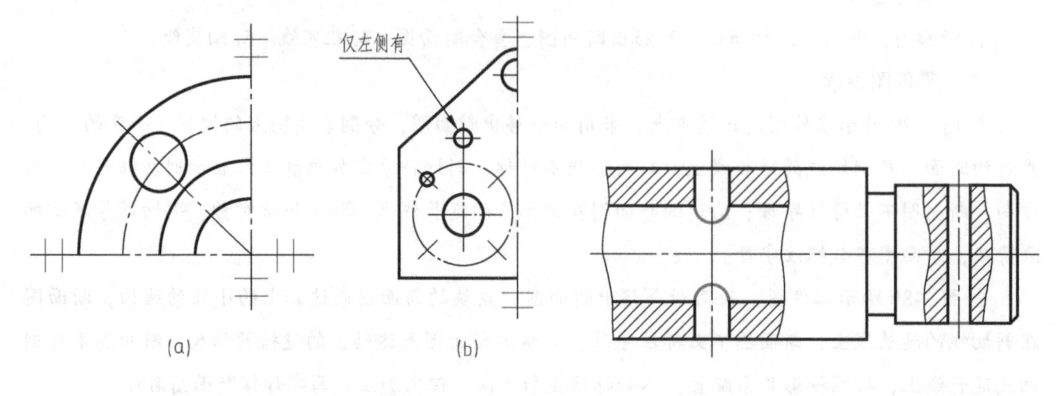

图3-83　视图简化画法示例

图3-84　相贯线的简化表达

③ 若干直径相同且成规律分布的孔（圆孔、螺孔、沉孔等），可以仅画出一个或几个，其余只需用中心线表示其中心位置，在图中标注孔的尺寸时应注明孔的总数，如图3-85所示。

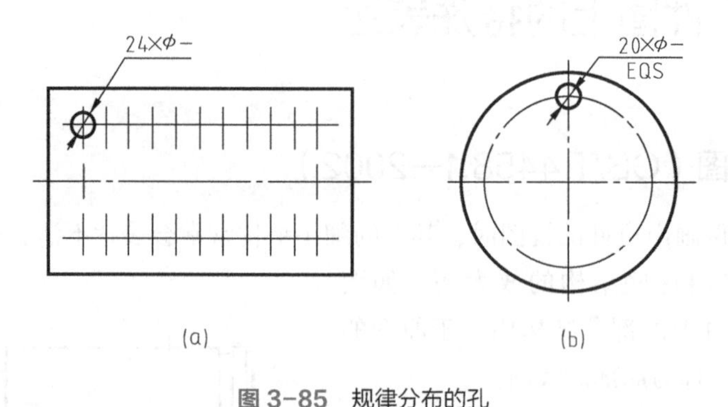

图3-85　规律分布的孔

④ 当图形不能充分表达回转体零件表面上的平面时，可用平面符号（两相交的细实线）表示，如图3-86所示。

⑤ 较长的物体（轴、杆、型材、连杆等）沿长度方向的形状一致或按一定规律变化时，可断开后缩短绘制，但尺寸仍按实际长度标注，如图3-87所示。

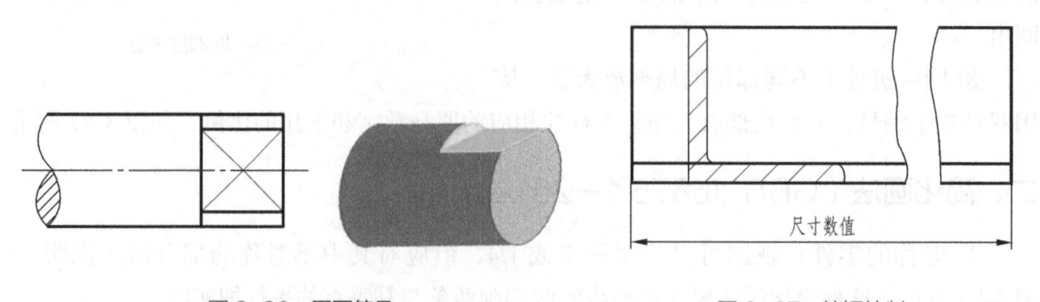

图3-86　平面符号

图3-87　缩短绘制

【思考与练习 3-5】

一、填空题

1. 将机件上的部分结构用大于原图的比例画出的图形，称为________。

2. 局部放大图可以画成视图、剖视图或断面图，它与被放大部分的________无关。

3. 局部放大图应尽量配置在被放大部分的附近。局部放大图的投影方向应与被放大部分的投影方向________，与整体联系的部分用________圈出。

4. 同一机件上不同部位的局部放大图，应用________编号，并在局部放大图上方标注相应的________和采用的________。

5. 对称零件的视图可只绘制一半或1/4，但应对其中不对称的部分加注说明，这种简化画法要在中心线的两端画______条与其垂直的平行______。

6. 若干直径相同且成规律分布的孔（圆孔、螺孔、沉孔等），可以仅画出一个或几个，其余只需用______表示其中心位置，在图中标注孔的尺寸时应注明孔的______。

7. 当图形不能充分表达回转体零件表面上的平面时，可用平面符号（两相交的_____）表示。

二、识读零件图：零件如图 3-88 所示，思考其表达的结构、形状。

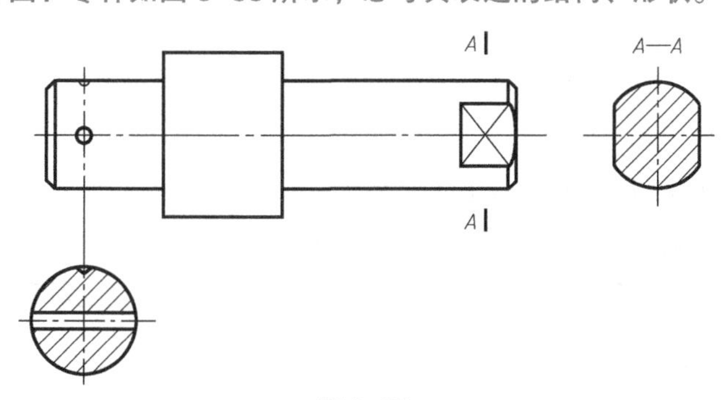

图 3-88

三、如图 3-89 所示，判断 ***A—A***、***B—B***、***C—C*** 断面图是否正确。

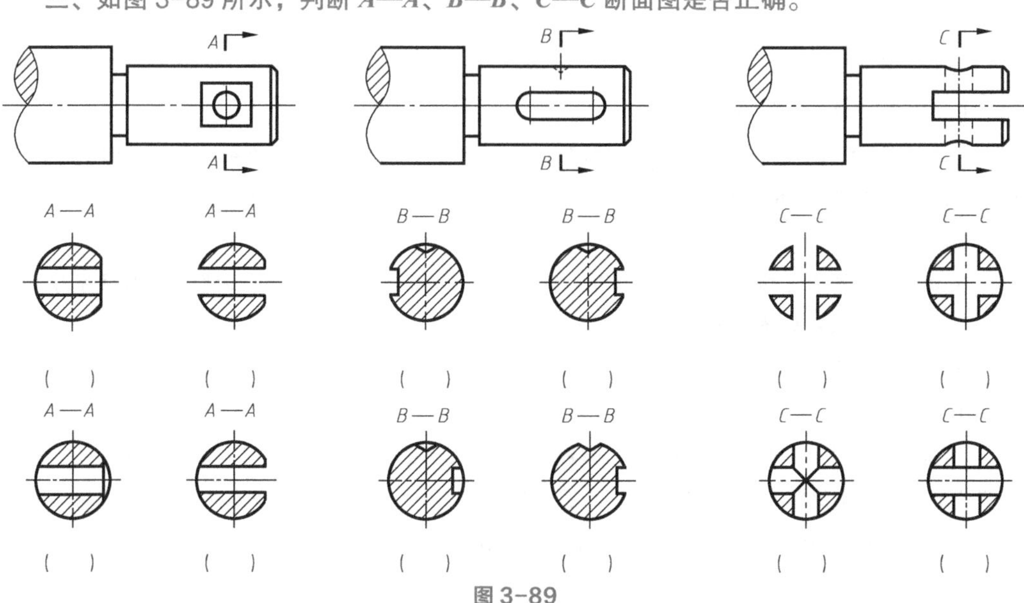

图 3-89

四、识读零件图

端盖如图 3-90 所示。

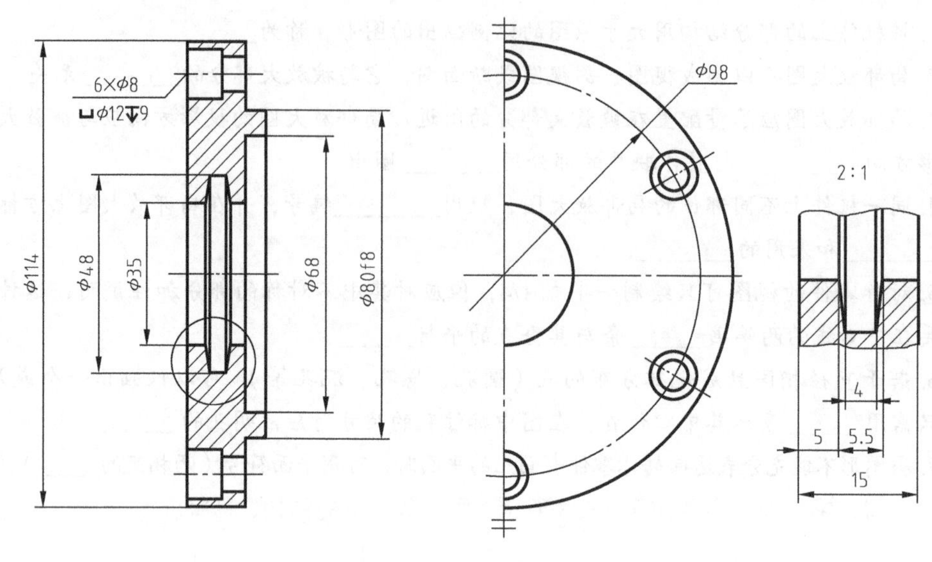

图 3-90 端盖

1. 表达分析

端盖的主体结构和形状是带轴孔的同轴回转体，主视图采用______图，表达了轴孔、_______和周边_______的形状。左视图采用______图，画图形的一半，中心线上下各两条水平细实线是______符号。为了清晰地标注密封槽的尺寸，采用了______图表达。

2. 说明符号 $\frac{6\times\phi 8}{⌴\phi 12↧9}$ 的含义。

【思考与练习 3-5】 答案

一、填空题

1. 局部放大图 2. 表达方式 3. 一致、细实线 4. 罗马数字、罗马数字、比例 5. 两、细实线 6. 中心线、总数 7. 细实线

二、图 3-88 所示的零件图：主视图的右端采用平面符号，表达回转体零件表面上的平面；右端的断面图表达轴右端的结构，按照投影关系配置，不必标注投射方向，但需加注大写字母作断面图名称。

左端的断面图表达轴上的小孔的结构，断面图在剖切线的延长线上，断面图不必标注字母。

三、判断结果：如图 3-91 所示。

四、识读零件图

1. 表达分析

端盖的主体结构和形状是带轴孔的同轴回转体，主视图采用<u>全剖视</u>图，表达了轴孔、<u>密封槽</u>和周边的形状。左视图采用<u>局部视</u>图，画图形的一半，中心线上下各两条水平细实线是<u>简化画法</u>符号。为了清晰地标注密封槽的尺寸，采用了<u>局部放大</u>图表达。

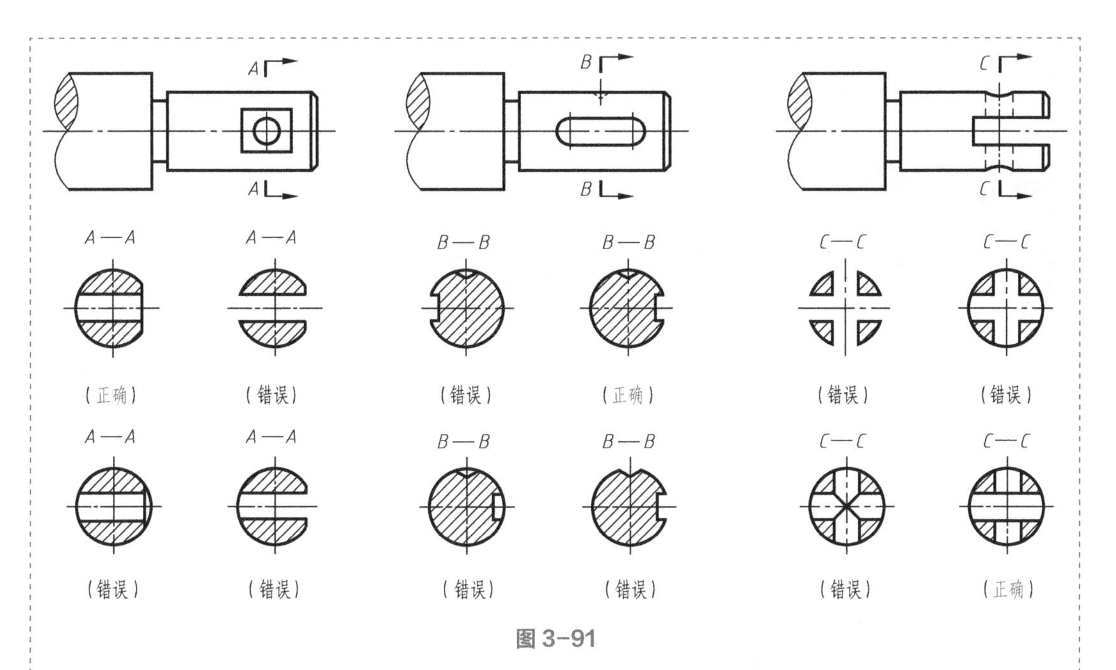

图 3-91

2. 符号$\frac{6\times\phi 8}{⌴\phi 12↧9}$的含义：6 表示 6 个相同的孔，$\phi 8$ 的孔为通孔，$⌴\phi 12↧9$ 表示 $\phi 12$ 的孔、深度 9mm。

第四章
零件图上标注的识读

零件图是制造和检验零件的重要依据，零件在制造和检验时所应达到的各项技术指标和要求，如尺寸公差、几何公差、表面结构等，要用规定的符号、代号、标记和文字说明等简明地标注在零件图上。本章主要讨论识读零件图上标注的各项技术要求。

第一节　零件图上尺寸标注的识读

为了表示零件的大小、加工精度，其零件图上要标注尺寸，如图 4-1 所示，某定位轴的零件图上标注了长度尺寸 42、直径 $\phi14^{+0.05}_{0}$。

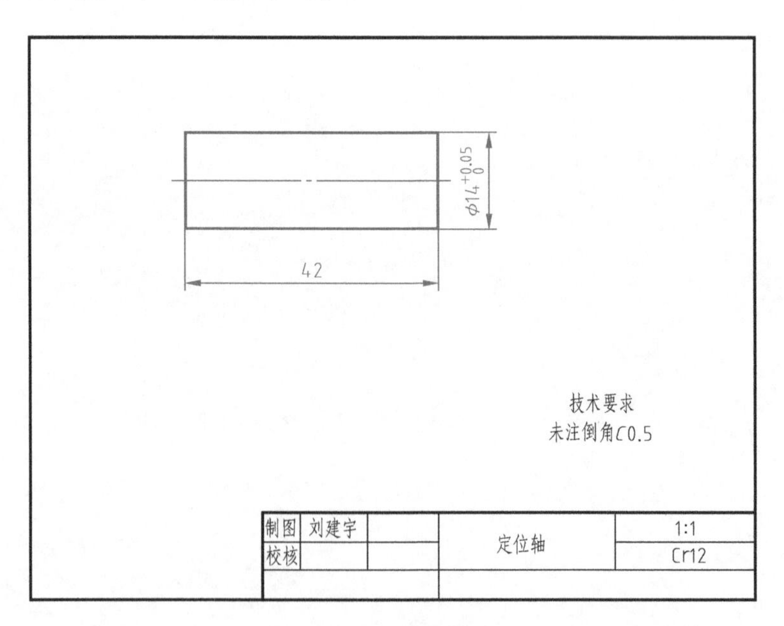

图 4-1　定位轴

一、尺寸

尺寸是用特定长度单位和角度单位表示的数值，如尺寸 30mm、60°等，长度包括直径、宽度、高度、深度和中心距等。国家标准规定，机械图样上长度单位为毫米（mm）时可省略单位的标注，仅标注数值；采用其他单位时，必须在数值后注写单位。

例如：图 4-1 中定位轴的长度尺寸 42、直径 $\phi14^{+0.05}_{0}$，省略单位为 mm。

尺寸可分为如下类型。

（1）公称尺寸

公称尺寸是零件设计时给定的尺寸。孔直径的公称尺寸用符号“*D*”表示，轴直径的公称尺寸用符号“*d*”表示；孔的长度尺寸用符号“*L*”表示，轴的长度尺寸用符号“*l*”表示。

如图 4-1 所示，定位轴的尺寸可表达为：$d=\phi14^{+0.05}_{0}$，$l=42$。

国家标准规定，孔的有关符号用大写字母表示，轴的有关符号用小写字母表示。

（2）实际尺寸

实际尺寸是通过测量获得的尺寸。孔直径的实际尺寸用“*Da*”表示，轴直径的实际尺寸用“*da*”表示。

由于加工或测量等因素的影响，实际尺寸与公称尺寸、极限尺寸不相等，零件同一表面的不同位置的实际尺寸也不相等，如图 4-2 所示。

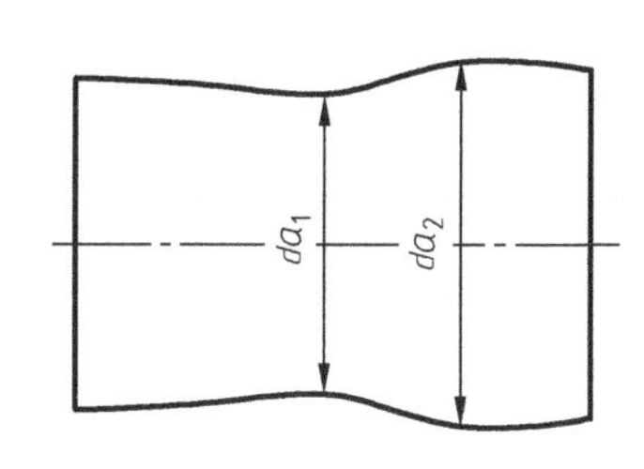

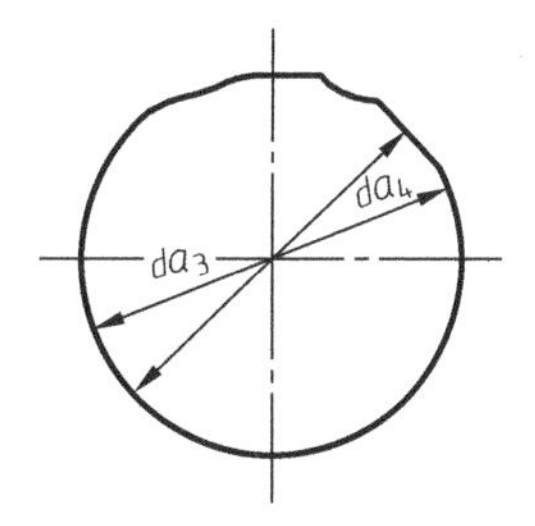

图 4-2　实际尺寸

（3）极限尺寸

允许尺寸变动的两个极限值称为极限尺寸。允许的最大尺寸叫上极限尺寸，允许的最小尺寸叫下极限尺寸。

孔直径的上极限尺寸用“D_{max}”表示，下极限尺寸用“D_{min}”表示；轴直径的上极限尺寸用“d_{max}”表示，下极限尺寸用“d_{min}”表示。

零件尺寸合格与否，取决于实际尺寸是否在极限尺寸所确定的范围之内，而与公称尺寸无直接关系。

例如：某轴 d=50mm，d_{max}=50.025mm，d_{min}=50mm。加工后 da=50.02mm，则零件尺寸合格；若 da=50.032mm，则零件尺寸不合格。

二、尺寸基准

（1）基准

基准就是用来确定生产对象上几何关系所依据的点、线或面。

（2）基准的分类

根据基准的作用不同，可分为设计基准和工艺基准。

设计基准是零件在设计时的基准点、线或面，或是确定零件在部件中工作位置的基准线或面。

工艺基准是零件在加工、测量时的基准点、线或面。工艺基准又可分为工序基准、定位基准和装配基准。

尺寸基准就是标注或量度尺寸的起点，它可以是物体上的一些点、线或面，如零件上的对称平面、加工面、安装底面、端面、回转轴线、圆柱素线等。

每个零件都有长、宽、高三个方向的尺寸，因此每个方向至少应该有一个尺寸基准，以便确定零件结构在各个方向上的相对位置，通常选择零件底面、端面、对称平面或回转轴线等作为尺寸基准。

如图 4-3 所示阶梯轴，以左端面或右端面为总长 76mm 的长度方向的设计基准，长度尺寸 20mm 是以左端面为长度方向的设计基准，长度尺寸 40mm 是以右端面为长度方向的设计基准。直径尺寸 ϕ20、ϕ26 和 ϕ16 都是以轴线为径向的设计基准。

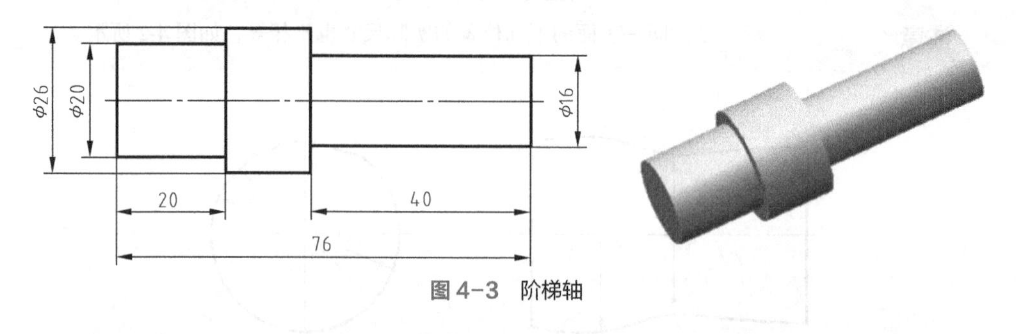

图 4-3　阶梯轴

零件的长、宽、高三个方向上都应有一个主要基准，为了便于加工和测量，可以有若干个辅助基准，如图 4-4 所示零件的基准、图 4-5 所示轴的基准。

设计基准和工艺基准最好能重合，这样既可满足设计要求，又能便于加工、测量。如图 4-5 所示台阶轴，其左、右端面为长度方向的设计基准，又是工艺基准，其轴线既是径向的设计基准，又是径向的工艺基准。

三、偏差与尺寸公差

1. 偏差

偏差是某一尺寸减其公称尺寸所得的代数差。

偏差可分为如下几类。

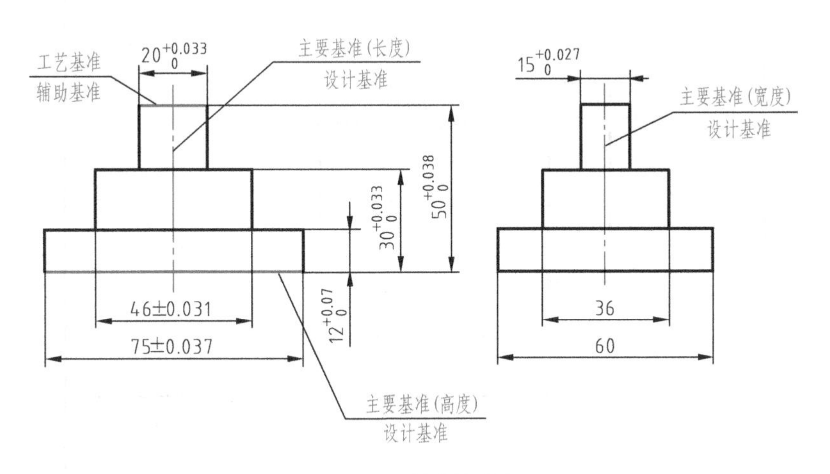

图 4-4　基准的选择

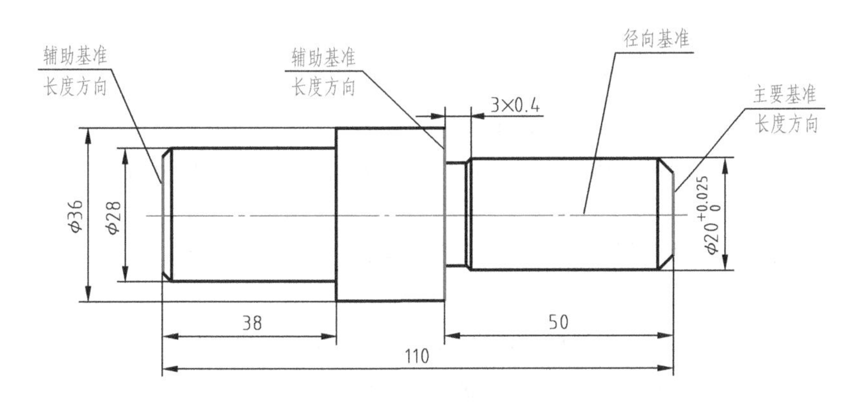

图 4-5　轴的基准

（1）极限偏差

极限尺寸减其公称尺寸所得的代数差称为极限偏差。最大极限尺寸和最小极限尺寸减其公称尺寸所得的代数差，分别称为上极限偏差和下极限偏差，简称上偏差和下偏差。

孔的上偏差和下偏差分别用大写字母 ES 和 EI 表示；轴的上偏差和下偏差分别用小写字母 es 和 ei 表示。

国家标准规定：在图样和技术文件上标注极限偏差时，上极限偏差标在公称尺寸的右上角，下极限偏差标在公称尺寸的右下角；当偏差值为零时，必须在相应的位置上标注“0”，如图 4-6 中的尺寸 $80^{+0.05}_{0}$。

当上偏差和下偏差的绝对值相同时，极限偏差数字可以只注写一次，并在极限偏差数字与公称尺寸之间注出符号“±”，如图 4-6 中的尺寸 $\phi40 \pm 0.01$。

4

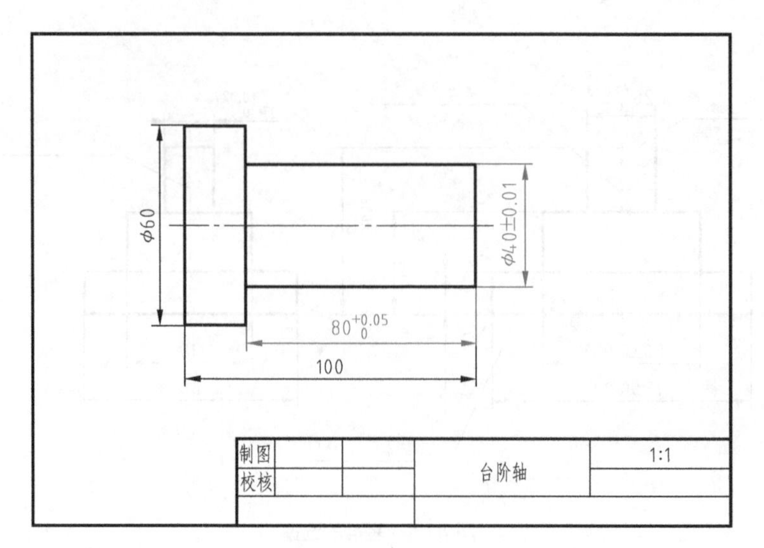

图 4-6

【例 4-1】 轴的尺寸 $\phi40\pm0.01$，计算其极限尺寸。

解　轴的尺寸 $\phi40\pm0.01$ 用公式表示为：

$d=\phi40$mm，es=+0.01mm，ei=−0.01mm；

则　$d_{max}=d+es=\phi40+0.01=\phi40.01$mm；$d_{min}=d+ei=\phi40+(-0.01)=\phi39.99$mm。

（2）实际偏差

实际尺寸减公称尺寸所得的代数差称为实际偏差。

判断零件尺寸合格的方法有两种，零件的实际尺寸应在规定的上、下极限尺寸之间，或零件的实际偏差应在规定的上、下极限偏差之间。

【例 4-2】 某轴的尺寸 $\phi50^{+0.025}_{0}$，加工后其实际尺寸为 $\phi50.01$，判断零件尺寸是否合格。

解　轴的尺寸 $\phi50^{+0.025}_{0}$，用公式表示为：

$d=\phi50$mm，es=+0.025mm，ei=0mm；

$da=\phi50.01$mm，则实际偏差为 +0.01mm。

可见：轴的实际偏差 +0.01mm 在规定的上偏差 +0.025mm、下偏差 0 之间，其尺寸合格。

2. 尺寸公差

（1）尺寸公差概念

尺寸公差是允许尺寸的变动量，即最大极限尺寸减最小极限尺寸的代数差，也等于上偏差减下偏差所得的代数差。

尺寸公差是一个没有符号的绝对值。孔的尺寸公差用“T_h”表示，轴的尺寸公差用“T_s”表示。

例如：轴的直径尺寸为 $\phi20\pm0.01$，则

$$T_s=|es-ei|=|0.01-(-0.01)|=0.02$$

特别提示

① 公差以绝对值定义，没有正负的含义，在公差值的前面不应出现“+”号或“-”号，这不同于偏差。

② 由于加工误差不可避免，所以公差不能取零值。

③ 从加工的角度看，公称尺寸相同的零件，公差值越大，加工就越容易；反之，加工就越困难。

【例 4-3】 孔的尺寸分别为 $\phi50^{+0.039}_{0}$ 和 $\phi50^{+0.105}_{+0.080}$，比较两个孔加工的难易。

解　T_{h1}=|ES−EI|=|+0.039−0|=0.039

T_{h2}=|ES−EI|=|+0.105−（+0.080）|=0.025

$T_{h1} > T_{h2}$，因此孔 $\phi50^{+0.039}_{0}$ 比孔 $\phi50^{+0.105}_{+0.080}$ 容易加工。

（2）公差带图

为了表示尺寸、偏差与公差之间的关系，一般将尺寸公差与公称尺寸的关系，按放大比例画成简图，称为公差带图，如图 4-7 所示。

① 零线　在公差带图中，表示公称尺寸的一条直线称为零线。以零线为基准确定偏差。

习惯上，零线沿着水平方向绘制，在其左端标上“0”和“+”“−”号，在其左下方标上公称尺寸。正偏差位于零线上方，负偏差位于零线下方，零偏差与零线重合，如图 4-7 所示。

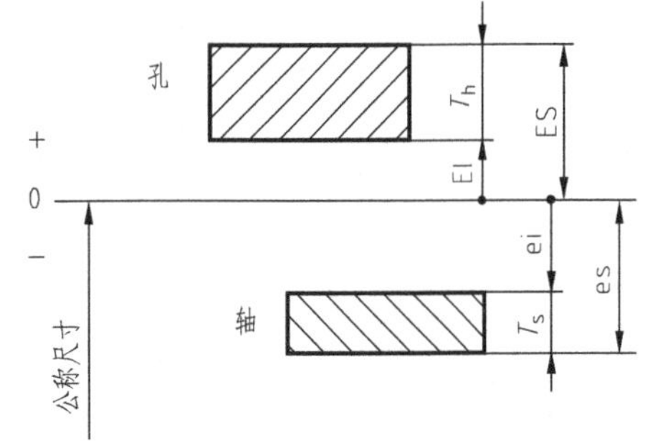

图 4-7　公差带图（一）

② 尺寸公差带（简称公差带）　在公差带图中代表上极限偏差（最大极限尺寸）和下极限偏差（最小极限尺寸）的两条直线所限定的一个区域称为公差带。

公差带包括了公差带大小与公差带位置两个要素，前者由标准公差确定，后者由靠近零线的那个极限偏差确定，如图 4-7 所示。

【例 4-4】 绘制孔 $\phi50^{+0.039}_{0}$、轴 $\phi80^{-0.010}_{-0.040}$ 的公差带图。

解　① 画出零线，标上“0”和“+”“−”号及公称尺寸；

② 根据偏差大小选定一个适当的比例，画出上、下极限偏差线；

③ 在上、下极限偏差线的左、右分别画垂直于偏差线的线段，公差带为矩形，矩形内绘制剖面线，在相应的位置标注上、下极限偏差数值，孔、轴的公差带图如图 4-8 所示。

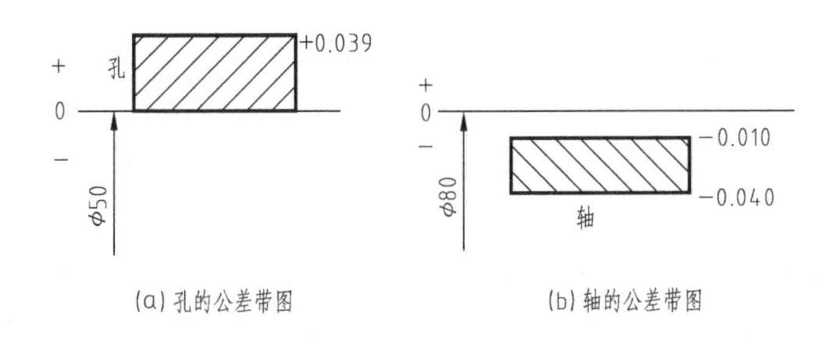

(a) 孔的公差带图　　(b) 轴的公差带图

图 4-8　公差带图（二）

四、标准公差

1. 标准公差简介

“极限与配合”的相关标准 GB/T 1800 中所规定的任一公差称为标准公差。标准公差用符号“IT”表示，其数值由公称尺寸和公差等级来决定，见表 4-1。

表 4-1　标准公差数值（摘自 GB/T 1800.2—2020）

公称尺寸/mm		标准公差等级																			
		IT01	IT0	IT1	IT2	IT3	IT4	IT5	IT6	IT7	IT8	IT9	IT10	IT11	IT12	IT13	IT14	IT15	IT16	IT17	IT18
大于	至	标准公差值																			
		μm													mm						
—	3	0.3	0.5	0.8	1.2	2	3	4	6	10	14	25	40	60	0.1	0.14	0.25	0.4	0.6	1	1.4
3	6	0.4	0.6	1	1.5	2.5	4	5	8	12	18	30	48	75	0.12	0.18	0.3	0.48	0.75	1.2	1.8
6	10	0.4	0.6	1	1.5	2.5	4	6	9	15	22	36	58	90	0.15	0.22	0.36	0.58	0.9	1.5	2.2
10	18	0.5	0.8	1.2	2	3	5	8	11	18	27	43	70	110	0.18	0.27	0.43	0.7	1.1	1.8	2.7
18	30	0.6	1	1.5	2.5	4	6	9	13	21	33	52	84	130	0.21	0.33	0.52	0.84	1.3	2.1	3.3
30	50	0.6	1	1.5	2.5	4	7	11	16	25	39	62	100	160	0.25	0.39	0.62	1	1.6	2.5	3.9
50	80	0.8	1.2	2	3	5	8	13	19	30	46	74	120	190	0.3	0.46	0.74	1.2	1.9	3	4.6
80	120	1	1.5	2.5	4	6	10	15	22	35	54	87	140	220	0.35	0.54	0.87	1.4	2.2	3.5	5.4
120	180	1.2	2	3.5	5	8	12	18	25	40	63	100	160	250	0.4	0.63	1	1.6	2.5	4	6.3
180	250	2	3	4.5	7	10	14	20	29	46	72	115	185	290	0.46	0.72	1.15	1.85	2.9	4.6	7.2
250	315	2.5	4	6	8	12	16	23	32	52	81	130	210	320	0.52	0.81	1.3	2.1	3.2	5.2	8.1
315	400	3	5	7	9	13	18	25	36	57	89	140	230	360	0.57	0.89	1.4	2.3	3.6	5.7	8.9
400	500	4	6	8	10	15	20	27	40	63	97	155	250	400	0.63	0.97	1.55	2.5	4	6.3	9.7
500	630			9	11	16	22	32	44	70	110	175	280	440	0.7	1.1	1.75	2.8	4.4	7	11
630	800			10	13	18	25	36	50	80	125	200	320	500	0.8	1.25	2	3.2	5	8	12.5
800	1000			11	15	21	28	40	56	90	140	230	360	560	0.9	1.4	2.3	3.6	5.6	9	14
1000	1250			13	18	24	33	47	66	105	165	260	420	660	1.05	1.65	2.6	4.2	6.6	10.5	16.5
1250	1600			15	21	29	39	55	78	125	195	310	500	780	1.25	1.95	3.1	5	7.8	12.5	19.5
1600	2000			18	25	35	46	65	92	150	230	370	600	920	1.5	2.3	3.7	6	9.2	15	23
2000	2500			22	30	41	55	78	110	175	280	440	700	1100	1.75	2.8	4.4	7	11	17.5	28
2500	3150			26	36	50	68	96	135	210	330	540	860	1350	2.1	3.3	5.4	8.6	13.5	21	33

2. 公差等级

确定尺寸精确程度的等级称为公差等级，公差等级国家标准分为 20 级，用阿拉伯数字表示。

尺寸精确程度用 IT01、IT0、IT1、IT2、IT3、…、IT18 表示，精度从 IT01 到 IT18 依次降低。对于一定的公称尺寸，公差等级越高，标准公差值越小，尺寸的精确程度越高。公称尺寸和公差等级相同的孔与轴，它们的标准公差值相等。

【例 4-5】 定位轴 A、B 的零件图如图 4-9 所示，分析其结构并比较加工的难易程度。

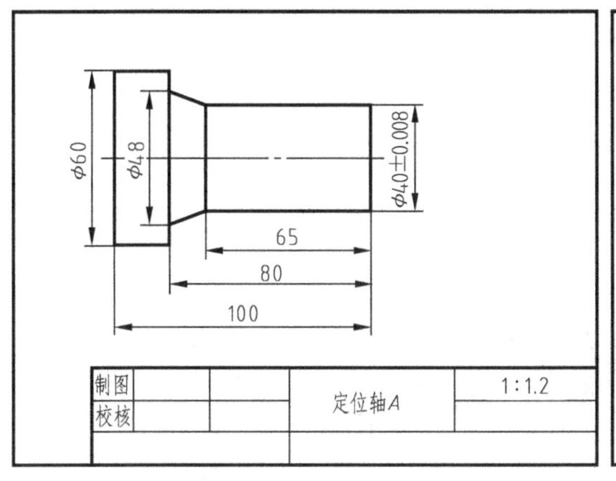

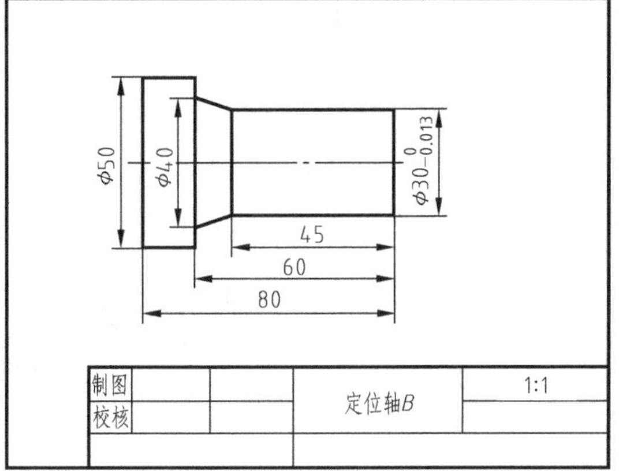

图 4-9　定位轴

解　(1) 分析结构

定位轴 A、B 的零件图分为左、中、右三部分，左、右两部分是圆柱体；中间部分的两端直径不同，是圆锥体。

(2) 加工的难度

① 标准公差等级：公差等级越高，零件的精度越高，使用性能越好，但加工难度越大；公差等级越低，零件的精度越低，使用性能越差，但加工难度越小。

② 定位轴 A、B 分别有三个长度尺寸和三个直径尺寸，加工的难易程度取决于标注公差的尺寸，即定位轴 A 的加工精度取决于尺寸 $\phi40\pm0.008$，定位轴 B 的加工精度取决于尺寸 $\phi30_{-0.013}^{0}$。

③ 定位轴 A、B 的尺寸公差：

T_A=|es−ei|=|+0.008−(−0.008)|=0.016mm

T_B=|es−ei|=|0−(−0.013)|=0.013mm

④ 查标准公差数值表：T_A、T_B 对应的公差等级都是 IT6，因此定位轴 A、B 加工的难度相同。

五、基本偏差

1. 基本偏差及其代号

(1) 基本偏差

基本偏差是指 GB/T 1800 中所规定的，用以确定公差带相对零线位置的上极限偏差或下极限偏差。

基本偏差一般为靠近零线的那个偏差，当公差带在零线的上方时，基本偏差为下极限偏差，反之则为上极限偏差。

(2) 基本偏差代号

孔和轴的基本偏差代号用拉丁字母表示，各有 28 个，大写字母代表孔的，小写字母代表轴的，如图 4-10 所示。

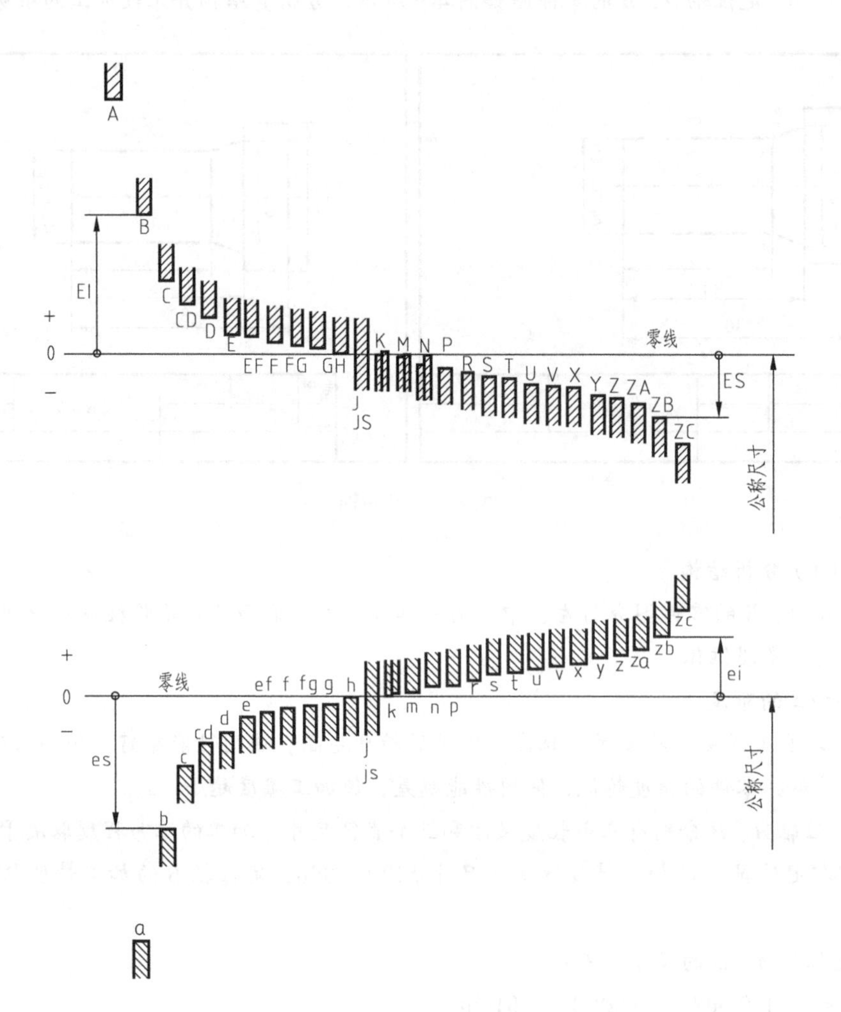

图 4-10　基本偏差系列图

从基本偏差系列图中可以看出：孔的基本偏差 A ～ H 和轴的基本偏差 k ～ zc 为下偏差；孔的基本偏差 K ～ ZC 和轴的基本偏差 a ～ h 为上偏差；JS 和 js 的公差带对称分布于零线两边，孔和轴的上、下偏差分别都是 +IT/2、-IT/2。基本偏差系列图只表示公差带的位置，不表示公差的大小，因此公差带的一端是开口的，开口的一端由标准公差限定，根据尺寸公差的定义计算式如下：

孔：ES=EI+IT　或　EI=ES-IT

轴：ei=es-IT　或　es=ei+IT

2. 孔、轴的公差带代号

孔、轴的公差带代号由基本偏差代号和公差等级数字组成，例如：H9、H7、F8、G7 等为孔的公差带代号；h6、f7、m6、p7 等为轴的公差带代号。

孔、轴的尺寸可以用公差带代号标注，如 ϕ50H7、ϕ30f6。

【例 4-6】 图 4-11 中，零件尺寸 ϕ22H7、ϕ34js7 有什么含义？

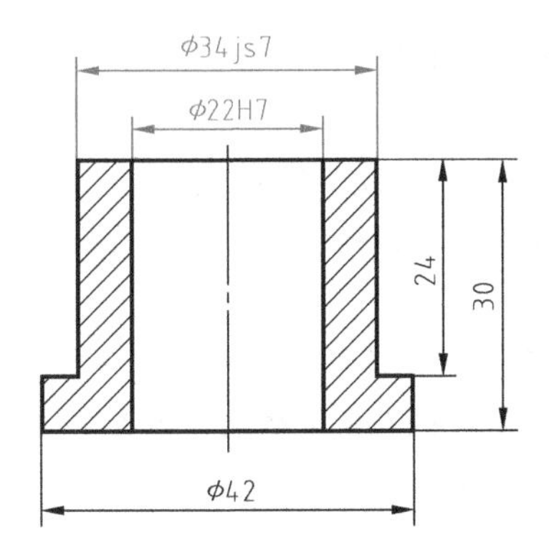

图 4-11　公差带代号的标注

解　① 尺寸 φ22H7、φ34js7 的含义如下：

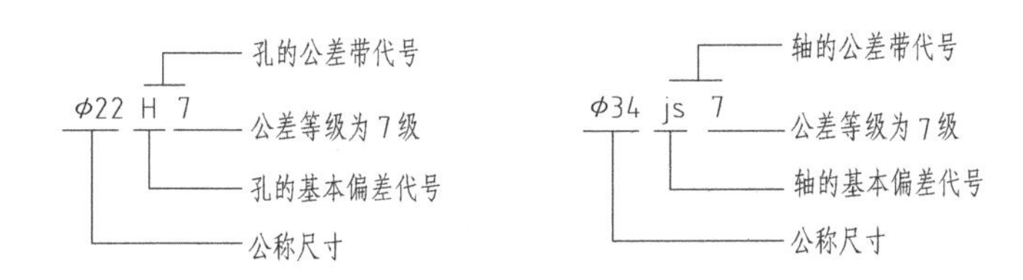

② 尺寸 φ22H7、φ34js7 的含义也可描述为：

φ22H7 表示公称尺寸为 φ22、基本偏差代号为 H、公差等级为 7 级的孔；

φ34js7 表示公称尺寸为 φ34、基本偏差代号为 js、公差等级为 7 级的轴。

公差带代号的标注方式，能清楚地表示公差带的性质，但是基本偏差数值要查表，适用于大批量生产的要求。标注上、下偏差数值的方式，对于零件的加工较为方便，适用于单件或小批量生产的要求。公差带代号和极限偏差也可以共同标注。

【思考与练习 4-1】

一、填空题

1. 尺寸由______和______两部分组成，如 30mm、60μm 等。

2. 零件上实际存在的，通过______获得的某一孔、轴的尺寸称为________。

3. 允许尺寸变化的两个界限分别是______尺寸和______尺寸，它们是以________为基数来确定的。

4. 零件的尺寸合格时，其实际尺寸应在______尺寸和______尺寸之间。

5. 孔的上偏差用___表示，孔的下偏差用______表示；轴的上偏差用______表示，轴的下偏差用______表示。

6. 零件的______尺寸减其公称尺寸所得的代数差为实际偏差，当实际偏差在______偏差和______偏差之间时，尺寸为合格。

7. 尺寸公差是允许尺寸的_________。

8. 公差以绝对值定义，没有正负的含义，在公差值的前面不应出现“____”号或“____”号，这不同于偏差。

9. 由于加工误差不可避免，所以公差不能取____值。

10. 从加工的角度看，公称尺寸相同的零件，公差值越____，加工就越容易；反之，加工就越困难。

11. 国家标准设置了_____个标准公差等级，其中______级精度最高，______级精度最低。

12. 用以确定公差带相对于零线位置的上极限偏差或下极限偏差叫_______。

13. 代号 H 和 h 的基本偏差数值都等于_______。

二、分析

轴套如图 4-12 所示，分析轴套的尺寸基准。

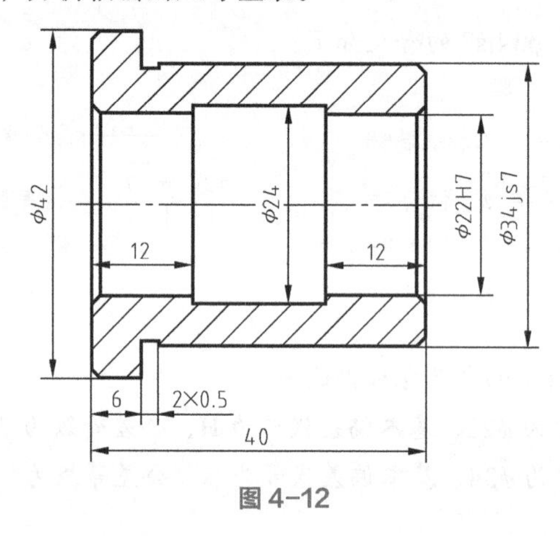

图 4-12

三、计算

1. 计算孔 $\phi18^{+0.018}_{0}$、$\phi120^{+0.034}_{-0.020}$ 的极限尺寸与尺寸公差，比较其加工的难易程度。

2. 计算轴 $\phi18^{-0.016}_{-0.034}$、$\phi80^{-0.011}_{-0.041}$ 的极限尺寸与尺寸公差，比较其加工的难易程度。

3. 计算孔 $\phi80^{+0.046}_{0}$、轴 $\phi80^{-0.011}_{-0.041}$ 的极限尺寸与尺寸公差，比较其加工的难易程度。

四、解释尺寸代号的含义

ϕ25H6、ϕ50js7、ϕ100h6、ϕ50f7、ϕ30d6、ϕ50F7

五、分析计算

孔、轴的公差带图如图 4-13 所示，试根据此图解答下列问题：

（1）孔、轴的公称尺寸是多少？

（2）孔、轴的基本偏差是多少？

（3）分别计算孔、轴的上、下极限尺寸。

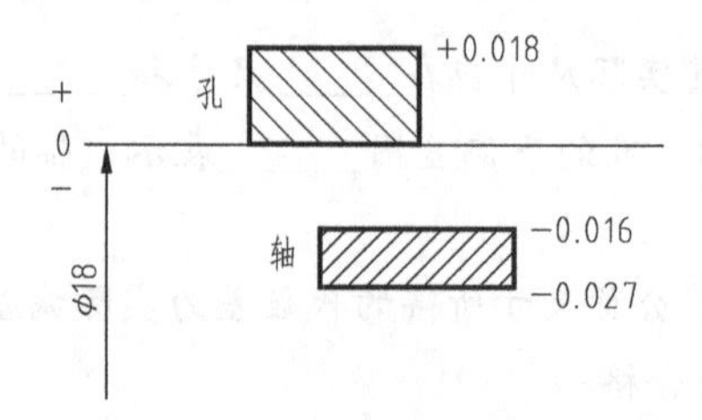

图 4-13　孔、轴的公差带图

【思考与练习 4-1】 答案

一、填空题

1. 特定长度单位或角度单位、数值　2. 测量、实际尺寸　3. 上极限、下极限、公称尺寸　4. 上极限、下极限　5. ES、EI、es、ei　6. 实际、上极限、下极限　7. 变动量　8. +、-　9. 零　10. 大　11. 20、IT01、IT18　12. 基本偏差　13. 零

二、分析

轴套的尺寸基准如图 4-14 所示。

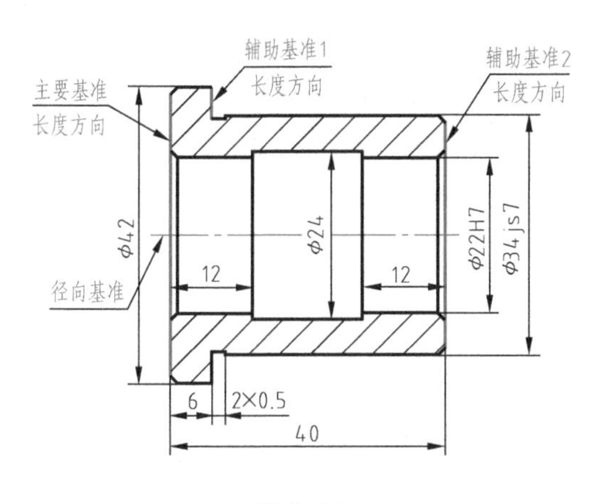

图 4-14

三、计算

1.（1）孔 $\phi18^{+0.018}_{0}$：$D_1=\phi18$，$ES_1=+0.018$，$EI_1=0$

$D_{max1}=D_1+ES_1=\phi18+0.018=\phi18.018mm$，$D_{min1}=D_1+EI_1=\phi18+0=\phi18mm$

$T1=|ES_1-EI_1|=|+0.018-0|=0.018mm$

（2）孔 $\phi120^{+0.034}_{-0.020}$：$D_2=\phi120$，$ES_2=+0.034$，$EI_2=-0.020$

$D_{max2}=D_2+ES_2=\phi120+0.034=\phi120.034mm$，$D_{min2}=D_2+EI_2=\phi120+(-0.020)=\phi119.980mm$

$T_2=|ES_2-EI_2|=|+0.034-(-0.020)|=0.054mm$

（3）查表：T_1 是 IT7，T_2 是 IT8，因此孔 $\phi18^{+0.018}_{0}$ 比孔 $\phi120^{+0.034}_{-0.020}$ 难加工。

2.（1）轴 $\phi18^{-0.016}_{-0.034}$：$d=\phi18$，$es=-0.016$，$ei=-0.034$

$d_{max1}=d+es=\phi18+(-0.016)=\phi17.984mm$；$d_{min1}=d+ei=\phi18+(-0.034)=\phi17.966mm$

$T_1=|es_1-ei_1|=|-0.016-(-0.034)|=0.018mm$

（2）轴 $\phi80^{-0.011}_{-0.041}$：$d_2=\phi80$，$es_2=-0.011$，$ei_2=-0.041$

$d_{max2}=d+es=\phi80+(-0.011)=\phi79.989mm$；$d_{min2}=d+ei=\phi80+(-0.041)=\phi79.959mm$

$T_2=|es_2-ei_2|=|(-0.011)-(-0.041)|=0.030mm$

（3）查表：T_1 是 IT7，T_2 是 IT7，因此轴 $\phi18^{-0.016}_{-0.034}$、$\phi80^{-0.011}_{-0.041}$ 的加工难度相同。

3.（1）孔 $\phi80^{+0.046}_{0}$：$D=\phi80$，$ES=+0.046$，$EI=0$

$D_{max}=D+ES=\phi80+0.046=\phi80.046mm$，$D_{min}=D+EI=\phi80+0=\phi80mm$

$T_1=|ES-EI|=|+0.046-0|=0.046mm$

（2）轴 $\phi80_{-0.041}^{-0.011}$：$d=\phi80$，es=−0.011，ei=−0.041

$d_{max}=d+es=\phi80+(-0.011)=\phi79.989$mm；$d_{min}=d+ei=\phi80+(-0.041)=\phi79.959$mm

$T_2=|es-ei|=|(-0.011)-(-0.041)|=0.030$mm

（3）孔 $\phi80_{0}^{+0.046}$、轴 $\phi80_{-0.041}^{-0.011}$ 的 $T_1>T_2$，因此孔 $\phi80_{0}^{+0.046}$ 比轴 $\phi80_{-0.041}^{-0.011}$ 容易加工。

（或查表：T_1 是 IT8，T_2 是 IT7，因此孔 $\phi80_{0}^{+0.046}$ 比轴 $\phi80_{-0.041}^{-0.011}$ 容易加工。）

四、解释尺寸代号的含义

ϕ25H6：表示公称尺寸为 ϕ25、基本偏差代号为 H、公差等级为 6 级的孔；

ϕ50js7：表示公称尺寸为 ϕ50、基本偏差代号为 js、公差等级为 7 级的轴；

ϕ100h6：表示公称尺寸为 ϕ100、基本偏差代号为 h、公差等级为 6 级的轴；

ϕ50f7：表示公称尺寸为 ϕ50、基本偏差代号为 f、公差等级为 7 级的轴；

ϕ30d6：表示公称尺寸为 ϕ30、基本偏差代号为 d、公差等级为 6 级的轴；

ϕ50F7：表示公称尺寸为 ϕ50、基本偏差代号为 F、公差等级为 7 级的孔。

五、分析计算

（1）$D_2=\phi18$，$d=\phi18$；

（2）孔的基本偏差是 EI=0、轴的基本偏差 es=−0.016；

（3）$D_{max}=D+ES=\phi18+0.018=\phi18.018$mm，$D_{min}=D+EI=\phi18+0=\phi18$mm

$d_{max}=d+es=\phi18+(-0.016)=\phi17.984$mm；$d_{min}=d+ei=\phi18+(-0.033)=\phi17.967$mm

第二节　零件图上标注的几何公差

在机械制造中，由于机床精度、工件的装夹精度和加工中的变形等因素的影响，加工后的零件不仅会产生尺寸误差，还会产生几何误差，即零件表面、中心轴线等的实际形状和位置偏离要求的理想形状和位置，从而产生误差。因此零件图上除了规定尺寸公差来限制尺寸误差外，还规定了几何公差来限制几何误差，以满足零件的功能要求。

国家标准制定了一系列几何公差标准，本节介绍部分常用的几何公差标准的识读。

一、基本术语

1. 零件的几何要素

零件的形状和结构虽然各式各样，但它们都是由点、线、面按一定几何关系组合而成的，如图 4-15 所示的零件就是由球面、圆锥面、端面、圆柱面等构成的，这些构成零件的点、线、面称为零件的几何要素。零件的几何误差就是零件各个几何要素的自身形状、方向、位置、跳动所产生的误差，几何

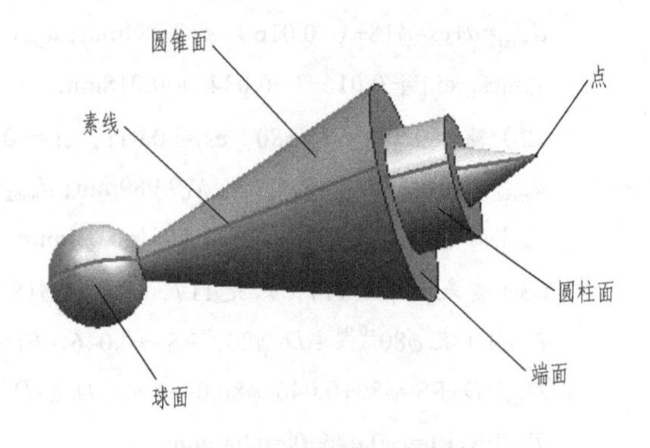

图 4-15　零件的几何要素

公差就是对这些几何要素的形状、方向、位置、跳动所提出的精度要求，因此几何公差就分为形状公差、方向公差、位置公差、跳动公差。

2. 零件几何要素的分类

（1）按存在的状态分类

① 理想要素：具有几何意义的要素。理想要素绝对准确，不存在任何几何误差。

② 实际要素：零件上实际存在的要素。由于加工误差的存在，实际要素具有几何误差。

（2）按在几何公差中所处的地位分类

① 被测要素：图样上给出了几何公差的要素。

② 基准要素：用来确定被测要素的方向或（和）位置的要素。

（3）按几何特征分类

① 组成要素：构成零件的点、线、面。组成要素是可见的，能直接为人所感觉到。如图 4-15 所示零件的球面、圆锥面、端面、圆柱面等是其组成要素。

② 导出要素：表示组成要素的对称中心的点、线、面。导出要素虽是不可见的，不能直接为人所感觉到，但是可以通过相应的组成要素来模拟体现，如图 4-15 所示零件的球心、轴线等。

二、形状公差

1. 形状误差

如图 4-16 所示的光轴，加工后产生了形状上的误差，实际轮廓不是理想的圆柱面，截面形状也不是理想的圆形，这种在形状上出现的误差，称为形状误差。零件在加工时会产生形状误差，还会产生位置、方向、跳动等误差，这些误差统称为几何误差。几何误差过大，将会影响机器的质量。

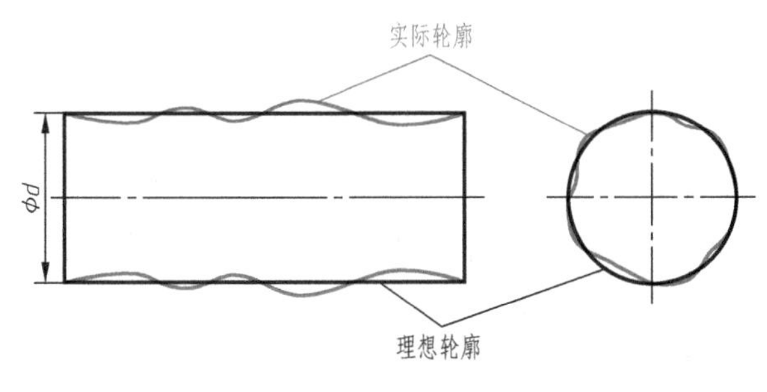

图 4-16　形状误差

机械零件在加工中的尺寸误差，根据要求用尺寸公差加以限制，而加工中对零件的几何误差则由几何公差加以限制，几何公差包括形状公差、方向公差、位置公差和跳动公差等。

2. 形状公差

形状公差是指实际要素的形状所允许的变动全量。测量时，理想形状相对于实际形状的位置，应按最小条件来确定。形状误差是指实际形状相对于理想形状的变动量。

形状公差的项目如下。

（1）圆度公差

圆度公差限制实际圆相对于理想圆的变动。圆度公差用于对回转体表面（圆柱、圆锥和曲线回转体）任一正截面的圆轮廓提出形状精度要求。圆度符号“○”。

（2）圆柱度公差

圆柱度公差限制实际圆柱面相对于理想圆柱面的变动。圆柱度公差综合控制圆柱面的形状精度，圆柱度符号“⌭”。

（3）直线度公差

直线度公差限制被测实际直线相对于理想直线的变动。被测直线可以是平面内的直线、直线回转体（圆柱、圆锥）上的素线、平面的交线和轴线等。直线度符号“—”。

（4）平面度公差

平面度公差限制实际平面相对于理想平面的变动。平面度符号“⏥”。

（5）线轮廓度公差（无基准）

线轮廓度公差限制实际平面曲线对其理想曲线的变动。它是对零件上非圆曲线提出的形状精度要求。无基准时，理想轮廓的形状由理论正确尺寸（尺寸数字外面加上框格）确定，其位置是不定的。线轮廓度符号“⌒”。

（6）面轮廓度公差（无基准）

面轮廓度公差限制实际曲面对其理想曲面的变动。它是对零件上曲面提出的形状精度要求。理想曲面由理论正确尺寸确定。面轮廓度符号“⌓”。

3. 几何公差的代号和基准符号

（1）几何公差的代号

几何公差的代号包括几何公差框格和指引线、几何公差有关项目的符号、几何公差数值和其他有关符号、基准符号字母和其他有关符号等，如图 4-17 所示。

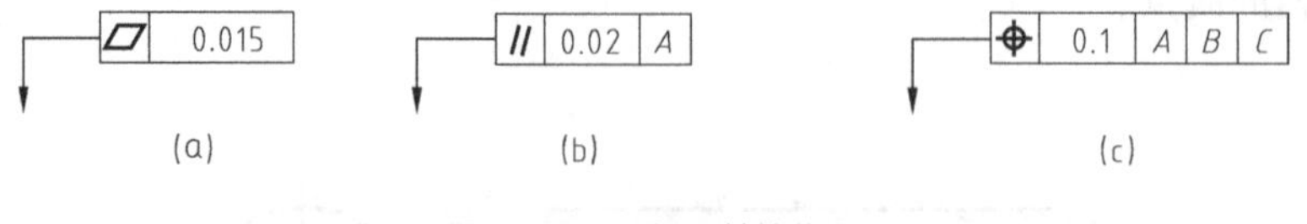

图 4-17　几何公差的代号

几何公差框格分成两格或多格，框格内从左到右填写以下内容：

① 第一格填写几何公差项目符号；

② 第二格填写几何公差数值和其他有关符号；

③ 第三格和以后各格填写基准符号字母和其他有关符号。

（2）基准符号

在几何公差的标注中，基准用一个大写字母表示，字母标注在基准方格内，与一个空白的或涂黑的三角形相连以表示基准，如图 4-18 所示。

图 4-18　基准符号

图 4-19　旧国标基准符号

空白的或涂黑的基准三角形含义相同。旧国标基准符号的字母是标注在圆圈内，如图 4-19 所示。

【例 4-7】 台阶轴如图 4-20 所示，解读其中的形状公差。

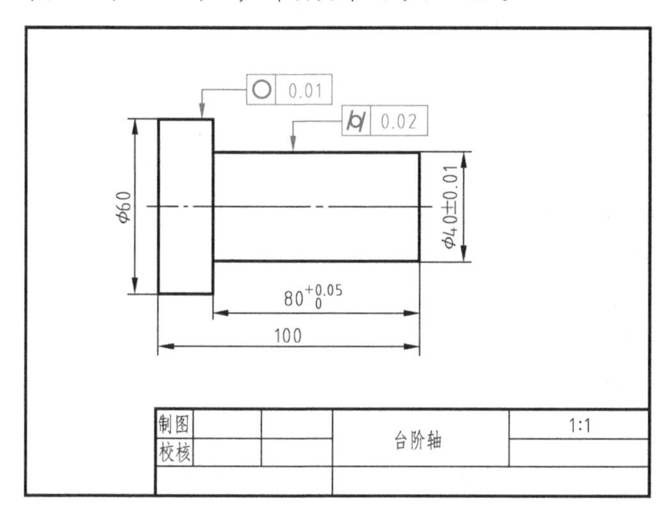

图 4-20　圆度公差、圆柱度公差

解　图 4-20 中的形状公差的含义：

○ 0.01：直径 ϕ60 的圆柱面的圆度公差为 0.01mm。

⌭ 0.02：直径 ϕ40 ± 0.01 的圆柱面的圆柱度公差为 0.02mm。

【例 4-8】 拉杆如图 4-21 所示，解读其中的形状公差。

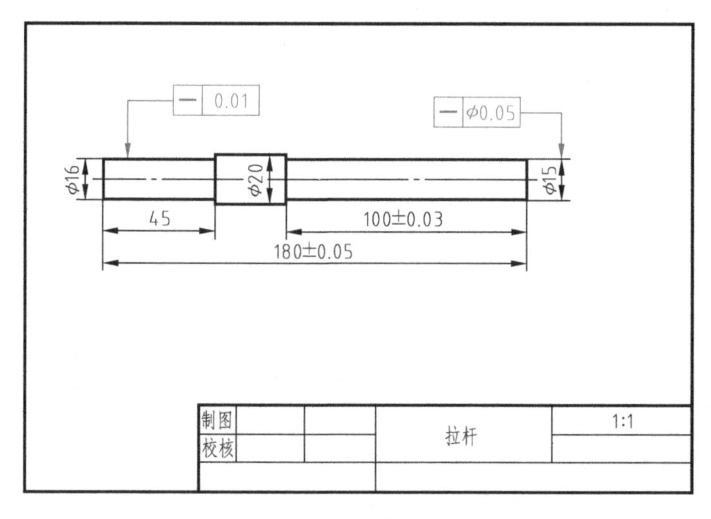

图 4-21　直线度公差

解　图 4-21 中标注的—| — | 0.01 |、| — | ϕ0.05 |—是直线度公差，含义是：

—| — | 0.01 |：直径 ϕ16 的圆柱面，其轮廓线的直线度公差为 0.01mm。

| — | ϕ0.05 |—：直径 ϕ15 的圆柱面，其轴线的直线度公差为 ϕ0.05mm。

解读几何公差一定要注意指引线箭头的位置，几何公差的指引线箭头与被测要素的尺寸线对齐与否，含义是不同的。【例 4-8】中—|—|0.01|的指引线箭头指向直径 $\phi16$ 的圆柱面的轮廓线，表示 $\phi16$ 圆柱的轮廓线的直线度公差，而|—|$\phi0.05$|—的指引线箭头与 $\phi15$ 的圆柱面的直径尺寸线对齐，表示 $\phi15$ 圆柱的轴线的直线度公差。

三、方向公差

方向公差限制实际被测要素相对于基准要素在方向上的变动。

方向公差的被测要素和基准一般为平面或轴线，因此方向公差有面对面公差、线对面公差、面对线公差和线对线公差等。

方向公差的项目如下。

（1）平行度公差

当被测要素与基准的理想方向成 0°角时，为平行度公差，符号“//”。

（2）垂直度公差

当被测要素与基准的理想方向成 90°角时，为垂直度公差，符号“⊥”。

（3）倾斜度公差

当被测要素与基准的理想方向成其他任意角度时，为倾斜度公差，符号“∠”。

（4）线轮廓度公差（有基准）

理想轮廓线的形状、方向由理论正确尺寸和基准确定。

（5）面轮廓度公差（有基准）

理想轮廓面的形状、方向由理论正确尺寸和基准确定。

【例 4-9】 轴套如图 4-22 所示，解读其中的方向公差。

解　图 4-22 中标注的|⊥|$\phi0.02$|A|、|//|0.02|A|是方向公差，需要注意的是方向公差是有基准的，图中有基准符号 A◀，各符号的含义如下。

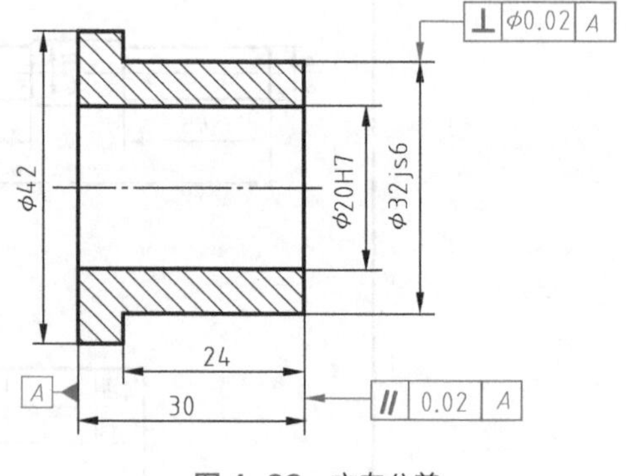

图 4-22　方向公差

A◀：符号的三角形在轴套的左端面的延长线上，表示轴套的左端面是基准 A。

|⊥|$\phi0.02$|A|：指引线箭头与直径 $\phi32$js6 的尺寸线对齐，表示直径 $\phi32$js6 圆柱面的轴线与基准 A 的垂直度公差为 $\phi0.02$mm。

|//|0.02|A|：指引线箭头指向轴套的右端面轮廓线的延长线上，表示轴套的右端面与基准 A 的平行度公差 0.02mm。

四、位置公差

位置公差限制实际被测要素相对于基准要素在位置上变动。

位置公差的项目如下。

（1）同轴度公差

被测要素和基准要素均为轴线，要求被测轴线与基准轴线同轴或同心，符号“◎”。

（2）对称度公差

被测要素和基准要素为中心平面或轴线，要求被测要素（中心平面、中心线或轴线）与基准一致，符号“⌯”。

（3）位置度公差

要求被测要素对一基准体系保持一定的位置关系，用来控制被测实际要素相对于其理想位置的变动量，其理想位置由基准和理论正确尺寸确定，符号“⌖”。

【例 4-10】 轴如图 4-23 所示，解读其中的位置公差。

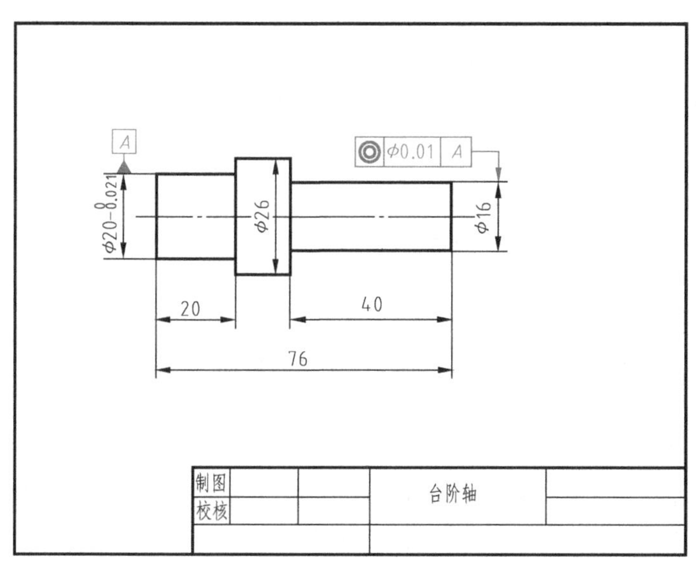

图 4-23　同轴度公差

解　图 4-23 中标注的 ◎ φ0.01 A 是同轴度公差，其指引线箭头与轴右端圆柱面直径 $\phi16$ 的尺寸线对齐，含义是：轴右端 $\phi16$ 圆柱的轴线与左端 $\phi20_{-0.021}^{\ 0}$ 圆柱的轴线（基准 A）的同轴度公差为 $\phi0.01$mm。

注意

图 4-23 中基准 A 的指引线与左端圆柱 $\phi20_{-0.021}^{\ 0}$ 的尺寸线对齐，表示左端圆柱的轴线是基准 A。

【例 4-11】 法兰盘如图 4-24 所示，解读其中的位置公差。

解　图 4-24 中标注的 ⌖ φ0.1 A B 是位置度公差，其含义是：4 个沿着 $\phi65$ 的圆周均布的 $\phi12$ 的孔的轴线对端面 A 及 $\phi80$ 圆柱的轴线 B 的位置度公差为 $\phi0.01$mm。

注意

公差框格中所标注的几何公差有其他附加要求时，可在公差框格的上方或下方附加文字说明。属于被测要素数量的说明，写在公差框格的上方，如图 4-24 所示；属于解释的说明，写在公差框格的下方。

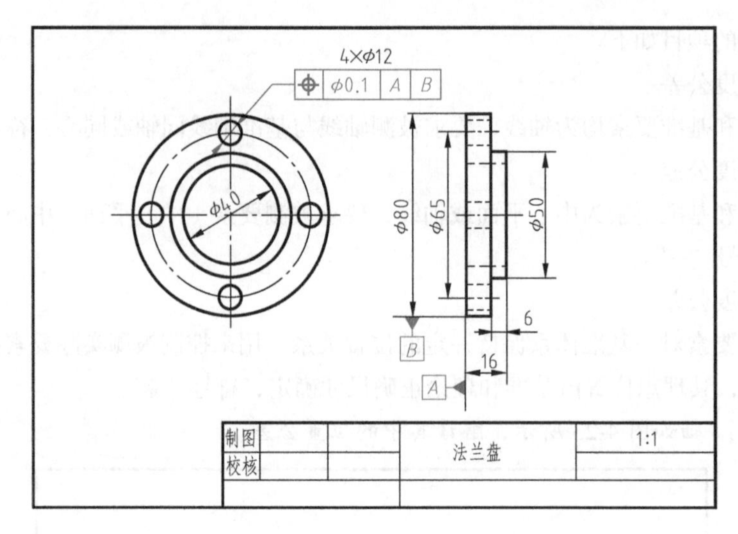

图 4-24 法兰盘

五、跳动公差

跳动公差限制被测表面对基准轴线的变动。

跳动公差的项目如下。

（1）圆跳动公差

圆跳动公差是被测实际要素绕基准轴线作无轴向移动、回转一周中，在给定方向的任一测量面上所允许的跳动量，符号为一带箭头的斜线“↗”。

（2）全跳动公差

全跳动公差是被测实际要素绕基准轴线做无轴向移动的连续回转，在给定方向上所允许的跳动量，符号为两条连在一起的带箭头的平行斜线“⌰”。

【例 4-12】 轴如图 4-25 所示，解读其中的跳动公差。

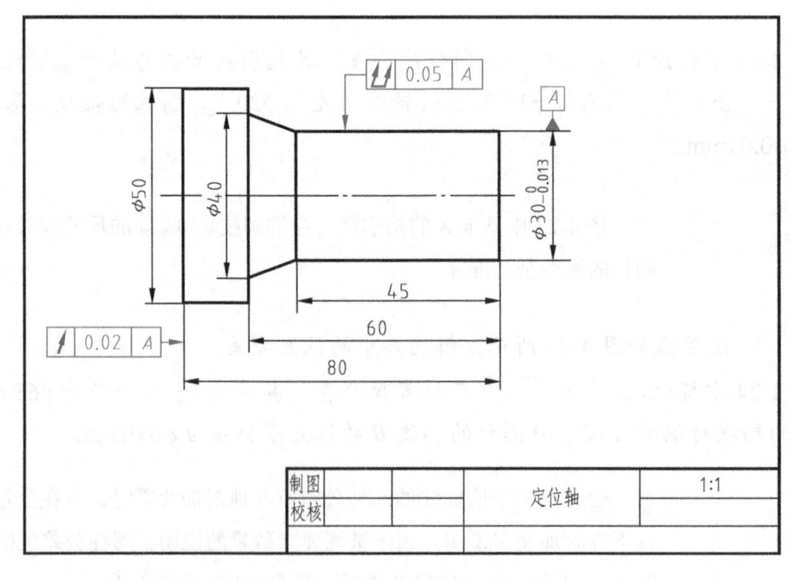

图 4-25 跳动公差（一）

解　图4-25中标注的 |↗|0.02|A|、|⌰|0.05|A| 是跳动公差，需要注意的是跳动公差是有基准的，标注有基准符号 [A]，各符号的含义如下。

[A]：符号的三角形与轴右端圆柱的直径 $\phi30_{-0.013}^{\ 0}$ 的尺寸线对齐，表示右端 $\phi30_{-0.013}^{\ 0}$ 圆柱的轴线是基准 A。

|↗|0.02|A|：其指引线箭头指向轴的左端面轮廓线的延长线，表示轴的左端面对基准 A 的轴向圆跳动公差为0.02mm。

|⌰|0.05|A|：其指引线箭头指向轴的右端 $\phi30_{-0.013}^{\ 0}$ 圆柱面的轮廓线，表示右端 $\phi30_{-0.013}^{\ 0}$ 的圆柱面对基准 A 的径向全跳动公差为0.05mm。

【例4-13】 轴如图4-26所示，解读其中的跳动公差。

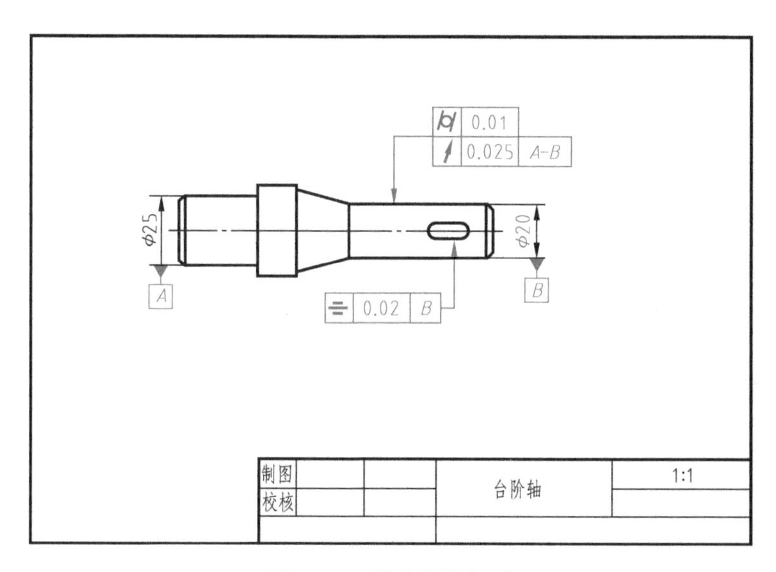

图4-26　跳动公差（二）

解　图4-26中标注的 |⌭|0.01| / |↗|0.025|A-B| 公差要求，含义是：$\phi20$ 圆柱面的圆跳动公差为0.025mm，基准是公共轴线 A-B；圆柱度公差为0.01mm。

同一个被测要素有多项几何公差要求，而且测量方向相同时，可以将这些框格绘制在一起，共用一根指引线，如图4-26中标注的 |⌭|0.01| / |↗|0.025|A-B|；基准可以为公共轴线，图4-26中圆跳动公差的基准为 $\phi25$ 圆柱和 $\phi20$ 圆柱的公共轴线 A-B。

【思考与练习4-2】

一、填空题

1. 形状公差是指实际要素的形状所允许的______。

2. 形状公差的项目有______、______、______、______、______、______。

3. 方向公差限制实际被测要素相对于基准要素在______上的变动。方向公差的被测要素和基准一般为______或______。

4. 方向公差的项目有______、______、______、______。

5. 位置公差限制实际被测要素相对于基准要素在________上变动，项目有________、______、______。

6. 跳动公差限制被测表面对______的变动，项目有______、______。

二、填表题

在表 4-2 中填入几何公差项目及其符号、基准要求。

表 4-2

公差类型	公差项目	符号	有无基准
形状公差		—	
	平面度		无
		○	
	圆柱度		无
	线轮廓度	⌒	
	面轮廓度		
方向公差	平行度		有
		⊥	
	倾斜度		
	线轮廓度		有
		⌓	
位置公差		⌖	
	同轴度		
		≡	
跳动公差		↗	
	全跳动		有

三、综合题

1. 几何公差解读：曲轴如图 4-27 所示，解读图中标注的几何公差。

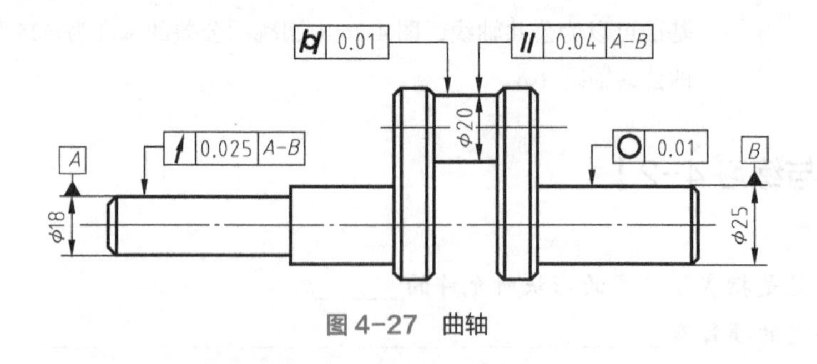

图 4-27　曲轴

2. 零件如图 4-28 所示，解读图上的标注。

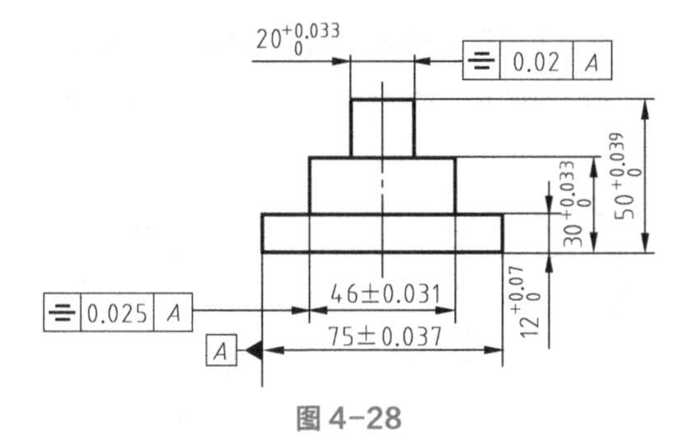

图 4-28

3. 零件如图 4-29 所示，解读图上的标注。

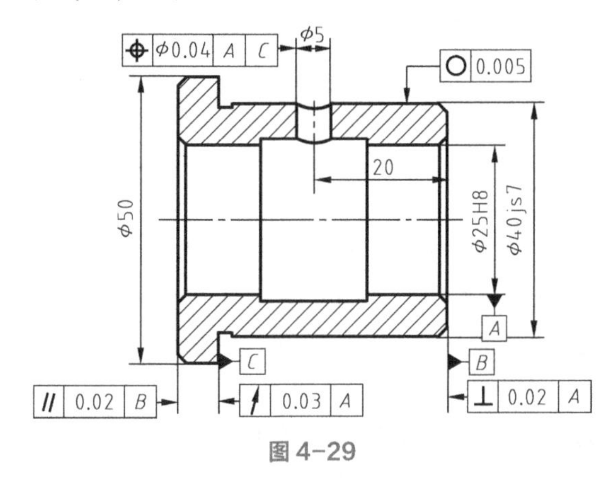

图 4-29

4. 根据下列各项几何公差要求，在图 4-30 的几何公差框格中填上正确的几何公差项目符号、数值及基准字母：

（1）ϕ60mm 圆柱面的轴线对 ϕ40mm 圆柱面的轴线的同轴度为 ϕ0.05mm；

（2）ϕ60mm 圆柱面的圆度为 0.03mm，ϕ60mm 圆柱面对 ϕ40mm 圆柱面的轴线的径向全跳动为 0.06mm；

（3）键槽两工作平面的中心平面对通过 ϕ40mm 圆柱面的轴线的对称度为 0.05mm；

（4）零件的左端面对 ϕ60mm 圆柱面的轴线的垂直度为 0.05mm。

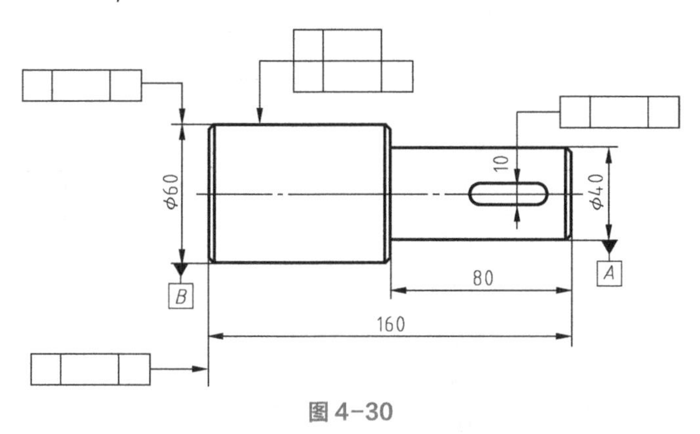

图 4-30

5. 将下列各项几何公差要求标注在图 4-31 所示的图样上：

（1）ϕ100h8 的圆柱面对 ϕ40H7 孔的轴线的径向圆跳动为 0.018mm；

（2）左、右两凸台端面对 ϕ40H7 孔轴线的圆跳动为 0.012mm；

（3）轮毂键槽的中心平面对 ϕ40H7 孔轴线的对称度为 0.02mm。

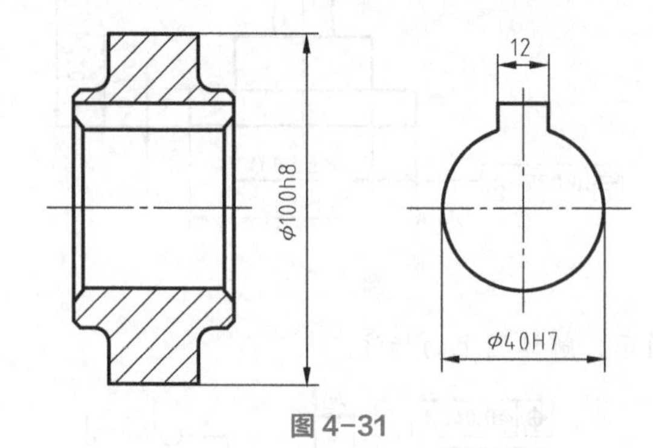

图 4-31

【思考与练习 4-2】 答案

一、填空题

1. 变动全量　2. 圆度公差、圆柱度公差、直线度公差、平面度公差、线轮廓度公差、面轮廓度公差　3. 方向、平面、轴线　4. 平行度公差、垂直度公差、倾斜度公差、线轮廓度公差、面轮廓度公差　5. 位置、同轴度公差、对称度公差、位置度公差　6. 基准轴线、圆跳动公差、全跳动公差

二、填表题

在表 4-2 中填入几何公差项目及其符号、基准要求，如表 4-3。

表 4-3

公差类型	公差项目	符号	有无基准
形状公差	直线度	—	无
	平面度	▱	无
	圆度	○	无
	圆柱度	⌭	无
	线轮廓度	⌒	无
	面轮廓度	⌓	无
方向公差	平行度	//	有
	垂直度	⊥	有
	倾斜度	∠	有
	线轮廓度	⌒	有
	面轮廓度	⌓	有
位置公差	位置度	⌖	有
	同轴度	◎	有
	对称度	⌯	有
跳动公差	圆跳动	↗	有
	全跳动	⌰	有

三、综合题

1. 解读图 4-27 中标注的几何公差：

A：表示左端 ϕ18 圆柱的轴线是基准 A；

B：表示右端 ϕ25 圆柱的轴线是基准 B；

↗ 0.025 A−B ：表示 ϕ18 圆柱面的圆跳动公差为 0.025mm，基准是公共轴线 A-B；

⌭ 0.01 ：表示零件中间 ϕ20 圆柱的圆柱度公差为 0.01mm；

∥ 0.04 A−B ：表示零件中间 ϕ20 圆柱的轴线的平行度公差为 0.04mm，基准是公共轴线 A-B；

○ 0.01 ：表示右端 ϕ25 圆柱的圆度公差为 0.01mm。

2. 解读图 4-28 上的标注：

A：表示零件下端 75 ± 0.037 的中心线（面）是基准 A；

⌯ 0.025 A ：表示零件中间 46 ± 0.031 的左右两侧的对称度公差为 0.025mm，对称基准是 A；

⌯ 0.02 A ：表示零件顶端 $20^{+0.033}_{0}$ 的左右两侧的对称度公差为 0.02mm，对称基准是 A。

3. 解读图 4-29 上的标注：

A：表示零件右端 ϕ25H8 内孔的轴线是基准 A；

B：表示零件的右端面是基准 B；

C：表示零件左端 ϕ50 圆柱的右端面是基准 C；

⌖ 0.04 A C ：表示零件中间 ϕ5 的小孔中心的位置度公差为 ϕ0.04，基准是 A 和 C；

○ 0.005 ：表示零件右端 ϕ40js7 外圆柱面的圆度公差为 0.005mm；

∥ 0.02 B ：表示零件的左端面相对于右端面 B 的平行度公差为 0.02mm；

↗ 0.03 A ：表示零件左端 ϕ50 圆柱的右端面相对于基准 A 的圆跳动公差为 0.03mm；

⊥ 0.02 A ：表示零件的右端面相对于基准 A 的垂直度公差为 0.03mm。

4. 填写图 4-30 上的几何公差要求，如图 4-32 所示。

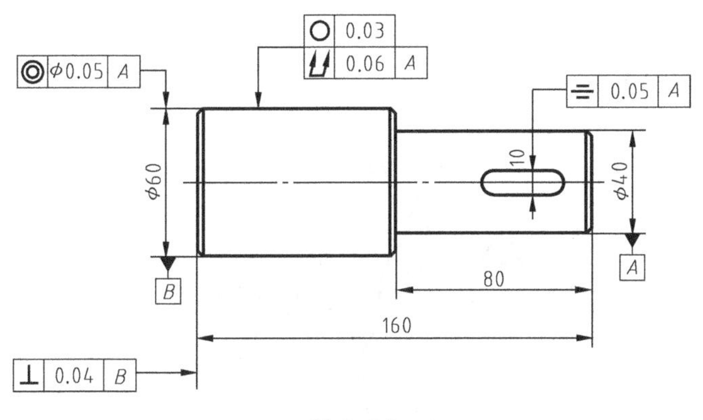

图 4-32

5. 在图 4-31 上标注几何公差要求，如图 4-33 所示。

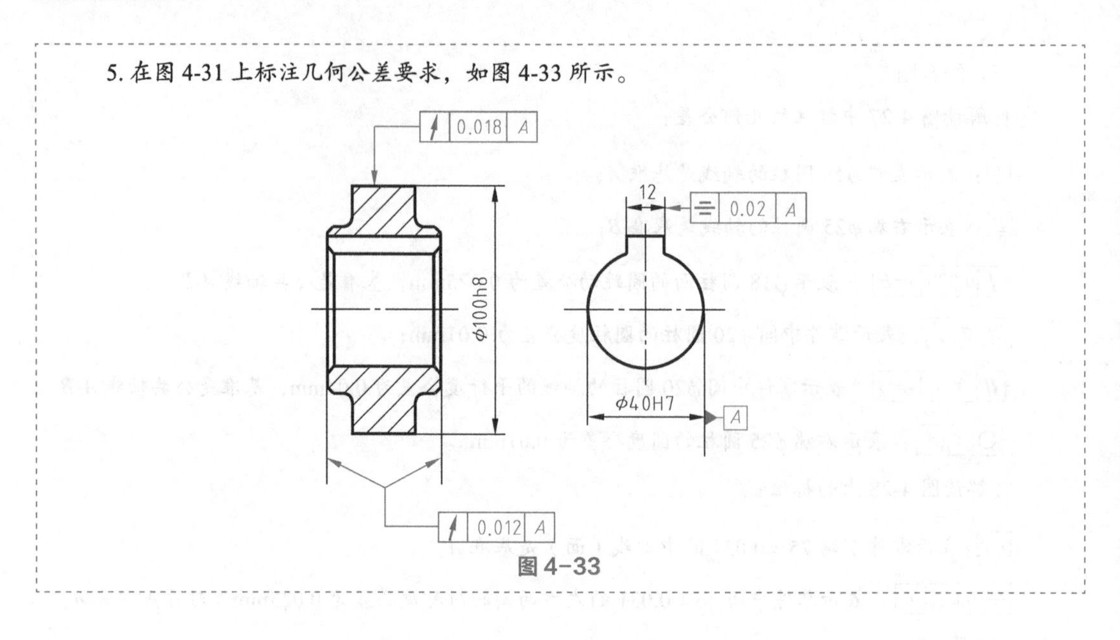

图 4-33

第三节　零件图上标注的表面结构要求

经过机械加工后的零件表面会留有许多高低不平的凸峰和凹谷，这与加工方法、刀具及切削用量等有密切的关系，它对零件的摩擦、磨损、配合性质、疲劳强度等都有显著影响。为了保证零件的使用性能，在机械图样中需要对零件的表面结构给出要求。

一、表面结构要求的评定参数

表面结构要求的评定参数有 *R* 参数（表面粗糙度参数）、*W* 参数（波纹度参数）、*P* 参数（原始轮廓参数）。机械图样中，常用的表面粗糙度参数：轮廓算术平均偏差 *Ra* 和轮廓最大高度 *Rz* 两个高度参数。

1. 轮廓算术平均偏差 *Ra*

轮廓算术平均偏差 *Ra* 是指在取样长度 *lr* 内，轮廓上各点至轮廓中线距离的算术平均值，如图 4-34 所示。

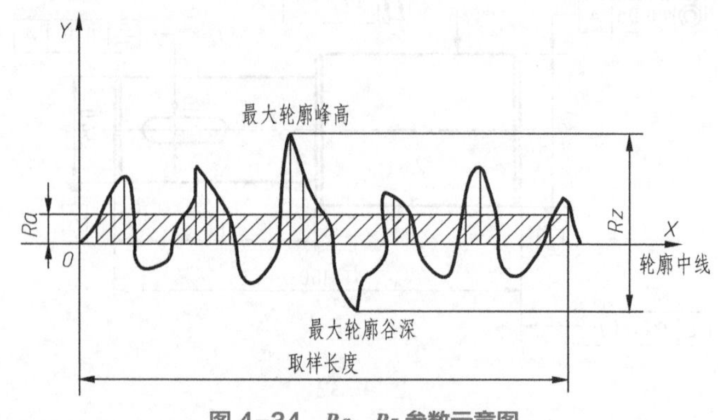

图 4-34　*Ra*、*Rz* 参数示意图

2. 轮廓最大高度 *Rz*

轮廓最大高度 *Rz* 是指在一个取样长度 *lr* 内，最大轮廓峰高与最大轮廓谷深之和，如图 4-43 所示。

二、零件表面结构的要求

1. 表面结构的图形符号及其含义

在图样中，可以用不同的图形符号来表示对零件表面结构的不同要求。表面结构的图形符号及其含义如表 4-4 所示。

表 4-4　表面结构图形符号及其含义

符号名称	符号样式	含义及说明
基本图形符号		未指定工艺方法的表面；基本图形符号仅用于简化代号标注，当通过一个注释解释时可单独使用，没有补充说明时不能单独使用
扩展图形符号		用去除材料的方法获得表面，如通过车、铣、刨、磨等机械加工的表面；仅当其含义是“被加工表面”时可单独使用
		用不去除材料的方法获得表面，如铸、锻、冲压成形、热轧、冷轧等；也可用于保持上道工序形成的表面，不管这种状况是通过去除材料或不去除材料形成的
完整图形符号		在基本图形符号或扩展图形符号的长边上加一横线，用于标注表面结构特征的补充信息

2. 表面结构代号

国家标准中，表面结构代号中各参数的注写位置如图 4-35 所示。

（1）表面结构代号各位置参数

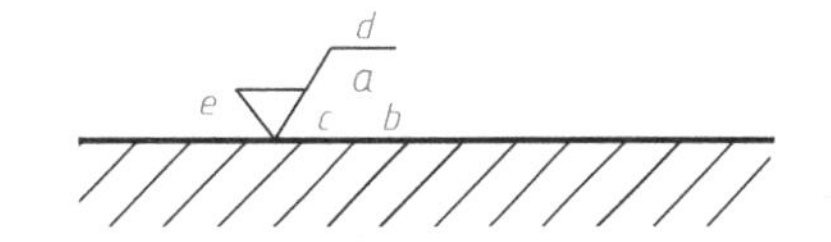

图 4-35　表面结构代号参数的注写位置

① 位置 *a*：标注表面结构参数代号、极限值和传输带或取样长度。为了避免误解，在参数代号和极限值间应插入空格；传输带或取样长度后应有一斜线“/”，之后是表面结构参数代号，最后是数值。

② 位置 *b*：当需要标注两个表面结构要求时，在此处标注。

③ 位置 *c*：标注表面纹理和方向。

④ 位置 *d*：标注加工方法、表面处理、涂层或其他加工工艺要求，如车、磨、镀等工艺。

⑤ 位置 *e*：标注加工余量（单位 mm）。

（2）表面结构要求极限值的标注（GB/T 131—2006）

① 标注极限值中的一个数值且默认为上限值

例如：符号 √Ra 1.6 表示去除材料，单向上限值，传输带（默认），表面粗糙度算术平均偏差 1.6μm，评定长度为 5 个取样长度（默认），“16% 规则”（默认）。

符号 √Rz max 0.2 表示不去除材料，单向上限值，传输带（默认），表面粗糙度轮廓最大高度 0.2μm，评定长度为 5 个取样长度（默认），“最大规则”。

“16% 规则”——运用本规则时，当被检表面测得的全部参数值中超过极限值的个数不多于总个数的 16% 时，该表面是合格的；

“最大规则”——运用本规则时，被检的整个表面上测得的参数值一个也不能超过给定的极限值。16% 规则是所有表面结构要求标注的默认规则，即当参数代号后未标注“max”字样时，均默认为“16% 规则”；否则，应用“最大规则”。

② 同时标注上、下极限值

需要同时标注幅度参数上、下极限值时，应分成两行标注幅度参数符号和上、下极限值，上限值标注在上方，并在传输带的前面加注符号“U”；下限值标注在下方，并在传输带的前面加注符号“L”。

例如：符号 √U Ra max 3.2 / L Ra 0.8 表示不去除材料，双向极限值，传输带（默认），上限值算术平均偏差 3.2μm，评定长度为 5 个取样长度（默认），“最大规则”，下限值算术平均偏差 0.8μm，评定长度为 5 个取样长度（默认），“16% 规则”（默认）。

对某一表面标注幅度参数上、下极限值时，在不引起歧义的情况下，可以不加注符号“U、L”。

例如：符号 √Ra max 1.6 / Rz 3.2 表示去除材料，双向极限值，传输带（默认），上限值算术平均偏差 1.6μm，评定长度为 5 个取样长度（默认），“最大规则”，下限值表面粗糙度轮廓最大高度 3.2μm，评定长度为 5 个取样长度（默认），“16% 规则”（默认）。

（3）传输带和取样长度、评定长度的标注

① 传输带

传输带是指两个滤波器的截止波长之间的波长范围。

如果表面结构代号上没有标注传输带，则表示采用默认传输带，即默认短波滤波器和长波滤波器的截止波长（λ_s 和 λ_c）皆为标准化值。

需要指定传输带时，传输带标注在幅度参数的前面，并用一斜线“/”隔开。传输带用短波滤波器和长波滤波器的截止波长进行标注，短波滤波器的截止波长 λ_s 在前，长波滤波器的截止波长 λ_c 在后（λ_c=*lr*），λ_s 与 λ_c 用符号“-”隔开。如图 4-36（a）中传输带用短波滤波器和长波滤波器的截止波长进行标注，λ_s=0.0025mm，λ_c=*lr*=0.8mm。

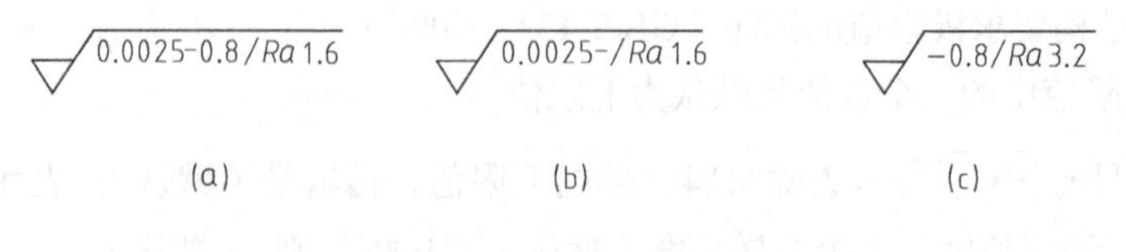

图 4-36　传输带示例

传输带用短波滤波器和长波滤波器截止波长的标注，有时只标注两个滤波器截止波长的一个，另一个滤波器截止波长则采用默认的标准化值。如图 4-36（b）所示，λ_s=0.0025mm，λ_c 采用默认的标准化值；如图 4-36（c）所示，λ_s 采用默认的标准化值，λ_c=*lr*=0.8mm。

② 取样长度

取样长度 *lr* 是指用于判别具有表面粗糙度特征的一段基准线长度。标准规定取样长度应根据表面粗糙程度选取相应的数值，在取样长度范围内，一般应有不少于 5 个以上的轮廓峰和轮廓谷。

③ 评定长度

评定长度 *ln* 是评定轮廓表面粗糙度所必须的一段长度，它可包括一个或几个取样长度。一般情况下，按标准推荐取 *ln*=5*lr*。如果零件表面均匀性好，评定长度可以少于 5 个取样长度；反之，评定长度应大于 5 个取样长度。

采用标准评定长度时，评定长度值采用默认的标准化值而省略标注，如图 4-36 所示；需要指定评定长度时，应在幅度参数符号的后面注写取样长度的个数，如图 4-37 所示，评定长度为 3 个取样长度。

图 4-37　*ln*=3*lr*

（4）标注表面纹理

零件的表面纹理种类多，典型的有平行纹理（符号“=”），如图 4-38 所示，纹理平行于视图所在的投影面；垂直纹理（符号“⊥”），如图 4-39 所示，纹理垂直于视图所在的投影面；斜向交叉纹理（符号“×”），如图 4-40 所示，纹理是两斜向交叉。

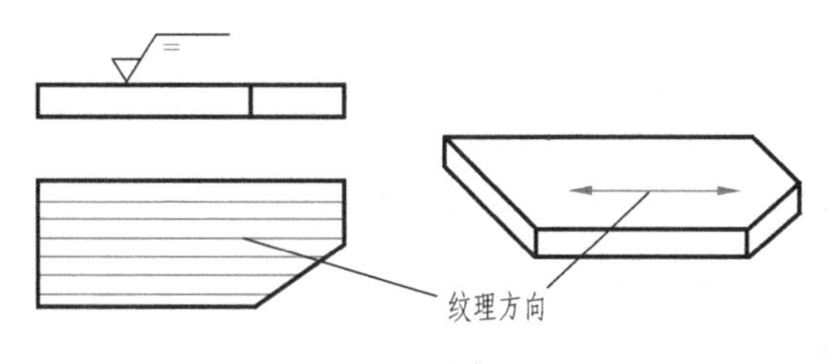

图 4-38　平行纹理

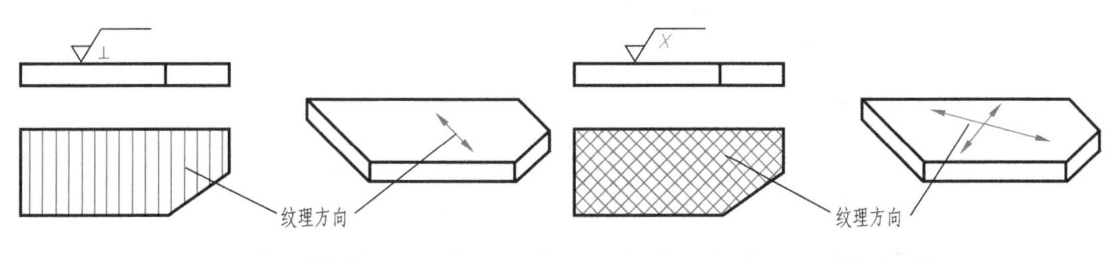

图 4-39　垂直纹理

图 4-40　斜向交叉纹理

例如：符号 $\sqrt{\text{铣}}$ −0.8/Ra3 6.3 ⊥ 表示去除材料，单向上限值，传输带用长波滤波器的截止波长 0.8mm，取样长度 0.8mm，评定长度包含 3 个取样长度，算术平均偏差极限值 6.3μm，“16% 规则”（默认），加工方法为铣削，纹理垂直于视图所在的投影面。

3. 表面结构要求在图样中的标注

（1）常规标注

① 表面结构代号可以标注在可见轮廓线上，见图 4-41（a），或其延长线、尺寸界线上，见图 4-41（b）。

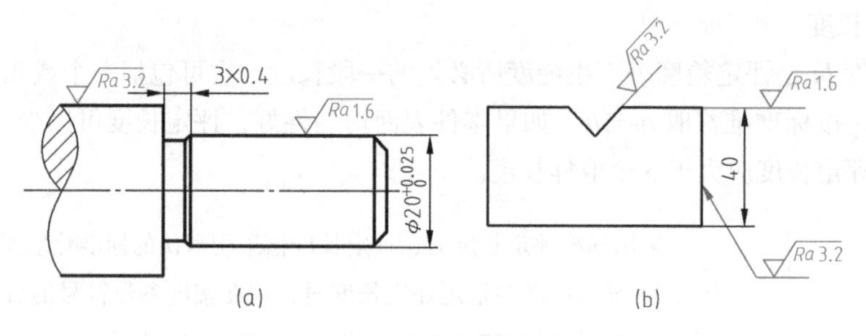

图 4-41　表面结构代号的标注（一）

② 表面结构代号可以用带箭头的指引线或带黑点的指引线引出标注，如图 4-41（b）所示。

③ 表面结构代号可以标注在几何公差框格的上方，如图 4-42 所示。

图 4-42　表面结构代号的标注（二）

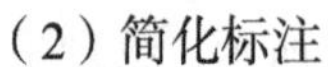

（2）简化标注

① 当零件的某些表面具有相同的结构要求时，对这些表面的技术要求可以统一标注在零件图的标题栏附近，省略对这些表面进行标注，如图 4-43 所示。

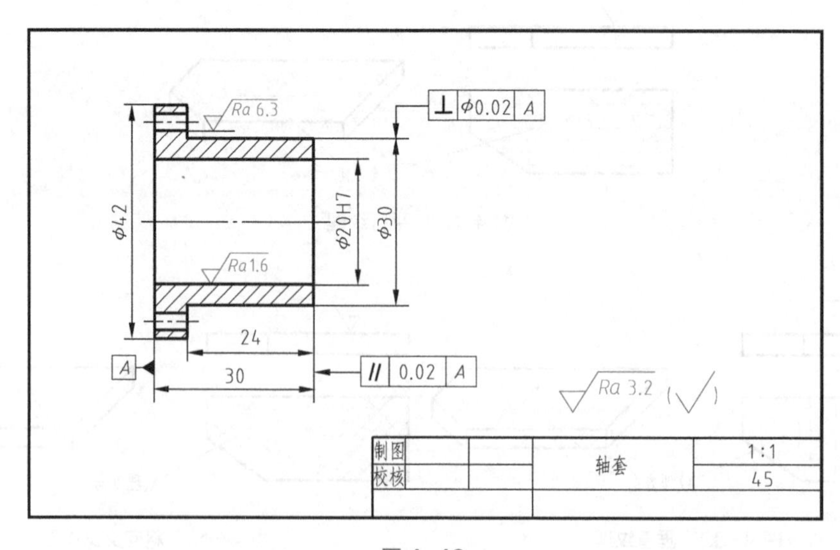

图 4-43

② 当图样某个视图上构成封闭轮廓的各个表面具有相同的结构要求时，可以采用如图 4-44（a）所示的表面结构特殊符号进行标注。例如图 4-44（b）中，特殊符号表示视图上构成封闭轮廓的上、下、左、右四个表面具有相同的结构要求，不包括前、后表面。

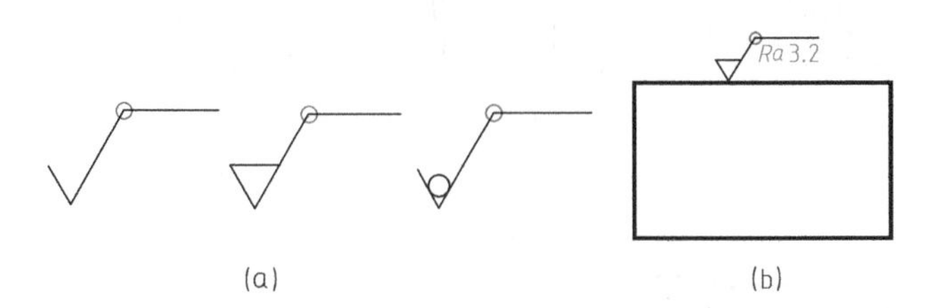

图 4-44　表面结构特殊符号的标注

三、表面结构要求的标注示例

【例 4-14】 解释图 4-45 中表面结构代号的含义。

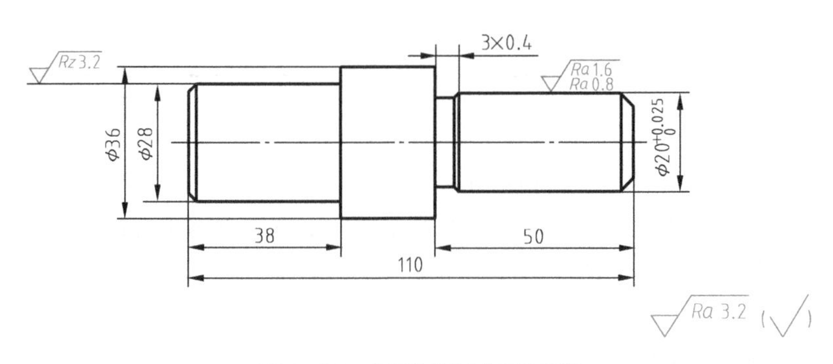

图 4-45　表面结构要求标注示例

解　图 4-45 中表面结构代号的含义：

√Rz 3.2 表示零件左端 $\phi28$ 的圆柱面为去除材料加工的表面，表面粗糙度要求为单向上限值，传输带（默认），轮廓最大高度 1.6μm，评定长度为 5 个取样长度（默认），“16% 规则”（默认）。

√Ra 1.6 Ra 0.8 表示零件右端 $\phi20^{+0.025}_{0}$ 的圆柱面为去除材料加工的表面，表面粗糙度要求为双向极限值，传输带（默认），上限值表面粗糙度算术平均偏差 1.6μm，评定长度为 5 个取样长度（默认），下限值表面粗糙度轮廓最大高度 0.8μm，评定长度为 5 个取样长度（默认），“16% 规则”（默认）。

√Ra 3.2 (√) 表示图 4-45 中已标注表面结构代号以外的其余表面的表面结构要求为表面去除材料加工，表面粗糙度要求为单向上限值，传输带（默认），表面粗糙度算术平均偏差 3.2μm，评定长度为 5 个取样长度（默认），“16% 规则”（默认）。

【例 4-15】 羊角锤如图 4-46 所示，解释表面结构代号的含义。

解　图 4-46 中表面结构代号的含义：

√Ra 6.3 表示羊角锤的右端面为去除材料加工的表面，表面粗糙度要求为单向上限值，传输带（默认），算术平均偏差 6.3μm，评定长度为 5 个取样长度（默认），“16% 规则”（默认）。

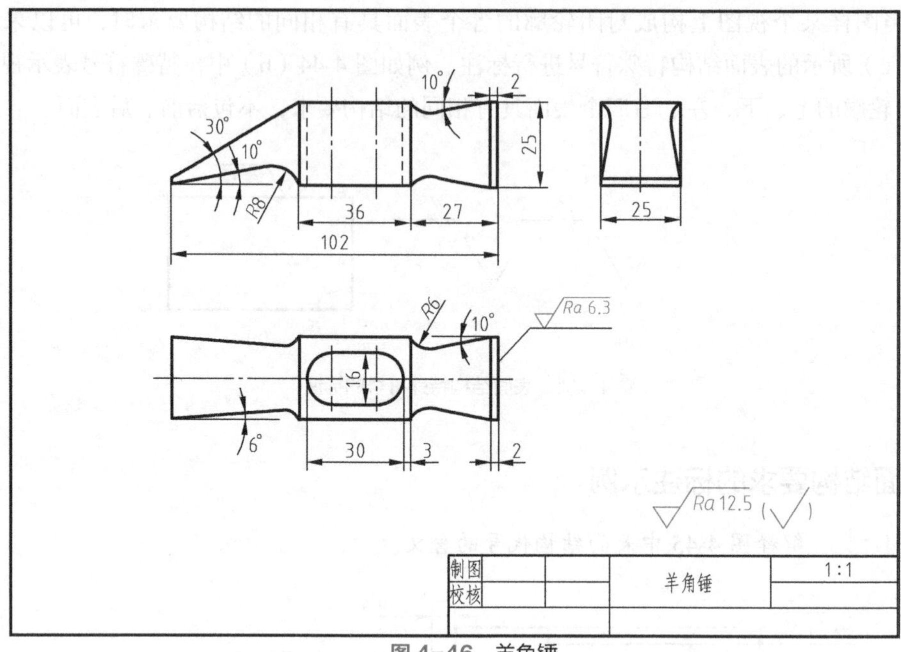

图 4-46 羊角锤

√Ra 12.5 (√)表示羊角锤右端面以外的其余表面的表面结构要求为表面去除材料加工，表面粗糙度要求为单向上限值，传输带（默认），表面粗糙度算术平均偏差 12.5μm，评定长度为 5 个取样长度（默认），“16% 规则”（默认）。

【知识链接】

表面结构要求的新旧标准对照见表 4-5。

表 4-5 表面结构要求的新旧标准对照

旧标准	新标准	简要说明
1.6	Ra 1.6	*Ra* 是 1.6μm，采用 16% 规则
1.6 max	Ra max 1.6	*Ra* 采用最大规则
1.6 0.8	−0.8/Ra 1.6	取样长度为 0.8mm
Ry 3.2 0.8	−0.8/Rz 3.2	*Rz* 是 1.6μm，取样长度为 0.8mm
3.2 1.6	Ra 3.2 Ra 1.6	*Ra* 上限值 3.2μm、下限值 1.6μm

新标准 *Rz* 代替旧标准 *Ry*，符号 *Ry* 不再使用。

【思考与练习 4-3】

一、填空题

1. 机械图样中，常用表面粗糙度参数______和______作为评定表面结构的参数。

2. 符号▽̸的含义：用____________的方法获得表面。

3. 符号○̸的含义：用______________的方法获得表面，也可用于保持_______形成的表面，不管这种状况是通过去除材料或不去除材料形成的。

4. 表面结构代号可以标注在_______线上或其_______线、_______线上。

5. 当零件的某些表面具有_______的结构要求时，对这些表面的技术要求可以统一标注在零件图的标题栏附近，省略对这些表面进行标注。

二、解释题

解释图 4-47 表面结构代号中各参数在 *a*、*b*、*c*、*d*、*e* 位置的含义。

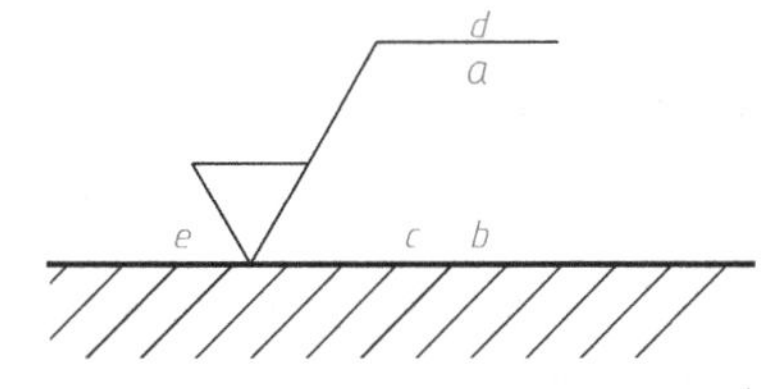

图 4-47　表面结构代号

① 位置 *a*：____。

② 位置 *b*：____。

③ 位置 *c*：____。

④ 位置 *d*：____。

⑤ 位置 *e*：____。

三、表面结构要求解读

曲轴如图 4-48 所示，解读图中标注的表面结构要求。

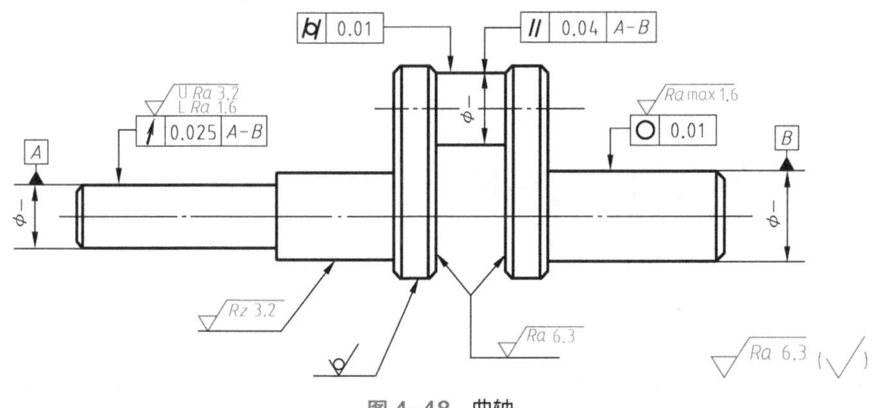

图 4-48　曲轴

【思考与练习 4-3】 答案

一、填空题

1. 轮廓算术平均偏差 *Ra*、轮廓最大高度 *Rz*　2. 去除材料　3. 不去除材料、上道工序

4. 可见轮廓、延长、尺寸界　5. 相同

二、解释题

图 4-47 表面结构代号中各参数在 *a*、*b*、*c*、*d*、*e* 位置的含义：

① 位置 *a*：标注表面结构参数代号、极限值和传输带或取样长度。为了避免误解，在参数代号和极限值间应插入空格；传输带或取样长度后应有一斜线“/”，之后是表面结构参数代号，最后是数值。

② 位置 *b*：当需要标注两个表面结构要求时，在此处标注。

③ 位置 *c*：标注表面纹理和方向。

④ 位置 *d*：标注加工方法、表面处理、涂层或其他加工工艺要求，如车、磨、镀等工艺。

⑤ 位置 *e*：标注加工余量（单位 mm）。

三、表面结构要求解读

解读图 4-48 中标注的表面结构要求如下：

符号 $\sqrt{\begin{matrix}U\ Ra\ 3.2\\ L\ Ra\ 1.6\end{matrix}}$ 表示零件左端的圆柱面为去除材料加工的表面，表面粗糙度要求为双向极限值，传输带（默认），上限值表面粗糙度算术平均偏差 3.2μm，评定长度为 5 个取样长度（默认），下限值表面粗糙度轮廓最大高度 1.6μm，评定长度为 5 个取样长度（默认），“16% 规则”（默认）。

符号 $\sqrt{Ra\ max1.6}$ 表示零件右端的圆柱面为去除材料加工的表面，表面粗糙度要求为单向上限值，传输带（默认），算术平均偏差 1.6μm，评定长度为 5 个取样长度（默认），“最大规则”。

符号 $\sqrt{Ra\ 3.2}$ 表示该符号箭头所指的圆柱面为去除材料加工的表面，表面粗糙度要求为单向上限值，传输带（默认），轮廓最大高度 3.2μm，评定长度为 5 个取样长度（默认），“16% 规则”（默认）。

符号 $\sqrt{Ra\ 6.3}$ 表示零件中间的两个侧面为去除材料加工的表面，表面粗糙度要求为单向上限值，传输带（默认），算术平均偏差 6.3μm，评定长度为 5 个取样长度（默认），“16% 规则”（默认）。

符号 $\sqrt{Ra\ 6.3}\ (\sqrt{})$ 表示零件未注要求的表面的表面结构要求为表面去除材料加工，表面粗糙度要求。单向上限值，传输带（默认），表面粗糙度算术平均偏差 6.3μm，评定长度为 5 个取样长度（默认），“16% 规则”（默认）。

第四节　零件上的工艺结构

一、倒角

如图 4-49 所示，为了便于装配和安全操作，轴或孔的端部应加工成圆台面，称为倒角。

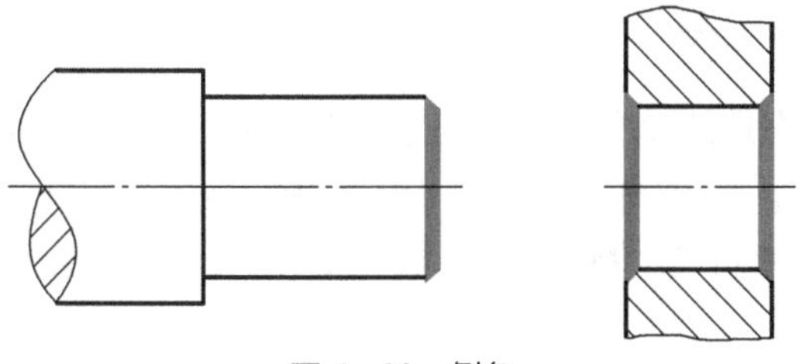

图 4-49　倒角

倒角标注常用形式有两种：CL 和 $L\times\theta$，例如 C5、5×30°、5×45°。

（1）倒角标注 CL

C 指直倒角，用于两倒角边垂直的情况下，其默认角度为 45°（标注时自动省略），两倒角边长度为 L，标注为 CL，如图 4-50 所示，在两倒角边垂直的情况下，CL 与 $L\times45°$ 概念相同。

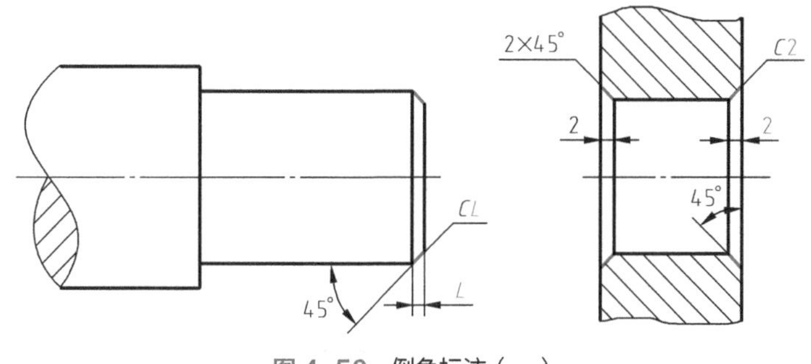

图 4-50　倒角标注（一）

（2）倒角标注 $L\times\theta$

L 指倒角轴向的宽度为 L（mm），θ 为倒角边与轴向的夹角，如图 4-51 所示。

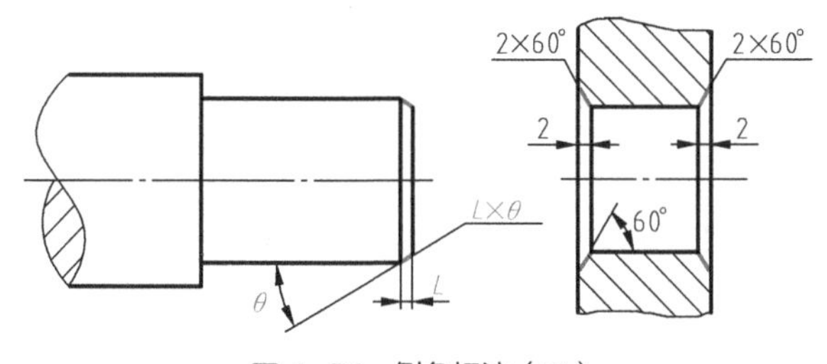

图 4-51　倒角标注（二）

二、倒圆

为了避免因应力集中而产生裂纹，轴肩应圆角过渡，称为倒圆，标注形式 Rx，如图 4-52 所示。

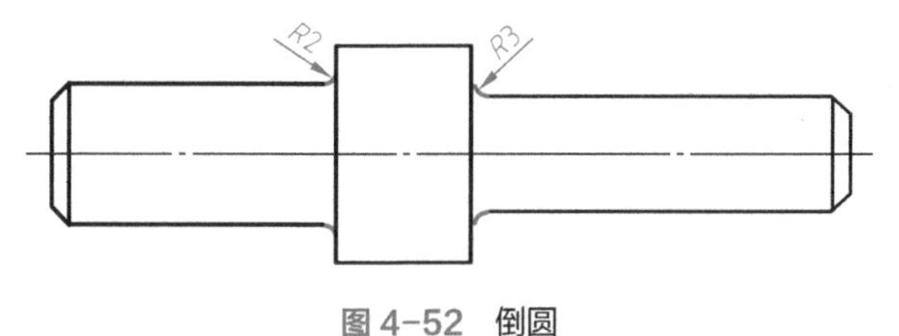

图 4-52　倒圆

三、退刀槽和砂轮越程槽

切削加工（主要是车螺纹和磨削）时，为了便于退出刀具或砂轮，以及在装配时保证与相邻零件紧靠，常在待加工面的轴肩处先车出退刀槽或砂轮越程槽。

退刀槽或砂轮越程槽可按“槽宽 × 直径”或“槽宽 × 槽深”的形式注写，如图 4-53 所示。

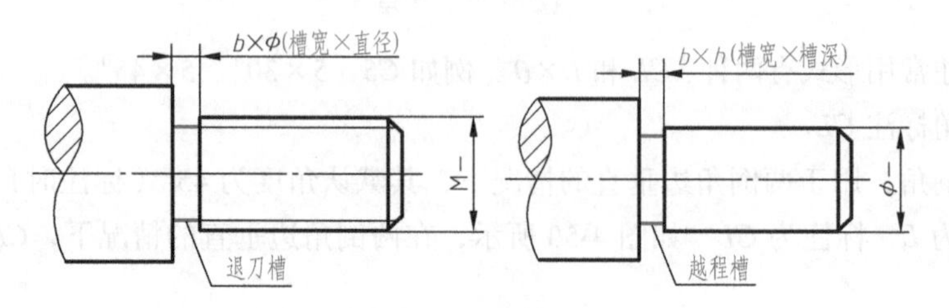

图 4-53　退刀槽和越程槽

退刀槽或砂轮越程槽的标注要符合国标。标注槽宽 × 直径时：槽深的基准是中心线；槽宽 × 槽深时：槽深的基准是轮廓线，如图 4-54 所示。

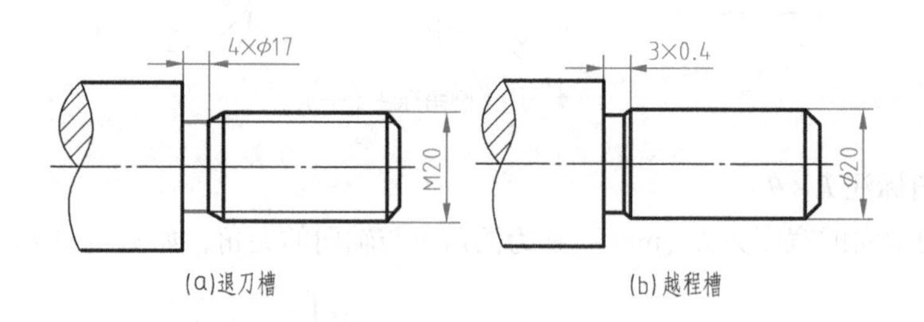

图 4-54　退刀槽和越程槽

【例 4-16】 阶梯轴如图 4-55 所示，分析各标注代号的含义。

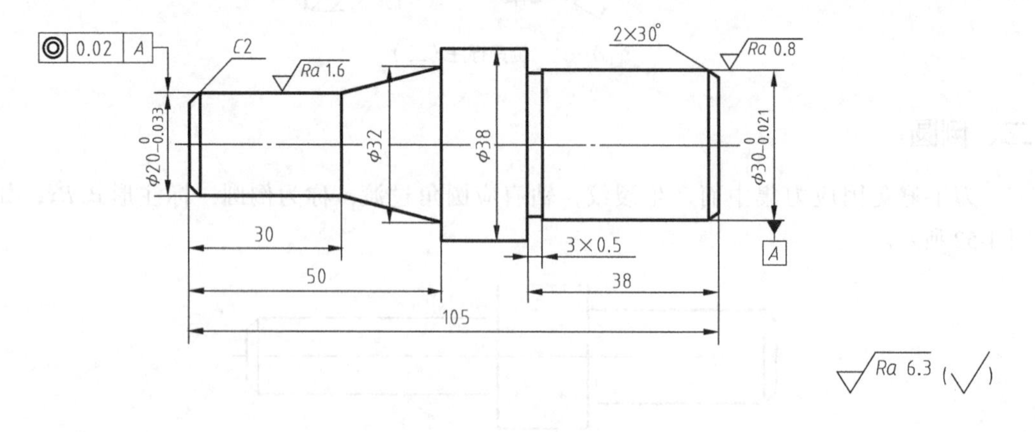

图 4-55　阶梯轴

解　（1）尺寸分析

标注长度尺寸：105、30、50、38；直径尺寸：$\phi20_{-0.033}^{\ 0}$、$\phi32$、$\phi38$、$\phi20_{-0.021}^{\ 0}$；越程槽尺寸 3×0.5；另外，轴的左端倒角 $C2$，右端倒角 2×30°。

（2）形位公差分析

标注了基准 A：右端 $\phi30_{-0.021}^{\ 0}$ 轴段的轴线；标注了同轴度 [◎ | 0.02 | A]：左端 $\phi20_{-0.033}^{\ 0}$ 轴段的轴线与基准 A 的同轴度公差 0.02mm。

（3）表面粗糙度要求

左端 $\phi20_{-0.033}^{\ 0}$ 轴段的圆柱面要求 Ra 1.6，右端 $\phi30_{-0.021}^{\ 0}$ 轴段的圆柱面要求 Ra 0.8，其余的表面要求 Ra 6.3。

【思考与练习 4-4】

一、填空题

1. 轴或孔的端部应加工成圆台面，称为_______。

2. 为了避免因应力集中而产生裂纹，轴肩应圆角过渡，称为_______。

3. 退刀槽或砂轮越程槽可按“_______”或“_______”的形式注写。

二、解读标注

1. 解读图 4-56 中表面结构要求的标注。

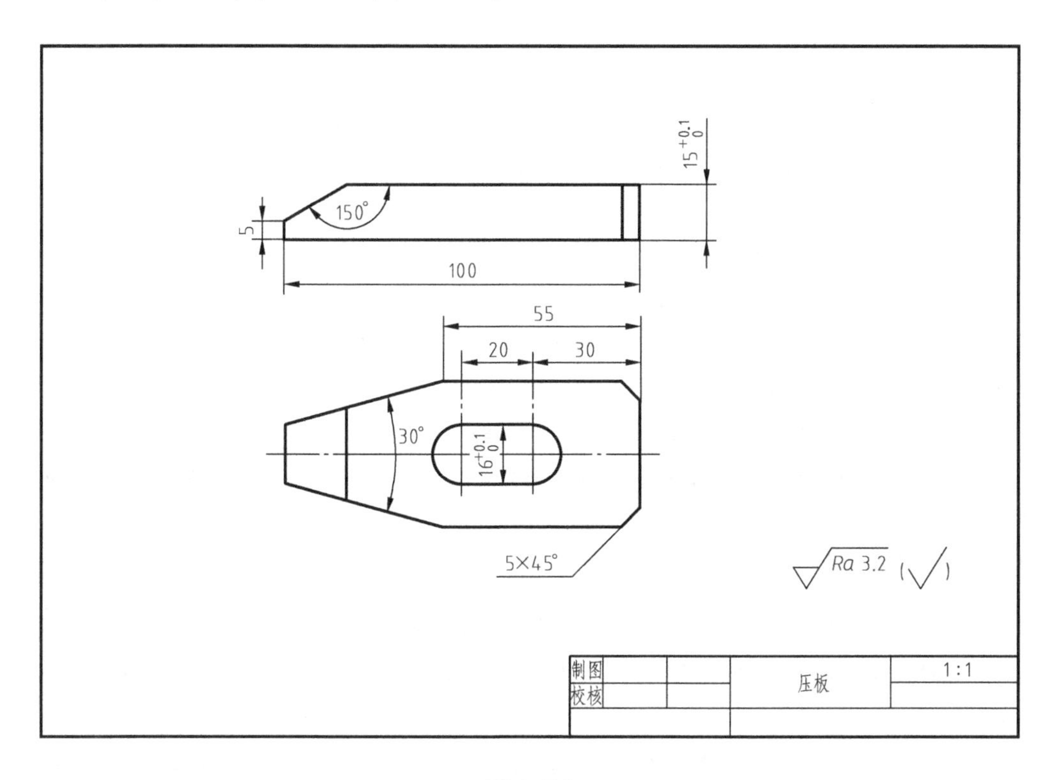

图 4-56

2. 解读图 4-57 中几何公差和表面结构要求的标注。

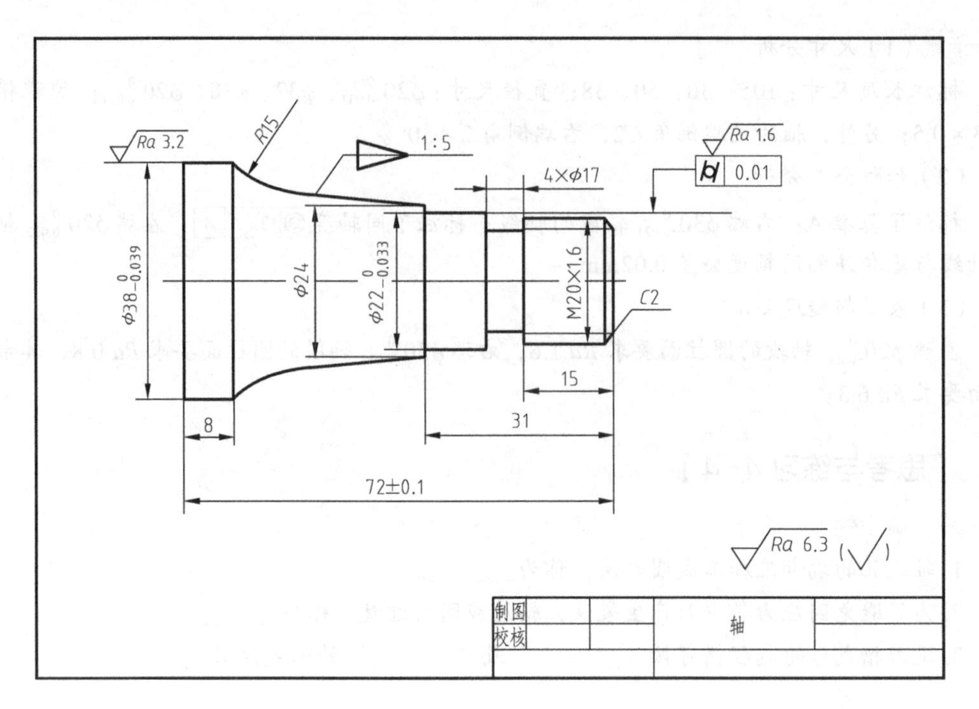

图 4-57

【思考与练习 4-4】 答案

一、填空题

1. 倒角　2. 倒圆　3. 槽宽 × 直径、槽宽 × 槽深

二、解读标注

1. 解读图 4-56 中表面结构要求的标注：

符号 $\sqrt{Ra\ 3.2}\ (\sqrt{\ })$ 表示零件未注要求的表面的表面结构要求为表面去除材料加工，表面粗糙度要求为单向上限值，传输带（默认），表面粗糙度算术平均偏差 3.2μm，评定长度为 5 个取样长度（默认），“16% 规则”（默认）。

2. 解读图 4-57 中几何公差和表面结构要求的标注：

符号 $\sqrt{Ra\ 3.2}$ 表示零件左端 $\phi38_{-0.039}^{\ 0}$ 的圆柱面的表面结构要求为表面去除材料加工，表面粗糙度要求为单向上限值，传输带（默认），表面粗糙度算术平均偏差 3.2μm；评定长度为 5 个取样长度（默认），“16% 规则”（默认）。

符号 $\sqrt{Ra\ 1.6}$ / [圆柱度 | 0.01] 中 $\sqrt{Ra\ 1.6}$ 表示零件中间 $\phi22_{-0.033}^{\ 0}$ 的圆柱面的表面结构要求为表面去除材料加工，表面粗糙度要求为单向上限值，传输带（默认），表面粗糙度算术平均偏差 1.6μm，评定长度为 5 个取样长度（默认），“16% 规则”（默认）。[圆柱度 | 0.01] 表示该圆柱面的圆柱度公差要求是 0.01mm。

符号 $\sqrt{Ra\ 6.3}\ (\sqrt{\ })$ 表示零件未注要求的表面的表面结构要求为表面去除材料加工，表面粗糙度要求为单向上限值，传输带（默认），表面粗糙度算术平均偏差 6.3μm，评定长度为 5 个取样长度（默认），“16% 规则”（默认）。

第五章 机械图样特殊表达的识读

在机械设备中，广泛使用螺栓、螺母、滚动轴承等零件，由于这些零件应用广、用量大，国家标准对这些零件的结构、规格尺寸和技术要求做了统一规定，实现了标准化，所以统称为标准件。此外，对齿轮等常用零件的部分结构要求实现了标准化。本章通过螺纹、齿轮、弹簧、滚动轴承等的国家标准简化的特殊表示法，介绍机械图样上这些表达方法的识读。

第一节 螺纹零件图的识读

任何螺纹都采用规定画法，如何从图面上确定其结构要素，判断内、外螺纹是否能够旋合，这些问题可以通过螺纹标记进行识别。为此国家标准规定，螺纹应在图上注出相应标准所规定的螺纹标记，不同类型的螺纹会有细小的差别。

一、螺纹的形成与分类

1. 螺旋线的概念

当圆柱（或圆锥）面上的点 A，同时作匀速的轴向运动和周向运动时，点 A 在圆柱（或圆锥）面上的运动轨迹称为圆柱（或圆锥）螺旋线。圆柱螺旋线如图 5-1 所示。

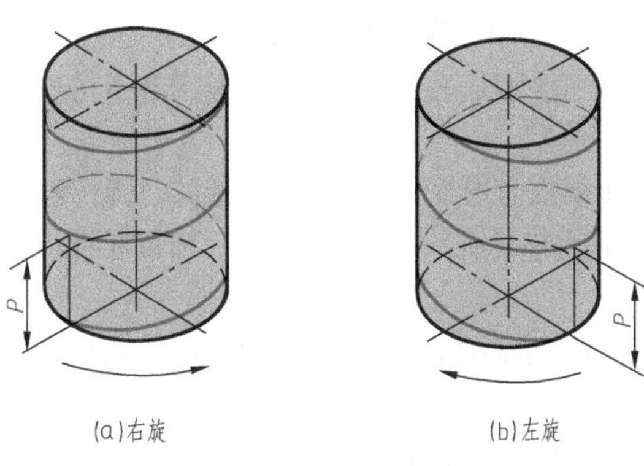

图 5-1 圆柱螺旋线

2. 螺纹的形成

某一平面图形（如三角形、梯形、锯齿形等）沿着圆柱（或圆锥）面上的螺旋线做螺旋运动，所形成的具有相同剖面的连续凸起和沟槽的结构，称为螺纹。

常见螺纹是指螺钉、螺栓、螺母和丝杠等零件上的标准结构要素，如图 5-2 所示的三角形螺纹。

图 5-2　三角形螺纹

3. 螺纹的种类及应用

按照螺纹所在表面的不同，分为外螺纹和内螺纹两种。在圆柱或圆锥的外表面上加工出的螺纹叫外螺纹；在圆柱或圆锥的内表面上加工出的螺纹叫内螺纹。

按照螺纹的旋向不同，分为右旋螺纹和左旋螺纹两种。沿右旋螺旋线形成的螺纹为右旋螺纹；沿左旋螺旋线形成的螺纹为左旋螺纹。一般常用右旋螺纹。

按照螺旋线的数目不同，还可分为单线螺纹（即沿一条螺旋线所形成的螺纹）和多线螺纹（即沿两条或两条以上螺旋线所形成的螺纹）。

按照螺纹截面的形状不同，可以分为三角形、梯形、锯齿形、矩形以及其他特殊形状的螺纹。

按照螺纹用途的不同，可分为连接螺纹和传动螺纹两大类。

（1）连接螺纹

连接螺纹大多为单线三角螺纹，分为普通螺纹和管螺纹。一般连接使用公制普通螺纹，因为普通螺纹的截面是等边三角形，强度高和自锁性能好，尤其是细牙螺纹，因为其小径大而螺距小，所以强度更高、自锁性能更好，但细牙螺纹较易磨损。

管螺纹连接，主要应用在水、气、润滑和电气以及高温、高压的管路系统中。管螺纹由于管壁较薄，为防止过多削弱管壁强度，采用特殊的细牙螺纹，称为管螺纹。管螺纹分为 55°非密封管螺纹和 55°密封管螺纹两类。

55°非密封管螺纹的内、外螺纹都是圆柱螺纹，连接本身不具有密封性，所以叫非密封管螺纹。若要求连接后具有密封性，可压紧被连接件螺纹副外的密封面或在密封面间添加密封物。

55°密封管螺纹包括用圆锥内螺纹与圆锥外螺纹连接、圆柱内螺纹与圆锥外螺纹连接两种形式，这两种连接方式本身都具有一定的密封能力，所以叫密封管螺纹。

（2）传动螺纹

传动螺纹多用梯形螺纹，单向传动常用锯齿形螺纹，矩形螺纹传动效率高，但强度差、对中性也差。

常用螺纹的种类、特征代号、牙型及特点见表 5-1。

表 5-1　常用螺纹的种类、特征代号、牙型及特点

种类				特征代号	牙型及牙型角（或牙侧角）	特点
连接螺纹	普通螺纹	粗牙普通螺纹		M	60°	普通螺纹应用最广泛，其牙型为三角形，故又称为三角螺纹，摩擦力大，强度高，自锁性好
		细牙普通螺纹				
	管螺纹	55°非密封管螺纹		G	55°	管螺纹用于管路的连接，由于管壁较薄，为防止过多削弱管壁强度，采用特殊的细牙螺纹
		55°密封管螺纹	圆柱内螺纹	Rp		
			与圆柱内螺纹配合的圆锥外螺纹	R_1		
			圆锥内螺纹	Rc		
			与圆锥内螺纹配合的圆锥外螺纹	R_2		
传动螺纹	梯形螺纹			Tr	30°	梯形螺纹的牙型为等腰梯形，牙型角 30°，强度高，对中性好，广泛用于螺旋传动中，如机床丝杠等
	锯齿形螺纹			B	30°　3°	锯齿形螺纹综合了矩形螺纹传动效率高和梯形螺纹强度高的特点，广泛用于单向受力的传动中，如螺旋压力机等
	矩形螺纹					矩形螺纹牙型为矩形，没有相关标准，传动效率高，但对中精度低，主要用于传力机构中，如千斤顶、小型压力机等

二、螺纹的主要参数

1. 螺纹的牙型

沿螺纹轴线方向剖切螺纹，所得到的螺纹牙齿断面形状称为牙型。普通螺纹的牙型是三角形，如图 5-3 所示，普通螺纹又称为三角螺纹。

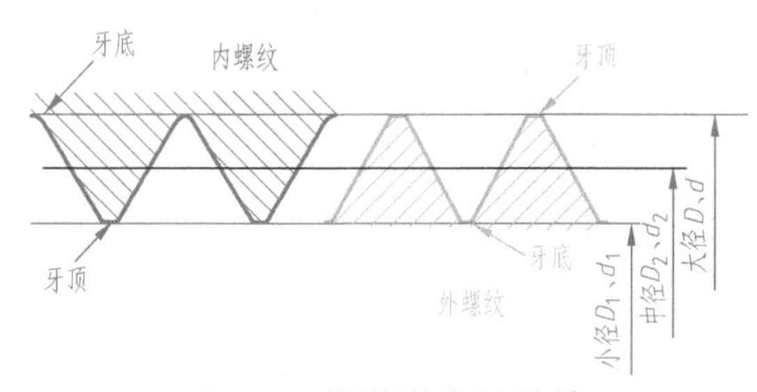

图 5-3　普通螺纹的主要参数

2. 螺纹的直径

① 螺纹大径：与外螺纹牙顶或内螺纹牙底相切的假想圆柱的直径。

② 螺纹小径：与外螺纹牙底或内螺纹牙顶相切的假想圆柱的直径。

③ 螺纹中径：中径也是一个假想圆柱的直径，该圆柱的母线通过牙型上的沟槽和凸起宽度相等的地方。

④ 公称直径：代表螺纹规格大小的直径。除管螺纹外，公称直径是指螺纹大径。

外螺纹的大径、小径、中径分别用符号 d、d_1、d_2 表示，内螺纹的大径、小径、中径分别用符号 D、D_1、D_2 表示，如图 5-3 所示。

3. 螺纹的线数（n）

螺纹有单线和多线之分，单线螺纹是指由一条螺旋线所形成的螺纹，多线螺纹是指由两条或两条以上在轴向等距分布的螺旋线所形成的螺纹，如图 5-4 所示。螺纹的线数用符号 n 表示。

4. 螺距（P）和导程（P_h）

① 螺距：螺纹相邻两牙两对应点之间的轴向距离，称为螺距，符号 P。

② 导程：同一螺旋线上的相邻两牙两对应点之间的轴向距离，称为导程，符号 P_h。

如图 5-5 所示，对于单线螺纹，导程等于螺距；对于多线螺纹，导程等于线数乘螺距，即 $P_h=nP$。

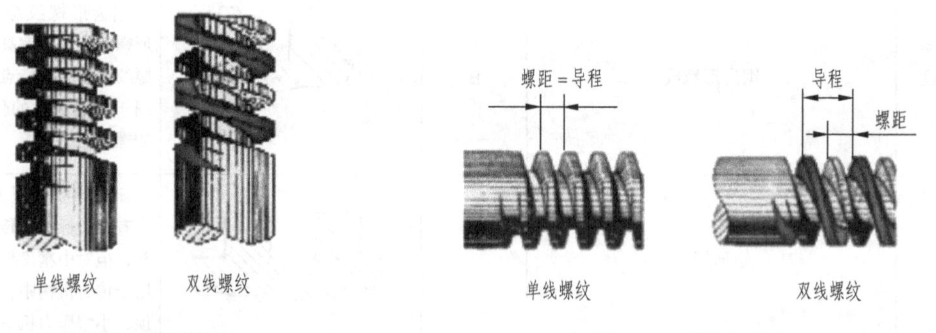

图 5-4　螺纹线数　　　　图 5-5　螺距和导程

5. 旋向

螺纹有左旋和右旋之分，螺杆旋入螺纹孔时顺时针旋转的螺纹称为右旋螺纹；反之，逆时针旋转时旋入的螺纹称为左旋螺纹，如图 5-6 所示，可以采用左、右手来判别螺纹的旋向。

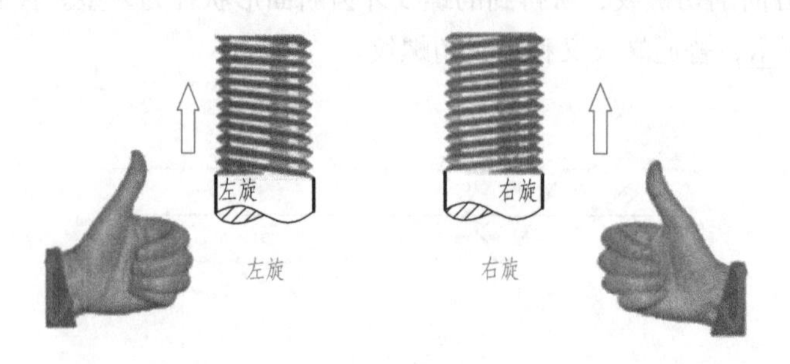

图 5-6　螺纹旋向

6. 牙型角与牙侧角

在螺纹牙型上，两相邻牙侧间的夹角称为牙型角，用 α 表示，在螺纹牙型上，一个牙侧与垂直于螺纹轴线的平面间的夹角称为牙侧角，用 β 表示，如图 5-7 所示。普通螺纹应用最广泛，其牙型角为 60°。

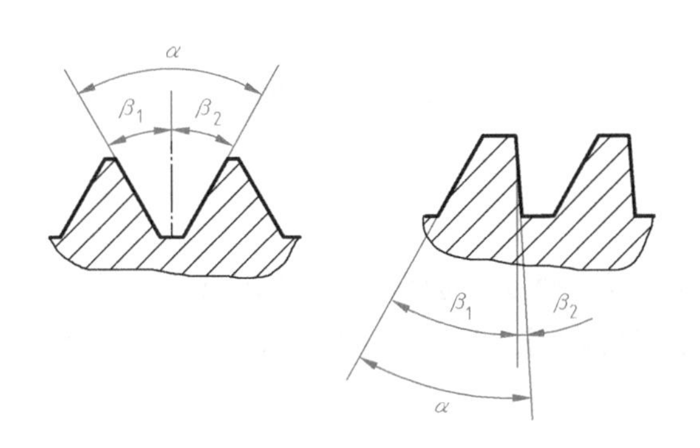

图 5-7　牙型角与牙侧角

三、螺纹画法

1. 外螺纹画法

螺纹牙顶（大径）及螺纹终止线用粗实线表示；牙底（小径）用细实线表示，并画进螺杆的倒角部位。因为大径是公称直径，知道其尺寸，画螺纹的时候，小径是近似的尺寸画出，小径约为大径的 0.85，即 $d \approx 0.85d_1$；在螺纹轴线积聚的投影面的视图中，表示牙底圆的细实线只画约 3/4 圈，此时螺杆上的倒角投影不画出。螺纹画法如图 5-8 所示，先按螺纹大径画出螺杆，在螺纹结束处画出螺纹终止线，再画出螺纹的小径。

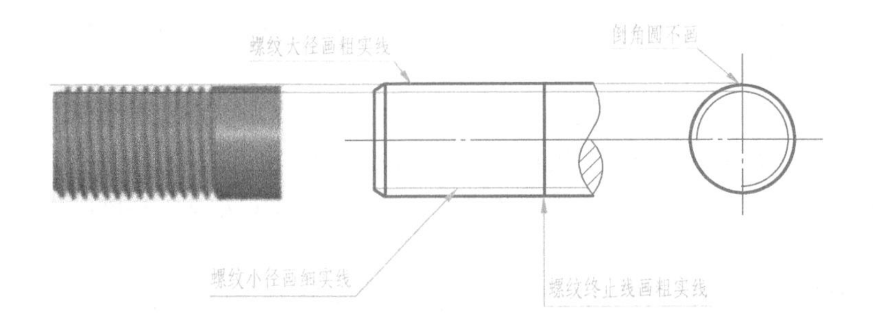

图 5-8　外螺纹

2. 内螺纹画法

内螺纹一般画成剖视图，其牙顶（小径）用粗实线表示，牙底（大径）用细实线表示，剖面线画到粗实线为止。在螺纹轴线积聚投影面的视图中，牙顶圆（小径）用粗实线表示，牙底圆（大径）用细实线表示，且只画 3/4 圈，此时螺纹倒角省略不画，如图 5-9 所示。

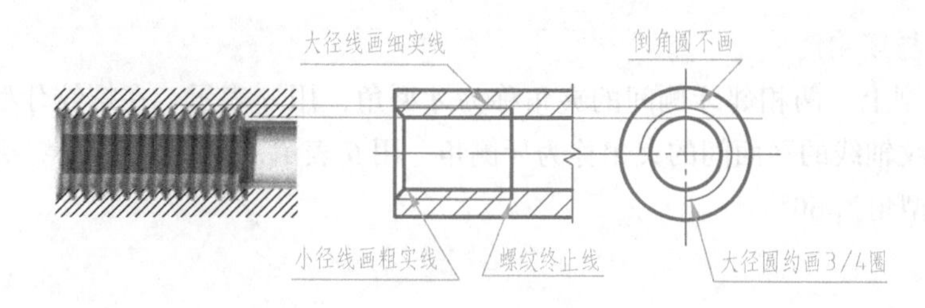

图 5-9 内螺纹

四、螺纹标记

无论是三角螺纹还是梯形螺纹，按照上述规定画出的螺纹，在图上均不能反映它的牙型、线数、螺距、旋向等结构要素，因此，还必须按国家标准的规定在图样上进行标注。

1. 普通螺纹

（1）普通螺纹标记

螺纹特征代号 尺寸代号 - 公差带代号 - 旋合长度代号 - 旋向代号

说明：

① 螺纹特征代号

用字母“M”表示。

② 尺寸代号

a. 单线螺纹的尺寸代号为“公称直径 × 螺距”。国家标准规定：粗牙普通螺纹不标螺距，细牙普通螺纹应标注螺距。例如：

“M8”表示公称直径 8mm 的单线粗牙普通螺纹；“M8 × 1”表示公称直径 8mm、螺距 1mm 的单线细牙普通螺纹。

b. 多线螺纹的尺寸代号为“公称直径 ×P_h 导程 P 螺距”。例如：

“M20 × P_h3P1.5”表示公称直径 20mm、导程 3mm、螺距 1.5mm 的双线普通螺纹。

③ 公差带代号

公差带代号包括中径公差带代号和顶径公差带代号两部分，中径公差带代号在前，顶径公差带代号在后。如果中径公差带代号和顶径公差带代号相同，只需标注一个公差带代号。

公差带代号由表示公差等级的数字和表示基本偏差的字母组成，内螺纹用大写字母，外螺纹用小写字母。例如：

“M20-7H”表示公称直径 20mm、中径公差带代号和顶径公差带代号都是 7H 的粗牙普通内螺纹；

“M25-6g5g”表示公称直径 25mm、中径公差带代号 6g、顶径公差带代号 5g 的粗牙普通外螺纹。

④ 旋合长度代号

普通螺纹的旋合长度代号有短旋合长度（S）、长旋合长度（L）和中等旋合长度（N）三种。短旋合长度（S）和长旋合长度（L）分别在公差带代号的后面标注“S”和“L”，中等旋合长度（N）不标注。

⑤ 旋向代号

对于左旋螺纹，用字母“LH”表示，右旋螺纹不标注。

（2）普通螺纹标记示例

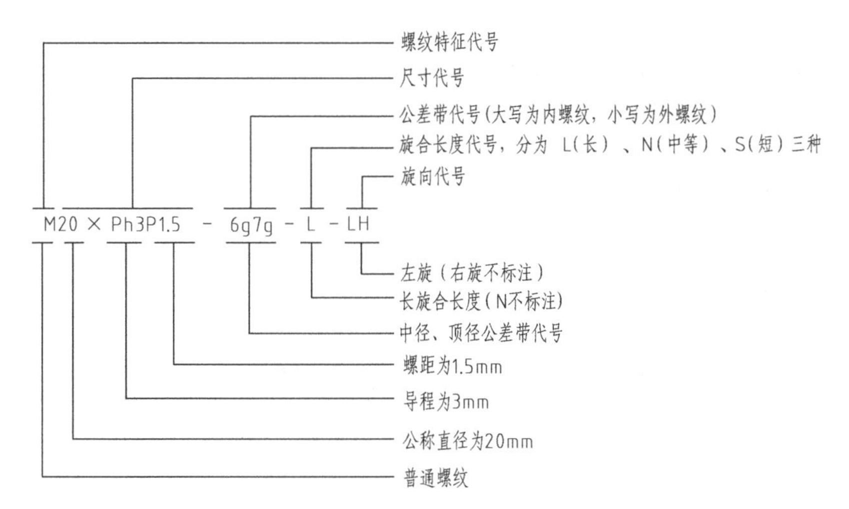

普通螺纹在图样上的标注示例如图 5-10 所示，螺纹标记时，和尺寸标注形式一样，即应该从螺纹大径引伸尺寸界线，按尺寸数字的书写要求填写普通螺纹的标记。

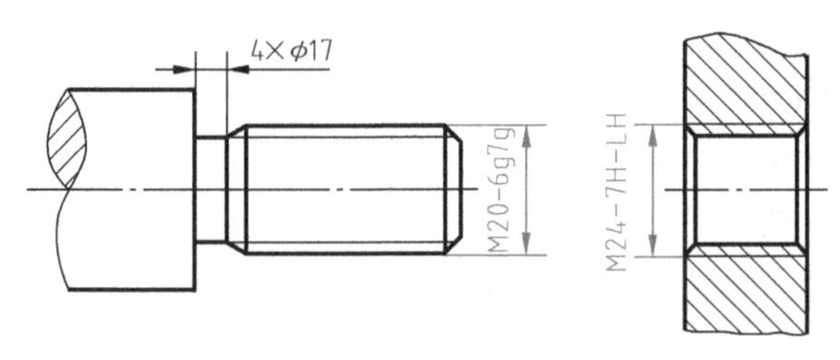

图 5-10　螺纹标记

2. 传动螺纹

传动螺纹常用梯形螺纹和锯齿形螺纹，其特征代号分别为 Tr 和 B，传动螺纹必须标注螺距，如果是多线的，则要标注导程，其余的含义和普通螺纹相同。

（1）传动螺纹的标记

螺纹特征代号 公称直径 × 导程（P 螺距）旋向代号 - 公差带代号 - 旋合长度代号

说明：

① 特征代号

梯形螺纹的特征代号用“Tr”表示；锯齿形螺纹的特征代号用“B”表示。

② 尺寸代号

a. 单线螺纹的尺寸代号为“公称直径 × 螺距”。

b. 多线螺纹的尺寸代号为“公称直径 ×P_h 导程（P 螺距）”。例如：

“Tr20×P_h10（P5）”表示公称直径 20mm、导程 10mm、螺距 5mm 的双线梯形螺纹。

③ 公差带代号

梯形螺纹只需标注中径公差带代号，标准中规定了中等和粗糙两种精度。

④ 旋合长度代号

为了保证传动的平稳性，旋合长度代号有长旋合长度（L）和中等旋合长度（N）两种。传动螺纹没有短旋合长度，中等旋合长度（N）不标注。

⑤ 旋向代号

对于左旋螺纹，用字母“LH”表示，右旋螺纹不标注。

（2）传动螺纹标记示例

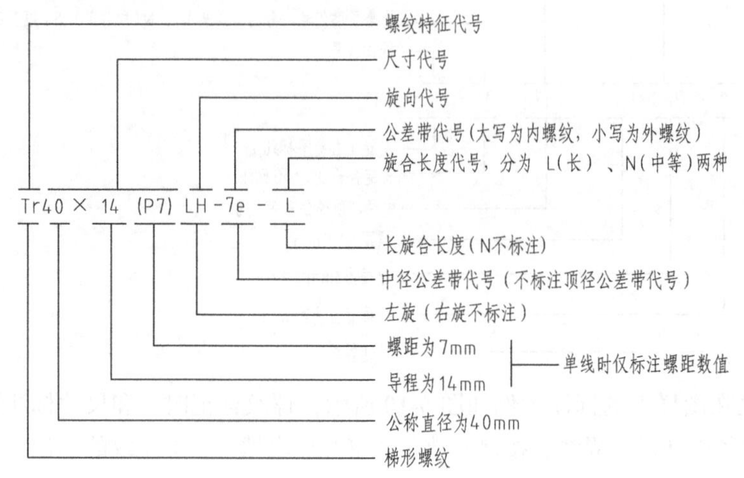

3. 管螺纹

（1）55°非密封管螺纹

55°非密封管螺纹的标记由特征代号、尺寸代号、公差等级代号和旋向代号组成。

① 外螺纹分 A、B 两级进行标记；内螺纹只有一个公差等级，所以不标注公差等级代号。例如：G2 表示尺寸代号为 2 的右旋圆柱内螺纹；G3A 表示尺寸代号为 3 的 A 级右旋圆柱外螺纹。

管螺纹的尺寸代号只是一个不是螺纹和管子尺寸特征的代号，不是管螺纹的尺寸，根据管螺纹的尺寸代号可以查阅管螺纹的尺寸和对应的管子的尺寸。

② 当螺纹为左旋时，要在螺纹公差等级代号之后标“LH”，例如：G2LH 表示尺寸代号为 2 的左旋圆柱内螺纹。

（2）55°密封管螺纹

55°密封管螺纹的标记一般由特征代号和尺寸代号组成。例如：Rc3/4、$R_1$1/4 等。

55°密封管螺纹的特征代号包括 Rc、Rp、R_1、R_2 等代号，其中：

Rc——55°密封圆锥内管螺纹；

Rp——55°密封圆柱内管螺纹；

R_1、R_2——55°密封圆锥外管螺纹。

① 55°密封圆锥内管螺纹与圆锥外管螺纹旋合时，前者和后者的特征代号分别是 Rc 和 R_2；

② 55°密封圆柱内管螺纹与圆锥外管螺纹旋合时，前者和后者的特征代号分别是 Rp 和 R_1。

管螺纹在图样上的标注示例如图 5-11 所示，管螺纹标记时，和普通螺纹标注形式不同，应该从螺纹大径引伸指引线，外螺纹是从粗实线引伸指引线，内螺纹是从细实线引伸指引线，螺纹参数一般水平书写。

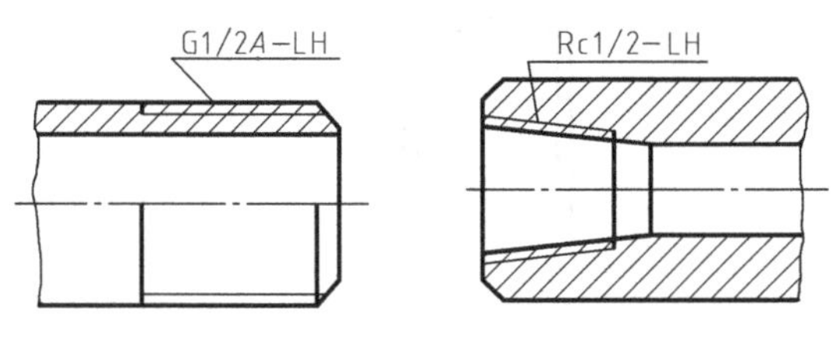

图 5-11　管螺纹标记

4. 螺纹标记的注意事项

① 普通螺纹为单线时，不标字母 P 和 P_h；粗牙螺纹省略螺距项，细牙螺纹应标注螺距；梯形螺纹标记中导程不标字母 P_h。

② 无论何种螺纹，左旋螺纹要标注字母“LH”，右旋螺纹不注，但不同螺纹注写的位置不同，普通螺纹标记中“LH”注在最后一项，梯形螺纹标注在螺距的后面。

③ 普通螺纹中径和顶径的公差带代号相同时，只注写一个公差带代号（如 M15-6g），而梯形螺纹标记中专指中径的公差带代号（如 Tr40-7f）。

④ 普通螺纹标记中不标注中等公差精度（公称直径≤ 1.4mm 时的 5H、6h 和公称直径≥ 1.6mm 时的 6H、6g）的公差带代号；梯形螺纹标记中必须标注公差带代号。

⑤ 螺纹标记中的尺寸代号对普通螺纹和梯形螺纹是指其公称直径和螺距等，单位为 mm，而管螺纹标记中的数值，只是尺寸代号，无单位，不得称为“公称直径”。

常见螺纹标注示例见表 5-2。

表 5-2　常见螺纹的标注示例

种类	特征代号		标注示例	说明
普通螺纹	M	粗牙	φ20 M16-6g	粗牙普通外螺纹，公称直径 16mm，右旋，螺纹中径、大径公差带均为 6g，旋合长度中等（不标注 N）
		细牙	M12×1-7H	细牙普通内螺纹，公称直径 12mm，右旋，螺纹中径、大径公差带均为 7H，旋合长度中等（不标注 N）

续表

种类	特征代号		标注示例	说明
梯形螺纹	Tr		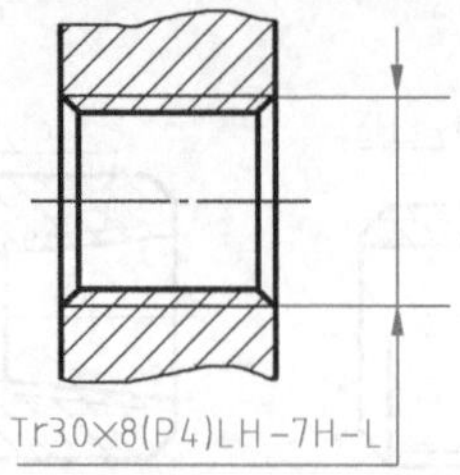 Tr30×8(P4)LH-7H-L	梯形螺纹，公称直径30mm，导程8mm、螺距4mm，左旋，螺纹中径、大径公差带均为7H，长旋合长度
锯齿形螺纹	B		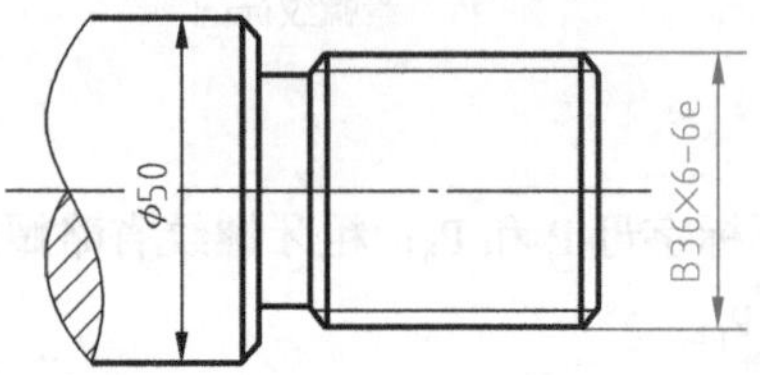 ϕ50 B36×6-6e	锯齿形螺纹，公称直径36mm，螺距6mm，单线螺纹，左旋，螺纹中径、大径公差带均为6e，中等旋合长度
管螺纹	G	55°非密封管螺纹	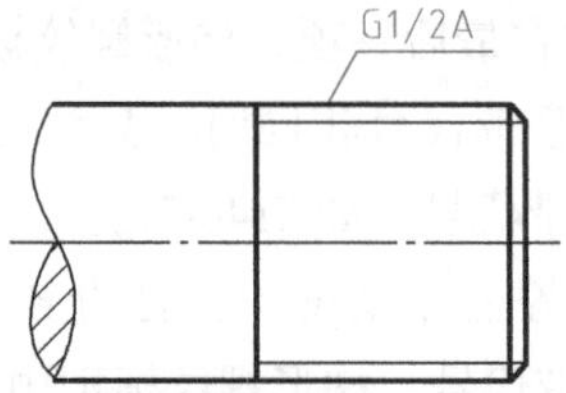 G1/2A	55°非密封圆柱外管螺纹，尺寸代号为1/2，公差等级是A级，右旋
	Rc	55°密封管螺纹	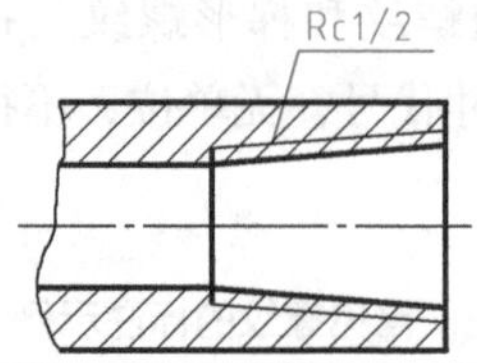 Rc1/2	55°密封圆锥内管螺纹，尺寸代号为1/2，右旋

【思考与练习 5-1】

一、填空题

1. 与外螺纹________或内螺纹________相重合的假想圆柱的直径，称为螺纹大径，又称______直径。

2. 与外螺纹______或内螺纹______相重合的假想圆柱的直径，称为螺纹小径。

3. 中径也是一个假想圆柱的直径，该圆柱的母线通过牙型上的沟槽和凸起______相等的地方。

4. 螺纹相邻牙在中径上对应两点间的轴向距离，称为______。

5. 同一螺旋线上的相邻牙在中径上对应两点间的轴向距离，称为______。

6. 外螺纹牙顶（大径）及螺纹终止线用______表示，牙底（小径）用______表示。

7. 内螺纹牙顶（小径）用______表示，牙底（大径）用______表示。

二、解释螺纹标记的含义

1. M20-6g　　　　　　2. M24×1.5-7H

3. M30-7g6g-40-LH　　4. G1/2

5. Tr40 × 7-7H　　6. M20 × P_h2P1-6g7g-L-LH

三、零件图识读

零件如图 5-12 所示，识读该零件图。

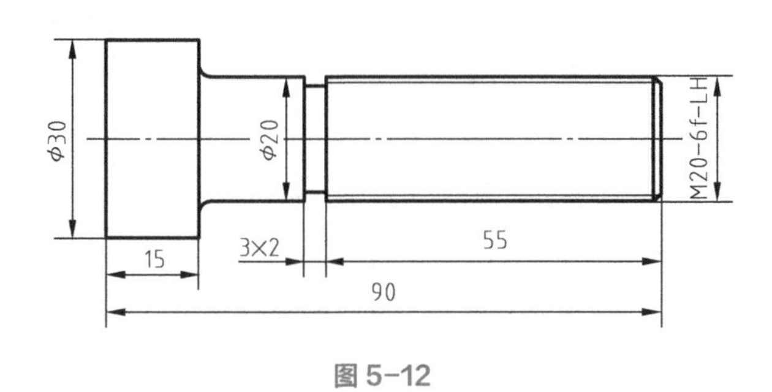

图 5-12

【思考与练习 5-1】 答案

一、填空题

1. 牙顶、牙底、公称　2. 牙底、牙顶　3. 宽度　4. 螺距　5. 导程　6. 粗实线、细实线　7. 粗实线、细实线

二、解释螺纹标记的含义

1. M20-6g：粗牙普通外螺纹，公称直径 20mm，右旋，螺纹中径、大径公差带代号均为 6g，旋合长度中等（不标注 N）；

2. M24 × 1.5-7H：细牙普通内螺纹，公称直径 24mm，螺距 1.5 mm，右旋，螺纹中径、大径公差带代号均为 7H，旋合长度中等（不标注 N）；

3. M30-7g6g-40-LH：粗牙普通外螺纹，公称直径 30mm，螺纹中径公差带代号为 7g、大径公差带代号为 6g，旋合长度 40mm，左旋；

4. G1/2：55° 非密封圆柱内管螺纹，尺寸代号为 1/2，右旋；

5. Tr40 × 7-7H：梯形内螺纹，公称直径 40mm，螺距 7mm，右旋，螺纹中径公差带代号均为 7H，中等旋合长度；

6. M20 × P_h2P1-6g7g-L-LH：公称直径 20mm、导程 2mm、螺距 1mm 的双线细牙普通外螺纹，螺纹中径公差带代号为 6g、大径公差带代号为 7g，长旋合长度，左旋。

三、零件图识读

图 5-12 所示零件：从左往右依次是 ϕ30 的圆柱、ϕ20 的圆柱、退刀槽、螺纹；螺纹 M20-6f-LH 表示粗牙普通外螺纹，公称直径 20mm，螺纹中径公差带代号与大径公差带代号为 6f，左旋。

第二节　齿轮图样的识读

齿轮是机械传动中的常用零件，用来传递动力、改变转速和旋转方向等。根据齿轮传动轴的相对位置不同，齿轮可分为如下三大类：

① 圆柱齿轮：用于平行轴之间的传动，见图 5-13（a）。

② 圆锥齿轮：用于相交轴之间的传动，见图 5-13（b）。

③ 蜗轮蜗杆：用于交错轴之间的传动，见图 5-13（c）。

(a)圆柱齿轮传动

(b)圆锥齿轮传动

(c) 蜗轮蜗杆传动

图 5-13 齿轮分类

当圆柱齿轮的轮齿方向与圆柱的素线方向一致时，称为直齿圆柱齿轮，如图 5-13（a）所示齿轮。下面主要介绍直齿圆柱齿轮的基本知识及表达方法。

一、直齿圆柱齿轮的基本参数

直齿圆柱齿轮的基本参数和齿轮各部分名称及尺寸关系如图 5-14 所示。

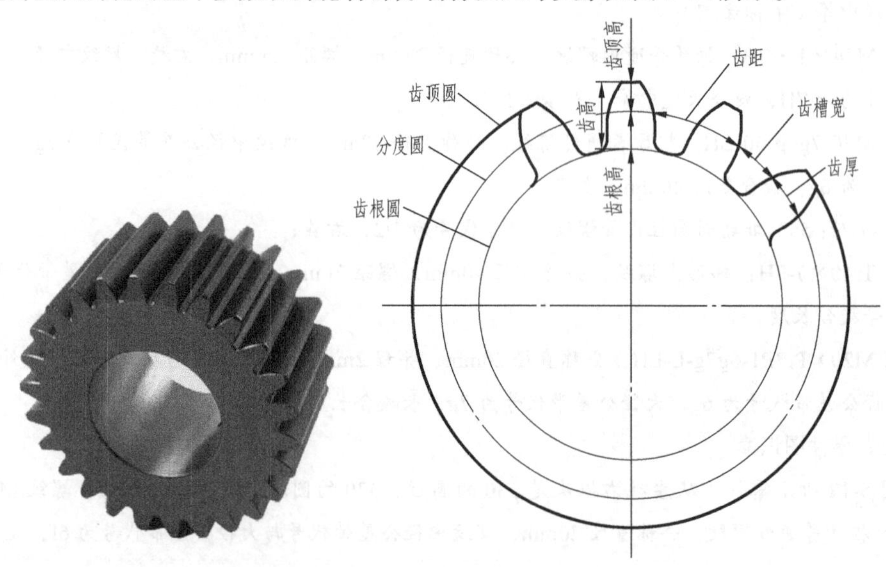

图 5-14 直齿圆柱齿轮各部分名称及尺寸

1. 直齿圆柱齿轮的基本参数和齿轮各部分名称

① 齿数（z）：齿轮上轮齿的个数。

② 齿顶圆（直径 d_a）：通过轮齿齿顶的圆。

③ 齿根圆（直径 d_f）：通过轮齿齿根的圆。

④ 分度圆（直径 d）：齿轮上具有标准模数和标准压力角的圆，为计算齿轮各部分尺寸的基准圆。

⑤ 齿顶高（h_a）：分度圆到齿顶圆的径向距离；

齿根高（h_f）：分度圆到齿根圆的径向距离；

齿高（h）：齿顶圆到齿根圆的径向距离，$h=h_a+h_f$。

⑥ 齿槽宽（e）：在分度圆上，同一齿槽齿廓之间的弧长；

齿厚（s）：在分度圆上，同一轮齿齿廓之间的弧长；

齿距（p）：在分度圆上，相邻两齿对应点间的弧长，$P=e+s$ 。

⑦ 模数（m）：齿距 p 除以圆周率 π 所得的商称为模数，即 $m=p/\pi$，单位 mm。

模数是设计、制造齿轮用的标准参数，其数值可以从国家标准中查阅。齿数相等的齿轮，模数越大其尺寸就越大，齿厚也越大，承载能力也越强；尺寸相同的齿轮，模数越大其齿数越少，齿厚越大，承载能力也越强。

⑧ 齿形角（α）：确定轮齿形状的角度，国家标准规定：标准渐开线圆柱齿轮分度圆上的齿形角 $\alpha=20°$ 。

2. 直齿圆柱齿轮的基本参数间的尺寸关系

直齿圆柱齿轮的基本参数间的尺寸关系见表 5-3。

表 5-3　直齿圆柱齿轮的基本参数

名称	尺寸									
模数	$m=$	1	1.25	1.5	2	2.5	3	4	5	其他数值查国家标准
齿顶高	$h_a=m$									
齿根高	$h_f=1.25m$									
齿高	$h=h_a+h_f=2.25m$									
分度圆直径	$d=mz$									
齿顶圆直径	$d_a=d+2h_a=m(z+2)$									
齿根圆直径	$d_f=d-2h_f=m(z-2.5)$									
两啮合齿轮的中心距	$a=(d_1+d_2)/2=m(z_1+z_2)/2$									
齿距	$p=\pi m$									

由齿轮各部分的尺寸关系可知，当知道齿轮的齿数和模数后，齿轮的几何参数就可以确定了。

二、直齿圆柱齿轮的画法（GB/T 4459.2—2003）

单个圆柱齿轮的规定画法如图 5-15 所示：齿顶圆和齿顶线用粗实线表示；分度圆或分度线用细点画线表示（分度线应超出齿轮两端 2 ～ 3mm）；齿根圆和齿根线在没有剖视时用细实线表示，见图 5-15（a），也可省略不画；在剖视图中齿根线用粗实线绘制，见图 5-15（b）、（c）。

在剖视图中，当剖切平面通过轮齿的轴线时，轮齿一律按不剖绘制。

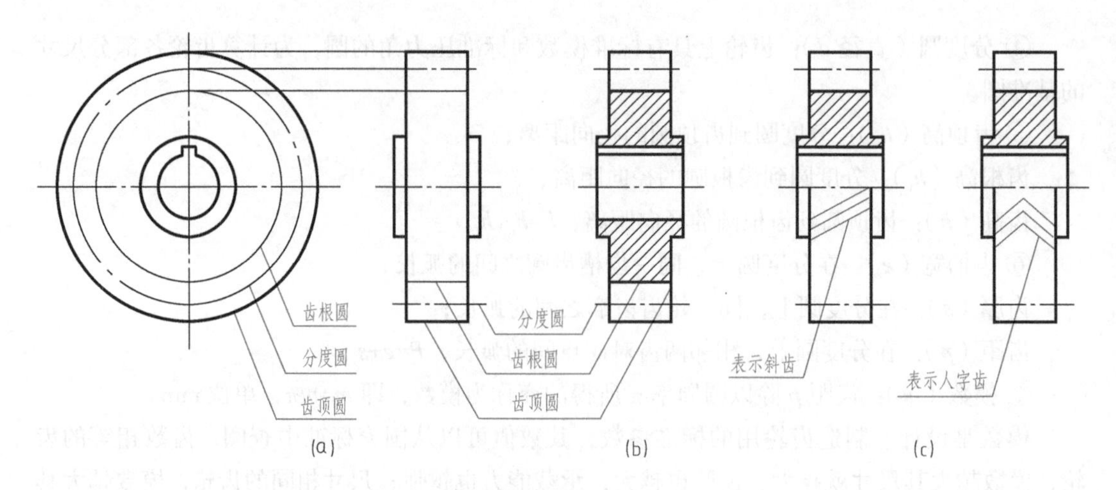

图 5-15 单个圆柱齿轮

【例 5-1】 标准渐开线直齿圆柱齿轮的 m=2mm，z=29，计算相关的尺寸，试绘制其零件图。

解：$d = mz = 2\times29 = 58$（mm）

$d_a=m(z+2) = 2\times(29+2) = 62$（mm）

$d_f=m(z-2.5) = 2\times(29-2.5) = 53$（mm）

$h_a = m = 2$（mm）

$h_f = 1.25m = 1.25\times2 = 2.5$（mm）

$h = h_a + h_f = 2+2.5 = 4.5$（mm）

齿轮的零件图如图 5-16 所示，注意键槽的标注，需要查阅国标来确定其数值。

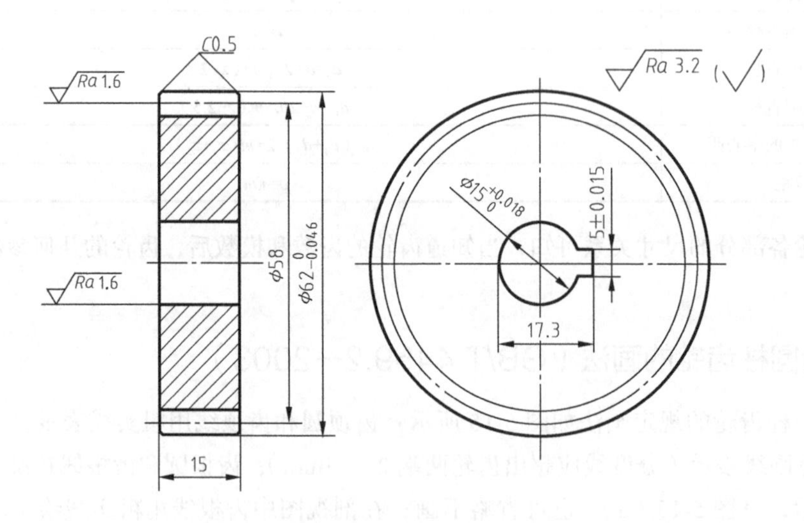

图 5-16 直齿圆柱齿轮

【例 5-2】 双联齿轮如图 5-17 所示，识读该图并计算齿轮的模数、齿数（轮齿按照标准直齿）。

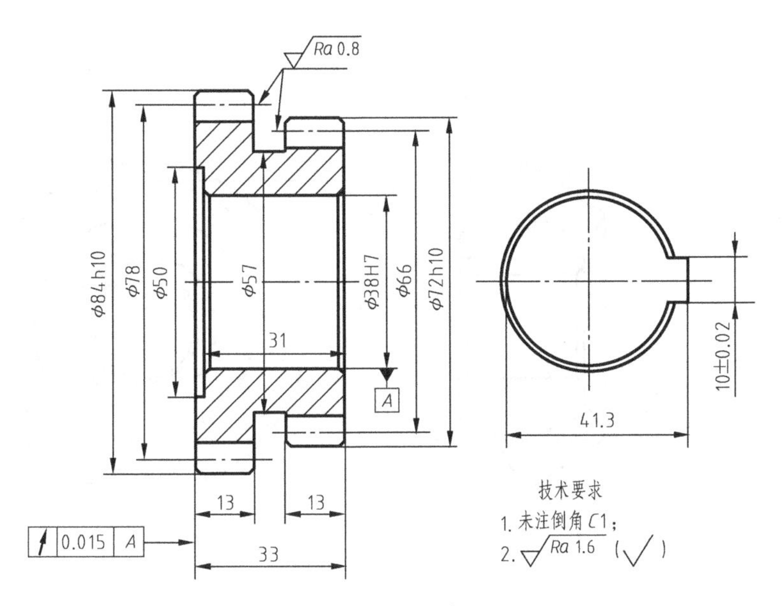

图 5-17　双联齿轮

解　(1) 分析

图 5-17 表示的是标准直齿双联圆柱齿轮，由左、右两个共轴线的齿轮组成，其分度圆直径、齿顶圆直径分别是：$d_{左}$=78mm，$d_{a左}$=84mm；$d_{右}$=66mm，$d_{a右}$=72mm

(2) 计算

$d_{左}=m_{左}z_{左}$=78mm，$d_{a左}=m_{左}(z_{左}+2)$=84mm

两公式相减得 $2m_{左}$=6mm，即模数 $m_{左}$=3mm

将 $m_{左}$=3mm 代入 $d_{左}=m_{左}z_{左}$=78mm，得齿数 $z_{左}$=26

同理：$d_{右}=m_{右}z_{右}$=66mm，$d_{a右}=m_{右}(z_{右}+2)$=72mm

$m_{右}$=3mm，$z_{右}$=22

三、锥齿轮的画法

1. 锥齿轮

锥齿轮的轮齿分布在圆锥面上，有直齿、斜齿和曲线齿三种，其中直齿锥齿轮应用最广。

由于锥齿轮的轮齿分布在圆锥面上，所以轮齿的尺寸沿着轴向变化，大端轮齿的尺寸大，小端轮齿的尺寸小。为了便于测量，并使测量时的相对误差尽量小，规定以大端参数为标准参数。

2. 直齿锥齿轮的画法

如图 5-18 所示，单个直齿锥齿轮的主视图常采用全剖视图，在投影为圆的视图中规定用粗实线画出大端和小端的齿顶圆，用细点画线画出大端分度圆。

锥齿轮的齿根圆与小端分度圆均不画出。

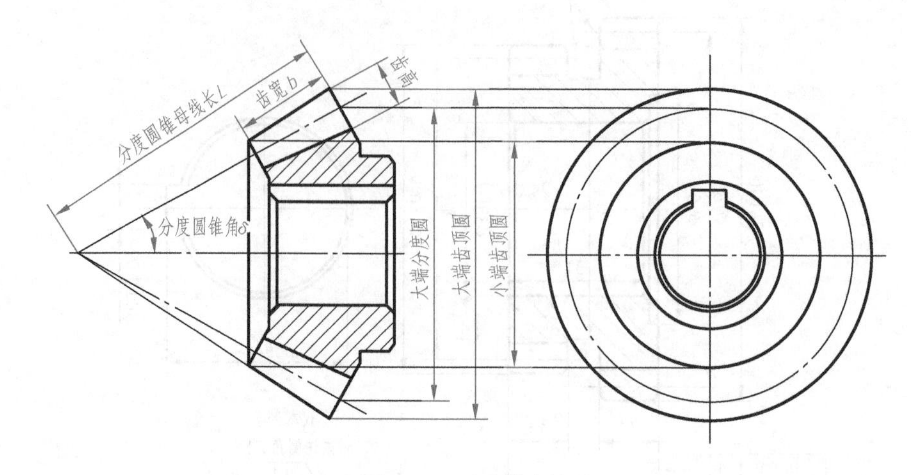

图 5-18 直齿锥齿轮

四、蜗杆、蜗轮的画法

1. 蜗轮蜗杆传动的主要参数

蜗轮蜗杆传动主要用于传递空间垂直交错两轴间的运动和动力，参数主要有模数、压力角、蜗杆导程角、蜗轮螺旋角等。

① 蜗杆的轴向模数和蜗轮的端面模数相等，而且为标准值；

② 蜗杆的轴向压力角和蜗轮的端面压力角相等，而且为标准值。

2. 单个蜗杆、蜗轮的画法

单个蜗杆、蜗轮的画法与圆柱齿轮的画法基本相同。

（1）蜗杆的画法

蜗杆的主视图上可以用局部视图或局部放大图表示齿形，齿顶圆（齿顶线）用粗实线画出，分度圆（分度线）用细点画线画出，齿根圆（齿根线）用细实线画出或省略不画，如图 5-19 所示。

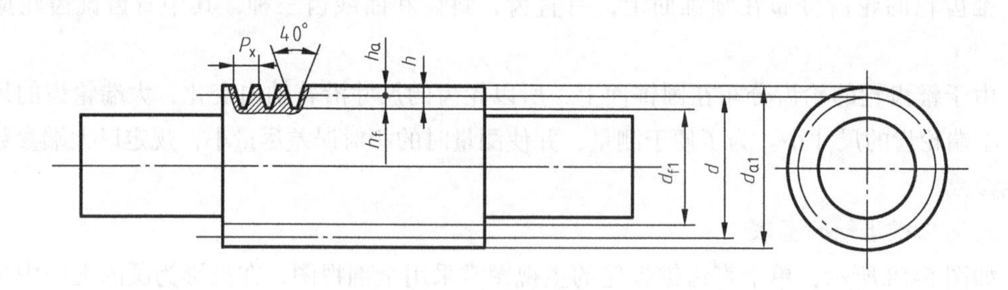

图 5-19 蜗杆

（2）蜗轮的画法

蜗轮通常用剖视图表达，在投影为圆的视图中，只画外圆和分度圆，如图 5-20 所示。

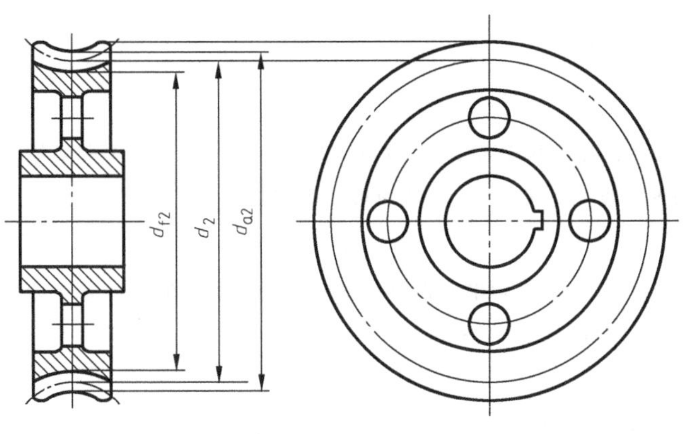

图 5-20　蜗轮

【思考与练习 5-2】

一、填空题

1. 根据齿轮传动轴的相对位置不同，齿轮可分为三类：________、________、________。

2. 齿距 p 除以圆周率 π 所得的商称为________。

3. 齿数相等的齿轮，模数越大其尺寸就越___，齿厚也越___，承载能力也越强；尺寸相同的齿轮，模数越大其齿数越___，齿厚越___，承载能力也越强。

4. 单个圆柱齿轮的规定画法：齿顶圆和齿顶线用______表示；分度圆或分度线用______表示；齿根圆和齿根线在没有剖视时用_____表示，也可省略不画；在剖视图中齿根线用粗实线绘制。

5. 单个直齿锥齿轮的主视图常采用全剖视图，在投影为圆的视图中规定用_____画出大端和小端的齿顶圆，用_____画出大端分度圆。

6. 蜗杆的主视图上可以用局部视图或局部放大图表示齿形；齿顶圆（齿顶线）用_____画出，分度圆（分度线）用_____画出，齿根圆（齿根线）用_____画出或省略不画。

二、分析计算题

标准直齿圆柱齿轮如图 5-21 所示，分析该图计算齿轮的模数与齿数。

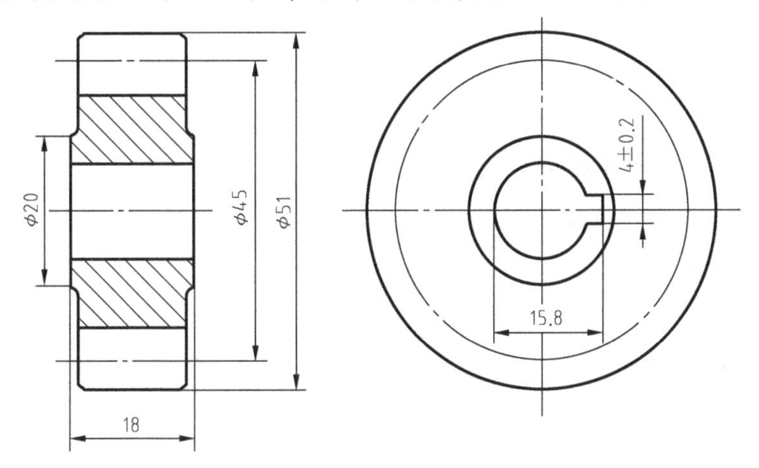

图 5-21

【思考与练习 5-2】 答案

一、填空题

1. 圆柱齿轮、圆锥齿轮、蜗轮蜗杆 2. 模数 3. 大、大、少、大 4. 粗实线、细点画线、细实线 5. 粗实线、细点画线 6. 粗实线、细点画线、细实线

二、分析计算题

（1）分析：图 5-21 表示的是标准直齿圆柱齿轮，图上标注的 $\phi45$、$\phi51$ 分别是齿轮的分度圆直径、齿顶圆直径，即 d=45mm、d_a=51mm。

（2）计算

$d=mz$=45mm，$d_a=m(z+2)$=51mm

因此，$2m$=6mm 即模数 m=3mm；

将 m=3mm 代入 $d=mz$=45mm，得齿数 z=15。

第三节 弹簧图样的识读

弹簧的用途很广，属于常用件，主要用于减振、夹紧、储存能量和测力等方面。弹簧的结构形式很多，如图 5-22 所示，常用的有压缩弹簧、拉伸弹簧、扭转弹簧和平面蜗卷弹簧等，其中圆柱螺旋压缩弹簧最为常用。本节只介绍圆柱螺旋压缩弹簧的画法和尺寸。

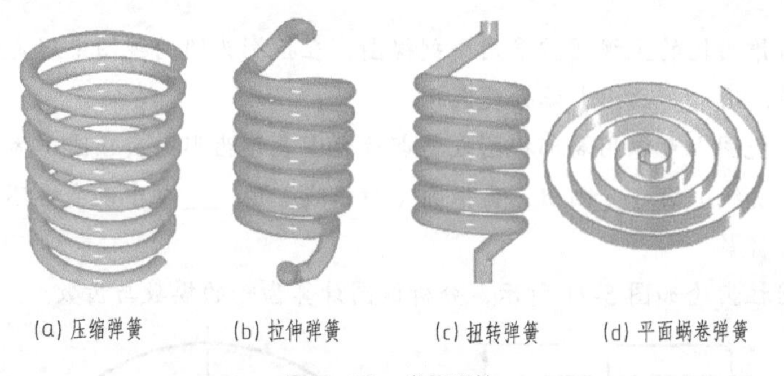

图 5-22 常用弹簧

一、圆柱螺旋压缩弹簧的各部分名称

圆柱螺旋压缩弹簧的各部分名称如图 5-23 所示。

（1）线径（d）

弹簧钢丝的直径。

（2）弹簧内径（D_1）

弹簧的最小直径。

（3）弹簧外径（D_2）

弹簧的最大直径。

（4）弹簧中径（D）

弹簧的平均直径。

$D=D_1+d=D_2-d$

（5）节距（t）

除支承圈外，相邻有效圈上对应点之间的轴向距离。

（6）有效圈数（n）、支承圈数（n_z）和总圈数（n_1）

有效圈数（n）：保持节距相等的圈数。

支承圈数（n_z）：为了使螺旋压缩弹簧工作时受力均匀，增加弹簧的稳定性，将弹簧两端并紧、磨平起支承作用，弹簧两端并紧、磨平的圈数称为支承圈数。如图 5-23 所示的弹簧，两端各有 $1^1/_4$ 圈为支承圈，则 $n_z=2.5$。

总圈数（n_1）：有效圈数与支承圈数之和称为总圈数，符号 n_1，$n_1=n+n_z$。

（7）自由高度（H）

弹簧在不受外力作用时的高度（或长度）。

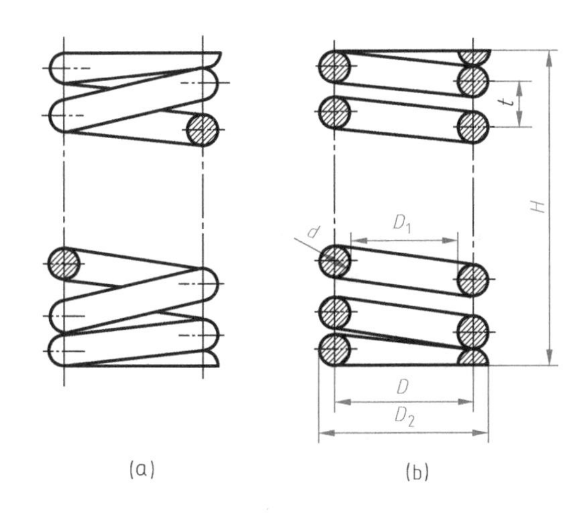

图 5-23　圆柱螺旋压缩弹簧的画法

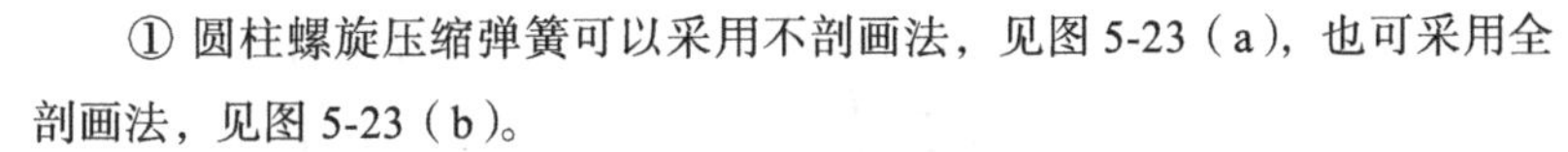
① 圆柱螺旋压缩弹簧可以采用不剖画法，见图 5-23（a），也可采用全剖画法，见图 5-23（b）。

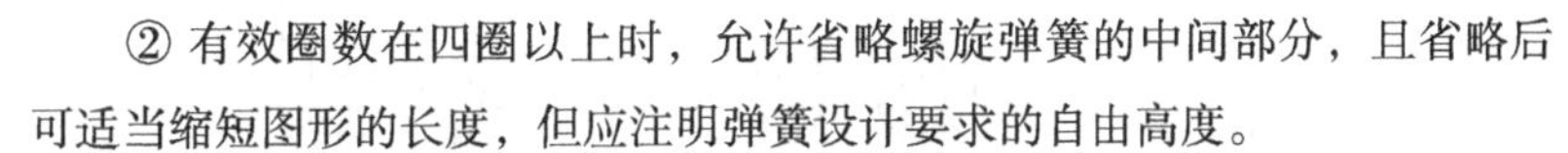
② 有效圈数在四圈以上时，允许省略螺旋弹簧的中间部分，且省略后可适当缩短图形的长度，但应注明弹簧设计要求的自由高度。

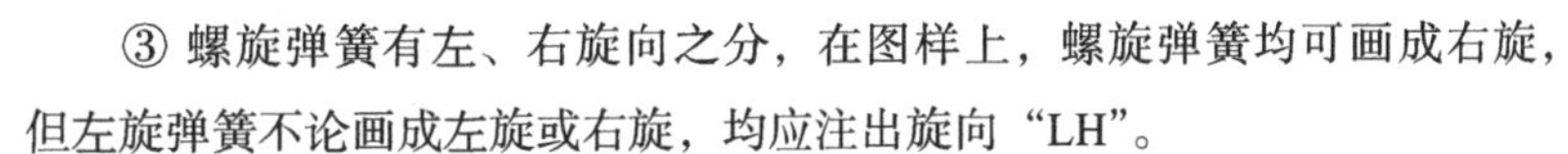
③ 螺旋弹簧有左、右旋向之分，在图样上，螺旋弹簧均可画成右旋，但左旋弹簧不论画成左旋或右旋，均应注出旋向“LH”。

二、圆柱螺旋压缩弹簧示例

对于两端并紧、磨平的圆柱螺旋压缩弹簧，国家标准规定，不论弹簧的支承圈是多少，均按支承圈是 2.5 圈时的画法绘制，例如图 5-24 所示弹簧：弹簧钢丝的直径 4mm、弹簧中径 20mm、自由高度 80mm、节距 6mm。

左旋弹簧和右旋弹簧均可画成右旋，但是左旋弹簧要注明“LH”。

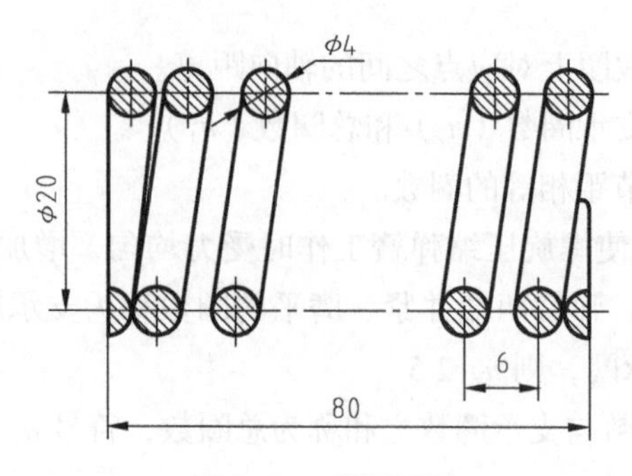

图 5-24 弹簧示例

【思考与练习 5-3】

一、填空题

1. 弹簧的结构形式很多，常用的有________、________、________和 ________等。

2. 弹簧节距（t）：除支承圈外，相邻有效圈上对应点之间的_____距离。

3. 弹簧有效圈数（n）：保持_____相等的圈数。

4. 圆柱螺旋压缩弹簧可以采用_____画法，也可采用_____画法。

二、识读题

弹簧如题图 5-25 所示，识读该图。

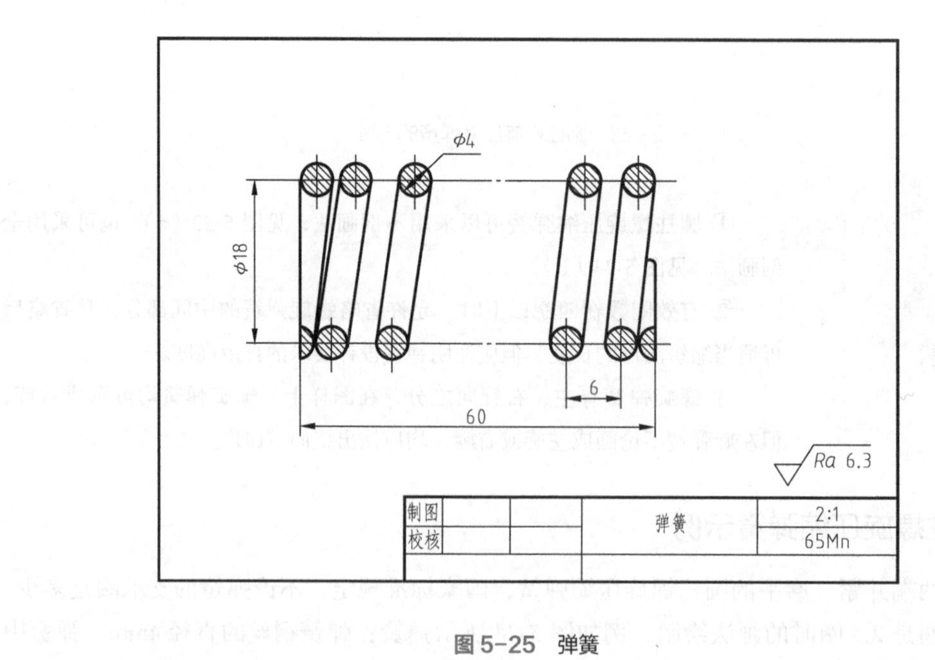

图 5-25 弹簧

【思考与练习 5-3】 答案

一、填空题

1. 压缩弹簧、拉伸弹簧、扭转弹簧、平面蜗卷弹簧　2. 轴向　3. 节距　4. 不剖、全剖

二、识读题

图 5-25 表示一个圆柱螺旋压缩弹簧，弹簧的中径 18mm、线径 4mm、节距 6mm、自由高度 60mm，两端并紧、磨平且要求表面粗糙度 *Ra*6.3μm，材料 65Mn。

第四节　滚动轴承的识读

在机械装置中，滚动轴承是用来支承轴的标准部件，它可以大大减小轴与孔之间相对旋转时的摩擦力，具有机械效率高、结构紧凑等优点，因此应用极为广泛。

一、滚动轴承的结构与分类

1. 滚动轴承的结构

滚动轴承的构造很多，但结构大体相同，一般由外圈、内圈、滚动体和保持架组成，如图 5-26 所示的深沟球轴承。

① 外圈：与机架上的轴承孔相配合；

② 内圈：与轴颈相配合；

③ 滚动体：装在外圈和内圈之间的滚动物体；

④ 保持架：将滚动体均匀地分隔开。

一般情况下，外圈装在机架的轴承孔内固定不动，内圈装在轴颈上，随轴一起转动。

2. 滚动轴承的分类

滚动轴承按其承受载荷方向，可分成两类，如图 5-27 所示。

① 向心轴承：主要用于承受径向载荷的轴承，常用的是深沟球轴承，如图 5-27（a）所示。

② 推力轴承：主要用于承受轴向载荷的轴承，常用的是推力球轴承，如图 5-27（b）所示。

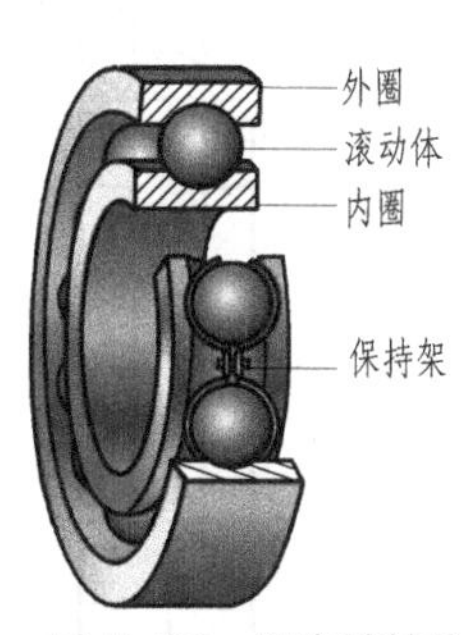

图 5-26　深沟球轴承

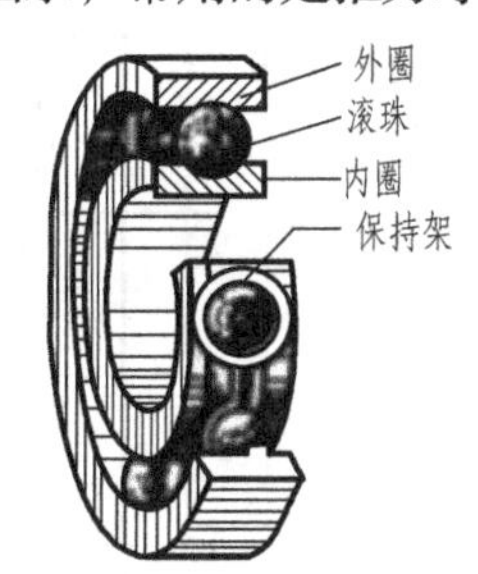

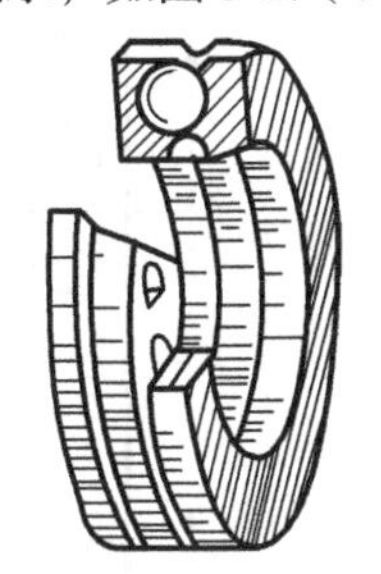

图 5-27　滚动轴承的种类

滚动轴承按滚动体，可分为球轴承和滚子轴承。

① 球轴承：滚动体为球的轴承，常用的有深沟球轴承、推力球轴承和角接触球轴承等。

② 滚子轴承：滚动体为滚子的轴承，常用的有圆柱滚子轴承、圆锥滚子轴承等。

二、滚动轴承的表示法

滚动轴承是标准件，为了使绘图简便，国家标准规定了滚动轴承的简化表示法。滚动轴承的表示法包括通用画法、特征画法、规定画法三种，视图轮廓按外径 D、内径 d、宽度 B 等实际尺寸绘制。

1. 深沟球轴承的表示法

如图 5-28 所示。

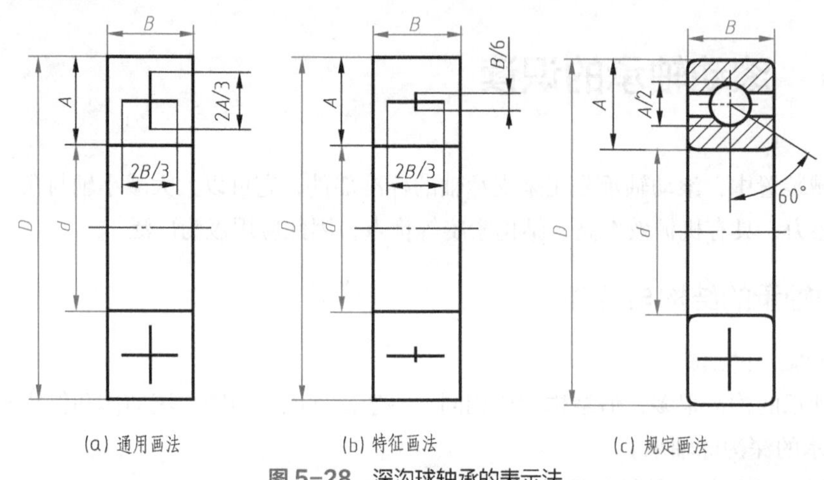

图 5-28 深沟球轴承的表示法

① 通用画法：当不需要确切地表达滚动轴承的外形轮廓、承载特征和结构特征时，可采用通用画法。

② 特征画法：当需要较形象地表达滚动轴承的结构特征时，可采用特征画法。

③ 规定画法：在滚动轴承的产品图样、产品样本、产品标准和产品使用说明书中采用。

2. 推力球轴承的表示法

如图 5-29 所示。

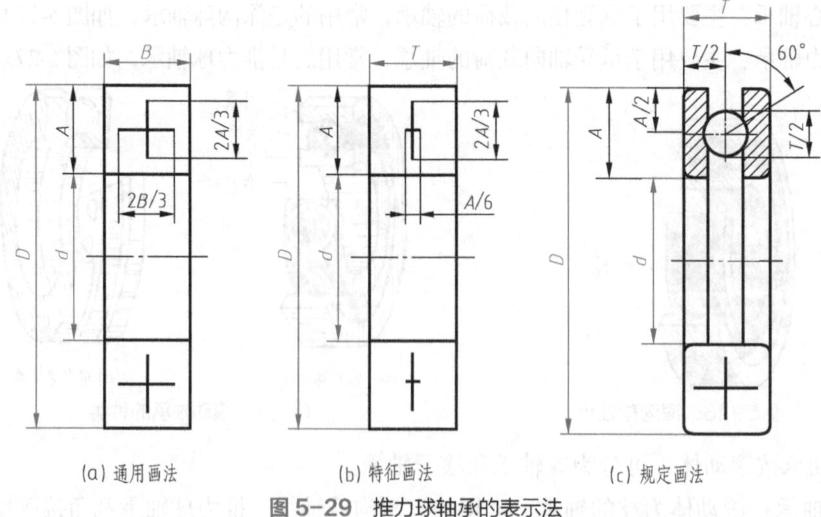

图 5-29 推力球轴承的表示法

3. 圆锥滚子轴承的表示法

如图 5-30 所示。

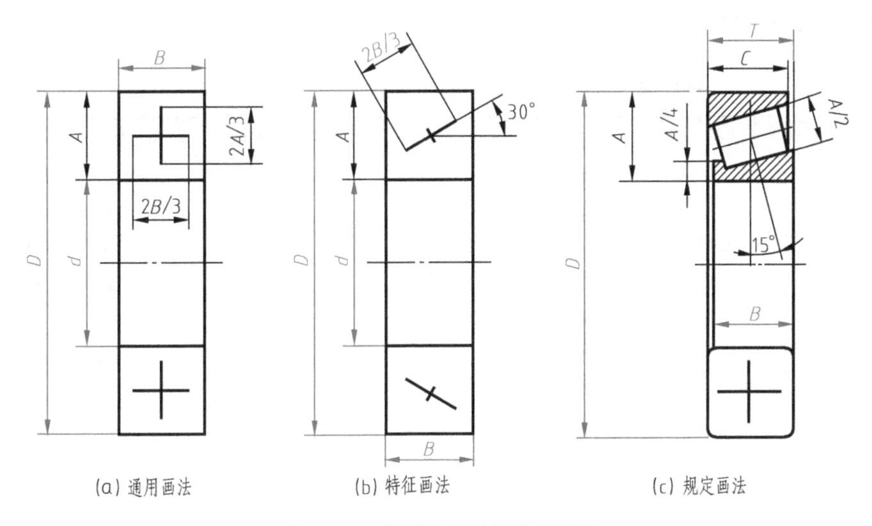

图 5-30　圆锥滚子轴承的表示法

① 滚动轴承的三种画法中，各种符号、矩形线框和轮廓线均用粗实线绘制；

② 在装配图上，只需根据轴承的外径 D、内径 d 和宽度 B 画出外轮廓，有关尺寸的数值可由标准查得；

③ 采用通用画法或特征画法绘制滚动轴承时，在同一图样中一般只采用其中的一种画法。

三、滚动轴承的代号

滚动轴承的标记由名称、代号、标准编号三部分组成，例如：

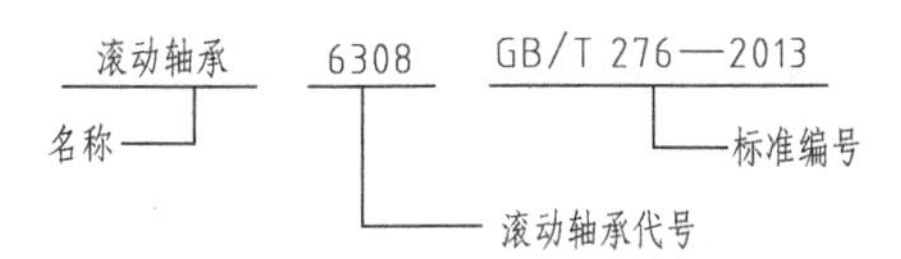

其中，滚动轴承的代号由前置代号、基本代号和后置代号构成。前置、后置代号是在轴承结构形状、尺寸和技术要求等有改变时，在其基本代号前、后添加的补充代号，补充代号的规定可由国标查知。

1. 基本代号

滚动轴承的基本代号表示轴承的基本类型、结构和尺寸，是轴承代号的基础。基本代号（滚针轴承除外）由轴承类型代号、尺寸系列代号和内径代号三部分组成，例如：

（1）滚动轴承类型代号

滚动轴承基本代号最左边的一位数字（或字母）为轴承类型代号，如表 5-4 所示，轴承类型反映了滚动体的结构。

表 5-4　滚动轴承类型代号（摘自 GB/T 272—2017）

代号	轴承类型	代号	轴承类型
0	双列角接触球轴承	N	圆柱滚子轴承
1	调心球轴承		双列或多列用字母 NN 表示
2	调心滚子轴承和推力调心滚子轴承	U	外球面球轴承
3	圆锥滚子轴承	QJ	四点接触球轴承
4	双列深沟球轴承		
5	推力球轴承		
6	深沟球轴承		
7	角接触球轴承		
8	推力圆柱滚子轴承		

注：在表中代号后或前加字母或数字表示该类轴承中的不同结构。

（2）尺寸系列代号

滚动轴承的尺寸系列代号用数字表示，它由宽（高）度系列代号和直径系列代号组成。向心轴承和推力轴承尺寸系列代号符合表 5-5 的规定。

表 5-5　向心轴承和推力轴承尺寸系列代号

直径系列代号	向心轴承								推力轴承			
	宽度系列代号								高度系列代号			
	8	0	1	2	3	4	5	6	7	9	1	2
	尺寸系列代号											
7	—	—	17	—	37	—	—	—	—	—	—	—
8	—	08	18	28	38	48	58	68	—	—	—	—
9	—	09	19	29	39	49	59	69	—	—	—	—
0	—	00	10	20	30	40	50	60	70	90	10	—
1	—	01	11	21	31	41	51	61	71	91	11	—
2	82	02	12	22	32	42	52	62	72	92	12	22
3	83	03	13	23	33	—	—	—	73	93	13	23
4	—	04	—	24	—	—	—	—	74	94	14	24
5	—	—	—	—	—	—	—	—	—	95	—	—

（3）内径代号

滚动轴承的内径代号用数字表示，并符合表 5-6 的规定。

表 5-6　滚动轴承的内径代号

轴承公称内径 /mm	内径代号	示例
0.6 ～ 10（非整数）	用公称内径毫米数直接表示，在其与尺寸系列代号之间用“/”分开	深沟球轴承 617/0.7　d=0.7mm 深沟球轴承 617/2.5　d=2.5mm

续表

<table>
<tr><th colspan="2">轴承公称内径 /mm</th><th>内径代号</th><th>示例</th></tr>
<tr><td colspan="2">1～9（整数）</td><td>用公称内径毫米数直接表示，对深沟 / 角接触球轴承直径系列 7、8、9，内径与尺寸系列代号之间用“/”分开</td><td>深沟球轴承 625　d=5mm
深沟球轴承 618/5　d=5mm
角接触球轴承 707　d=7mm
角接触球轴承 719/7　d=7mm</td></tr>
<tr><td rowspan="4">10～17</td><td>10</td><td>00</td><td>深沟球轴承 6200　d=10mm</td></tr>
<tr><td>12</td><td>01</td><td>调心球轴承 1201　d=12mm</td></tr>
<tr><td>15</td><td>02</td><td>圆柱滚子轴承 N202　d=15mm</td></tr>
<tr><td>17</td><td>03</td><td>推力球轴承　d=10mm</td></tr>
<tr><td colspan="2">20～480（22、28、32 除外）</td><td>用公称内径毫米数除以 5 的商数表示，当商数为个位数时，需在左边加“0”，使内径代号成为两位数，如 07</td><td>调心滚子轴承 22308　d=40mm
圆柱滚子轴承 N1096　d=480mm</td></tr>
<tr><td colspan="2">≥500 以及 22、28、32</td><td>用公称内径毫米数直接表示，在其与尺寸系列代号之间用“/”分开</td><td>调心滚子轴承 230/500　d=500mm
深沟球轴承 62/22　d=22mm</td></tr>
</table>

2. 前置代号和后置代号

前置代号和后置代号是滚动轴承在形状、结构、尺寸、公差和技术要求等方面有改变时，在基本代号的左、右添加的补充代号，其有关规定可查阅国家标准 GB/T 272—2017。

【例 5-3】 解释滚动轴承代号 6214 中各数字的含义。

解　滚动轴承代号 6214 各数字的含义如下：

6——类型代号，表示深沟球轴承；

2——尺寸系列代号“02”，“0”为宽度系列代号，按规定省略未写，“2”为直径系列代号，故两者组合时注写成“2”；

14——内径代号，表示该轴承内径为 14×5=70mm，即注出的内径代号是由公称内径 70mm 除以 5 的商。

【例 5-4】 解释滚动轴承代号 204、32210 的含义。

解

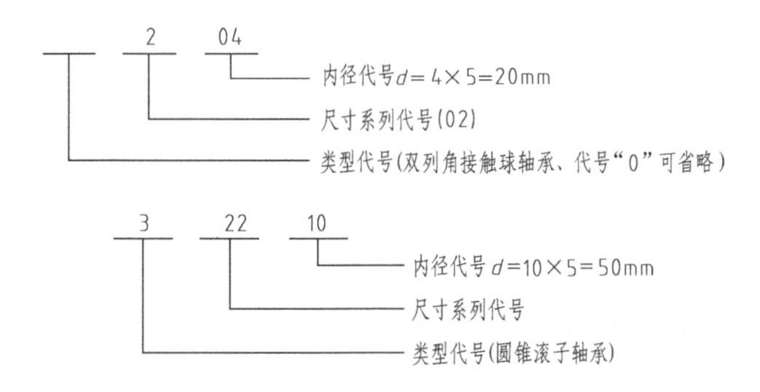

【思考与练习 5-4】

一、填空题

1. 滚动轴承的构造和种类很多，但结构大体相同，一般由________、________、________和

______组成。

2. 滚动轴承按其受力方向，可分成两类：________、________。

3. 滚动轴承按滚动体，可分为：________、________。

4. 滚动轴承是标准件，滚动轴承的表示法包括________、________、________。

5. 滚动轴承的标记由________、________、________三部分组成。

6. 滚动轴承的基本代号表示轴承的________、________、________，是轴承代号的基础。基本代号（滚针轴承除外）由轴承________、________、________三部分组成。

7. 滚动轴承代号 6214 中 6 表示________；14 表示该轴承内径为________mm。

二、解释下列滚动轴承代号的含义

1. 57308　　2. 30215/P5　　3. 6211/P6

【思考与练习 5-4】 答案

一、填空题

1. 外圈、内圈、滚动体、保持架　2. 向心轴承、推力轴承　3. 球轴承、滚子轴承　4. 通用画法、特征画法、规定画法　5. 名称、代号、标准编号　6. 基本类型、结构、尺寸、类型代号、尺寸系列代号、内径代号　7. 类型代号、70

二、解释下列滚动轴承代号的含义

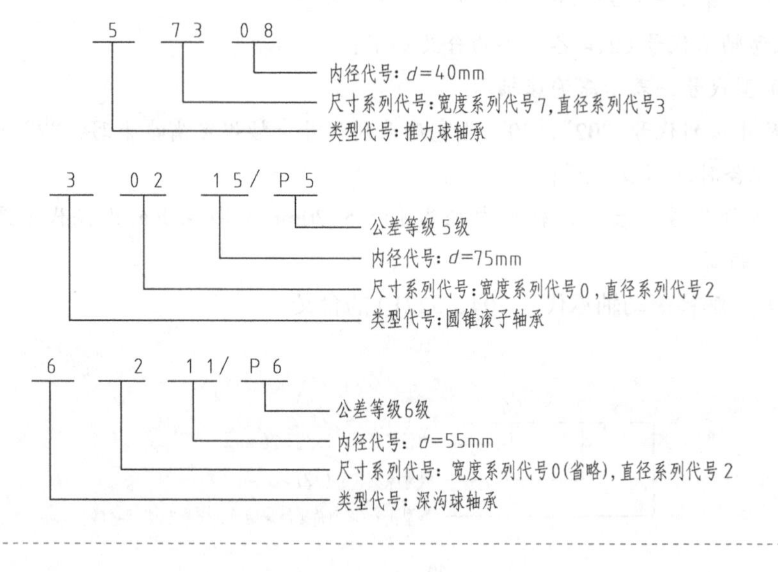

第五节　中心孔标注的识读

一、中心孔的形式

中心孔是轴类零件常见的结构要素，在多数情况下，中心孔只作为工艺结构要素。当某零件必须以中心孔作为测量或维修中的工艺基准时，则该中心孔既是工艺结构要素，又是完工零件上必须具备的结构要素。

中心孔通常为标准结构要素，国家标准规定了R型（弧形）、A型（不带护锥）、B型（带护锥）和C型（带螺纹）中心孔四种形式。

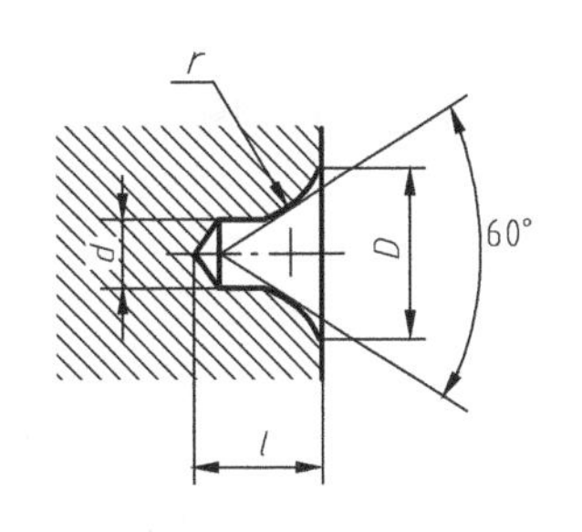

图 5-31　R型中心孔

1. R型（弧形）中心孔

R型（弧形）中心孔的形式如图5-31所示，尺寸参数见表5-7（摘自GB/T 145—2001）。

表 5-7　R型中心孔参数　　单位：mm

d_1		1.00	(1.25)	1.60	2.00	2.50	3.15	4.00	(5.00)	6.30	(8.00)	10.00
d_2		2.12	2.65	3.35	4.25	5.30	6.70	8.50	10.60	13.20	17.00	21.20
l	min	2.3	2.8	3.5	4.4	5.5	7.0	8.9	11.2	14.0	17.9	22.5
r	max	3.15	4.00	5.00	6.30	8.00	10.00	12.50	16.00	20.00	25.00	31.50
	min	2.50	3.15	4.00	5.00	6.30	8.00	10.00	12.50	16.00	20.00	25.00

注：括号内的尺寸尽量不采用。

2. A型（不带护锥）中心孔

A型（不带护锥）中心孔的形式如图5-32所示，尺寸参数见表5-8（摘自GB/T 145—2001）。

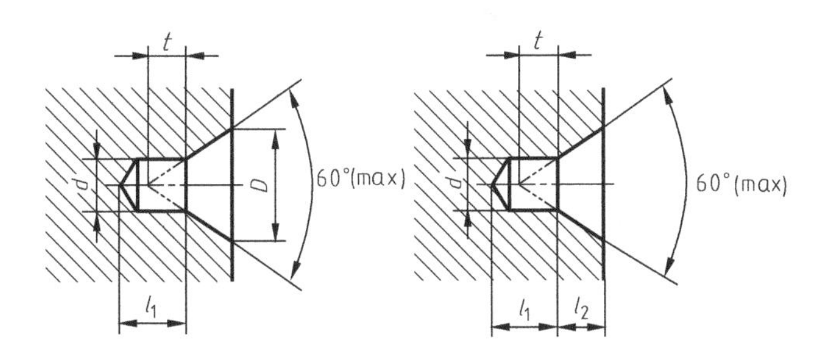

图 5-32　A型中心孔

表 5-8　A型中心孔参数　　单位：mm

d		(0.50)	(0.63)	(0.80)	1.00	(1.25)	1.60	2.00	2.50	3.15	4.00	(5.00)	6.30	(8.00)	10.00
D		1.06	1.32	1.70	2.12	2.65	3.35	4.25	5.30	6.70	8.50	10.60	13.20	17.00	21.20
l_2		0.48	0.60	0.78	0.97	1.21	1.52	1.95	2.42	3.07	3.90	4.85	5.98	7.79	9.70
t	参考	0.50	0.60	0.70	0.90	1.10	1.40	1.80	2.20	2.80	3.50	4.40	5.50	7.00	8.70

注：1. 尺寸 l_1 取决于中心钻的长度 l_1，即使中心钻重磨后再使用，此值也不应小于 t 值。

2. 表中同时列出了 D 和 l_2 尺寸，制造厂可任选其中一个尺寸。

3. 括号内的尺寸尽量不采用。

3. B 型（带护锥）中心孔

B 型（带护锥）中心孔的形式如图 5-33 所示，尺寸参数见表 5-9（摘自 GB/T 145—2001）。

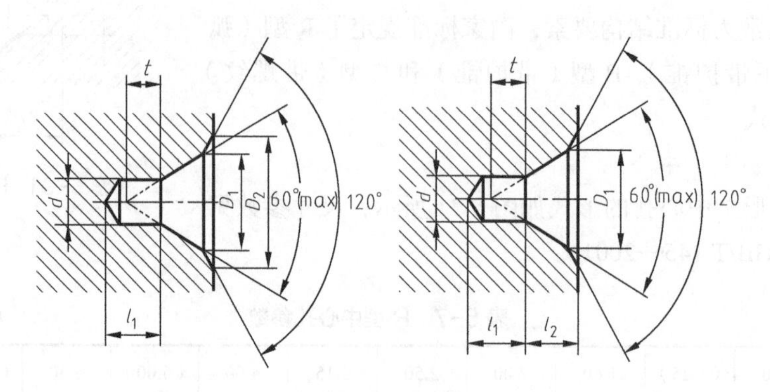

图 5-33　B 型中心孔

表 5-9　B 型中心孔参数　　单位：mm

d	1.00	（1.25）	1.60	2.00	2.50	3.15	400	（5.00）	6.30	（8.00）	10.00
D_1	2.12	2.65	3.35	4.25	5.30	6.70	8.50	10.60	13.20	17.00	21.20
D_2	3.15	4.00	5.00	6.30	8.00	10.00	12.50	16.00	18.00	22.40	28.00
l_2	1.27	1.60	1.99	2.54	3.20	4.03	5.05	6.41	7.36	9.36	11.66
t 参考	0.9	1.1	1.4	1.8	2.2	2.8	3.5	4.4	5.5	7.0	8.7

注：1. 尺寸 l_1 取决于中心钻的长度 l_1，即使中心钻重磨后再使用，此值也不应小于 t 值。

2. 表中同时列出了 D_2 和 l_2 尺寸，制造厂可任选其中一个尺寸。

3. 尺寸 d 和 D_1 与中心钻的尺寸一致。

4. 括号内的尺寸尽量不采用。

4. C 型（带螺纹）中心孔

C 型（带螺纹）中心孔的形式如图 5-34 所示，尺寸参数见表 5-10（摘自 GB/T 145—2001）。

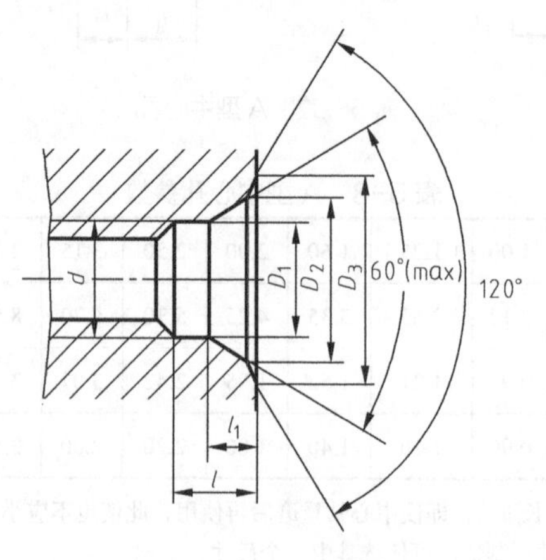

图 5-34　C 型中心孔

表 5-10　C 型中心孔参数　　单位：mm

d	M3	M4	M5	M6	M8	M10	M12	M16	M20	M24
D_1	3.2	4.3	5.3	6.4	8.4	10.5	13.0	17.0	21.0	26.0
D_2	5.3	6.7	8.1	9.6	12.2	14.9	18.1	23.0	28.4	34.2
D_3	5.8	7.4	8.8	10.5	13.2	16.3	19.8	25.3	31.3	38.0
l	2.6	3.2	4.0	5.0	6.0	7.5	9.5	12.0	15.0	18.0
t 参考	1.8	2.1	2.4	2.8	3.3	3.8	4.4	5.2	6.4	8.0

二、中心孔的符号

中心孔用局部剖视图表示结构和形状比较烦琐，为此国家标准规定了中心孔的符号。为了体现在完工零件上是否保留中心孔的要求，可采用表 5-11 中规定的符号。中心孔的符号画成张开 60°的两条线段，线段的图线宽度等于相应图样上所注尺寸数字字高的 1/10。

表 5-11　中心孔的符号（GB/T 145—2001）

要求	符号	表示法示例	说明
在完工的零件上要求保留中心孔	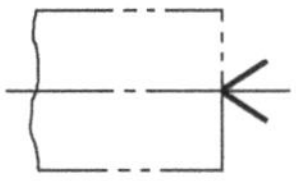	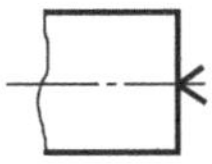 GB/T 4459.5-B2.5/8	采用 B 型中心孔 D=2.5mm　D_1=8mm 在完工的零件上要求保留
在完工的零件上可以保留中心孔		 GB/T 4459.5-A4/8.5	采用 A 型中心孔 D=4mm　D_1=8.5mm 在完工的零件上是否保留都可以
在完工的零件上不允许保留中心孔	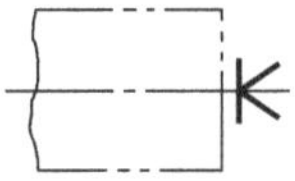	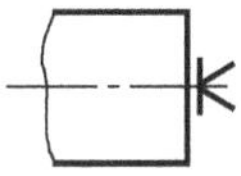 GB/T 4459.5-A1.6/3.5	采用 A 型中心孔 D=1.6mm　D_1=3.35mm 在完工的零件上不允许保留

三、中心孔的标记

R 型（弧形）、A 型（不带护锥）、B 型（带护锥）中心孔的标记由以下要素构成：标准编号、形式、导向孔直径（d）和锥形孔端面直径（D、D_2 或 D_3）。

例如：B 型中心孔，导向孔直径 d=2.5mm，锥形孔端面直径 D_2=8mm，则标记为 GB/T 4459.5-B2.5/8。

C 型（带螺纹）中心孔的标记由以下要素构成：标准编号、形式、螺纹代号（用普通螺纹特征代号 M 和公称直径表示）、螺纹长度（L+ 长度值）和锥形孔端面直径（D_3）。

例如：C 型中心孔，螺纹代号 M10，螺纹长度 30mm，锥形孔端面直径 D_3=16.3mm，则标记为 GB/T 4459.5-CM10L30/16.3。

四、中心孔的表示法

中心孔的表示法可分为规定表示法和简化表示法。

1. 规定表示法

在图样中，中心孔可不绘制详细结构，用符号和标记在轴端给出对中心孔的要求。标记中的标准编号也可按照图 5-35 所示的形式标注。

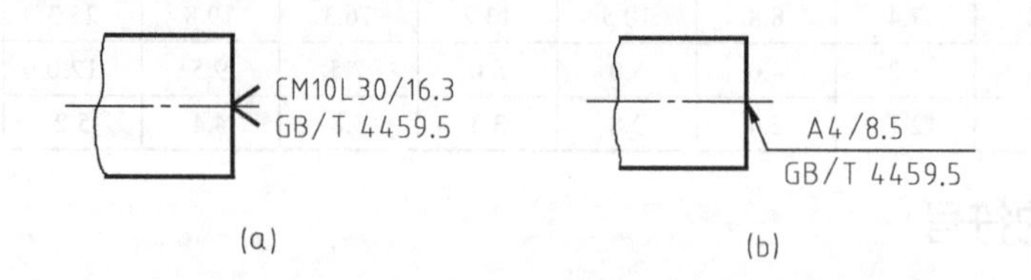

图 5-35　中心孔规定表示法

对中心孔的表面结构要求和以中心孔轴线为基准时的标注方法如图 5-36 所示。

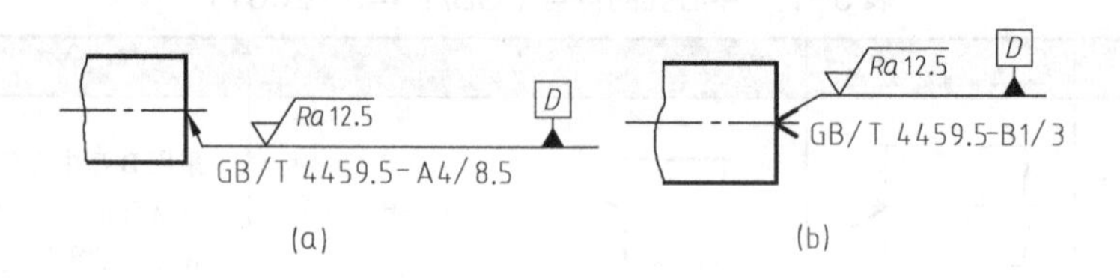

图 5-36　中心孔的表面结构要求

2. 简化表示法

在不致引起误解时，可省略中心孔标记中的标准编号；同一轴两端的中心孔相同时，可只在一端标出，但应注出数量，如图 5-37 所示。

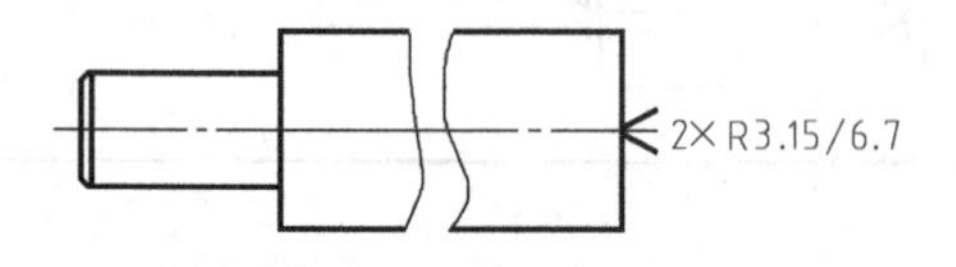

图 5-37　中心孔简化表示法

【思考与练习 5-5】

一、填空题

1. 中心孔通常为标准结构要素，国家标准规定了__________、__________、__________和________四种中心孔形式。

2. R 型（弧形）、A 型（不带护锥）、B 型（带护锥）中心孔的标记由以下要素构成：_____、_____、_____和_____。

3. 中心孔的表示法可分为_______和_______。

二、识读题

零件如图 5-38 所示，识读该图并解释代号的含义：

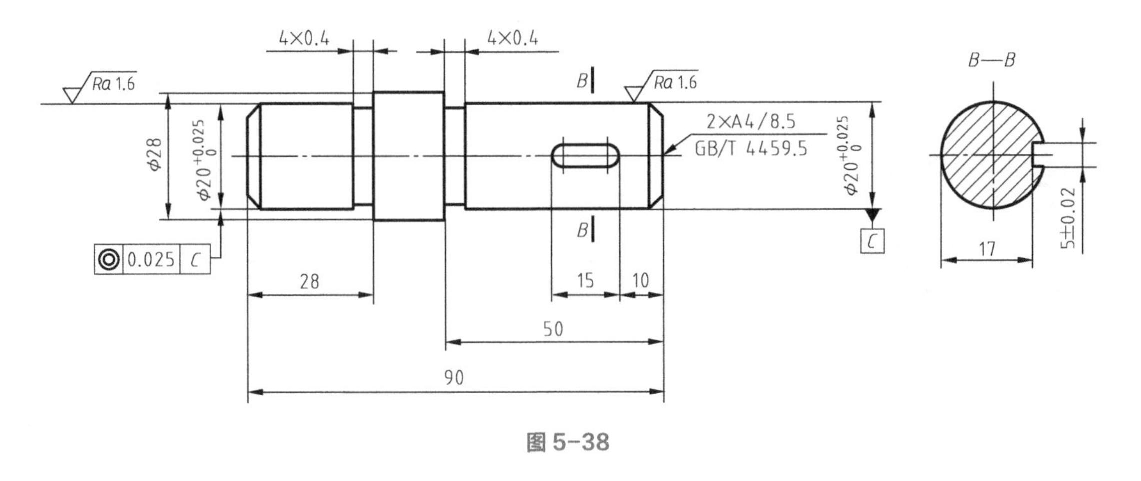

图 5-38

1. 符号$\frac{2\times A4/8.5}{GB/T\ 4459.5}$的含义。

2. 符号 ◎|0.025|C 的含义。

【思考与练习 5-5】 答案

一、填空题

1. R 型、A 型、B 型、C 型　2. 标准编号、形式、导向孔直径、锥形孔端面直径　3. 规定表示法、简化表示法

二、识读题

1. 符号$\frac{2\times A4/8.5}{GB/T\ 4459.5}$的含义：轴的两端采用 A 型中心孔，导向孔直径 d=4mm、锥形孔端面直径 D=8.5mm，在完工的轴上是否保留中心孔都可以，标准编号 GB/T 4459.5。

2. 符号 ◎|0.025|C 的含义：轴左端 $\phi 20^{+0.025}_{0}$ 圆柱的轴线与右端 $\phi 20^{+0.025}_{0}$ 圆柱的轴线（基准 C）的同轴度公差为 0.025mm。

第六章 典型零件图的识读

第一节 识读零件图的方法

零件图是制造和检验零件的依据，是反映零件结构形状、大小和技术要求的载体。在实际生产中零件图的识读是非常重要的，识读零件图的目的是根据视图想象零件的结构和形状，根据技术要求明确对零件的加工精度要求。在充分分析、研究零件的结构形状和技术要求后，才能制订零件的加工工序、确定加工方法。下面以图 6-1 所示的阶梯轴为例，说明识读零件图的一般方法。

一、看标题栏

我们拿到一张零件图，要先看标题栏。看图时为什么要先看标题栏呢？因为一个零件的结构形状、尺寸标注和技术要求等，一般都是根据零件在机器中的作用来确定的。可以从零件的名称、材料等内容估想它在机器中的作用，例如看到名称轴承、齿轮，就能想到轴承的作用是支承轴、齿轮的作用是传递动力和运动，用的材料是合金钢还是铸铁，说明使用场合重要还是不重要，所以要分析零件图中的全部内容，应该先看标题栏。

从图 6-1 标题栏的“名称”项里，知道这个零件是阶梯轴，就知道该零件是回转体零件，结构主体是圆柱体，其长度大于直径，想到轴的一般作用；从注出的比例 1∶1 可以大体知道零件的大小；从“材料”这一项里知道所用材料是 45 钢，就想到它是一般用途的零件。因此，从名称、材料及图形大小，可以想象它在机器中的作用。

二、分析视图、想象零件形状

1. 分析视图

在纵览全图的基础上，详细分析视图，想象出零件的形状。可按下列顺序进行分析：

① 分析零件图选用了哪些视图、剖视图和其他表达方法，找出主视图；

② 分析各视图用了何种表达方法，找出它们的名称、相互位置和投影关系；

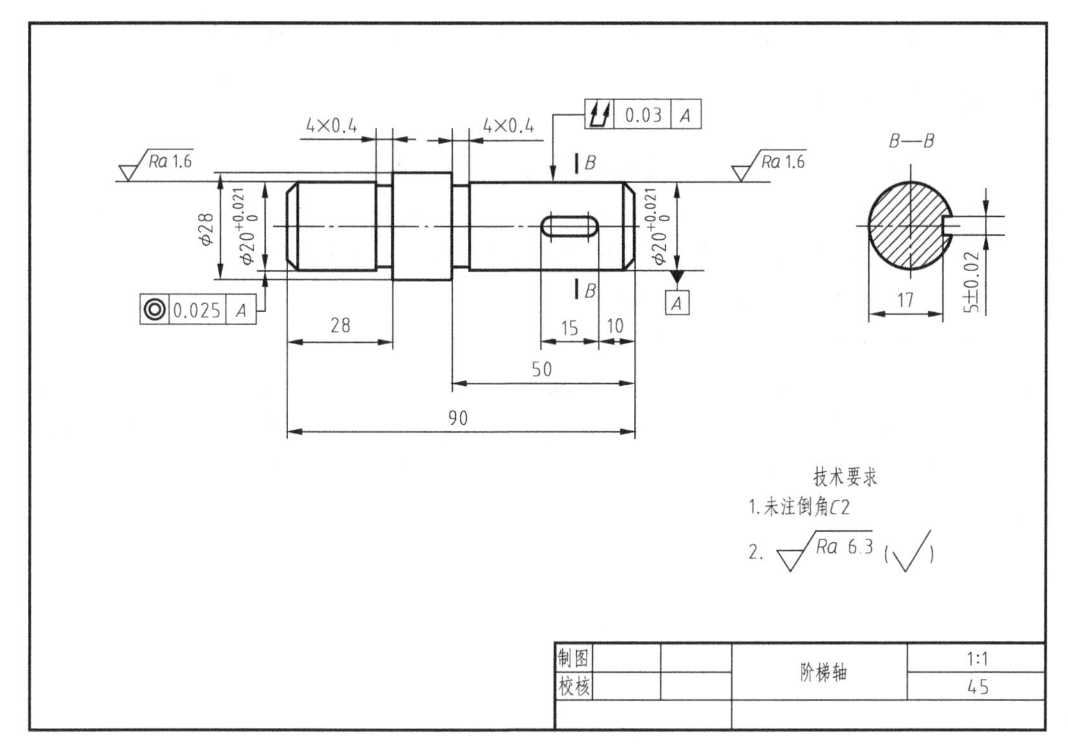

图 6-1　阶梯轴（一）

③ 若有剖视图时，分析从零件哪个位置剖切、用何种剖切面剖切、向哪个方向投射；

④ 若有局部视图和向视图时，必须找到表示投影部位的字母和表示投射方向的箭头，分析从哪个方向投射、表示零件的哪个部位；

⑤ 有无局部放大图及简化画法等。

在进行分析时要注意先看整体轮廓，后看细致结构；先看主要结构，后看次要结构；先看易确定、易懂的结构，后看较难确定和难懂的结构。

在这一过程中，既要熟练地运用形体分析法，弄清楚零件的主体结构形状，又要依靠典型局部功能结构（如螺纹、齿轮、键槽等）和典型局部工艺结构（如倒角、退刀槽等）的规定画法，弄清楚零件上的相应结构。既要利用视图进行投影分析，又要注意尺寸标注（如 *R*、*SR* 等）和典型结构规定注法的“定形”作用。

用形体分析法分析各基本形体，想象出各部分的形状；对于投影关系较难理解的局部，要用线面分析法仔细分析；最后综合想象出零件的整体形状。

图 6-1 的阶梯轴采用主视图和一个断面图表达其结构形状。主视图按照轴的加工状态放置，表达阶梯轴的形体特征；断面图表达键槽的形状。

2. 想象零件形状

在上述视图分析的基础上，运用形体分析法和线面分析法及其他看图知识，就能逐步看懂结构形状。如看图 6-1 的阶梯轴时，首先通过主视图大体了解一下这个轴的基本形状，主要由 $\phi20^{+0.021}_{0}$ 的圆柱、$\phi28$ 的圆柱和 $\phi20^{+0.021}_{0}$ 的圆柱组成，还有两个越程槽和一个键槽；再看断面图——着重表达键槽的深度和宽度。

最后将其综合起来，搞清它们之间的相对位置，想象出零件的整体形状。

三、分析零件尺寸

零件图上所注的尺寸，是制造毛坯（如铸造或锻造）和机械加工的依据。因此，我们对每一个尺寸都要进行分析：尺寸是不是注全了？尺寸基准在哪里？哪些是重要的设计尺寸？哪些是定位尺寸和形体大小尺寸？这些尺寸注得是否合理……只有认真地分析尺寸，才能明确零件的尺寸精度，从而合理地安排加工。

图 6-1 的阶梯轴以水平轴线为径向尺寸的主要基准，如图 6-2 所示，由此直接注出各轴段的直径尺寸 $\phi20^{+0.021}_{0}$、$\phi28$ 和 $\phi20^{+0.021}_{0}$；以轴的右端面为长度方向的主要基准，由此注出总长尺寸 90、右端的长度尺寸 50、10；以左端面为长度方向的辅助基准，注出左端的长度尺寸 28；再由中间 $\phi28$ 圆柱的左、右端面为长度方向的辅助基准，注出左、右两个越程槽的尺寸 4×0.4。*B—B* 断面图注出键槽的深度 17 和宽度 5±0.02。

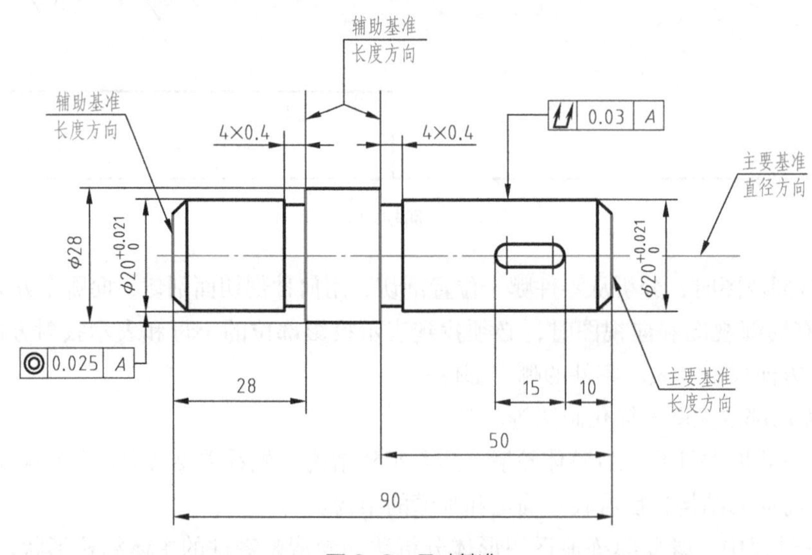

图 6-2　尺寸基准

不论哪个方向，主要基准只有一个，而辅助基准可以有若干个，如图 6-2 所示。长度尺寸 90 是长度方向的主要基准与辅助基准之间的联系尺寸。轴向尺寸不能注成封闭尺寸链，要选择不重要的轴段为长度方向的不注尺寸。

读者思考：长度方向的主要基准采用左端面可不可以？此时辅助基准是怎样的？

四、分析技术要求

凡注有尺寸公差的轴段均与其他零件有配合要求，如注有尺寸 $\phi20^{+0.021}_{0}$ 的轴段，其表面质量要求较高，*Ra* 上限值是 1.6μm，其余的表面是 *Ra* 6.3。

基准 *A* 与右端圆柱 $\phi20^{+0.021}_{0}$ 的尺寸线对齐，说明右端圆柱 $\phi20^{+0.021}_{0}$ 的轴线是基准 *A*；同轴度公差代号 ◎ 0.025 A 的指引线箭头与左端圆柱 $\phi20^{+0.021}_{0}$ 的尺寸线对齐，其含义为左端圆柱

$\phi 20^{+0.021}_{0}$ 的轴线对基准轴线 A 的同轴度公差是 0.025mm。右端圆柱 $\phi 20^{+0.021}_{0}$ 上的几何公差代号 [⌰|0.03|A]，其含义为右端 $\phi 20^{+0.021}_{0}$ 的圆柱面对基准轴线 A 的径向全跳动公差是 0.03mm。

零件图上的技术要求是制造零件时的质量指标，在加工制造过程中一定要严格遵守。看图时一定要仔细分析表面质量要求代（符）号、尺寸偏差以及其他要求项目，这些因素之间彼此有联系，不同零件的加工有其特点，要进行综合分析，才能制订出正确的工序，确定合理的加工方法，从而制造出符合要求的产品。

通过上述分析，对阶梯轴的形状结构、尺寸大小、精度要求等有了清楚地认识，综合起来，阶梯轴如图 6-3 所示。

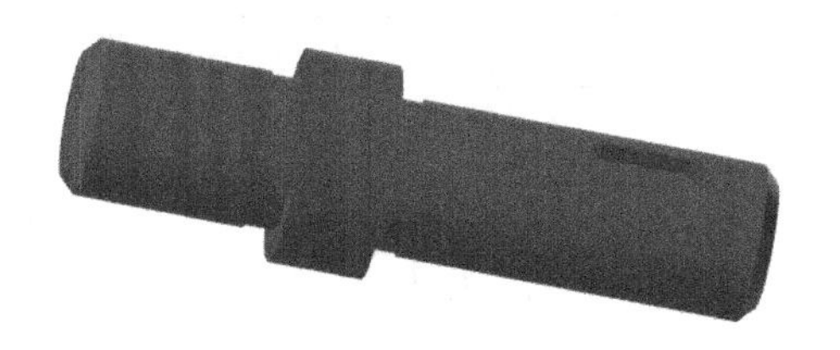

图 6-3　阶梯轴立体图（一）

第二节　轴类零件图的识读

轴类零件是机械中的典型零件之一，它主要用来支承传动零件、传递动力和运动。轴类零件是回转体零件，其长度大于直径，表面通常有内外圆柱面、圆锥面以及螺纹、沟槽、键槽等；根据结构形状，可将轴分为光轴、阶梯轴、空心轴和异形轴（曲轴、偏心轴、凸轮轴等）。

轴类零件的主要技术要求是尺寸精度、几何精度和表面粗糙度。尺寸精度主要指直径和长度的精度，轴与轴上零件一般有配合要求，因此轴头和轴颈的径向尺寸常常规定有公差，精度通常为 IT6 ～ IT8，甚至为 IT5，而轴肩（轴环）通常只规定公称尺寸，各部位的长度方向的尺寸要求则不那么严格。几何形状精度主要是指轴头和轴颈的圆度、圆柱度，位置精度主要指轴头与轴颈的同轴度。

轴类零件的材料一般用 45 钢，对于中等精度、转速较高的轴类零件，可选用 40Cr 等合金钢，精度较高、转速高的轴，有时还用轴承钢 GCr15、弹簧钢 65Mn 等材料。

轴类零件属于回转体，通常采用主视图表达轴的结构、尺寸等，必要时辅以适当的断面图或其他视图。

一、阶梯轴

阶梯轴应用广泛，其各组成轴段的轴线在一条直线上。轴上支承传动零件的部位称为轴头；轴上被轴承支承的部位称为轴颈；轴上连接轴头、轴颈的部位称为轴身；阶梯轴的截面变化的部位称为轴肩或轴环。轴上有轴肩或轴环，容易实现轴上零件的装配及定位，主要用于机床、加速器等。某一阶梯轴如图 6-4 所示。

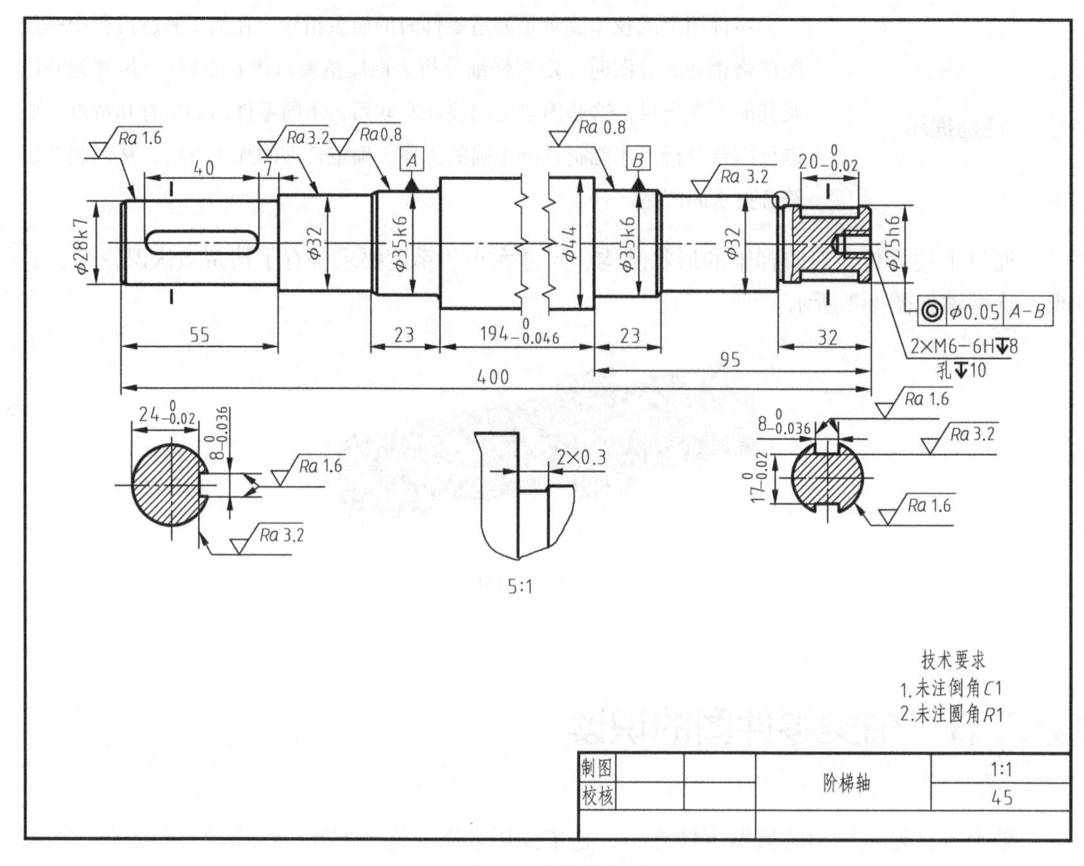

图 6-4　阶梯轴（二）

1. 看标题栏

从图 6-4 标题栏的“名称”项里可知该零件是阶梯轴；从注出的比例 1 ∶ 1 是原值比例可以知道零件是一般尺寸的零件；从名称、图形轮廓等可以了解阶梯轴的轴头、轴颈、轴肩（轴环）等结构特点和作用。从“材料”这一项里知道所用材料是 45 钢，说明是一般精度、转速的轴类零件，可以想象它在机器中的作用。

看零件图时，注意绘图所用的比例，还要注意图纸幅面，不能认为相同比例的零件图，零件的大小就差不多，例如相同比例的 A1 和 A4 的图样，在书本中的图示反映不出区别，表达的零件的规格可能就差多了。

2. 分析视图

（1）表达分析

按轴的加工位置将其轴线水平放置，采用一个主视图和三个辅助视图表达。主视图表达轴的形体特征，其中截面相同的 ϕ44 轴段，其长度较大，采用了简化画法；轴的右端用局部视图表示键槽的长度和轴两端的螺孔。用两个断面图分别表示轴的两处键槽的深度和宽度；用局部放大图表示越程槽的结构。

（2）结构分析

首先通过主视图大体了解一下这个轴的基本结构：主要由七段不同直径的圆柱组成；ϕ35k6 的轴段有两段，是轴颈部位，如图 6-5 所示；轴的左端 ϕ28k7 轴段有一个键槽，右端 ϕ25h6 轴段有径向对称的两个键槽，是轴头部位；采用两个断面图表达两处键槽的深度和宽度；还有一个局部放大图表示越程槽；连接轴头、轴颈的部位为轴身。此外，轴上还有加工和装配时必需的工艺结构，如左、右等端面的倒角 $C1$，各轴段间的过渡圆角 $R1$ 等。

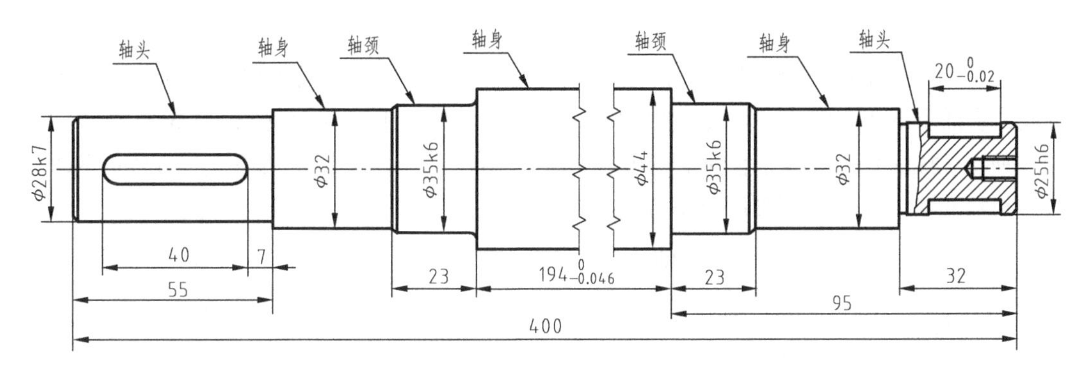

图 6-5　阶梯轴（三）

3. 尺寸分析

轴类零件的尺寸精度主要是指直径和长度的精度，轴头、轴颈的径向尺寸通常比其长度尺寸的要求严格得多，因此轴头、轴颈的径向尺寸常有公差要求，长度尺寸通常只规定公称尺寸。

图 6-4 中阶梯轴以水平轴线为径向尺寸的主要基准，如图 6-6 所示，由此注出零件的轴段尺寸 ϕ28k7、ϕ35k6、ϕ25h6 等，ϕ28k7、ϕ25h6 的轴段有键槽。长度方向以右端面为主要基准，由此注出总长 400、右端长度尺寸 95 和 32；总长 400 确定左端面为长度方向的第一辅助基准 1，注出左侧的长度尺寸 55，再由长度尺寸 55 确定第二辅助基准 1，由此注出左端键槽的位置尺寸 7；右端长度尺寸 95 确定中间最大直径 ϕ44 轴段的右端面为长度方向的第一辅助基准 2，由此注出长度尺寸 $194_{-0.046}^{\ 0}$、长度尺寸 23；长度尺寸 $194_{-0.046}^{\ 0}$ 确定 ϕ44 轴段的左端面为长度方向的第二辅助基准 2，由此注出长度尺寸 23。

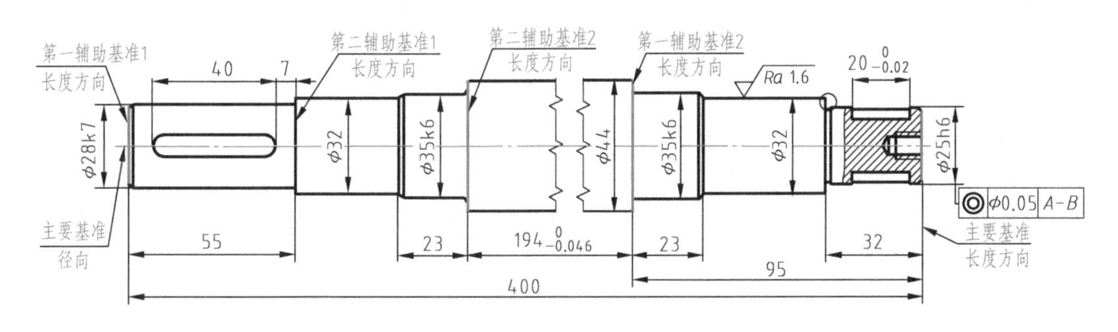

图 6-6　阶梯轴（四）

另外，轴的右端用局部视图表达螺纹孔，螺纹孔采用简化标注，含义是轴的左、右端面中心都有 M6-6H 的螺纹孔，螺纹长度 8mm、螺纹底孔深度 10mm。

① 轴类零件的径向设计基准是轴线，加工工序大多采用车削加工，径向定位基准是轴线，这样既符合基准重合原则，又符合基准统一原则，能在一次装夹中最大限度地加工外圆及端面，容易保证尺寸精度、同轴度等。

② 尺寸 95 是长度方向主要基准与辅助基准之间的联系尺寸。分析轴向尺寸的尺寸链时，要注意不重要的轴段（封闭环）不注尺寸。

4. 技术要求

凡注有公差的尺寸轴段均与其他零件有配合要求，如注有 ϕ28k7、ϕ35k6、ϕ25h6 的轴段，表面质量要求较高，其表面粗糙度 *Ra* 上限值分别是 1.6μm、0.8μm、1.6μm。

轴头 ϕ25h6 尺寸线的延长线上所指的几何公差代号 ◎|ϕ0.05|A-B ，其含义为 ϕ25h6 的轴线对公共基准轴线 *A*-*B* 的同轴度公差为 ϕ0.05mm。

轴颈是轴的装配基准，精度和表面质量一般要求较高。如图 6-4 所示阶梯轴中 ϕ35k6 的轴段，其尺寸精度 6 级，表面粗糙度 *Ra* 上限值是 0.8μm。

通过上述分析，对阶梯轴的形状结构、尺寸大小、精度要求等有了清楚认识，综合起来，阶梯轴如图 6-7 所示。

图 6-7　阶梯轴立体图（二）

二、曲轴

曲轴的各组成轴段的轴线是平行的，常用于将回转运动转变为直线往复运动，或将直线往复运动转变为回转运动，主要用于内燃机、空气压缩机、冲床等。某曲轴如图 6-8 所示。

1. 看标题栏

从图 6-8 标题栏的“名称”项里，知道零件图表达的是曲轴；从注出的比例 1 ∶ 1 可以知道零件的实际大小；从“材料”这一项里知道所用材料是 40Cr 钢，说明是中等精度、转速较高的轴类零件。从零件名称、图形轮廓、材料等，可以估想它的作用和结构特点，想象曲轴在机器中的作用。

2. 分析视图

（1）表达分析

按曲轴的加工位置将其轴线水平放置，采用主视图和左视图表达。主视图表达曲轴的长度方向和径向的形状、尺寸；左视图表达轴线平行的各轴段的连接方式。

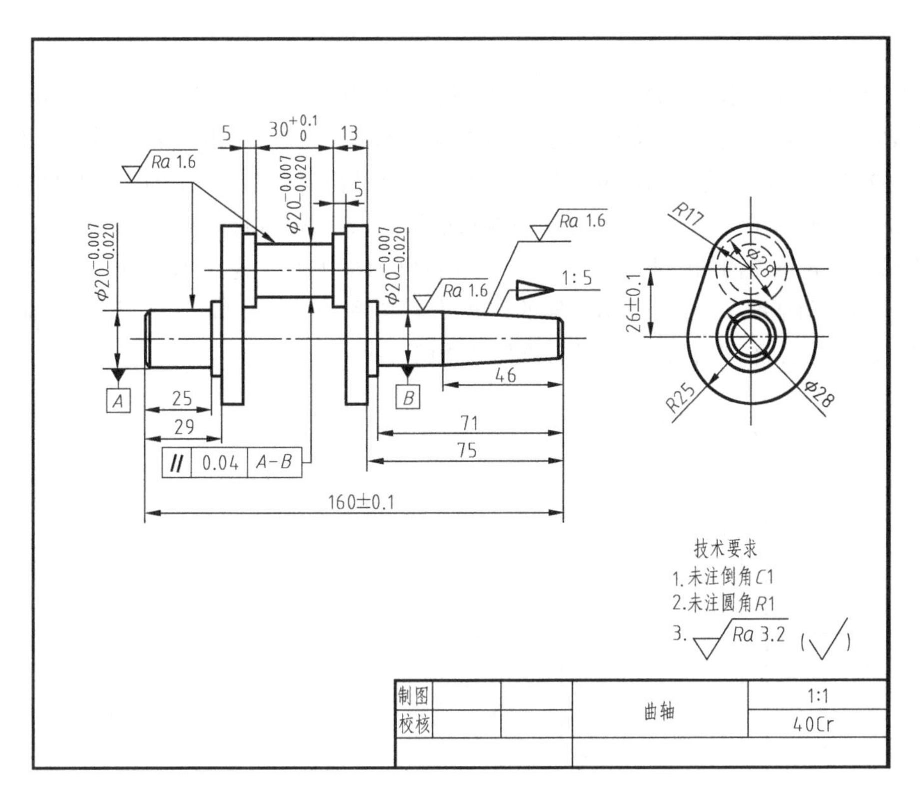

图 6-8　曲轴

（2）结构分析

首先通过主视图大体了解一下这个轴的基本结构：主要由三段相同直径 $\phi20^{-0.007}_{-0.020}$ 的圆柱和锥度 1∶5 的圆锥组成，圆柱之间采用肋板连接。左端尺寸 $\phi20^{-0.007}_{-0.020}$ 的轴段和右端尺寸 $\phi20^{-0.007}_{-0.020}$ 的轴段为轴的轴颈部位；曲轴中间的 $\phi20^{-0.007}_{-0.020}$ 轴段为轴的轴头部位，如图 6-9 所示。此外，轴上还有加工和装配时必需的工艺结构，如左、右端面的倒角 *C*1，各轴段间的过渡圆角 *R*1 等。

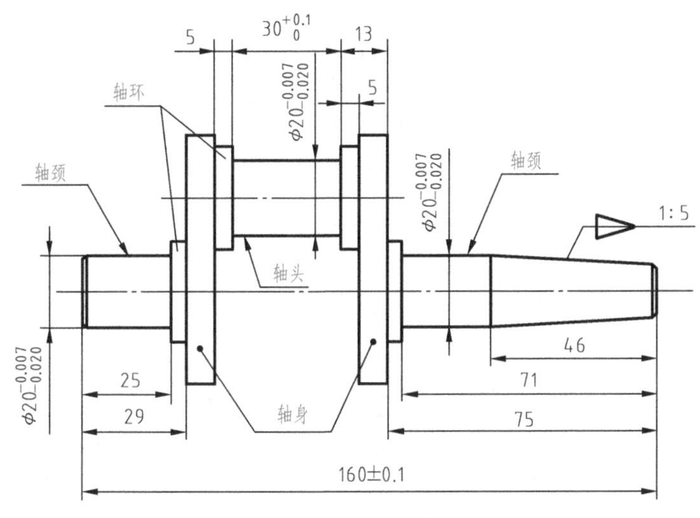

图 6-9　曲轴的结构

3. 尺寸分析

图 6-8 中曲轴以水平轴线 *A-B* 为径向尺寸的主要基准，如图 6-10 所示。由此注出曲轴左端的轴段尺寸 $\phi20_{-0.020}^{-0.007}$、右端的轴段尺寸 $\phi20_{-0.020}^{-0.007}$ 和锥度 1 ： 5 的圆锥的尺寸等。曲轴中间的轴头 $\phi20_{-0.020}^{-0.007}$ 的轴线为径向尺寸的辅助基准，此基准由尺寸 26 ± 0.1 确定。长度方向以中间最大的右端面为主要基准，由此注出右端长度尺寸 75 和中间的长度尺寸 13；长度尺寸 75 确定右端面为长度方向的辅助基准 1，由此注出总长 160 ± 0.1；总长 160 ± 0.1 确定左端面为长度方向的辅助基准 3，由此注出左端的长度尺寸 25 和 29；由中间的长度尺寸 13 确定辅助基准 2，由此注出曲轴中间的轴头的长度尺寸 $30_{0}^{+0.1}$。

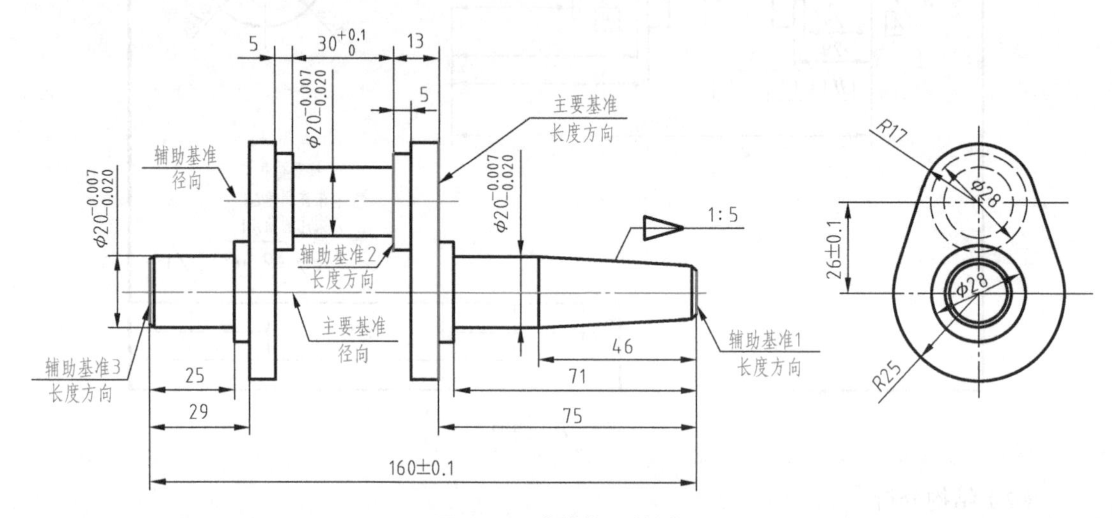

图 6-10 曲轴的尺寸基准

4. 技术要求

$\phi20_{-0.020}^{-0.007}$ 轴段的表面质量要求较高，其表面粗糙度 *Ra* 上限值是 1.6μm。轴头部位的 $\phi20_{-0.020}^{-0.007}$ 尺寸线的延长线上所指的几何公差代号 | // | 0.04 | A-B |，其含义为轴头的轴线对公共基准轴线 *A-B* 的平行度公差为 0.04mm。

① 图 6-8 中的符号 ▷ 1:5 是锥度符号，锥度是指正圆锥的底圆直径与圆锥高度之比，如图 6-11 所示。

② 斜度：指一条直线对另一条直线或一平面对另一平面的倾斜程度。在图样上用 1 ： *n* 的形式标注，并在数字前加倾斜符号“∠”，如图 6-12 所示。

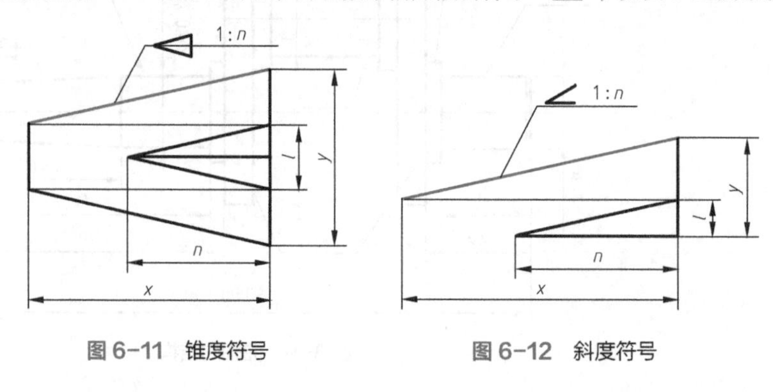

图 6-11 锥度符号　　图 6-12 斜度符号

通过上述分析，对曲轴的形状结构、尺寸大小、精度要求等有了清楚认识，综合起来，曲轴如图 6-13 所示。

图 6-13 曲轴立体图

三、齿轮轴

轴的一部分结构是齿轮，这样的轴常称为齿轮轴。某齿轮轴如图 6-14 所示。

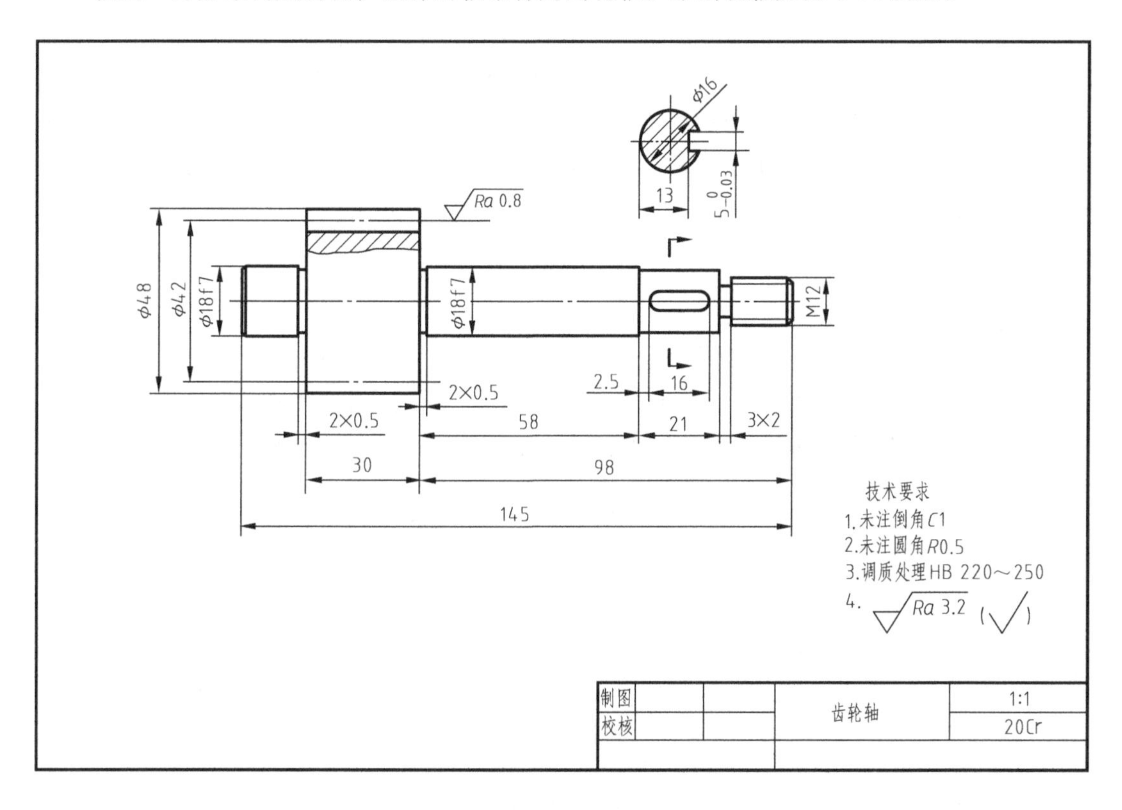

图 6-14 齿轮轴（一）

1. 看标题栏

从图 6-14 标题栏的“名称”项里，知道这个零件是齿轮轴；从注出的比例 1 : 1 可以知道零件的实际大小；从“材料”这一项里知道所用材料是 20Cr 钢，说明是中等精度、转速较高的轴类零件。从零件名称、图形轮廓、材料等，可以了解它的结构特点，想象齿轮轴在机器中的作用。

2. 分析视图

（1）表达分析

按轴的加工位置将其轴线水平放置，采用一个主视图和一个断面图表达齿轮轴的结构形状；主视图上轴的左端用局部视图表达齿轮轮齿的结构；用断面图表示轴的键槽的深度和宽度。

（2）结构分析

首先通过主视图大体了解一下这个轴的基本结构：主要由轴的左端 ϕ18f7 的圆柱、齿轮、中间 ϕ18f7 的圆柱、带有键槽的 ϕ16 的圆柱和右端 M12 的螺纹组成；齿轮的左、右两侧带有越程槽；右端 ϕ16 的轴段有一个键槽，采用断面图表达键槽的深度和宽度；此外，轴上还有加工和装配时必需的工艺结构，如左、右端面的倒角 *C*1，各轴段间的过渡圆角 *R*0.5 等。

3. 尺寸分析

图 6-14 中齿轮轴以水平轴线为径向尺寸的主要基准，如图 6-15 所示，由此注出齿轮的齿顶圆尺寸 ϕ48、分度圆直径 ϕ42 和各轴段的尺寸 ϕ18f7、ϕ16、M12 等。ϕ18f7 的圆柱有两段，是轴颈部位，带有键槽的 ϕ16 的圆柱，是轴头部位。长度方向以齿轮的右端面为主要基准，由此注出齿轮的长度尺寸 30、右侧的长度尺寸 58、98；长度尺寸 30 确定齿轮的左端面为长度方向的辅助基准 1，注出越程槽尺寸 2 × 0.5；长度尺寸 58 确定 ϕ16 轴段的左端面为长度方向的辅助基准 2，由此注出键槽的位置尺寸 2.5；长度尺寸 98 轴的右端面为长度方向的辅助基准 3，由此注出轴的总长尺寸 145。

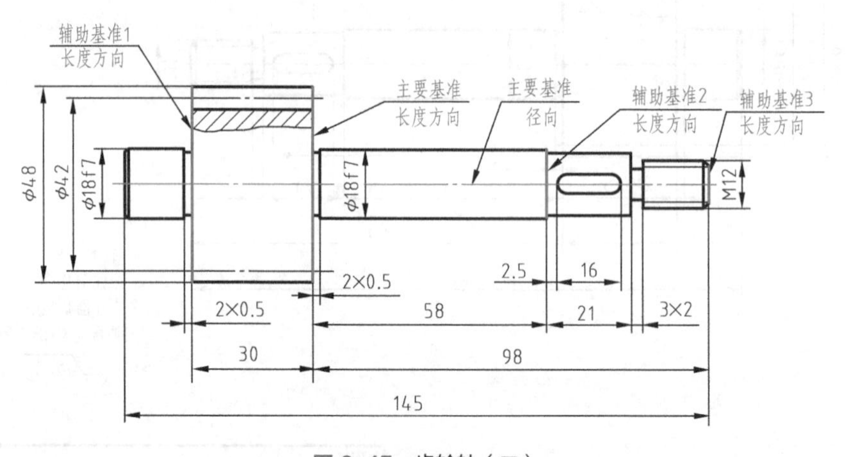

图 6-15　齿轮轴（二）

4. 技术要求

齿轮轴的轮齿表面质量要求较高，其表面粗糙度要求是 *Ra* 0.8，轴的其他表面要求是 *Ra* 3.2。另外，齿轮轴要求调质热处理 HB220 ～ 250。

四、花键轴

轴的一部分结构是花键，这样的轴常称为花键轴。某花键轴如图 6-16 所示。

1. 看标题栏

从图 6-16 标题栏的“名称”项里，知道这个零件是花键轴；从注出的比例 1 : 1 可以知道零件的实际大小；从“材料”这一项里知道所用材料是 45 钢，说明是一般精度、转速的轴类零件。从零件名称、图形轮廓、材料等，可以估想它的作用和结构特点，了解花键轴在机器中的作用。

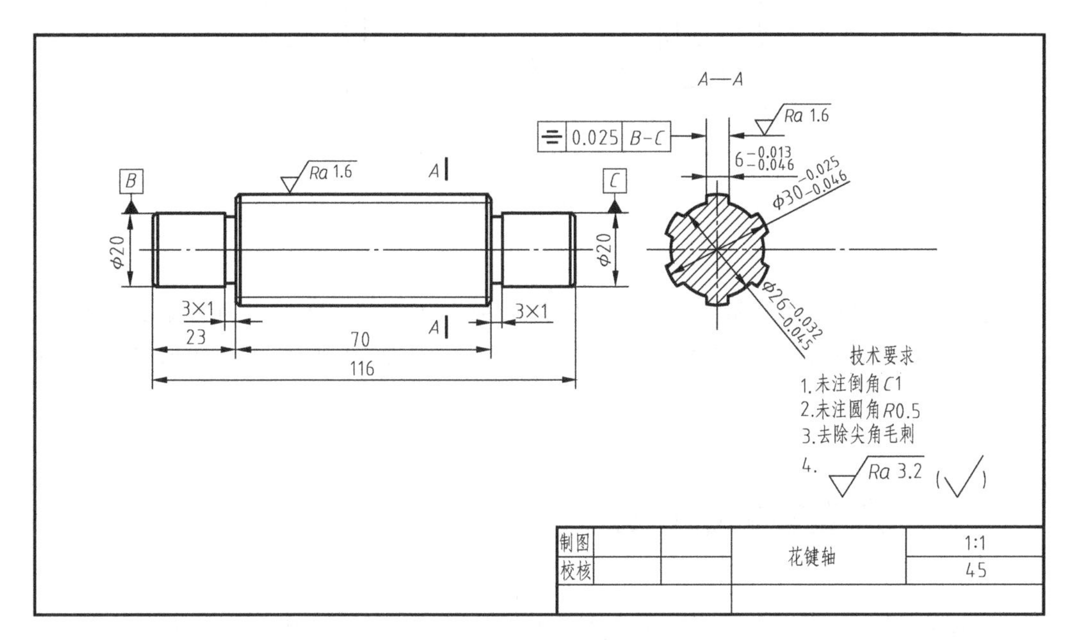

图 6-16　花键轴

2. 分析视图

（1）表达分析

按花键轴的加工位置将其轴线水平放置，采用一个主视图和一个断面图表达花键轴的结构形状，主视图表达花键轴的主体结构形状，断面图表示花键的结构形状。

外花键在平行于花键轴线的投影面的视图中，大径用粗实线、小径用细实线绘制，在径向剖视图中画出一部分或全部齿形，如图 6-16 中的断面图所示。

（2）结构分析

首先通过主视图大体了解一下花键轴的基本结构：主要由轴的左端 $\phi20$ 的圆柱、中间的花键、右端的 $\phi20$ 的圆柱组成；花键的左、右两侧带有越程槽；此外，轴上还有加工和装配时必需的工艺结构，如左、右端面的倒角 $C1$，各轴段间的过渡圆角 $R0.5$ 等。

3. 尺寸分析

图 6-16 中花键轴以水平轴线为径向尺寸的主要基准，由此注出左端、右端的圆柱尺寸 $\phi20$ 和花键的尺寸 $\phi30_{-0.046}^{-0.025}$ 和 $\phi26_{-0.046}^{-0.025}$ 等。长度方向以轴的左端面为主要基准，由此注出花键轴的总长尺寸 116 和左端圆柱的长度尺寸 23；由左端圆柱的长度尺寸 23 确定花键的左端面为长度方向的辅助基准 1，以此基准注出花键的长度尺寸 70；花键的长度尺寸 70 确定辅助基准 2；再以长度方向的辅助基准 1、2，注出花键两侧的越程槽尺寸 3 × 1，如图 6-17 所示。

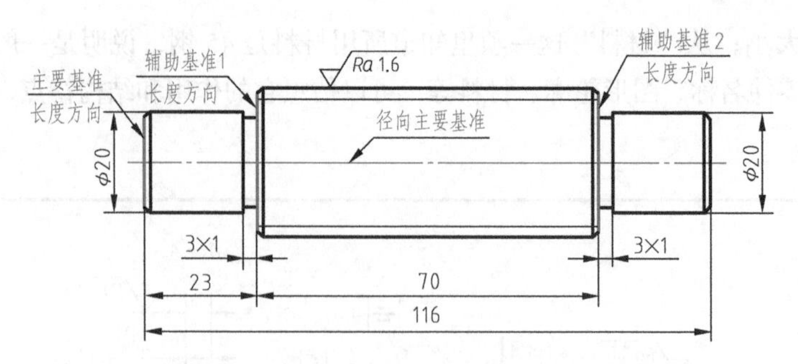

图 6-17　花键轴的尺寸基准

4. 技术要求

花键轴的键齿表面质量要求较高，键齿的顶面和键齿表面的表面粗糙度要求都是 *Ra* 1.6，花键轴的其他表面要求是 *Ra* 3.2。另外，花键键齿的两侧表面要求对称度公差 0.025mm，基准是公共轴线 *B*-*C*。

第三节　套类零件的识读

套类零件属于回转体，通常起支承和导向作用，种类较多，主要有支承轴的轴承套、夹具上的导向套、液压系统中的液压缸、内燃机上的汽缸套等。套类零件的结构特点是零件结构不太复杂，主要表面为同轴度要求较高的内外回转表面；多为薄壁件，容易变形。

套类零件的几何精度主要是内孔与外圆表面的同轴度、端面与其轴线的垂直度。内孔直径的尺寸精度一般为 IT7，精密轴套有时取 IT6；液压缸由于使用密封圈，要求较低，一般取 IT9。外圆表面一般是套类零件本身的支承面，常用过渡配合或过盈配合与箱体或机架上的孔配合，外径的尺寸精度一般为 IT6 或 IT7；有的套类零件外圆表面不需加工，如液压缸等。内孔表面质量要求高，通常要求 *Ra* 1.6 ～ 0.1，外圆表面的要求 *Ra* 6.3 ～ 0.4。

套类零件属于回转体，通常采用主视图（全剖视图）表达零件的结构、尺寸等，必要时辅以其他视图。

一、轴承套

轴承套如图 6-18 所示。

1. 看标题栏

从图 6-18 标题栏的“名称”项里，知道这个零件是轴承套；从注出的比例 2 : 1 是放大比例可以知道零件是小型零件；从“材料”这一项里知道所用材料是 ZCuSn5-5-5。从零件名称、图形轮廓、材料等，可以了解它的结构特点，想象轴承套在机器中的作用。

2. 分析视图

（1）表达分析

按轴承套的加工位置将其轴线水平放置，采用一个主视图（全剖视图）表达轴承套的结构形状。

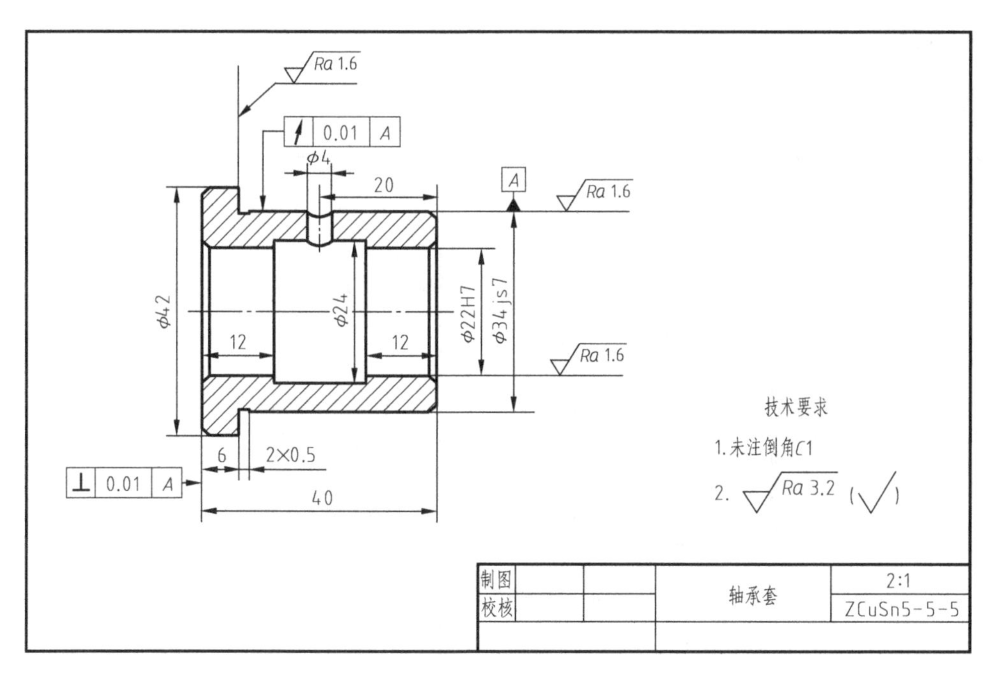

图 6-18　轴承套

（2）结构分析

主视图采用全剖视图表达轴承套的基本结构：轴承套主要由内、外表面组成，外表面包括左端 ϕ42 的圆柱、右端 ϕ34js7 的圆柱，两段圆柱之间有越程槽；内表面包括左端 ϕ22H7 的圆柱、中间 ϕ24 的圆柱和右端 ϕ22H7 的圆柱；此外，轴承套上还有必需的工艺结构，如左、右端面的倒角 *C*1，中间 ϕ4 的润滑油孔等。

3. 尺寸分析

图 6-18 中轴承套以水平轴线为径向尺寸的主要基准，由此注出外表面的左端圆柱尺寸 ϕ42 和右端的圆柱尺寸 ϕ34js7、内表面的尺寸 ϕ22H7 和 ϕ24 等。长度方向以轴承套的左端面为主要基准，由此注出轴承套的总长尺寸 40、左端圆柱的长度尺寸 6、左端内孔的长度尺寸 12；总长尺寸 40 确定轴承套的右端面为长度方向的辅助基准；以辅助基准注出右端内孔的长度尺寸 12；再以左端 ϕ42 圆柱的右端面为长度方向的辅助基准，注出越程槽尺寸 2 × 0.5。

4. 技术要求

轴承套的 ϕ22H7 圆柱面、ϕ34js7 圆柱面和 ϕ42 的右端面质量要求较高，其表面粗糙度要求是 *Ra* 1.6，轴承套的其他表面要求是 *Ra* 3.2。另外，轴承套的左端面要求垂直度公差 0.01mm，基准是 ϕ34js7 外圆柱面的轴线 *A*；ϕ34js7 外圆柱面的圆跳动公差 0.01mm，基准是其轴线 *A*。

通过上述分析，对轴承套的形状结构、尺寸大小、精度要求等有了清楚认识，综合起来，轴承套如图 6-19 所示。

图 6-19　轴承套立体图

二、轴套

轴套如图 6-20 所示。

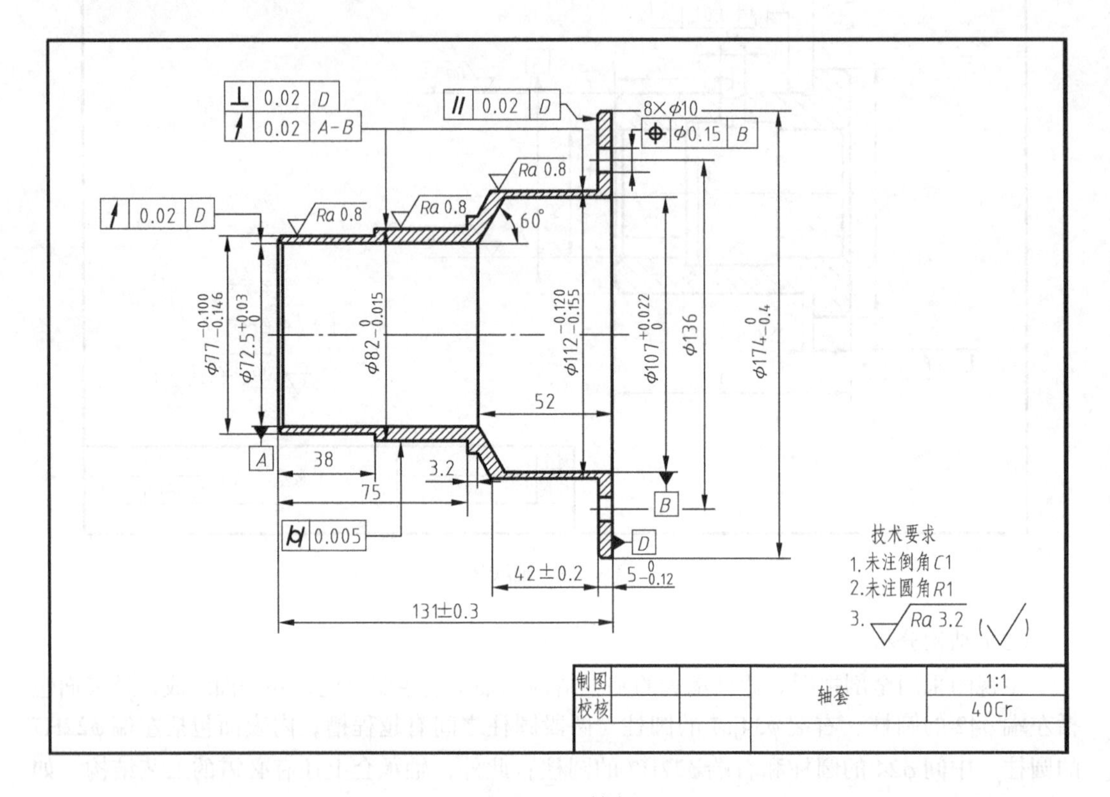

图 6-20 轴套

1. 看标题栏

从图 6-20 标题栏的“名称”项里，知道这个零件是轴套；从注出的比例 1：1 可以知道零件的实际大小；从“材料”这一项里知道所用材料是 40Cr，用于较重要的场合。从零件名称、图形轮廓、材料等，可以估想到它的作用，该轴套在中温、高速下工作。

2. 分析视图

（1）表达分析

按轴套的加工位置将其轴线水平放置，采用一个主视图（全剖视图）表达轴套的结构形状。

（2）结构分析

主视图采用全剖视图表达轴套的基本结构：轴套主要由内、外表面组成，外表面包括左端 $\phi77^{-0.100}_{-0.146}$ 的圆柱、中间 $\phi82^{\ 0}_{-0.015}$ 的圆柱、右端的 $\phi112^{-0.120}_{-0.155}$ 的圆柱和大外圆 $\phi174^{\ 0}_{-0.04}$；内表面包括左端 $\phi72.5^{+0.03}_{\ 0}$ 的内孔、中间的圆锥面和右端 $\phi107^{+0.022}_{\ 0}$ 的内孔；右端面上均布 8 个 $\phi10$ 的孔。此外，轴上还有必需的工艺结构，如端面的倒角 C1，过渡圆角 R1 等。各个表面比较简单，但从整体结构看，零件是一个刚度很低的薄壁件，最小壁厚 2.25mm。

3. 尺寸分析

图 6-20 中轴套以水平轴线为径向尺寸的主要基准，如图 6-21 所示，由此注出外表

面的尺寸 $\phi 77^{-0.100}_{-0.146}$、$\phi 82^{\ 0}_{-0.015}$、$\phi 112^{-0.120}_{-0.155}$ 和右端的圆柱尺寸 $\phi 174^{\ 0}_{-0.4}$，内表面的尺寸 $\phi 72.5^{+0.03}_{\ 0}$ 和 $\phi 107^{+0.022}_{\ 0}$ 等。长度方向以轴承套的右端面为主要尺寸基准，由此注出轴套的总长尺寸 131 ± 0.3、右端厚度尺寸 $5^{\ 0}_{-0.12}$、右端内孔的长度尺寸 52；总长尺寸 131 ± 0.3 确定轴套的左端面为长度方向的辅助基准 1，以辅助基准 1 注出左端的长度尺寸 38、75；右端尺寸 $5^{\ 0}_{-0.12}$ 确定长度方向的辅助基准 2，由此注出长度尺寸 42 ± 0.2。右端面 ϕ136 的圆上均布 8 个 ϕ10 的孔。

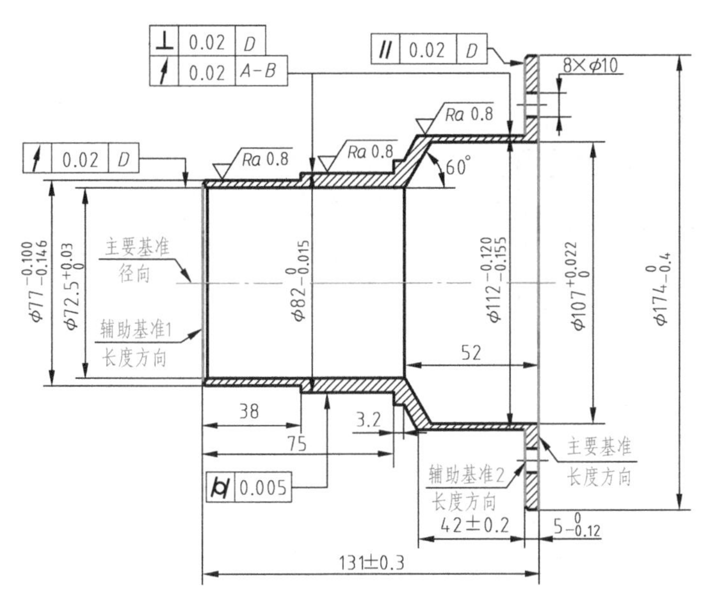

图 6-21 轴套的尺寸基准

4. 技术要求

轴套的尺寸精度要求高，外表面 $\phi 82^{\ 0}_{-0.015}$ 的精度是 IT5，内表面的 $\phi 107^{+0.022}_{\ 0}$ 是 IT6。外表面尺寸 $\phi 77^{-0.100}_{-0.146}$、$\phi 82^{\ 0}_{-0.015}$、$\phi 112^{-0.120}_{-0.155}$ 的外表面质量要求较高，其表面粗糙度要求是 *Ra* 0.8，轴套的其他表面要求是 *Ra* 3.2。另外，对轴套有几何精度要求：符号 ⊥ 0.02 D 表示 $\phi 82^{\ 0}_{-0.015}$ 的圆柱和 $\phi 112^{-0.120}_{-0.155}$ 的圆柱的轴线都要求垂直度公差 0.02mm，基准是右端面 *D*；符号 ⌭ 0.005 D 表示 $\phi 82^{\ 0}_{-0.015}$ 的外表面要求圆柱度公差 0.005mm；符号 // 0.02 D 表示右端圆柱的左侧面要求平行度公差 0.02mm，基准是右端面 *D*；符号 ⌖ φ0.15 B 表示右端面上均布的 8 个 ϕ10 孔的位置度公差 ϕ0.15mm，基准是 $\phi 107^{+0.022}_{\ 0}$ 内孔的轴线 *B*。

第四节 盘类零件图的识读

盘类零件是精密机械加工中典型的零部件之一。盘类零件一般长度比较短，直径比较大，其基本形状是盘状，主要结构是回转体，通常还带有各种形状的凸缘、均布的圆孔等局部结构。常见的盘类零件有法兰盘、齿轮、齿圈、轴承端盖、发动机端盖等，常用车床、铣床等加工，轴线一般水平放置。

盘类零件属于回转体，通常采用主视图（全剖视图）表达零件的结构、尺寸等，需要表达其轴向外形和盘上孔、槽等结构时多用左视图。

一、直齿圆柱齿轮

直齿圆柱齿轮如图 6-22 所示。

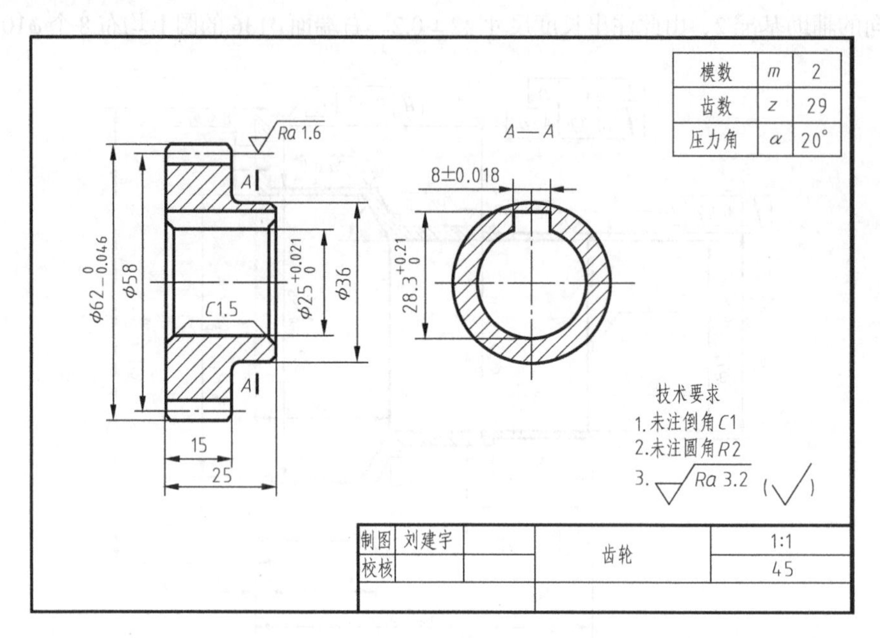

图 6-22 直齿圆柱齿轮

1. 看标题栏

从图 6-22 标题栏的“名称”项里，知道这个零件是齿轮；从注出的比例 1∶1 可以知道零件的实际大小；从“材料”这一项里知道所用材料是 45 钢。从零件名称、图形轮廓、材料等，可以想象它的作用。

2. 分析视图

（1）表达分析

按齿轮的加工位置将其轴线水平放置，采用一个主视图（全剖视图）表达齿轮的结构形状；采用一个断面图表达齿轮的键槽。

（2）结构分析

主视图采用全剖视图表达齿轮的基本结构：主要由内、外表面组成，外表面包括左端面、右端面、$\phi62_{-0.046}^{\ 0}$ 的齿顶圆圆柱面、$\phi36$ 的轮毂圆柱面；内表面包括 $\phi25_{0}^{+0.021}$ 的内孔、键槽。此外，齿轮上还有必需的工艺结构，如 $\phi25_{0}^{+0.021}$ 的内孔端面的倒角 C1.5、轮齿倒角 C1、过渡圆角 R2 等。从整体结构看，齿轮的结构形状比较简单。

3. 尺寸分析

图 6-22 中齿轮以水平轴线为径向尺寸的主要基准，由此注出齿顶圆的尺寸 $\phi62_{-0.046}^{\ 0}$、分度圆尺寸 $\phi58$、内孔的 $\phi25_{0}^{+0.021}$ 和右端轮毂的尺寸 $\phi36$ 等。长度方向以齿轮的左端面为主要尺寸基准，由此注出齿轮的总长尺寸 25、轮齿宽度尺寸 15，另外，以轴线为基准标注键槽的尺寸 $28.3_{0}^{+0.21}$ 和 8 ± 0.018。

4. 技术要求

齿顶圆的尺寸 $\phi62_{-0.046}^{0}$ 的精度是 IT7，内孔 $\phi25_{0}^{+0.021}$ 的精度是 IT6，齿轮内孔的尺寸精度要求较高；轮齿表面粗糙度要求是 *Ra* 1.6，其他表面要求是 *Ra* 3.2；没有热处理等要求，因此齿轮的精度一般、作用普通。

二、直齿圆锥齿轮

直齿圆锥齿轮如图 6-23 所示。

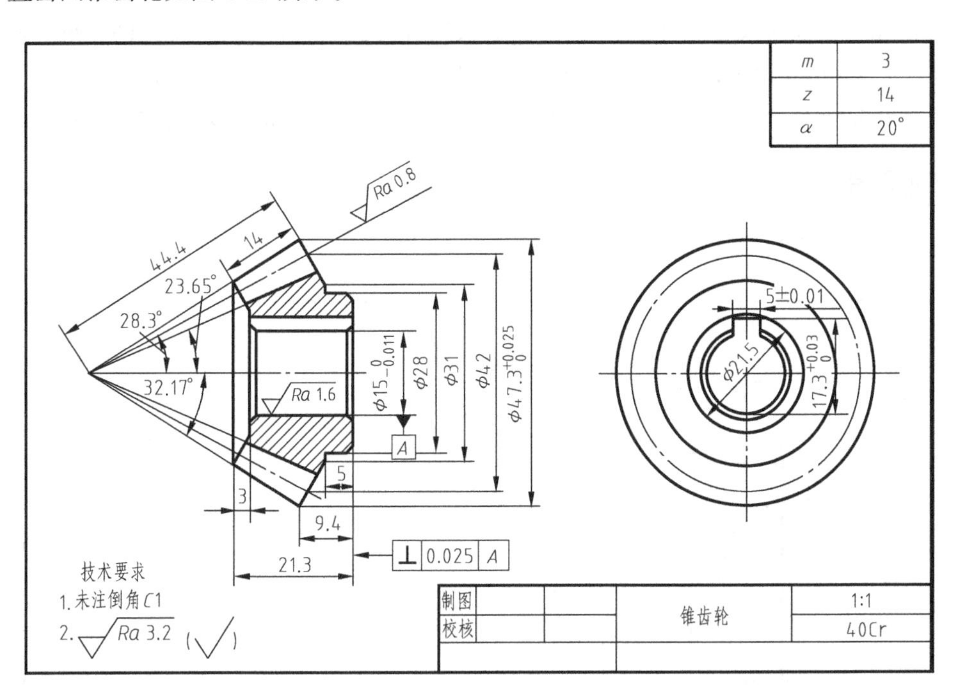

图 6-23　直齿圆锥齿轮

1. 看标题栏

从图 6-23 标题栏的“名称”项里，知道这个零件是锥齿轮；从注出的比例 1 : 1 可以知道零件的实际大小；从“材料”这一项里知道所用材料是 40Cr 钢。从零件名称、图形轮廓、材料等，可以想象锥齿轮的作用。

2. 分析视图

（1）表达分析

按齿轮的加工位置将其轴线水平放置，采用了主视图（全剖视图）和左视图表达齿轮的结构形状，主视图着重表达锥齿轮的整体结构和轮齿的结构，左视图着重表达锥齿轮的外形和键槽的结构。

（2）结构分析

主视图采用全剖视图表达齿轮的基本结构：外表面包括左右端面、锥半角 32.17° 的齿顶圆锥面、齿宽 14 的轮齿；内表面包括 $\phi15_{-0.011}^{0}$ 的内孔、键槽。左视图表达锥齿轮键槽的尺寸 $17.3_{0}^{+0.03}$ 和 5 ± 0.01；齿轮上还有必需的倒角 *C*1 等。从整体结构看，齿轮结构比较简单。

3. 尺寸分析

图 6-23 中锥齿轮以水平轴线为径向尺寸的主要基准，由此注出分度圆锥半角 28.3°、齿根圆锥半角 23.65°、齿顶圆锥半角 32.17°、齿顶圆直径 $\phi 47.3^{+0.025}_{0}$、分度圆 $\phi 42$、轮毂的尺寸 $\phi 28$ 和内孔的 $\phi 15^{0}_{-0.011}$ 等。长度方向以锥齿轮的右端面为主要尺寸基准，由此注出齿轮的总长尺寸 21.3、轮毂长度 5、齿顶圆定位尺寸 9.4 等；另外，以轴线为基准标注键槽的尺寸 $17.3^{+0.03}_{0}$ 和 5 ± 0.01。

4. 技术要求

锥齿轮的齿顶圆尺寸 $\phi 47.3^{+0.025}_{0}$ 的精度是 IT7，内孔 $\phi 15^{0}_{-0.011}$ 的精度是 IT6。轮齿表面粗糙度要求是 *Ra* 0.8，内孔表面要求是 *Ra* 1.6，其他表面要求是 *Ra* 3.2。锥齿轮右端面的垂直度公差是 0.025mm，基准是 $\phi 15^{0}_{-0.011}$ 的轴线 *A*。因此，锥齿轮是精度要求较高的齿轮。

三、轴承盖

轴承盖如图 6-24 所示。

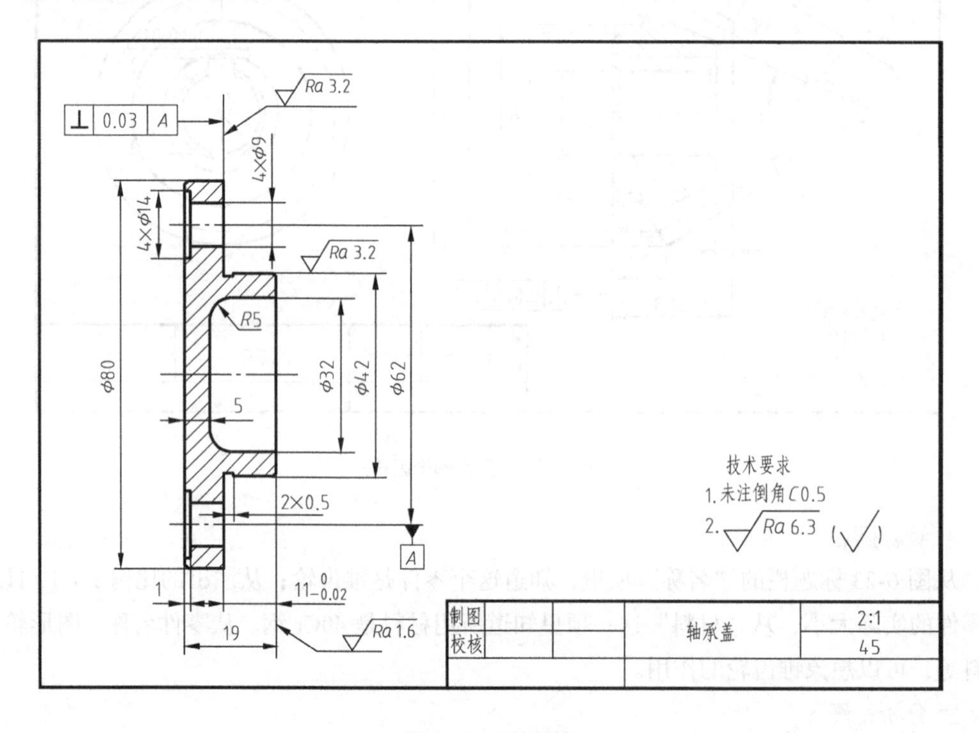

图 6-24 轴承盖

1. 看标题栏

从图 6-24 标题栏的“名称”项里，知道这个零件是轴承盖；从注出的比例 2∶1 可以知道零件是小型零件；从“材料”这一项里知道所用材料是 45 钢。从零件名称、比例、材料等，可以想象轴承盖对轴承的轴向定位作用。

2. 分析视图

（1）表达分析

按轴承盖的加工位置，将其轴线水平放置，采用了主视图（全剖视图）表达轴承盖的结构形状。

（2）结构分析

主视图采用全剖视图表达轴承盖的基本结构：外表面包括左右端面、$\phi80$ 和 $\phi42$ 的圆柱面；内表面包括 $\phi32$ 的内孔、4 个 $\phi14$ 和 $\phi9$ 的孔。此外，轴承盖上还有越程槽尺寸 2×0.5，必要的倒角 $C0.5$ 等。从整体结构看，轴承盖结构比较简单。

3. 尺寸分析

图 6-24 中的轴承盖以水平轴线为径向尺寸的主要基准，由此注出尺寸 $\phi80$、$\phi32$、$\phi42$ 和 $\phi62$ 等。长度方向以轴承盖的右端面为主要尺寸基准，由此注出轴承盖的总长尺寸 19、右端长度尺寸 $11^{0}_{-0.02}$；另外，$\phi62$ 的圆上均布 4 个 $\phi14$ 和 $\phi9$ 的孔。

4. 技术要求

轴承盖的尺寸只有右端长度尺寸 $11^{0}_{-0.02}$ 有精度要求，其余的尺寸未注公差，精度要求低。轴承盖的右端面表面粗糙度要求是 Ra 1.6，$\phi42$ 的表面和中间端面的表面粗糙度要求是 Ra 3.2，其他表面要求是 Ra 6.3。轴承盖的中间平面的垂直度公差 0.03mm，基准是 $\phi62$ 的轴线 A。因此，轴承盖是精度要求较低的零件。

通过上述分析，对轴承盖的形状结构、尺寸大小、精度要求等有了清楚认识，综合起来，轴承盖如图 6-25 所示。

图 6-25　轴承盖立体图

四、带轮

1. 对带轮的要求

对带轮的主要要求是质量小且分布均匀、工艺性好，与带接触的工作表面加工精度要高，以减少带的磨损；转速高时要进行动平衡，对于铸造和焊接带轮的内应力要小。

2. 带轮结构类型

带轮由轮缘、腹板（轮辐）和轮毂三部分组成。带轮的外圈环形部分称为轮缘，轮缘是带轮的工作部分，用以安装传动带，制有梯形轮槽。由于普通 V 带两侧面间的夹角是 40°，为了适应 V 带在带轮上弯曲时截面变形而使楔角减小，故规定普通 V 带轮槽角为 32°、34°、36°、38°（按带的型号及带轮直径确定）；装在轴上的筒形部分称为轮毂，是带轮与轴的连接部分；中间部分称为轮辐（腹板），用来连接轮缘与轮毂成一整体。带轮结构类型如图 6-26 所示。

(a) 实心带轮

(b) 腹板带轮

(c) 孔板带轮

(d) 轮辐带轮

图 6-26　带轮结构类型

3. 带轮的零件图识读示例

带轮的零件图如图 6-27 所示，识读该零件图。

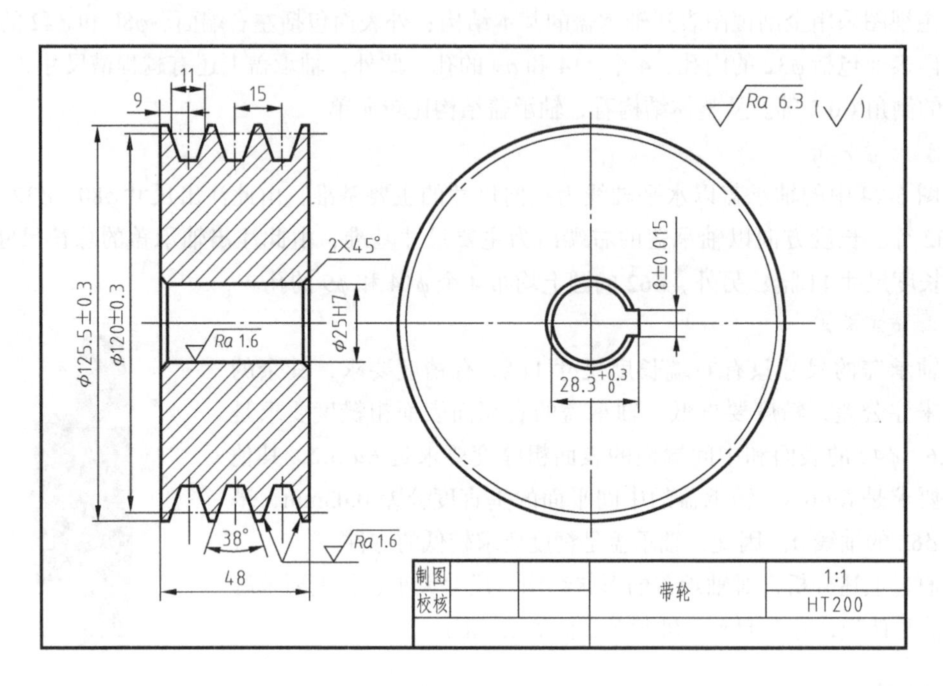

图 6-27　带轮的零件图

（1）看标题栏

从图 6-27 标题栏的“名称”项里，知道这个零件是带轮；从注出的比例 1 ∶ 1 可以知道零件的实际大小；从“材料”这一项里知道所用材料是 HT200，材料强度一般。从零件名称、图形轮廓、材料等，可以想象带轮的作用。

（2）分析视图

① 表达分析。带轮的主视图按照加工状态放置，采用全剖视图，表达带轮的形体特征和内部空腔结构。左视图表示带轮的形状以及带轮的内孔和键槽的形状。

② 结构分析。带轮的结构可分为内表面和外表面两部分：内表面包括内孔和键槽结构；外表面包括左端面、右端面和轮缘上的三个 V 带槽。

（3）尺寸分析

带轮的轴线为直径方向的主要基准，注出带轮的外径 $\phi125.5\pm0.3$、基准直径 $\phi120\pm0.3$、内孔 ϕ25H7 以及键槽的尺寸 $28.3^{+0.3}_{0}$ 和 8 ± 0.015；带轮的左端面为长度方向的主要基准，注出带轮的尺寸 48 和 V 带槽的定位尺寸 9 与 15、定形尺寸 11 与 38°。

（4）技术要求

带轮的外径 $\phi125.5\pm0.3$、基准直径 $\phi120\pm0.3$ 的精度较低，内孔 ϕ25H7 的精度是 IT7。内孔表面和 V 带槽两侧面的表面粗糙度要求是 *Ra* 1.6，其他表面要求是 *Ra* 6.3。因此，带轮是精度要求较低的零件。

第五节　叉架类零件图的识读

叉架类零件包括拨叉、连杆、摇杆、轴承座、支架等零件，在机械装置中主要起连接、操控、支承等作用。常见的叉架类零件如图 6-28 所示。

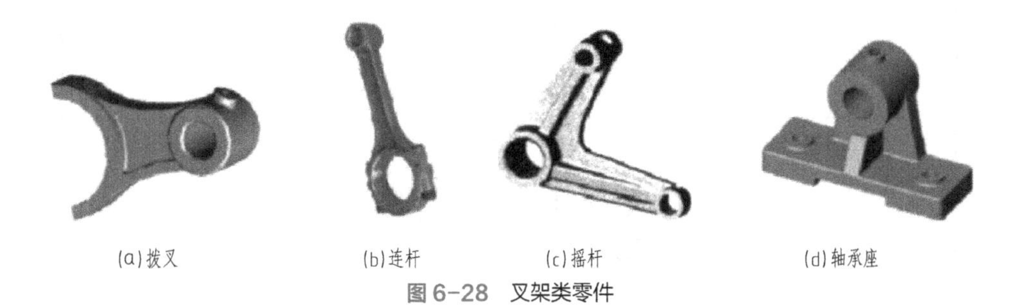

(a)拨叉　(b)连杆　(c)摇杆　(d)轴承座

图 6-28　叉架类零件

叉架类零件的结构较复杂，大多形状不规则，都是由支承部分、工作部分和连接部分组成，多数为不对称零件，支承部分和工作部分具有凸台、凹坑、圆孔、螺孔、油孔等结构，连接部分多为肋板结构，具有铸造圆角、拔模斜度等常见结构。

叉架类零件的毛坯多为铸件，需经多道工序加工而成，常以工作位置或自然位置放置，主视图主要由形状特征和工作位置来确定。一般需要两个或两个以上基本视图，并用适当的局部视图、剖视图以及断面图等表达细部结构。

支架类零件的长、宽方向上一般选择零件在装配体中的定位面、线以及主要的对称面、线等为尺寸基准，高度方向上一般选择零件的安装支承面、定位轴线等为尺寸基准。叉类零件一般选择长、宽、高方向上的重要几何要素作为尺寸基准。根据此类零件的具体要求确定其表面粗糙度、尺寸精度和形位公差。

一、支架

支架如图 6-29 所示。

1. 看标题栏

从图 6-29 标题栏的“名称”项里，知道这个零件是支架；从注出的比例 1 ∶ 1 可以知道零件的实际大小；从“材料”这一项里知道所用材料是 HT200。从零件名称、比例、材料等，可以了解支架的概况。

2. 分析视图

（1）表达分析

该零件图采用了主视图和俯视图表达支架的结构形状，主视图着重表达支架长度和高度方向的结构，俯视图着重表达支架长度和宽度方向的结构。

（2）结构分析

运用形体分析法和线面分析法及其他看图知识，分析两个基本视图，明确这个支架是由顶部圆柱、中间肋板、底板三部分组成，顶部圆柱带有 $\phi12^{+0.021}_{0}$ 的内孔，底板上有长 $28^{+0.01}_{0}$ 、宽 $8^{+0.098}_{+0.040}$ 的槽。从整体结构看，该支架结构比较简单。

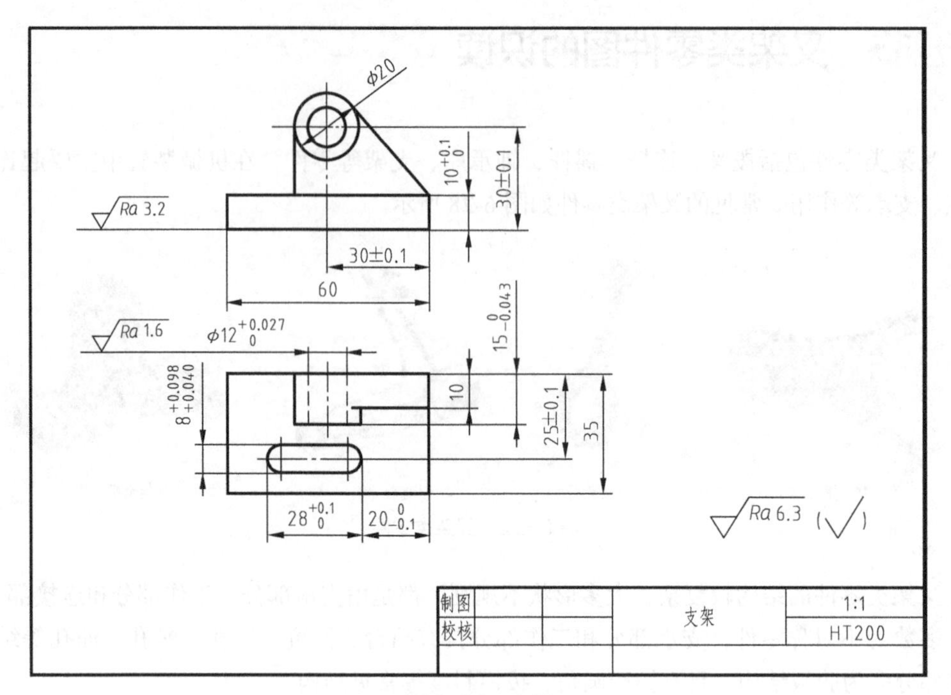

图 6-29　支架

3. 尺寸分析

该支架的尺寸基准如图 6-30 所示：主视图上，底面为高度方向的主要基准，由此注出高度尺寸 30 ± 0.1、$10^{+0.1}_{0}$；高度尺寸 30 ± 0.1 是顶部圆柱的轴线的定位尺寸，确定顶部圆柱的轴线是高度方向的辅助基准，由此注出顶部圆柱尺寸 $\phi20$。俯视图上，长度方向以支架的右端面为主要尺寸基准，由此注出支架的总长尺寸 60、长度 30 ± 0.1；后端面为宽度方向的主要基准，由此注出宽度尺寸 10、$15^{0}_{-0.043}$、25 ± 0.1、35；另外，标注槽的尺寸长 $28^{+0.1}_{0}$、宽 $8^{+0.098}_{+0.040}$。

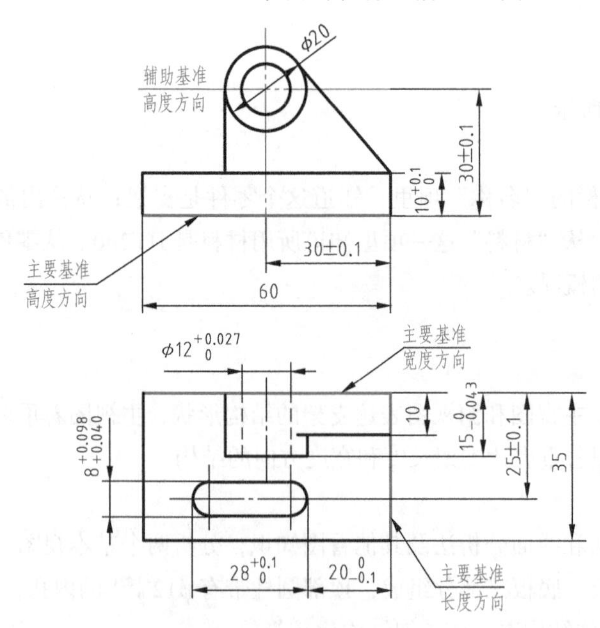

图 6-30　支架的尺寸基准

4. 技术要求

支架的顶部圆柱内孔尺寸 $\phi12^{+0.027}_{0}$ 的精度是 IT8、宽度尺寸 $15^{0}_{-0.043}$ 的精度是 IT9，其他尺寸精度要求较低。顶部圆柱内孔表面粗糙度要求是 *Ra* 1.6，支架底面要求是 *Ra* 3.2，其他表面要求是 *Ra* 6.3。因此，该支架是精度要求较低的零件。

通过上述分析，对支架的形状结构、尺寸大小、精度要求等有了清楚认识，综合起来，支架如图 6-31 所示。

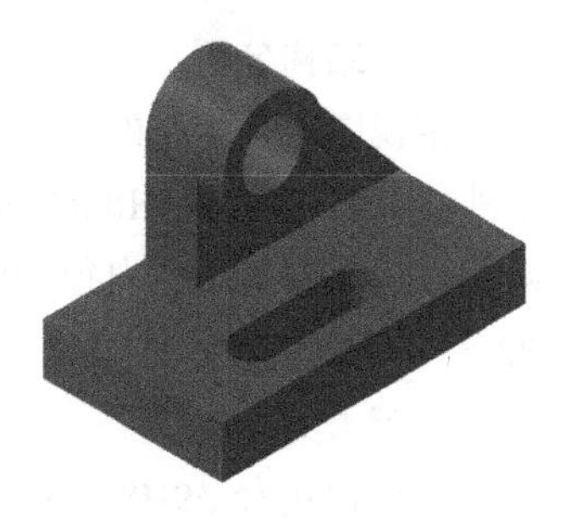

图 6-31　支架立体图

二、摇杆

摇杆如图 6-32 所示。

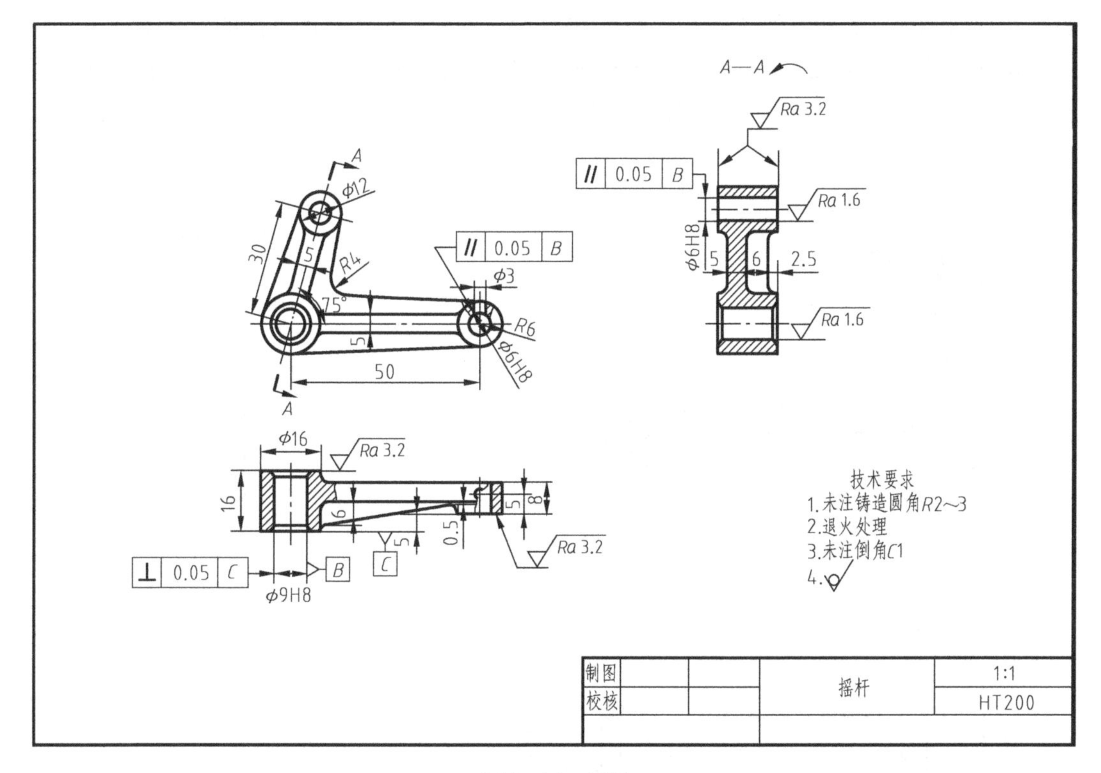

图 6-32　摇杆

1. 看标题栏

从图 6-32 标题栏的“名称”项里，知道这个零件是摇杆；从注出的比例 1 : 1 可以知道零件的实际大小；从“材料”这一项里知道所用材料是 HT200。从零件名称、图形轮廓、材料等，可以了解摇杆的概况。

2. 分析视图

（1）表达分析

图 6-32 中的摇杆采用了主视图、俯视图和剖视图表达其结构形状。主视图着重表达摇杆的整体外形结构；俯视图着重表达摇杆水平部分的结构；剖视图 *A—A* 着重表达摇杆倾斜部分的结构。

（2）结构分析

主视图表达摇杆的基本结构：摇杆包括水平部分和倾斜部分，水平部分为杆件，其右端是外径 *R*6、内径 ϕ6H8 的圆柱；倾斜部分为杆件，其顶端是外径 ϕ12、内径 ϕ6H8 的圆柱；两杆件由外径 ϕ16、内径 ϕ9H8 的圆柱连接。此外，摇杆上还有必需的倒角 *C*1、铸造圆角 *R*2 ～ 3 等。从整体结构看，摇杆结构比较复杂。

3. 尺寸分析

摇杆以内径 ϕ9H8 圆柱的轴线为长度方向的主要基准，如图 6-33 所示，由此注出外径 ϕ16、内径 ϕ9H8 和长度尺寸 50；长度尺寸 50 是右端圆柱的定位尺寸，由此确定长度方向的辅助基准，注出外径 *R*6、内径 ϕ6H8。外径 ϕ16、内径 ϕ9H8 圆柱的轴线也是高度方向的主要基准，由此注出高度尺寸 30；由高度尺寸 30 确定高度方向的辅助基准，由此注出外径 ϕ12、内径 ϕ6H8。摇杆以外径 ϕ16、内径 ϕ9H8 圆柱的前端面为宽度方向的主要基准，由此注出宽度尺寸 16、6、2.5；由宽度尺寸 5 确定宽度方向的辅助基准，由此注出外径 *R*6、内径 ϕ6H8 圆柱的宽度尺寸 5、8。另外，标注了润滑油孔 ϕ3、角度尺寸 75° 等。

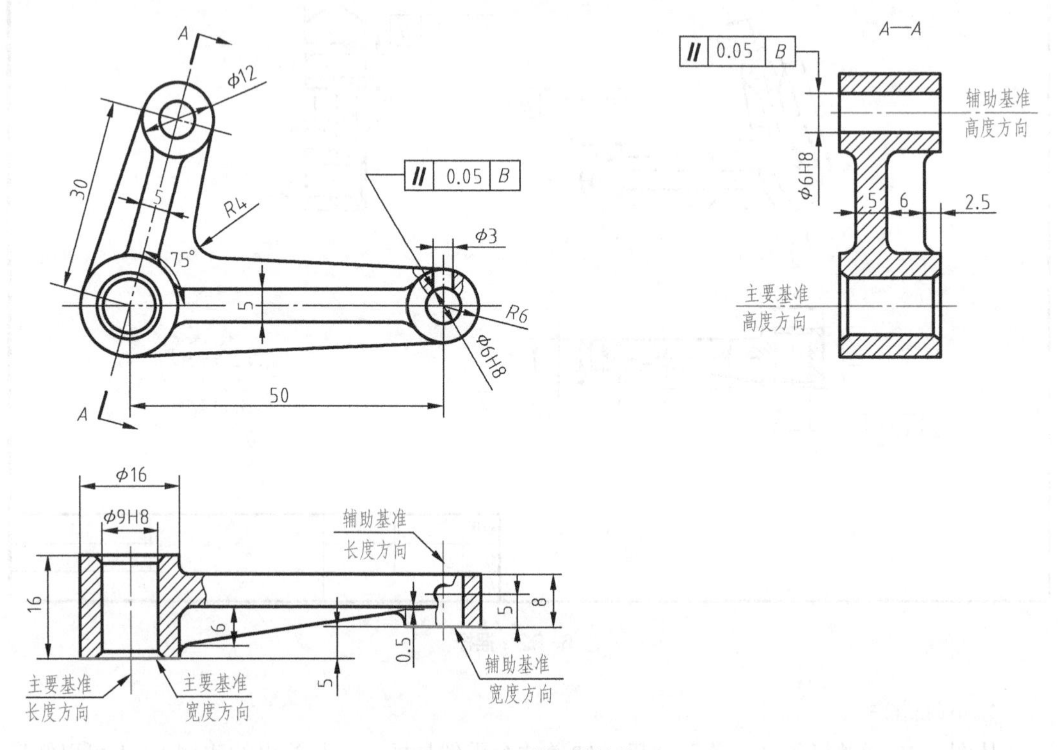

图 6-33　摇杆的基准

4. 技术要求

摇杆精度要求较高的部位是孔 ϕ9H8、ϕ6H8，其精度要求是 H8，表面粗糙度要求是 *Ra* 1.6，其他加工表面要求是 *Ra* 3.2。水平部分的右端孔 ϕ6H8 轴线的平行度要求 0.05mm，倾斜部分的顶端孔 ϕ6H8 轴线的平行度要求 0.05mm，基准都是中间的内孔 ϕ9H8 的轴线 *B*；中间的内孔 ϕ9H8 的轴线与基准 *C* 的垂直度要求 0.05mm。另外摇杆毛坯是铸件，为了消除内应力，要求退火热处理。因此，摇杆是精度要求较低的零件。

通过上述分析，对摇杆的形状结构、尺寸大小、精度要求等有了清楚认识，综合起来，摇杆如图 6-34 所示。

图 6-34　摇杆立体图

第六节　箱体类零件图的识读

箱体类零件是机械装置的基础零件，由它支承轴、轴承或其他机构，使轴、轴上零件、其他机构等保持正确的位置，从而传递动力、运动。

一般来说，箱体类零件形状、结构比较复杂，加工工艺复杂、多变，通常需要两个或两个以上的基本视图来表达其形状、结构，以自然安放位置或工作位置作为主视图的位置，根据具体零件选择合适的视图、剖视图、断面图等表达零件的内外结构，往往还需要局部视图、局部放大图等来表达其局部结构。

箱体类零件在长、宽、高三个方向的主要尺寸基准通常选择孔中心线、对称平面、结合面或较大的加工平面，定位尺寸较多，各孔的中心距、轴承孔与安装面的距离一般直接标出。

箱体类零件的孔、结合面及重要表面，在尺寸精度、表面粗糙度和几何精度等方面有较严格的要求。箱体类零件的毛坯一般是铸件，常有保证铸造质量的要求，如铸造圆角的大小、退火处理、时效处理等，不允许有砂眼、裂纹等。

箱体类零件图识读的示例如下。

一、液压缸体

液压缸体如图 6-35 所示，识读该零件图。

1. 概括了解

首先看标题栏，该零件的名称为液压缸体，就知道它是液压系统执行部分的主要组成零件，属于箱体类零件；材料为 HT200，零件毛坯是铸造而成，结构较复杂，加工工序较多。

2. 分析视图，想象零件形状

缸体采用了三个基本视图：主视图采用全剖视图，主要表达缸体的内部结构，$\phi 8$ 凸台起限制活塞行程的作用，上部左、右两个螺孔（进油口、出油口）通过管接头与油管连接。俯视图表达底板的形状、螺孔和销孔的分布情况以及连接油管的两个螺孔所在的位置和凸台的形状。左视图表达缸体和底板之间的关系、其端部连接缸盖的螺孔分布；左视图上采用半剖视图表达缸体的内部结构和销孔情况，采用局部视图表达缸体底板的地脚孔的结构。

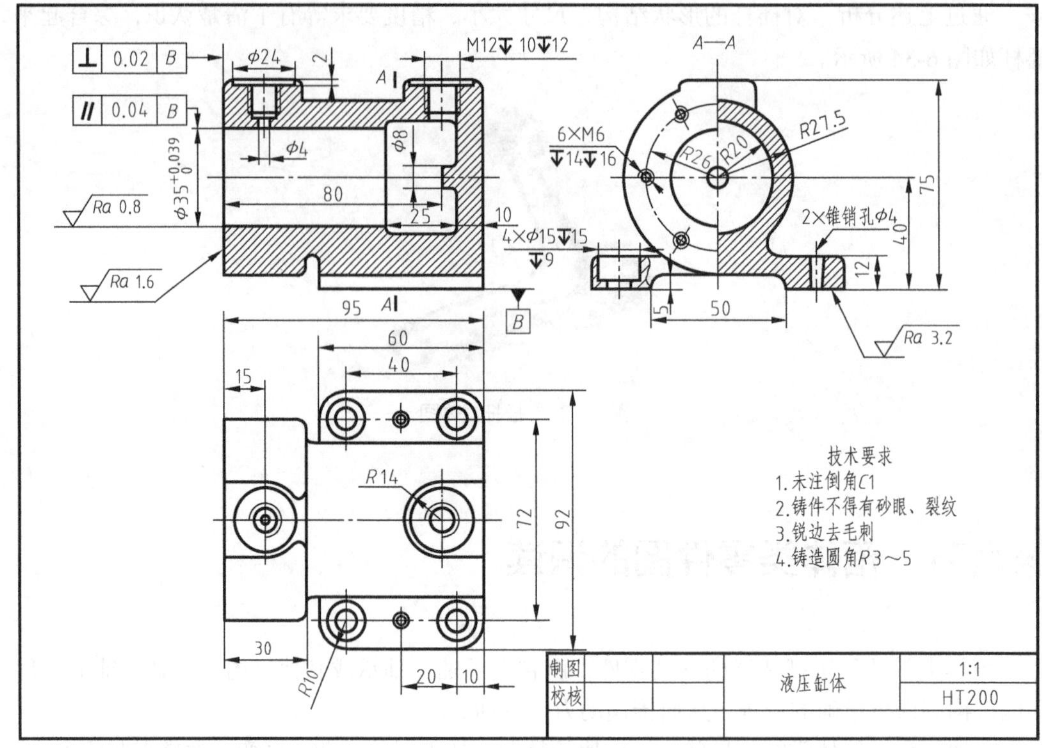

图 6-35　液压缸体

3. 尺寸分析

分析零件图上的尺寸，首先要找出三个方向尺寸的主要基准，然后从基准出发，按形体分析法，找出各组成部分的尺寸。液压缸体的尺寸基准如图 6-36 所示。

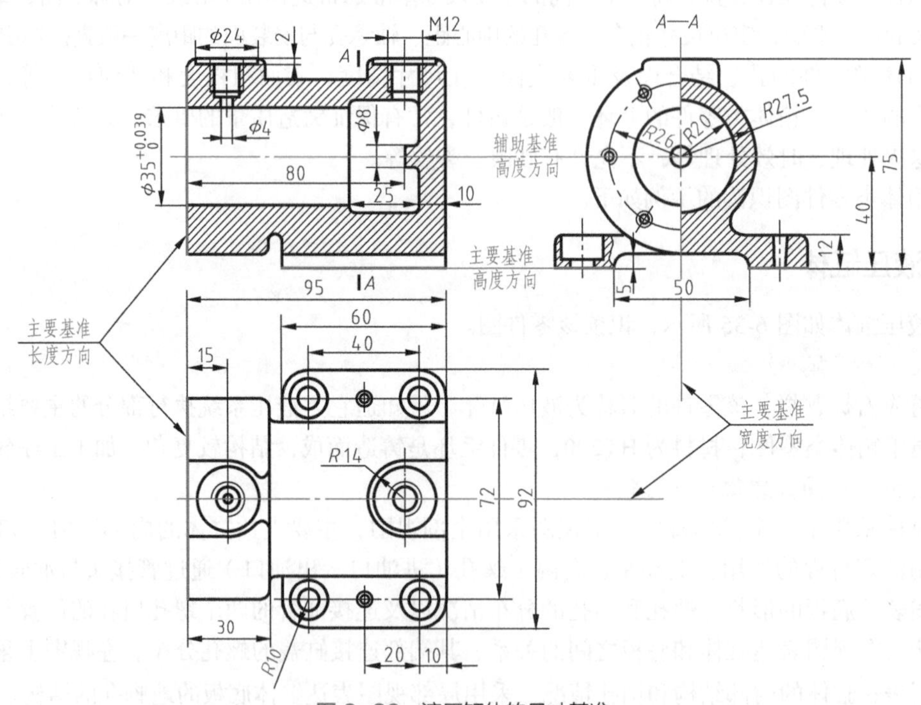

图 6-36　液压缸体的尺寸基准

液压缸体长度方向的基准为左端面，标注总长 95、定位尺寸 80 和 15。宽度方向的尺寸基准为缸体前后的对称面，标注定位尺寸 72。高度方向的主要尺寸基准为缸体底部平面，标注定位尺寸 40、定形高度 75；以 $\phi35$ 的轴线为高度方向的辅助基准，标注定位尺寸 $R26$、定形尺寸 $R20$、$R27.5$ 等。

4. 读懂技术要求

读懂技术要求，如表面粗糙度、尺寸公差、形位公差以及其他技术要求。分析技术要求时，关键是弄清楚哪些部位的要求比较高，以便考虑在加工时采取措施。

液压缸体 $\phi35^{+0.039}_{0}$ 的活塞孔，其工作面要求防漏，表面粗糙度 Ra 的上限值为 0.8μm；左端面为密封平面，表面粗糙度 Ra 的上限值为 1.6μm。$\phi35^{+0.039}_{0}$ 的活塞孔的轴线对底面（即安装平面）的平行度公差为 0.04mm，液压缸体左端面对 $\phi35^{+0.039}_{0}$ 活塞孔的轴线的垂直度公差为 0.02mm。因为工作介质为压力油，依据设计要求，加工好的液压缸体不得有砂眼、裂纹等。

图 6-37　液压缸体的立体图

5. 综合分析

通过上述分析，对液压缸体的形状结构、尺寸大小、精度要求等有了清楚认识，综合起来，液压缸体如图 6-37 所示。

二、蜗轮减速器箱体

蜗轮减速器箱体的零件图，如图 6-38 所示。

1. 看标题栏

从图 6-38 标题栏的“名称”项里，知道这个零件是蜗轮减速器的箱体，是蜗轮减速器中的主要零件，因而可知蜗轮箱体主要起支承、包容蜗轮蜗杆等的作用。从注出的“比例”1 ∶ 1 可以知道零件的实际大小，从“材料”这一项里知道所用材料是 HT200（灰铸铁），该零件为铸件，因此应具有铸造工艺结构的特点。从名称、材料及图形轮廓，可以想象它的作用和结构特点。

2. 分析视图、想象零件形状

分析视图首先要找出主视图，然后再看其他视图及每个视图的作用。对于剖视图、剖面图还要弄清剖切平面的位置在哪里，对于辅助视图应找到其投影的部位及投影方向。图 6-38 的箱体是用主视图、左视图两个基本视图和三个辅助视图表示的。主视图上采用了半剖视，说明箱体是左、右对称的；在左视图上采用了全剖视，剖切平面位置都比较明确，这样就把箱体的内部结构形状表达清楚了。为了补充表达箱体的外形，图中用了 A、B、C 三个局部视图，投影部位是图中 A、B、C 箭头所指的部位。

在上述视图分析的基础上，运用形体分析法和线面分析法及其他看图知识，逐步看懂箱体的结构形状。看此箱体时，首先通过两个基本视图大体了解一下这个箱体的基本形状，这个箱体是由上圆柱、下圆柱、底板三部分组成的，如图 6-39 所示。

以结构分析为线索，利用形体分析方法逐个看懂各组成部分的形状和相对位置。一般先看主要部分，后看次要部分，先外形，后内形。由此分析蜗轮减速器箱体的视图，箱体大致可分成如下 4 个组成部分。

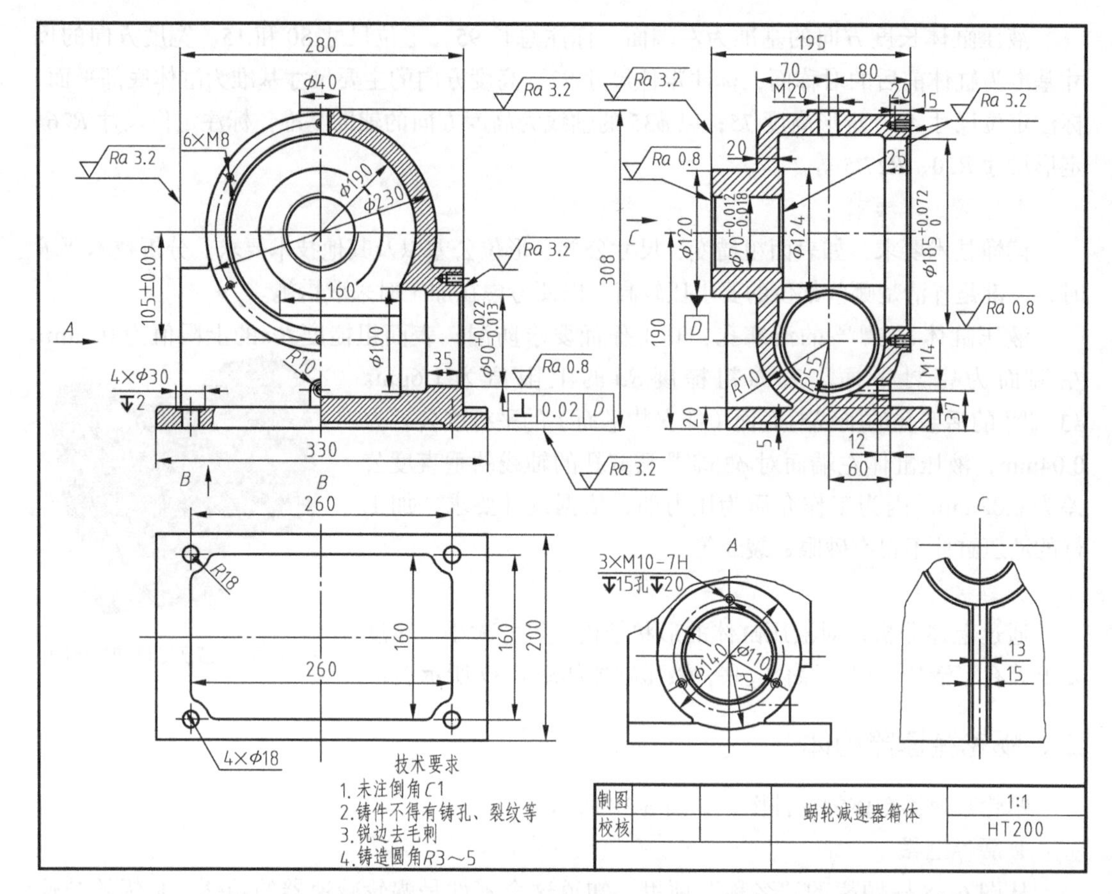

图 6-38　蜗轮减速器箱体

① 上圆柱部分：主视图上，表达外径 $\phi230$、内径 $\phi190$ 的圆柱壳体，前端面上有 6 个均布的 M8 螺孔；左视图上，表达箱壳前端内孔 $\phi185^{+0.072}_{0}$，后端是圆形凸缘，其外径 $\phi120$，并加工出滚动轴承孔 $\phi70^{+0.012}_{-0.018}$；箱体顶部有 M20 的加油孔。

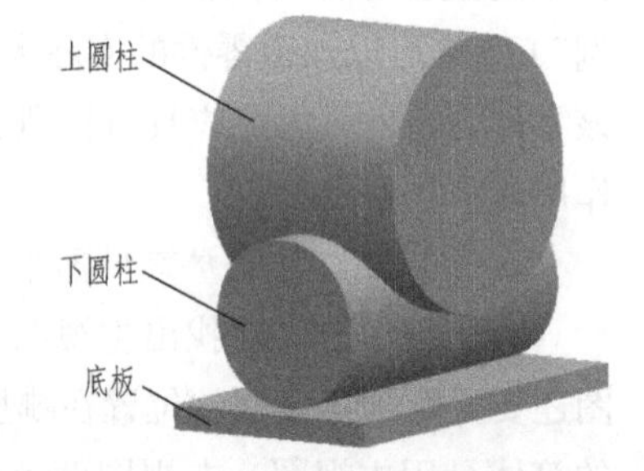

图 6-39　蜗轮减速器箱体主要组成部分

② 下圆柱部分：主视图上，表达两端有轴承孔 $\phi90^{+0.022}_{-0.013}$，用来安装蜗轮轴；A 向视图表达外径为 $\phi140$ 的圆柱，两端端面上各有 3 个均布的 M10 螺孔。

③ 底板部分：B 向视图表达底板大体是 330×200×20 的矩形板，底板中部有一个 260×160 矩形凹槽，底板的四角加工出 4 个 $\phi18$ 的地脚螺钉孔；主视图和左视图反映底板中间部位的放油孔 M14，其前端面为 R10 的圆弧凸台。

④ 肋板：从主视图和 A、C 向视图等可知，肋板大致为一梯形薄板，处于箱体前后对称位置，以加强它们之间的结构强度。

3. 分析零件尺寸

零件图上所注的尺寸，是制造毛坯（如铸件、锻件等）和机械加工的依据。只有认真地分析尺寸，才能合理地安排加工。

如图 6-40 所示，长度方向的尺寸是以它的左右对称平面为主要基准标注的，高度方向的尺寸是以箱体底面为主要基准标注的，宽度方向的尺寸是通过蜗杆轴线的直立平面（在左视图上为通过蜗杆中心的竖直中心线）为主要基准标注的。在制造铸造木模时就由这些基准来确定有关尺寸，在加工画线时，也要在零件毛坯上先画出这些基准的位置。在这个零件中，属于重要设计尺寸的有：上、下两轴孔的轴线距离 105 ± 0.09（保证蜗轮和蜗杆的啮合），各轴承孔的尺寸（$\phi70^{+0.012}_{-0.018}$、$\phi90^{+0.022}_{-0.013}$），上轴孔中心的高度 190 等。加工时，应保证这些尺寸的精度，其他尺寸就不一一说明了，读者可自行分析。

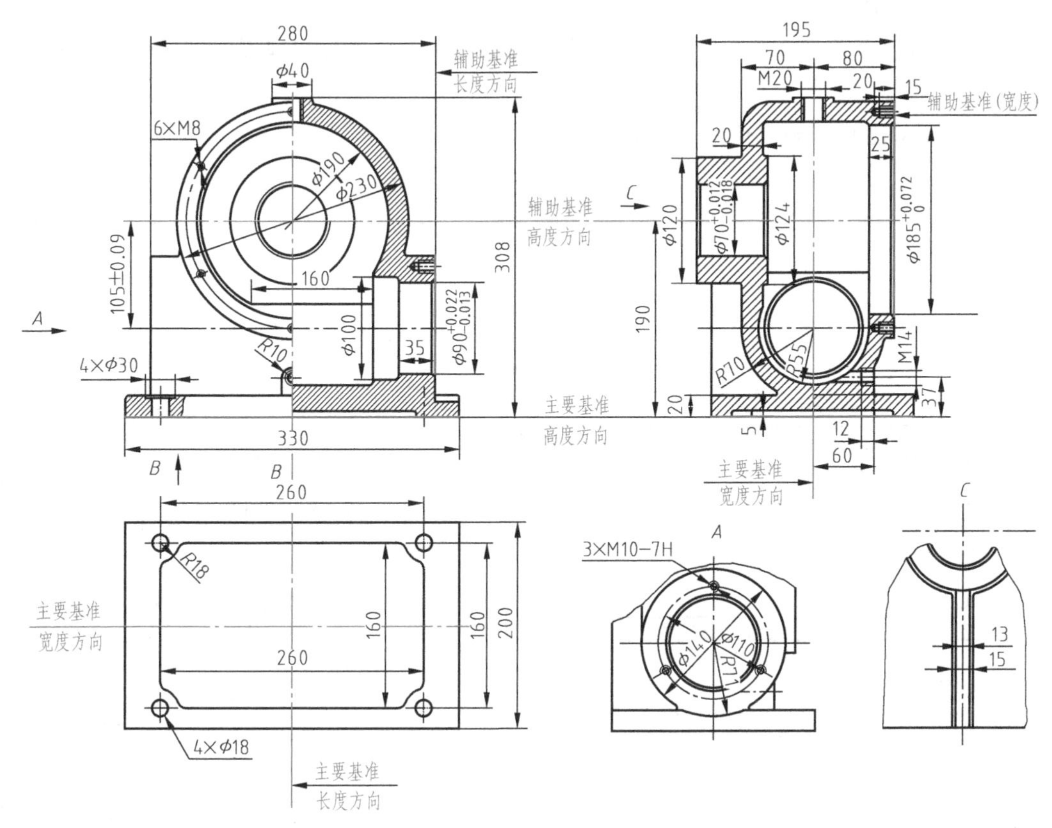

图 6-40　箱体的基准

4. 技术要求

在技术要求方面，应对表面粗糙度、尺寸公差与配合、形位公差以及其他要求作详细分析。如轴承孔 $\phi70^{+0.012}_{-0.018}$、$\phi90^{+0.022}_{-0.013}$ 的加工精度都是 IT7，表面粗糙度 Ra 要求为 0.8μm，两轴孔轴线的垂直度公差 0.02mm。

通过上述分析，对蜗轮箱体的形状结构、尺寸大小、精度要求等有了清楚认识，必要时参考有关资料，综合起来，蜗轮减速器箱体如图 6-41 所示。

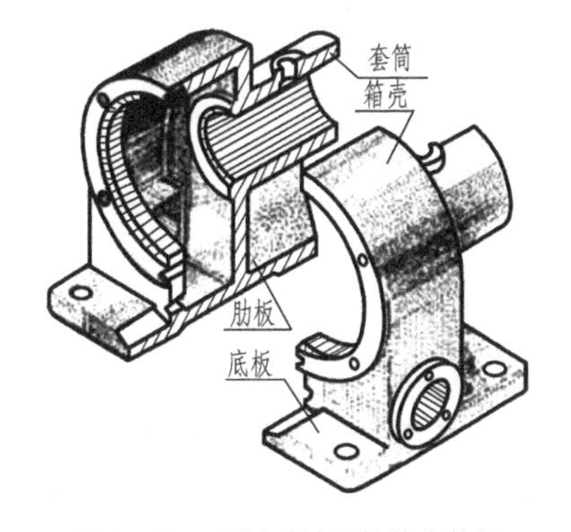

图 6-41　蜗轮减速器箱体立体图

【思考与练习6】

一、填空题

1. 零件图包括四项内容：______、______、______、______。

2. 评定零件表面粗糙度的主要参数是______平均偏差值，在零件图上用______和______值表示零件的表面质量。

3. 尺寸公差是尺寸允许的_______量，在零件图上，凡是有配合要求的尺寸要注出______偏差，或注写______代号。

4. ϕ50f6 的含义：公称尺寸为_____、标准公差等级为___级、基本偏差代号为___的轴。

二、识读题

识读图6-42所示的零件图，回答下列问题。

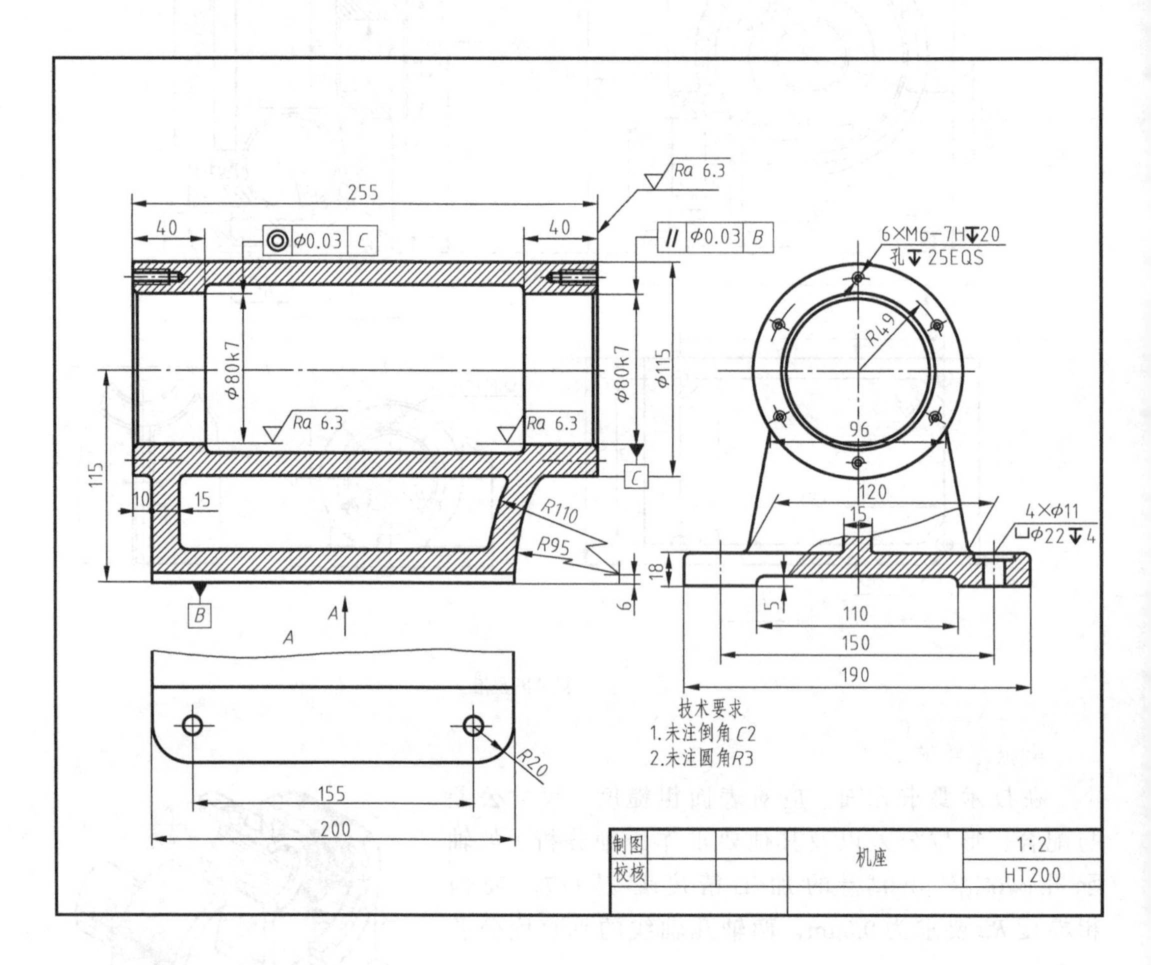

图6-42

1. 结构分析

机座的结构可分为两部分：上部是圆筒，两端的轴孔支承滚动轴承，两侧端面各有___个螺纹孔，座体中间部分孔的直径大于两端孔的直径，是为了减小座体的质量。座体的下部是带圆角的_____形底板，有___个安装孔，为了接触平稳和减小____，底板下面的中间部分做成

____。机座的上、下两部分用支承板和肋板连接。

2. 表达分析

机座的主视图按照工作位置放置，采用_____图，表达机座的形体特征和内部空腔结构。左视图采用____图表示底板和肋板的_____，以及底板上沉孔和槽的形状。在圆筒端面上表示了____的位置。由于座体前后对称，俯视图采用 *A* 向____图，表示底板圆角和____的位置。

3. 尺寸分析

选择机座的______为高度方向的主要基准，圆筒的左或右______为长度方向的主要基准，前后_____为宽度方向的主要基准。直接注出设计要求的结构尺寸和有配合要求的尺寸，如主视图中的尺寸 115 是确定圆筒轴线_____的尺寸，ϕ80k7 孔是与____配合的尺寸，40 是两端轴孔长度方向的____尺寸。左视图和 *A* 向局部视图中的尺寸 150 和 155 是 4 个____的定位尺寸。

4. 解释 $\frac{6\times M6-7H↧20}{孔↧25EQS}$ 的含义：6 表示_____，_____是螺孔的标记，↧20是对螺孔_____的要求，孔↧25是对_____的要求，EQS 表示_____。

三、识读零件图

1. 手柄：如图 6-43 所示，识读该零件图。

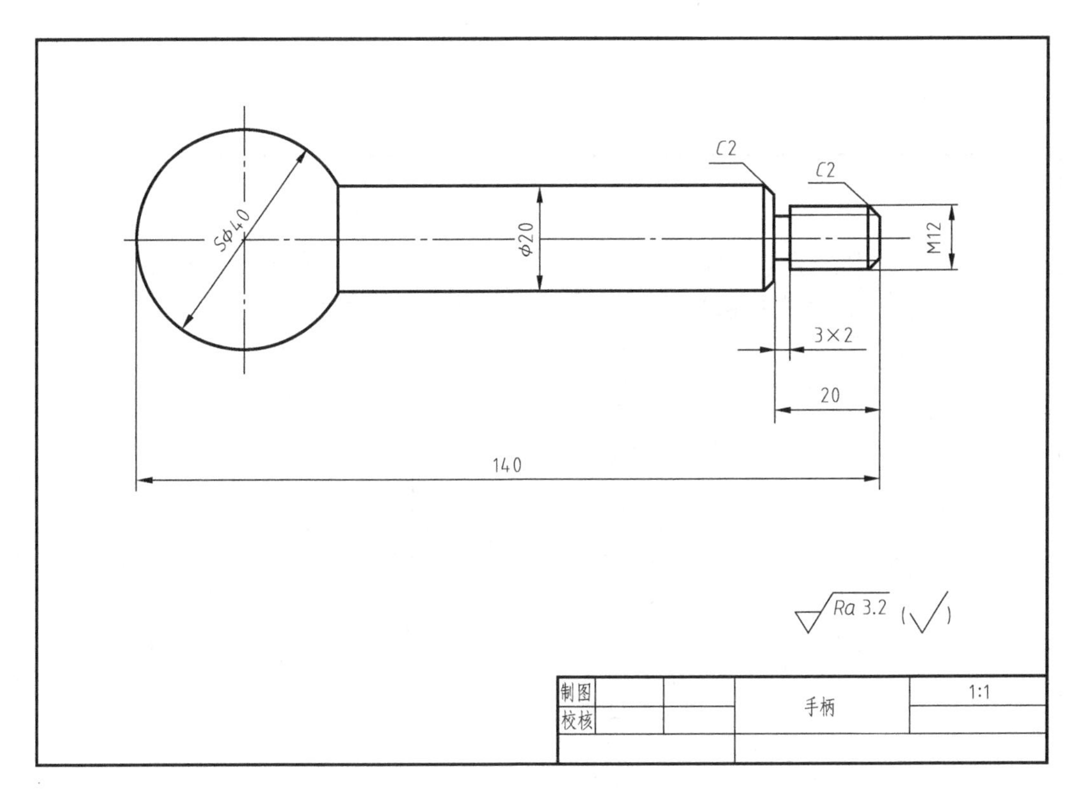

图 6-43　手柄

2. 偏心轴：如图 6-44 所示，识读该零件图。

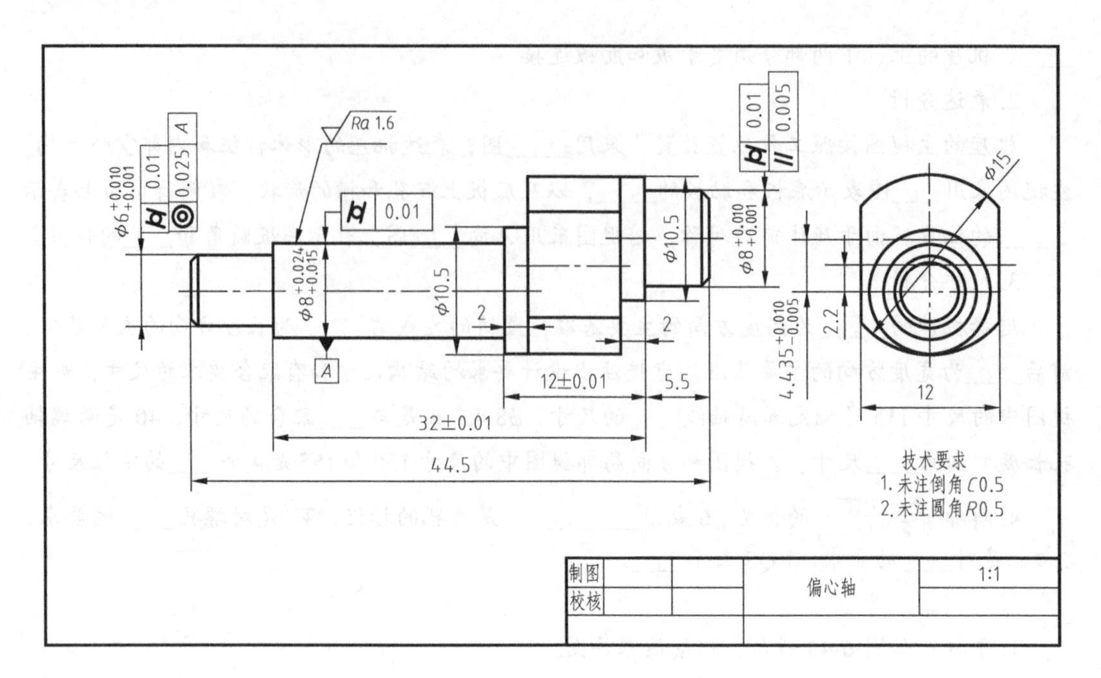

图 6-44　偏心轴

3. 链轮：如图 6-45 所示，识读该零件图。

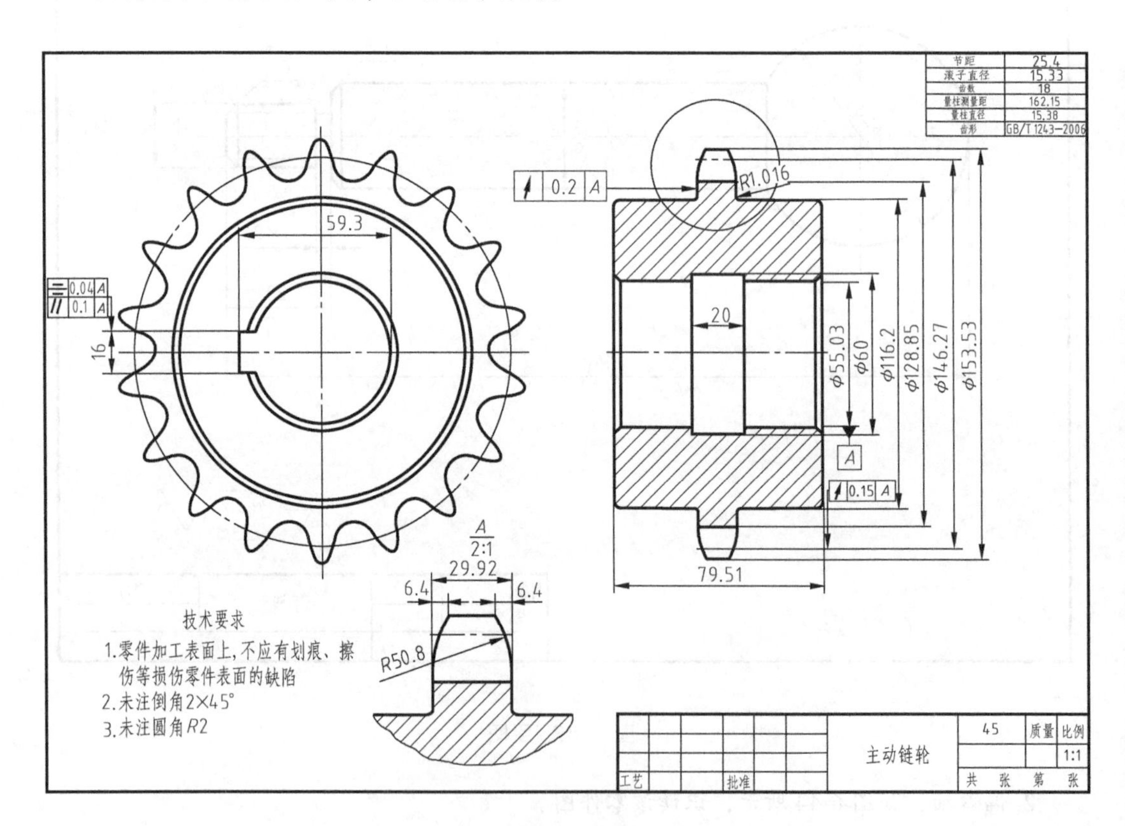

节距	25.4
滚子直径	15.33
齿数	18
量柱测量距	162.15
量柱直径	15.38
齿形	GB/T 1243—2006

图 6-45　链轮

4. 螺杆：如图 6-46 所示，识读该零件图。

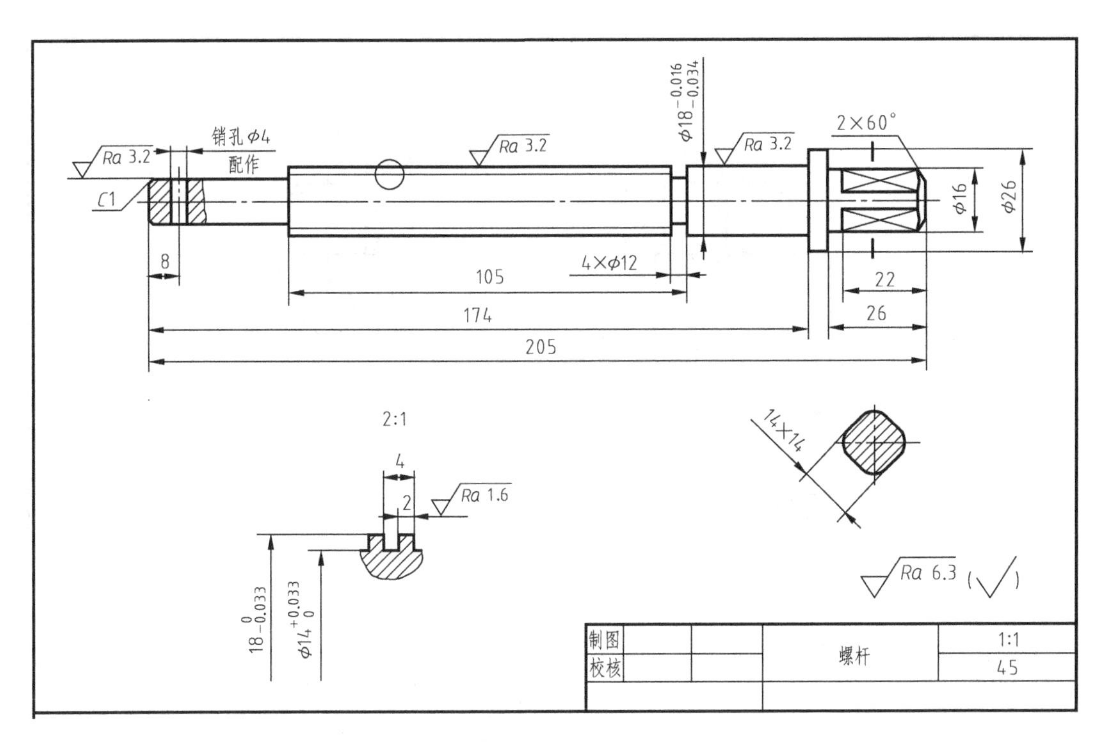

图 6-46　螺杆

5. 齿条：如图 6-47 所示，识读该零件图。

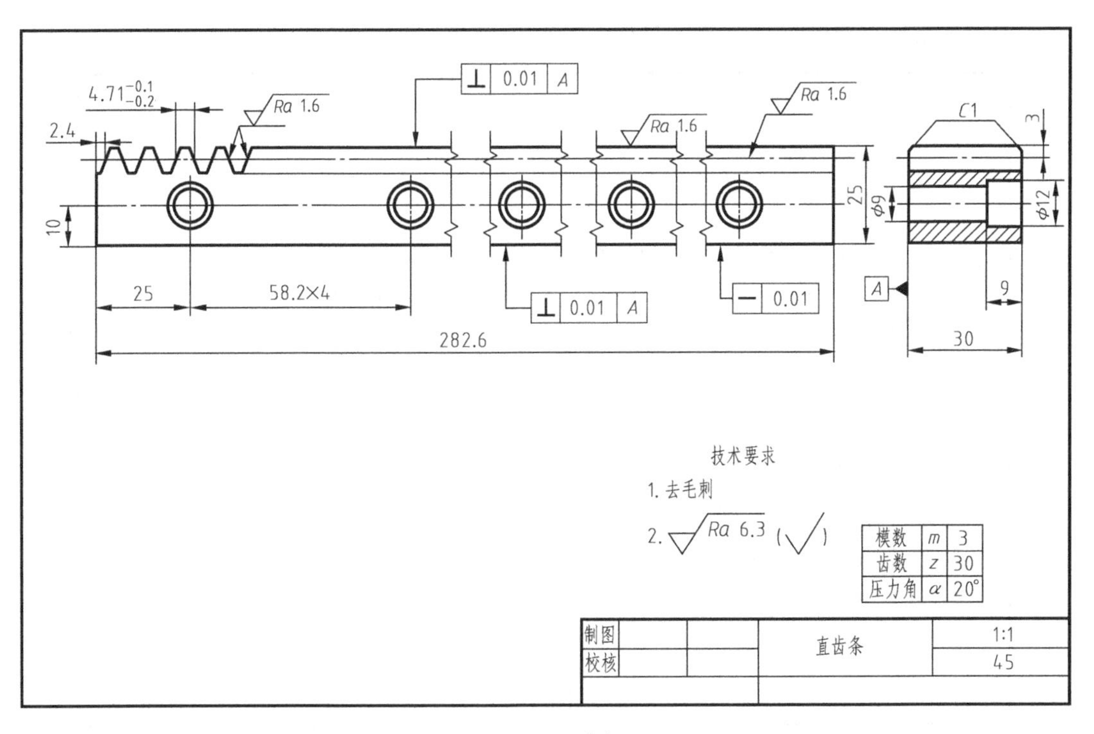

图 6-47　齿条

6. 螺母块：如图 6-48 所示，识读该零件图。

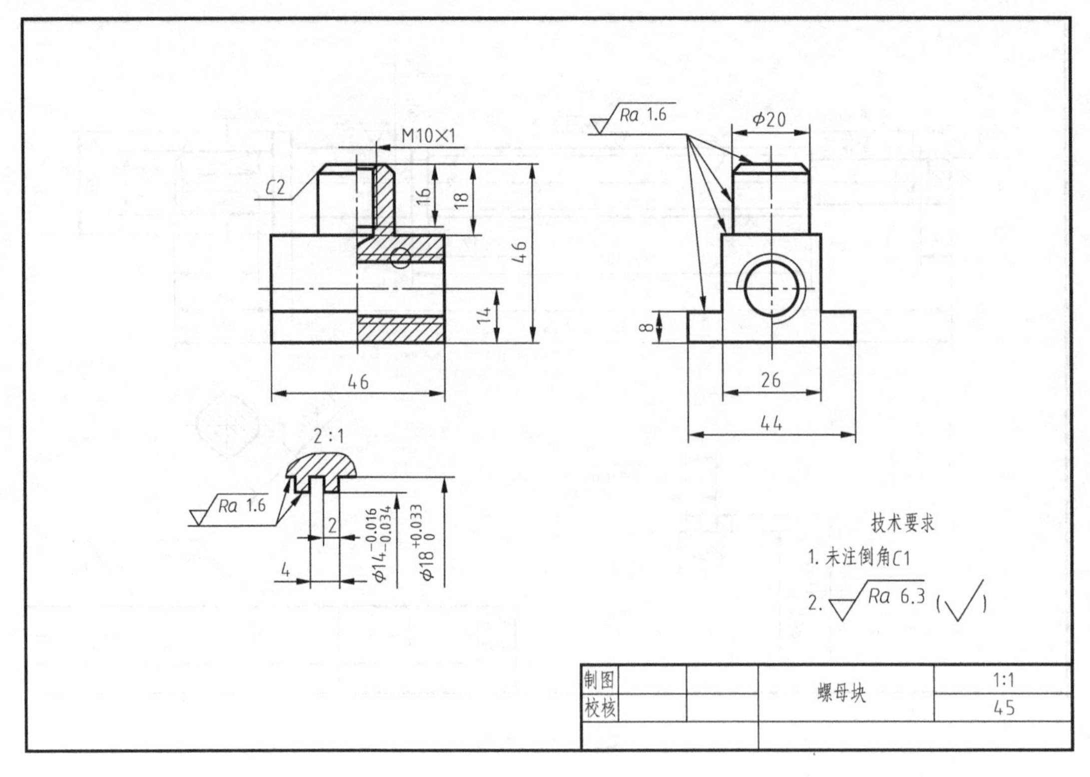

图 6-48 螺母块

7. V形槽块：如图6-49所示，识读该零件图。

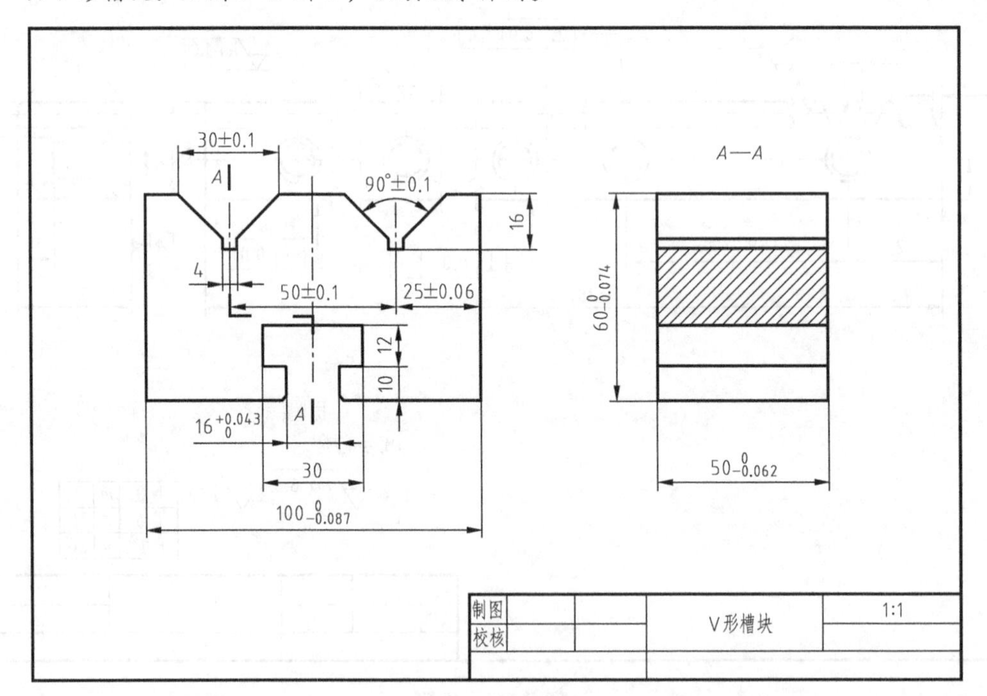

图 6-49 V形槽块

8. 可移动V形块：如图6-50所示，识读该零件图。

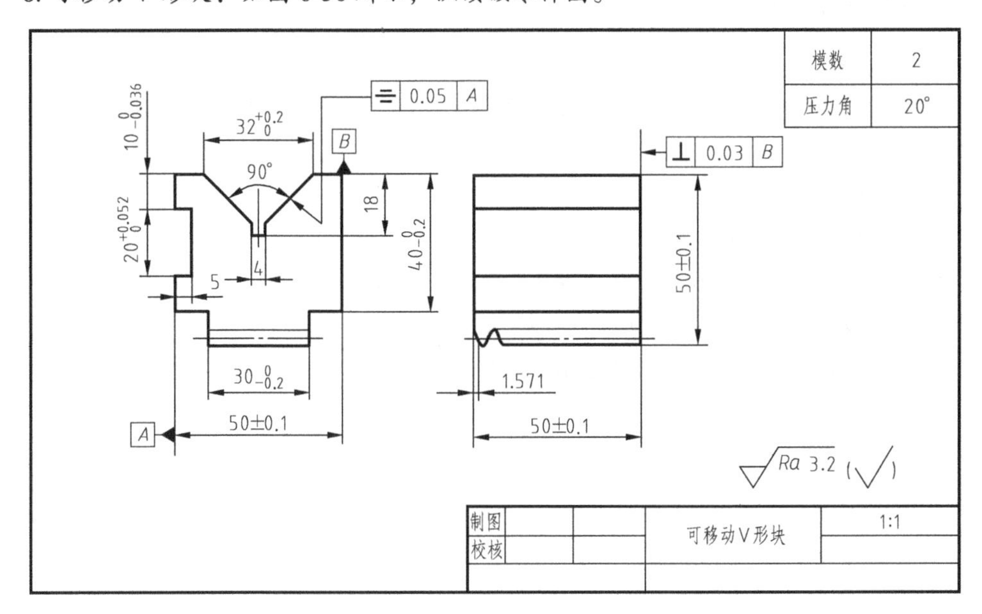

图6-50 可移动V形块

9. 挡帽：如图6-51所示，识读该零件图。

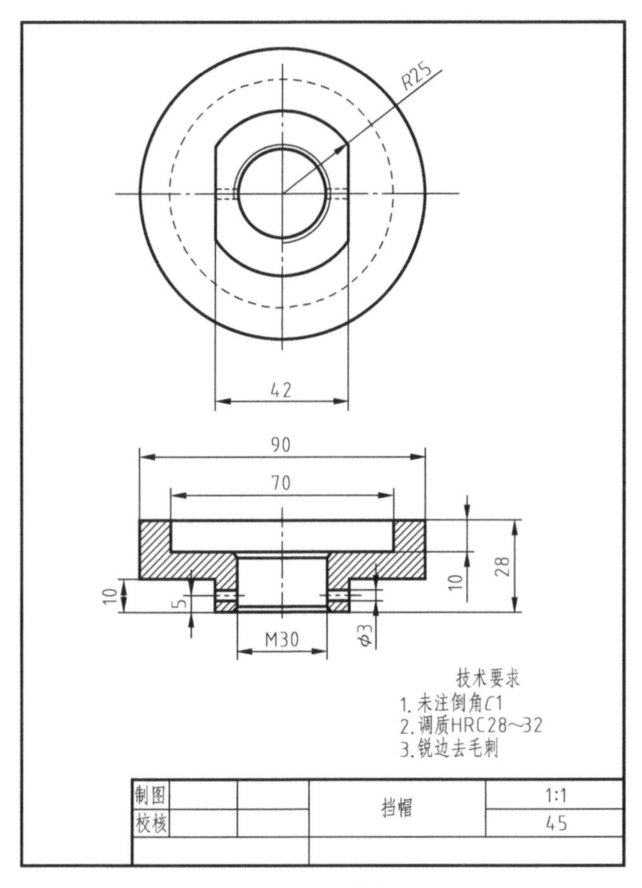

图6-51 挡帽

【思考与练习6】 答案

一、填空题

1. 图形、尺寸、技术要求、标题栏 2. 算术、*Ra*、参数极限 3. 变动、极限、公差带 4. ϕ50、6、f

二、识读题

1. 6、长方、4、接触面、凹槽

2. 全剖视、局部剖视、形状、6个螺纹孔、局部视、地脚孔

3. 底面、端面、对称中心面、定位、轴承、定形、地脚孔

4. 6个螺纹孔、M6-7H、螺纹长度、螺纹底孔长度、均布

三、(略)

第七章 装配图的识读

装配图是表达机器或机构的工作原理、运动方式、零件之间连接与装配关系的图样，它是生产中的主要技术文件之一。要生产一套新的机械装置，一般要先进行设计，画出装配图，再由装配图拆画出零件图，然后按照零件图制造零件，最后依据装配图把零件装配成机器或机构。

识读装配图的目的主要是了解机器或机构的用途、工作原理、结构等，从而明确零件间的装配关系以及它们的装拆顺序，掌握零件的主要结构形状及其在装配体中的功用。

本章通过介绍孔与轴配合、配合公差、轴与轴上零件的连接等知识，明确典型机构的装配图，从而学习识读装配图的方法。

第一节　孔、轴配合

一、配合的术语

1. 配合

公称尺寸相同的、相互结合的孔和轴公差带之间的关系，称为配合，如图 7-1 所示的孔、轴配合。

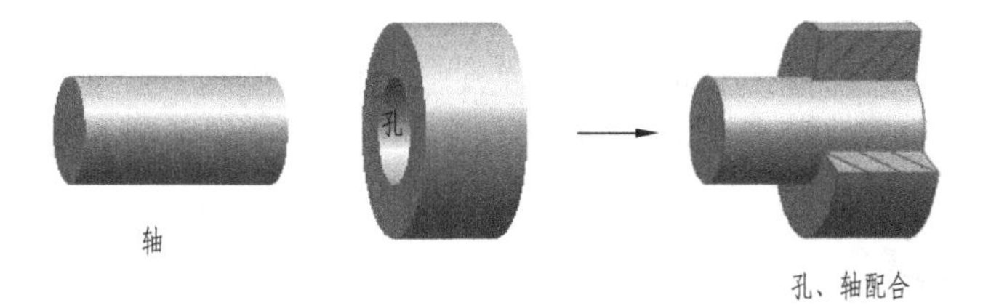

图 7-1　孔、轴配合

2. 间隙与过盈

（1）间隙

孔的尺寸减去相配合的轴的尺寸为正时是间隙，一般用X表示，其数值前应标“+”号。

（2）过盈

孔的尺寸减去相配合的轴的尺寸为负时是过盈，一般用Y表示，其数值前应标“-”号。

二、配合的类型

1. 间隙配合

具有间隙（包括最小间隙为零）的配合是间隙配合，如图 7-2（a）所示。孔的公差带完全在轴的公差带之上，如图 7-2（b）所示，孔比轴大，任取其中一对轴和孔相配都成为间隙配合。

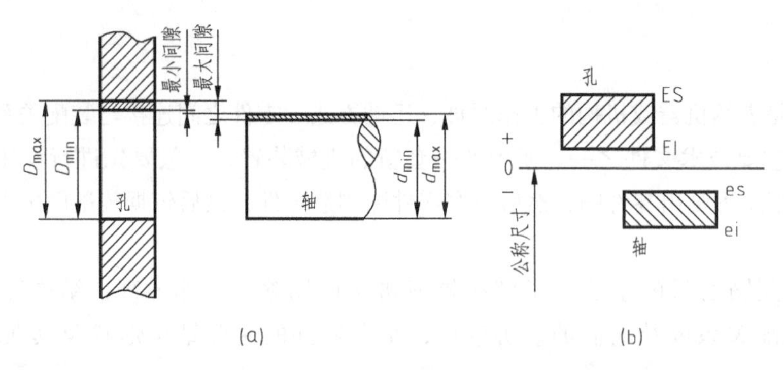

图 7-2　间隙配合

当互相配合的两个零件需相对运动或要求拆卸很方便时，则需采用间隙配合。例如，轴头与齿轮孔的配合、轴颈与滑动轴承孔的配合等一般采用间隙配合。如图 7-3 所示，齿轮孔与轴头的配合采用间隙配合。

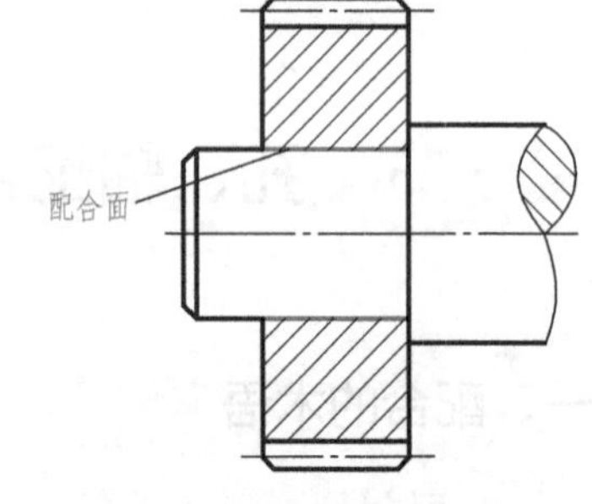

图 7-3　齿轮孔与轴头配合

间隙配合中，因为孔、轴的实际尺寸允许在其公差带内变动，所以其配合的间隙也是变动的。当孔为上极限尺寸而与其相配的轴为下极限尺寸时，配合处于最松状态，此时的间隙称为最大间隙，用符号X_{max}表示。当孔为下极限尺寸而与其相配的轴为上极限尺寸时，配合处于最紧状态，此时的间隙称为最小间隙，用符号X_{min}表示。最大间隙和最小间隙统称为极限间隙，它们表示间隙配合中允许间隙变动的两个界限值。间隙配合中，当孔的下极限尺寸等于轴的上极限尺寸时，最小间隙等于零，称为零间隙。

轴与齿轮、带轮等的配合，常用剖视图表达，如图 7-3 所示，这样的图也称为装配图。根据国家标准的有关规定，装配图有以下基本规则。

（1）实心零件的表达

在装配图中，对于紧固件以及轴、键、销等实心零件，若按纵向剖切，且剖切平面通过其对称平面或轴线时，这些零件均按不剖绘制，如图 7-3 中的轴。

（2）相邻零件轮廓线的画法

两个零件的配合面（或接触表面）只用一条共有的轮廓线表示，非接触面画两条轮廓线，如图 7-4 所示，配合面用一条轮廓线表示，非接触面的两条轮廓线要分开画。

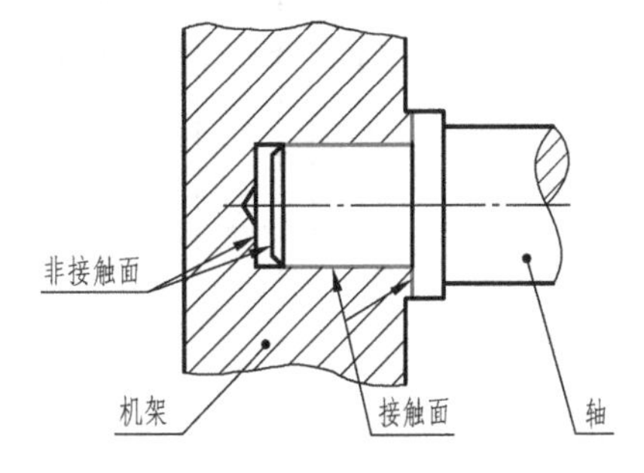

图 7-4　相邻零件轮廓线的画法

（3）相邻零件剖面线的画法

在剖视图中，相接触的两零件的剖面线方向应相反或间隔不等。三个或三个以上零件接触时，除其中两个零件的剖面线倾斜方向不同外，第三个零件应采用不同的剖面线间隔与同方向的剖面线位置错开。

值得注意的是，在各视图中同一零件的剖面线方向与间隔须一致。

（4）简化画法

在装配图中，零件的工艺结构（如倒角、圆角、退刀槽等）允许省略不画；规格相同的零件组（如螺栓、螺钉等），可详细地画出一处，其余的用细点画线表示其装配位置。

（5）两零件接触面的数量

两零件装配时，在同一方向上，一般只宜有一个接触面，否则就会给制造和装配带来困难，例如。图 7-5 所示的配合是不正确的；图 7-6 所示的配合是正确的。

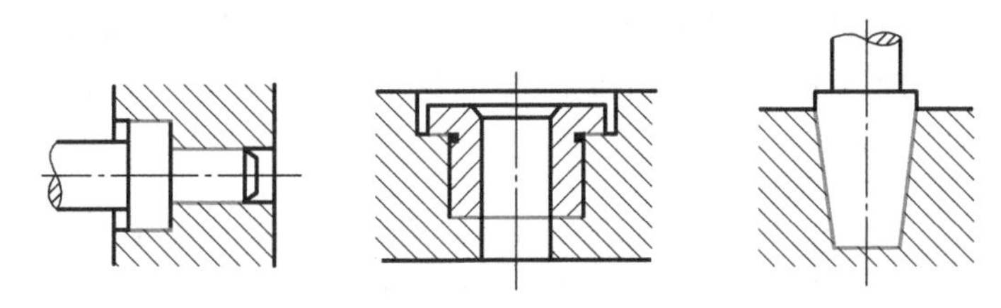
图 7-5　不正确画法（同一方向上不能有两个接触面）

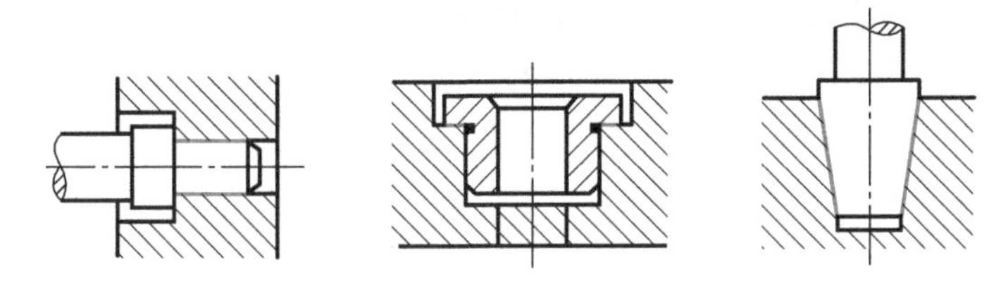
图 7-6　同一方向上只能有一个接触面

2. 过盈配合

具有过盈（包括最小过盈为零）的配合是过盈配合，如图 7-7（a）所示。孔的公差带完全在轴的公差带之下，如图 7-7（b）所示，孔比轴小，任取其中一对孔和轴相配都成为过盈配合。

当互相配合的两个零件需牢固连接、保证相对静止或传递动力时，则需采用过盈配合。例如：销与销孔之间配合、滑动轴承与箱体孔的配合、滚动轴承内圈孔与轴头的配合等需采

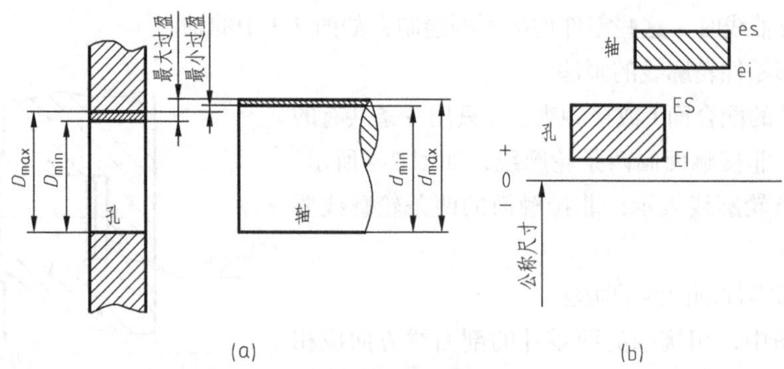

图 7-7 过盈配合

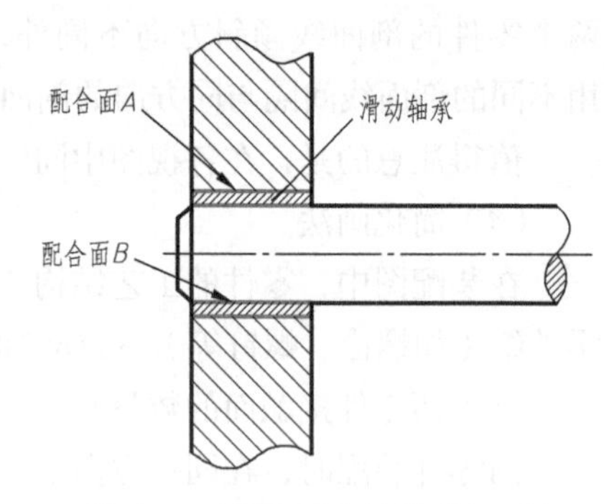

图 7-8 过盈配合与间隙配合示例

用过盈配合。如图 7-8 中，滑动轴承与机架孔的配合面 *A* 是采用过盈配合，而滚动轴承内孔与轴头的配合面 *B* 是采用间隙配合。

过盈配合中，因为孔、轴的实际尺寸允许在其公差带内变动，所以其配合的过盈也是变动的。当孔为下极限尺寸而与其相配的轴为上极限尺寸时，配合处于最紧状态，此时的过盈称为最大过盈，用符号 Y_{max} 表示。当孔为上极限尺寸而与其相配的轴为下极限尺寸时，配合处于最松状态，此时的过盈称为最小过盈，用符号 Y_{min} 表示。最大过盈和最小过盈统称为极限过盈，它们表示过盈配合中允许过盈变动的两个界限值。过盈配合中，当孔的上极限尺寸等于轴的下极限尺寸时，最小过盈等于零，称为零过盈。

两个零件的配合不管是过盈配合还是间隙配合，配合面只用一条共有的轮廓线表示，如图 7-8 中配合面 *A*、*B*。

3. 过渡配合

可能具有间隙也可能具有过盈的配合是过渡配合，如图 7-9（a）所示。孔和轴的公差带相互交叠，如图 7-9（b）所示，孔可能比轴大，也可能比轴小，任取其中一对孔和轴相配合可能是间隙配合，也可能是过盈配合。

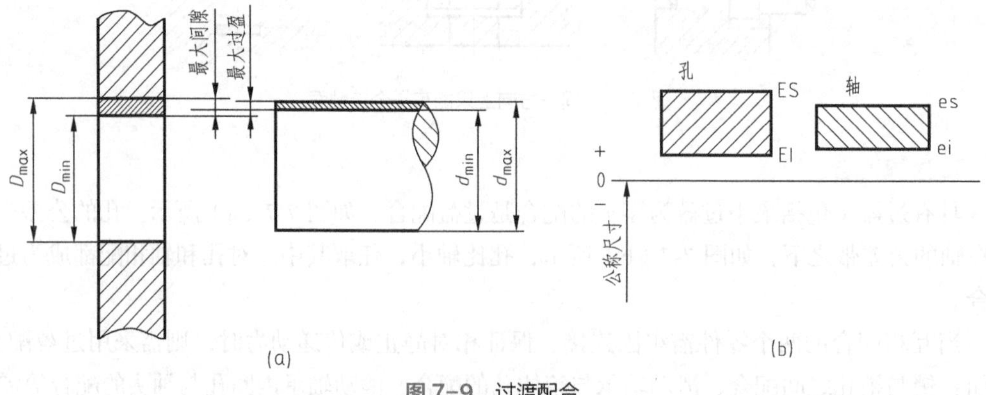

图 7-9 过渡配合

过渡配合常用于不允许有相对运动、孔轴对中要求高，但又需拆卸的两个零件间的配合。例如，定位销与孔的配合、滚动轴承外圈与孔的配合等，采用过渡配合。如图 7-10 所示，滚动轴承内圈与轴的配合面 A 是采用过盈配合，而滚动轴承外圈与机架的配合面 B 是采用过渡配合。

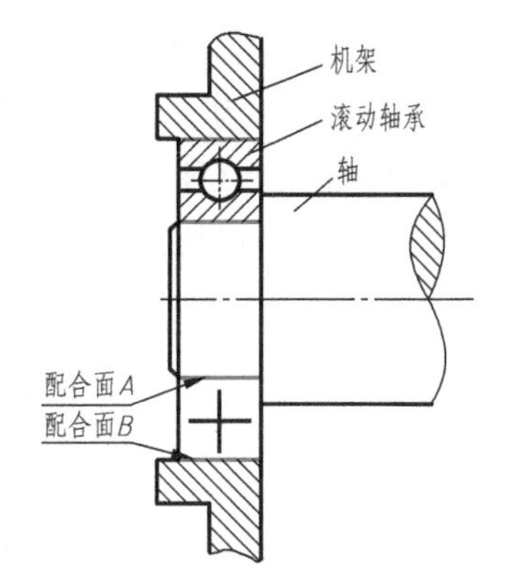

图 7-10　过盈配合与过渡配合示例

说明：过渡配合中，因为孔、轴的实际尺寸允许在其公差带内变动，当孔的尺寸大于轴的尺寸时，具有间隙，孔为上极限尺寸而轴为下极限尺寸时，配合处于最松状态，此时的间隙称为最大间隙，用符号 X_{max} 表示。当孔的尺寸小于轴的尺寸时，具有过盈，当孔为下极限尺寸而轴为上极限尺寸时，配合处于最紧状态，此时的过盈称为最大过盈，用符号 Y_{max} 表示。最大间隙和最大过盈是表示过渡配合的松紧程度的两个特征值。当孔的尺寸等于轴的尺寸时，可以称为零间隙，也可以称为零过盈。

【例 7-1】 判断下列孔和轴的配合类型，并计算极限间隙或极限过盈：

（1）孔为 $\phi60^{+0.030}_{0}$，轴为 $\phi60^{-0.010}_{-0.029}$；

（2）孔为 $\phi60^{+0.030}_{0}$，轴为 $\phi60^{+0.039}_{+0.020}$。

解 （1）孔和轴配合的公差带图如图 7-11 所示。

孔的公差带完全在轴的公差带之上，孔和轴的配合为间隙配合。

X_{max}=ES−ei=+0.030−（−0.029）=+0.059（mm）

X_{min}=EI−es=0−（−0.010）=+0.010（mm）

（2）孔和轴配合的公差带图如图 7-12 所示。

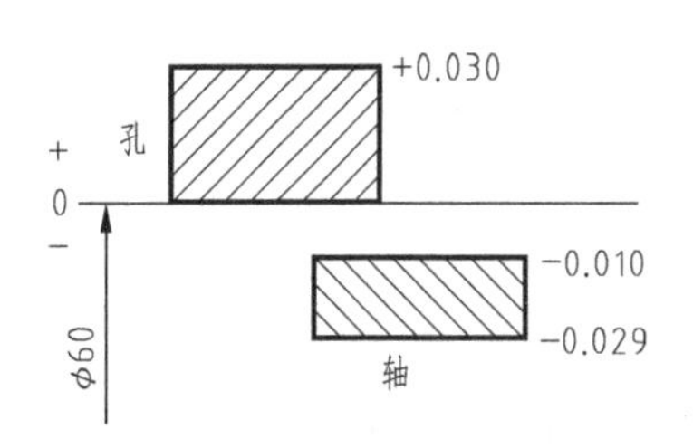

图 7-11　孔和轴配合的公差带图（一）

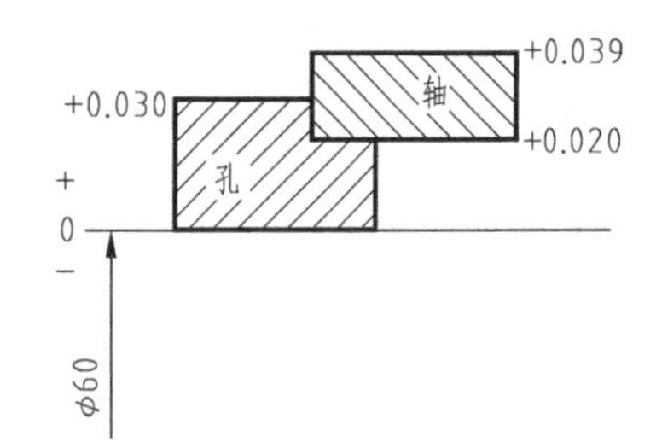

图 7-12　孔和轴配合的公差带图（二）

孔的公差带与轴的公差带交叠，孔和轴的配合为过渡配合。

X_{max}=ES−ei=+0.030−（+0.020）=+0.010（mm）

Y_{max}=EI−es=0−（+0.039）=−0.039（mm）

三、配合制度

在孔、轴配合时，使其中的一个零件作为基准件，它的基本偏差一定，通过改变另一个非基准件的基本偏差来获得各种不同性质配合的制度称为基准制。根据生产实际的需要，国家标准规定了基孔制和基轴制两种基准制度。

1. 基孔制配合

基本偏差为一定的孔的公差带，与不同基本偏差的轴的公差带形成各种配合的一种制度称为基孔制。这种制度是在同一公称尺寸的配合中，将孔的公差带位置固定，通过变动轴的公差带位置，得到各种不同的配合，如图 7-13 所示。

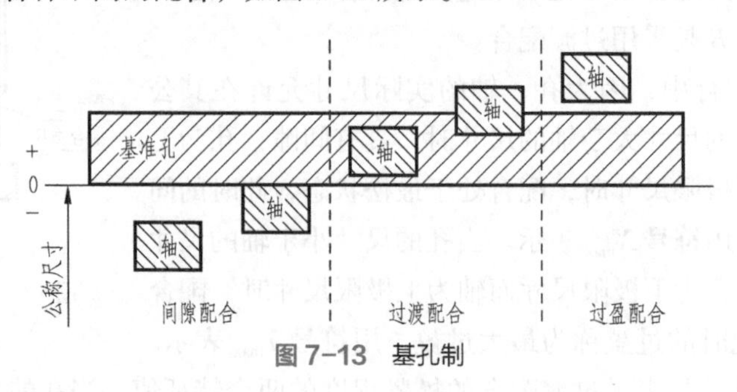

图 7–13　基孔制

基孔制的孔称为基准孔。国家标准规定：基准孔的下偏差为零，“H”为基准孔的基本偏差，一般情况下应优先选用基孔制。

说明：基孔制中的轴是非基准件，轴的公差带相对零线可以有不同的位置，因而可形成各种不同性质的配合。

2. 基轴制配合

基本偏差为一定的轴的公差带，与不同基本偏差的孔的公差带构成各种配合的一种制度称为基轴制。这种制度是在同一公称尺寸的配合中，将轴的公差带位置固定，通过变动孔的公差带位置，得到各种不同的配合，如图 7-14 所示。

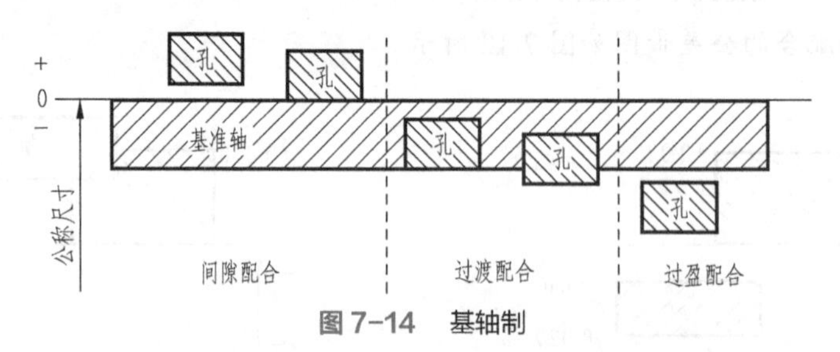

图 7–14　基轴制

基轴制的轴称为基准轴。国家标准规定：基准轴的上偏差为零，“h”为基轴制的基本偏差。

说明：基轴制中的孔是非基准件，孔的公差带相对零线可以有不同的位置，因而可形成各种不同性质的配合。

四、配合代号

国家标准规定，配合代号用孔、轴公差带代号的组合表示，写成分数形式，分子为孔的公差带代号，分母为轴的公差带代号，例如配合代号 H8/f7 或 $\frac{H8}{h7}$。在图样上标注时，配合代号是标注在公称尺寸的后面，如图 7-15 所示，ϕ25H6/g5 的含义是公称尺寸 ϕ25 的基孔制间隙配合，孔的公差带代号 H6，轴的公差带代号 g5。

【例 7-2】 分析图 7-16 中的配合代号的含义。

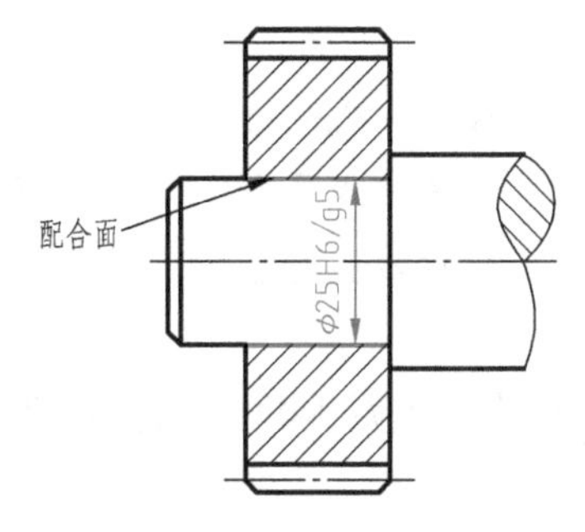

图 7-15　配合代号示例（一）

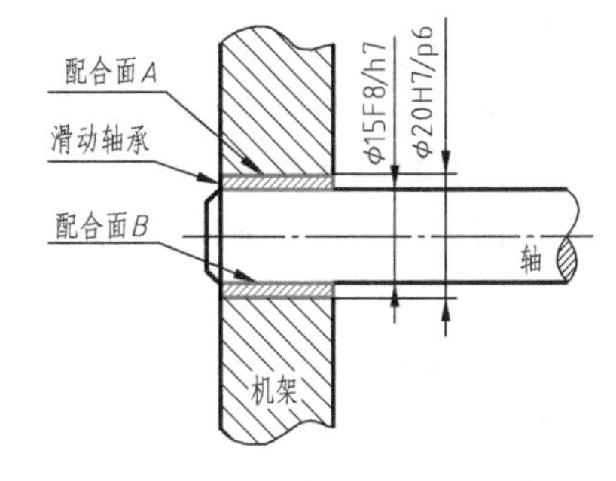

图 7-16　配合代号示例（二）

解　图 7-16 是由轴、机架和滑动轴承三个零件组成的装配图。滑动轴承装入机架孔，形成配合面 A，标注配合代号 ϕ20H7/p6，含义是公称尺寸 ϕ20 的基孔制过盈配合，孔的公差带代号 H7，轴的公差带代号 p6。轴与滑动轴承内孔形成配合面 B，标注配合代号 ϕ15F8/h7，含义是公称尺寸 ϕ15 的基轴制间隙配合，孔的公差带代号 F8，轴的公差带代号 h7。

【思考与练习 7-1】

一、填空题

1.______相同的，相互结合的孔和轴_____之间的关系称为配合。

2. 孔的尺寸减去相配合的轴的尺寸之差为____时是间隙，为____时是过盈。

3. 根据形成间隙或过盈的情况，配合分为_______、______和______三类。

4. 代表过渡配合松紧程度的特征值是______和_______。

5. 配合精度的高低是由相配合的____和____的精度决定的。

6. 标准公差数值与两个因素有关，它们是________和________。

7. 国家标准设置了__个标准公差等级，其中_____级精度最高，_____级精度最低。

8. 同一公差等级对所有公称尺寸的一组公差，被认为具有_____精确程度，但却有____的公差数值。

9. 在公称尺寸相同的情况下，公差等级越高，公差值____。

10. 在公差等级相同的情况下，不同的尺寸段，基本尺寸越大，公差值____。

11. 在同一尺寸段内，尽管基本尺寸不同，但只要公差等级相同，其标准公差值就_____。

12. 用以确定公差带相对于零线位置的上极限偏差或下极限偏差叫_______，此偏差一般为靠近____的那个偏差。

13. 孔和轴各有______个基本偏差代号；孔和轴同字母的基本偏差相对零线基本呈______分布。

14._____确定公差带的位置，_____确定公差带的大小。

15. 孔、轴公差带代号由______代号与______数字组成。

16. 国标对基本尺寸至 500mm 的孔、轴规定了____、____和____三类公差带。

17. 国标对孔与轴公差带之间的相互关系，规定了两种基准制，即____和_____。

18. 基孔制是基本偏差为______的孔的公差带与______基本偏差的轴的公差带形成各种配

合的一种制度。

19. 基孔制配合中的孔称为______，其基本偏差为___偏差，代号为___，数值为___。

20. 基轴制配合中的轴称为______，其基本偏差为___偏差，代号为___，数值为___。

21. 孔、轴配合代号写成分数形式，分子为_______，分母为_______。

二、名词解释

1. 配合　2. 基本偏差　3. 基孔制　4. ϕ80d5　5. ϕ65M8　6. ϕ80cd5　7. ϕ65H8/h6　8. ϕ40K7/h6

三、计算题

如图 7-17 所示为一组配合的孔、轴公差带图，试根据此图解答下列问题：

（1）判别配合制及配合类型；（2）计算极限盈隙。

四、分析题

已知三对配合的孔、轴：

1. 孔 $\phi25^{+0.021}_{0}$，轴 $\phi25^{-0.020}_{-0.033}$

2. 孔 $\phi25^{+0.021}_{0}$，轴 $\phi25\pm0.0065$

3. 孔 $\phi25^{+0.021}_{0}$，轴 $\phi25^{0}_{-0.013}$

分析：

（1）当公称尺寸为 ϕ25 时，f 的基本偏差为 −20μm，IT7 = 21μm，IT6 = 13μm，试写出上述配合代号。

（2）指出上述三对配合的异同。

五、识读题

根据图 7-18，回答下列问题：

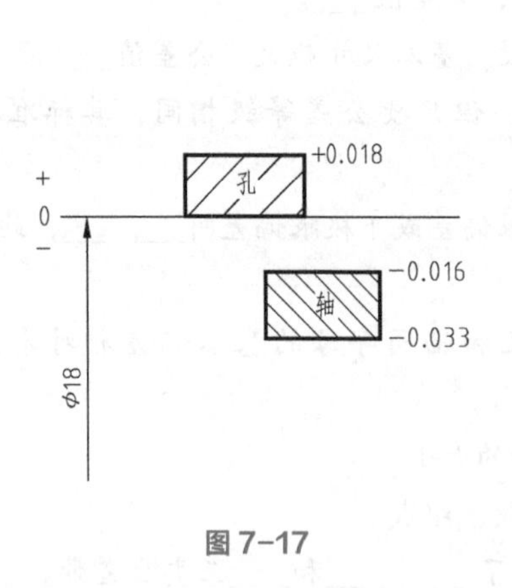

图 7-17

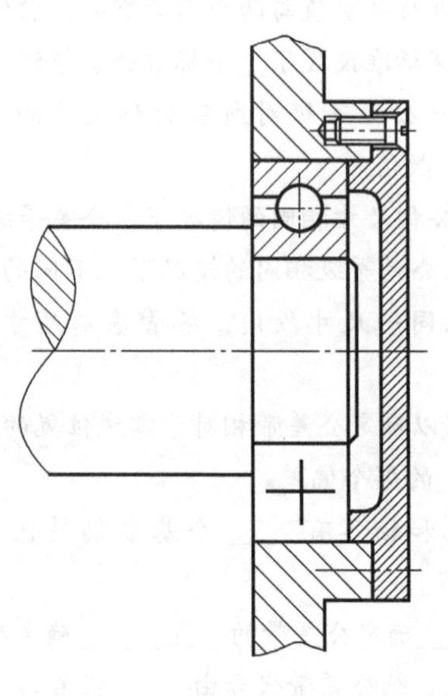

图 7-18

（1）滚动轴承与机架孔的配合为______制。

（2）滚动轴承与轴的配合为______制。

【思考与练习 7-1】 答案

一、填空题

1. 公称尺寸、公差带　2. 正、负　3. 间隙配合、过盈配合、过渡配合　4. 最大间隙、最大过盈　5. 孔、轴　6. 标准公差等级、公称尺寸分段　7. 20、IT01、IT18　8. 相同、不同　9. 越小　10. 越大　11. 相同　12. 基本偏差　13. 28、对称　14. 基本偏差、公差等级　15. 基本偏差、公差等级　16. 优先、常用、一般用途　17. 基孔制、基轴制　18. 一定、不同　19. 基准孔、下、H、0　20. 基准轴、上、h、0　21. 孔的公差带代号、轴的公差带代号

二、名词解释

1. 配合：公称尺寸相同的、相互结合的孔和轴公差带之间的关系。

2. 基本偏差是指在“极限与配合”相关的国家标准中所规定的，用以确定公差带相对零线位置的上极限偏差或下极限偏差。

3. 基孔制：基本偏差为一定的孔的公差带，与不同基本偏差的轴的公差带形成各种配合的一种制度。

4. ϕ80d5 表示公称尺寸为 ϕ80、基本偏差代号为 d、公差等级为 5 级的轴。

5. ϕ65M8 表示公称尺寸为 ϕ65、基本偏差代号为 M、公差等级为 8 级的孔。

6. ϕ80cd5 表示公称尺寸为 ϕ80、基本偏差代号为 cd、公差等级为 5 级的轴。

7. ϕ65H8/h6 含义是公称尺寸 ϕ65 的基孔制间隙配合，孔的公差带代号 H8，轴的公差带代号 h6。

8. ϕ40K7/h6 含义是公称尺寸 ϕ40 的基轴制过渡配合，孔的公差带代号 K7，轴的公差带代号 h6。

三、计算题

（1）孔的公差带完全在轴的公差带之上，因此孔和轴的配合为间隙配合；

（2）X_{max}=ES−ei=+0.018−（−0.033）=+0.051（mm）

X_{min}=EI−es=0−（−0.016）=+0.016（mm）

四、分析题

（1）已知：公称尺寸为 ϕ25 时，f 的基本偏差为 −20μm，IT7 = 21μm，IT6 = 13μm，则孔 $\phi25^{+0.021}_{0}$ 可标记为 ϕ25H7，轴 $\phi25^{-0.020}_{-0.033}$ 可标记为 ϕ25f6，轴 $\phi25\pm0.0065$ 可标记为 ϕ25js6，轴 $\phi25^{0}_{-0.013}$ 可标记为 ϕ25h6。

所以：孔 $\phi25^{+0.021}_{0}$、轴 $\phi25^{-0.020}_{-0.033}$ 的配合代号为 ϕ25H7/f6；

孔 $\phi25^{+0.021}_{0}$、轴 $\phi25\pm0.0065$ 的配合代号为 ϕ25H7/js6；

孔 $\phi25^{+0.021}_{0}$、轴 $\phi25^{0}_{-0.013}$ 的配合代号为 ϕ25H7/h6。

（2）上述三对配合的相同点是：都是基孔制配合，采用同样的基准孔；不同点是用同一个基准孔与不同的三个轴分别形成间隙配合、过渡配合和间隙配合。

五、识读题

（1）基轴　（2）基孔

第二节 螺纹连接与传动

一、螺纹连接的规定画法

螺纹连接如图 7-19 所示，旋合部分按外螺纹绘制，非旋合部分按各自的规定画法绘制。

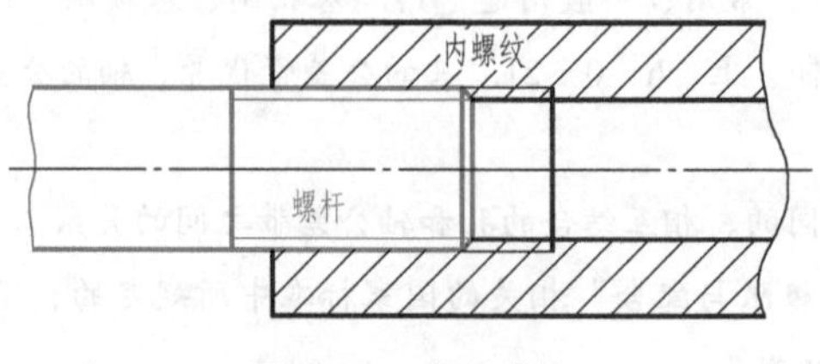

图 7-19 螺纹连接

螺纹连接中表示大、小径的粗实线和细实线应分别对齐。当剖切平面通过螺杆的轴线时，螺杆按未剖切绘制。

二、螺纹连接

1. 螺纹连接件

运用螺纹的连接作用来连接和紧固一些零部件的零件称螺纹连接件。常用的螺纹连接件有螺栓、双头螺柱、螺钉、螺母和垫圈等，如图 7-20 所示。这些连接件的结构、类型、尺寸和技术要求等都已列入有关的国家标准，并由专门的企业进行大批量的生产，因此这些连接件也叫做标准件。表 7-1 所列为常用螺纹连接件及其标记示例。

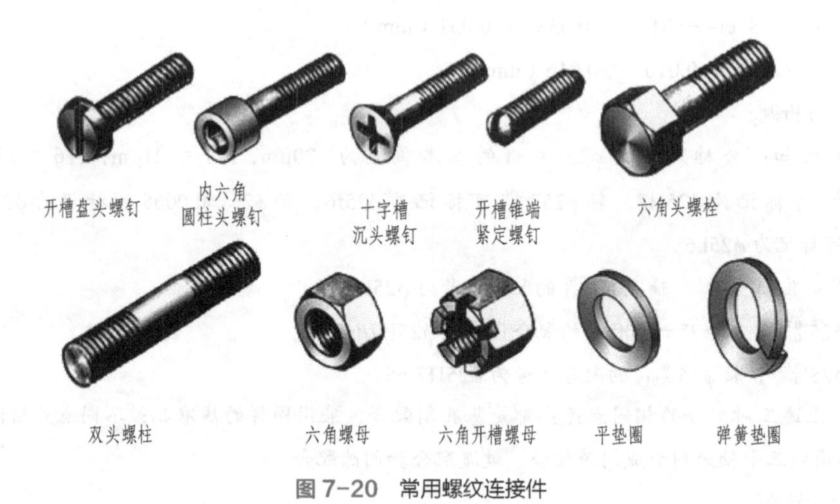

图 7-20 常用螺纹连接件

2. 螺纹连接形式

（1）螺纹旋合

当内、外螺纹的牙型、大径、小径、螺距、线数及旋向都相同时，才可以连接在一起。

表 7-1　常用螺纹连接件及其标记示例

名称及标准号	图例及规格尺寸	标记示例及说明
六角头螺栓——A 级和 B 级 GB/T 5782—2016		标记示例：螺栓 GB/T 5782 M8 × 30 说明：粗牙普通螺纹规格 d= M8、公称长度 30mm、A 级的六角头螺栓
双头螺柱——A 型和 B 型 GB/T 897—1988 GB/T 898—1988 GB/T 899—1988 GB/T 900—1988	A型 B型	标记示例：螺柱 GB/T 897 M10 × 35 说明：两端均为粗牙普通螺纹、螺纹规格 d= M10、公称长度 l=35mm 的双头螺柱
1 型六角螺母——A 级和 B 级 GB/T 6170—2015		标记示例：螺母 GB/T 6170 M10 说明：螺纹规格 d=M10、A 级的 1 型六角螺母
平垫圈——A 级 GB/T 97.1—2002		标记示例：垫圈 GB/T 97.1 10 200HV 说明：规格 d=10mm、硬度等级 200HV 的平垫圈
标准型弹簧垫圈 GB/T 93—1987		标记示例：垫圈 GB/T 93 8 说明：规格 8mm、材料为 65Mn 的标准型弹簧垫圈
开槽沉头螺钉 GB/T 68—2016		标记示例：螺钉 GB/T 68 M6 × 30 说明：螺纹规格 d= M8、公称长度 30mm 的开槽沉头螺钉

剖视图中，表示外螺纹牙顶的粗实线，必须与表示内螺纹牙底的细实线在一条直线上；表示外螺纹牙底的细实线，也必须与表示内螺纹牙顶的粗实线在一条直线上，即内外螺纹的大径和小径分别对齐。

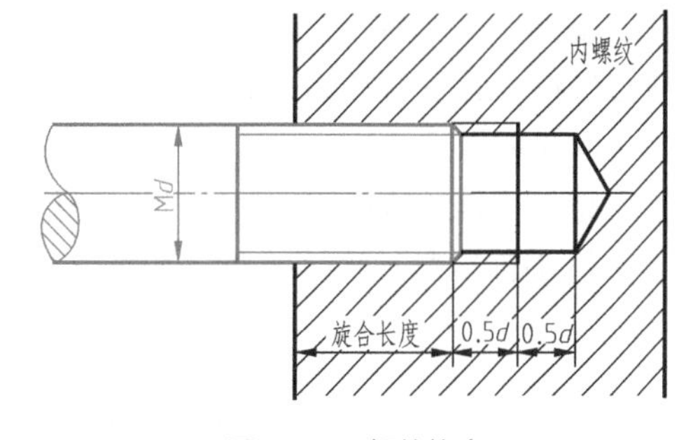

图 7-21　螺纹旋合

螺纹旋合以剖视图表示内、外螺纹的连接关系时，外螺纹是按不剖视绘制，其旋合部分应按外螺纹的画法绘制，其余部分仍按各自的画法表示。

螺纹旋合示例如图 7-21 所示，如果内螺纹是未穿通孔，注意内螺纹的长度要比旋合长度长约 0.5d，孔的深度又要比内螺纹的长度长 0.5d，其孔底有 120° 的钻头角。

（2）螺栓连接

先将两个被连接的零件螺纹孔对齐，如图 7-22（a）所示，再将螺栓穿过被连接零件的通孔，如图 7-22（b）所示，然后套上垫圈，旋紧螺母如图 7-22（c）所示，这样就把被连接的零件连接起来。这种螺栓连接形式适用于被连接零件不太厚的场合。

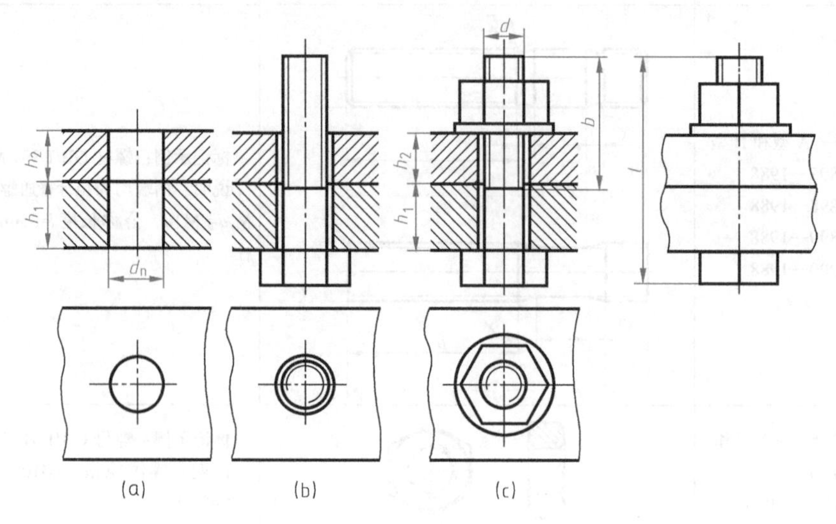

图 7-22 螺栓连接

看螺纹连接的装配图时，应注意以下几点：

① 两零件接触表面画一条线，不接触表面画两条线。

② 两邻接零件的剖面线方向应相反，或者方向一致而间隔不等。各视图上同一零件的剖面线方向和间隔应保持一致。

③ 对于紧固件和实心零件（如螺钉、螺栓、螺母、垫圈、键、销、球、轴等），若剖切平面通过它们的轴线，则这些零件均按不剖绘制，仍画外形。需要时，可采用局部剖视。

（3）双头螺柱连接

采用双头螺柱连接时，先将双头螺柱的旋入端 b_m 全部旋入被连接件的螺孔中，如图 7-23（a）所示，然后将另一个被连接件的通孔套在双头螺柱上，如图 7-23（b）所示，再套上垫圈、旋紧螺母，这样就把被连接的零件连接起来，如图 7-23（c）所示。双头螺柱这种连接形式适用于被连接件较厚而另一个被连接件不太厚的情况。

（4）螺钉连接

螺钉连接是将螺钉直接穿过被连接零件的通孔，再拧入另一个被连接零件的螺纹孔中，靠螺钉头部压紧被连接零件，如图 7-24 所示。螺钉连接常用于受力不大和不经常拆卸的场合。

螺钉头部的一字槽（或十字槽）在投影为圆的视图上是 45° 的倾斜线，这些槽的投影也可以涂黑表示，如图 7-25 所示。

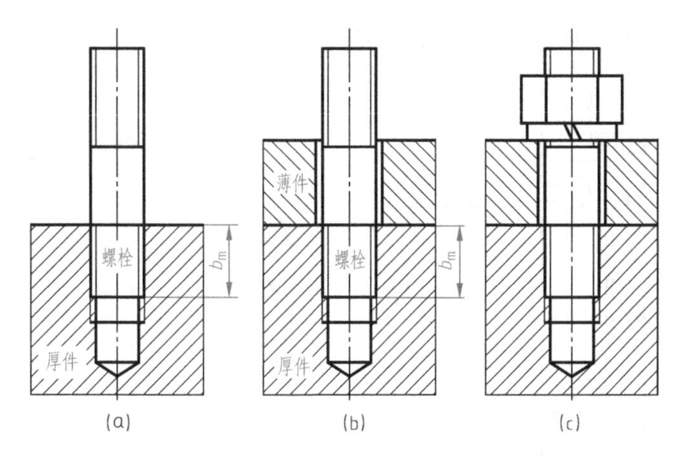

图 7-23　双头螺柱连接

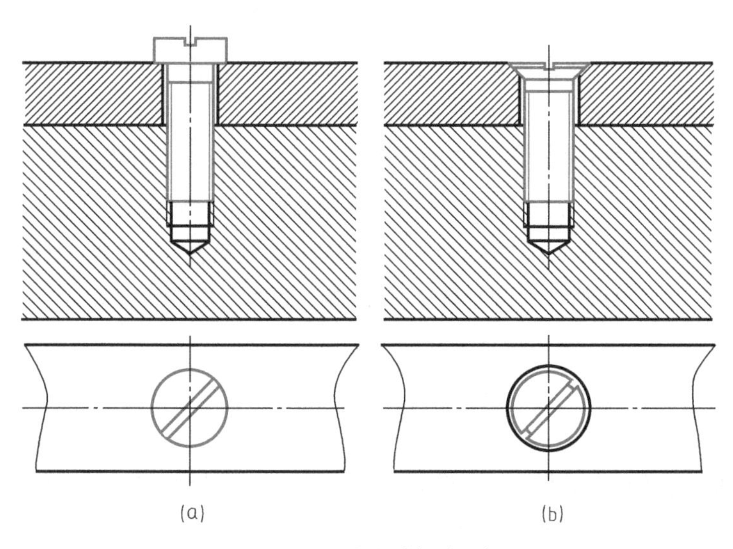

图 7-24　螺钉连接（一）

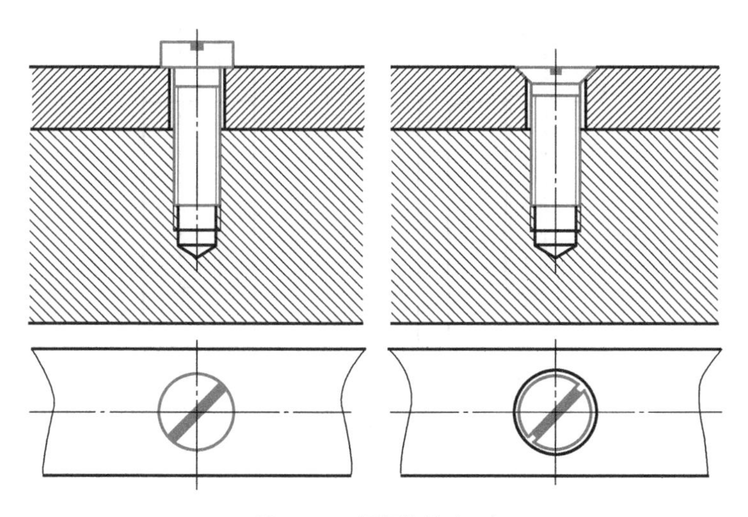

图 7-25　螺钉连接（二）

【例 7-3】 零件装配如图 7-26 所示，分析其中的螺钉连接。

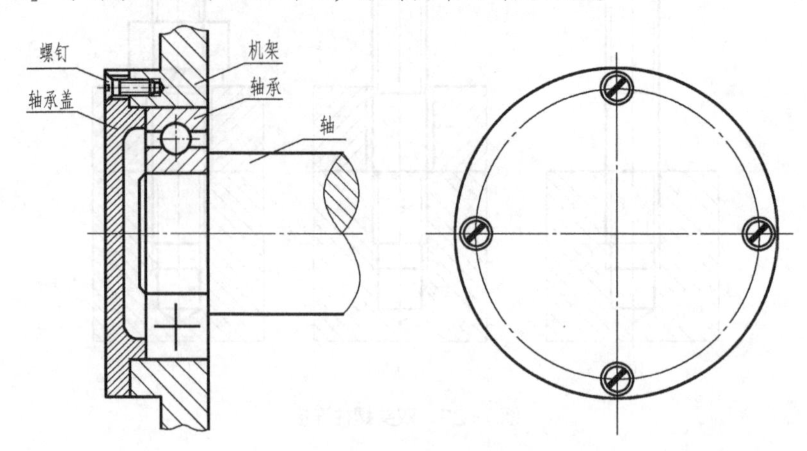

图 7-26　零件装配示例

解　由图 7-26 可见，螺钉连接用于轴承盖与机架的连接，主视图采用剖视图表达螺钉的连接方式，左视图表达螺钉连接的数量和分布形式。

机械装置中固定不动的起支承作用的构件称为机架，如变速箱的箱体、机床的床身等。

在装配图中，对若干相同的零件组，如螺栓、螺钉连接等，可以仅详细地画出一处或几处，其余只需用点画线表示其位置，如图 7-26 的主视图中的螺钉，顶部的螺钉详细绘制，底部的用点画线表示。

三、螺纹传动

1. 桌用夹紧装置

桌用夹紧装置如图 7-27 所示，该装置由固定座和夹紧丝杠组成，旋转夹紧丝杠可以将该装置固定在桌面上或者从桌面上取下。

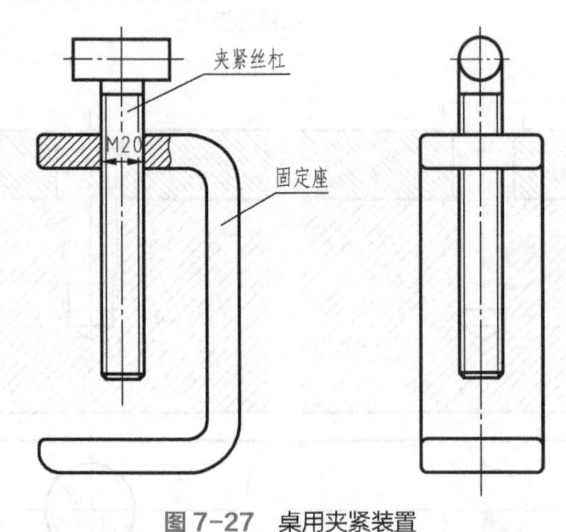

图 7-27　桌用夹紧装置

2. 螺纹拉紧器

螺纹拉紧器如图 7-28 所示，由左拉杆、基座和右拉杆组成，左、右拉杆分别带有左旋、右旋螺纹，因此转动基座可以使左、右拉杆实现靠近或分开。

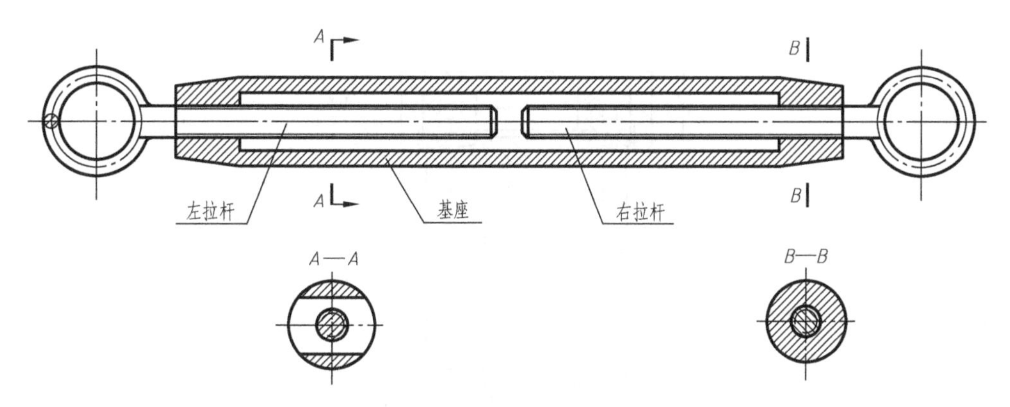

图 7-28　螺纹拉紧器

图 7-28 中的断面图 A—A，基座的上部分断面、下部分断面是完全分离的，此时的断面图要按照剖视图绘制，左拉杆圆环的截面采用了重合断面图来表达。

【思考与练习 7-2】

一、填空题

1. 螺距是相邻两牙在中径上对应两点间的________。

2. 根据螺纹牙型的不同可分为________、________、________和________螺纹等。

3. 螺旋传动常用的类型有________、________和________。

二、分析题

1. 拆卸器如图 7-29 所示，分析拆卸器的工作原理。（提示：局部剖视图 A—A 表达的结构称为铰链，它连接的两个零件可以相对转动）

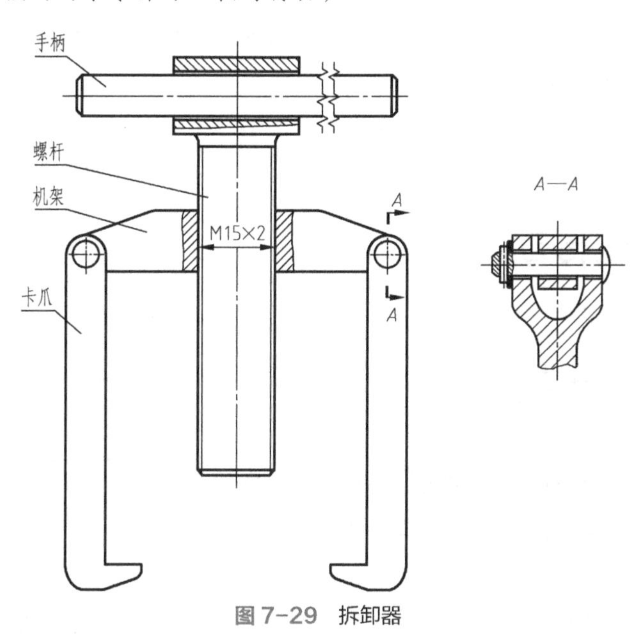

图 7-29　拆卸器

2. 螺旋千斤顶如图 7-30 所示。

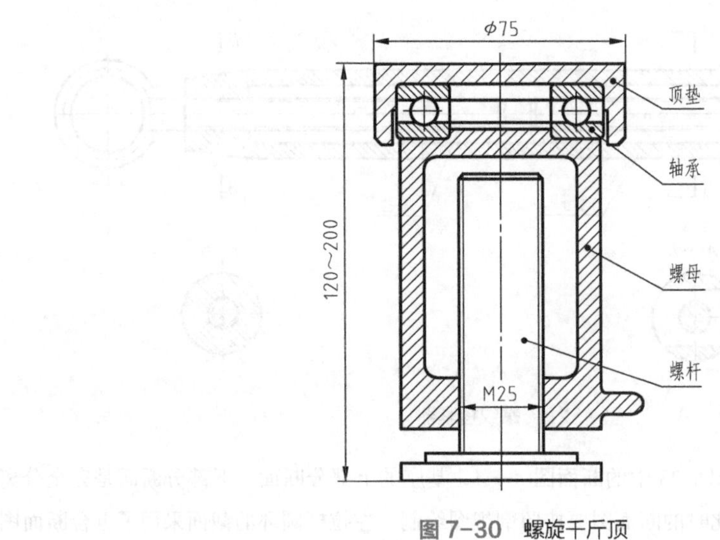

图 7-30　螺旋千斤顶

【思考与练习 7-2】 答案

一、填空题

1. 轴向距离　2. 三角螺纹、梯形螺纹、矩形螺纹、锯齿形　3. 梯形螺纹传动、矩形螺纹传动、锯齿形螺纹传动

二、分析题

1. 图 7-29 所示拆卸器，又称拉拔器、顶拔器或拉马等，一般用于拆卸轴上的滚动轴承等零件。在拆卸时，卡爪卡住轴承，螺杆顶在轴端，转动螺杆使螺杆与卡爪相对移动，从而将轴承从轴上拆下。

2. 图 7-30 所示螺旋千斤顶，由顶垫、轴承、螺母和螺杆组成，转动螺母使其沿螺杆向上或向下移动，从而顶起或放下重物。

第三节　齿轮传动

一、常见齿轮传动类型

1. 直齿圆柱齿轮传动

直齿圆柱齿轮与轴的配合，如图 7-31 所示，齿轮与轴都是回转件，其装配关系用剖视图表达即可，一般采用间歇配合。

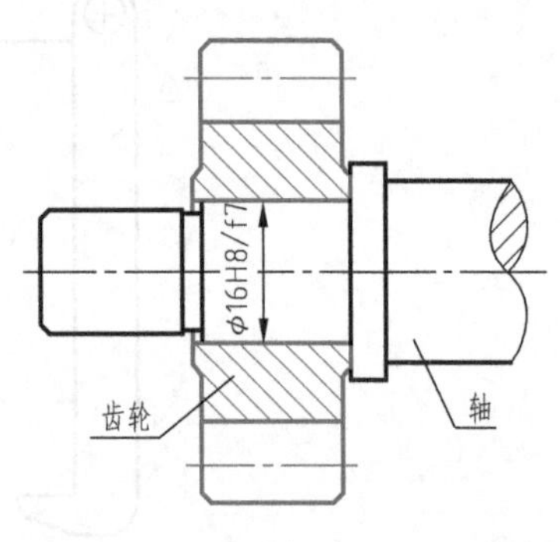

图 7-31　直齿圆柱齿轮与轴的配合

（1）圆柱齿轮的啮合

在垂直于圆柱齿轮轴线的投影面的视图中，两节圆相切，在啮合区内的齿顶线用粗实线绘制，如图 7-32（a）所示，也可按省略画法，如图 7-32（b）所示，齿根圆省略不画。

在剖视图中，当剖切平面通过两啮合齿轮轴线时［图 7-32（a）］，在啮合区内，将一个齿轮的轮齿用粗实线绘制，另一个齿轮的轮齿被遮挡的部分省略不画（该部分也可用虚线绘制），轮齿一律按不剖绘制。

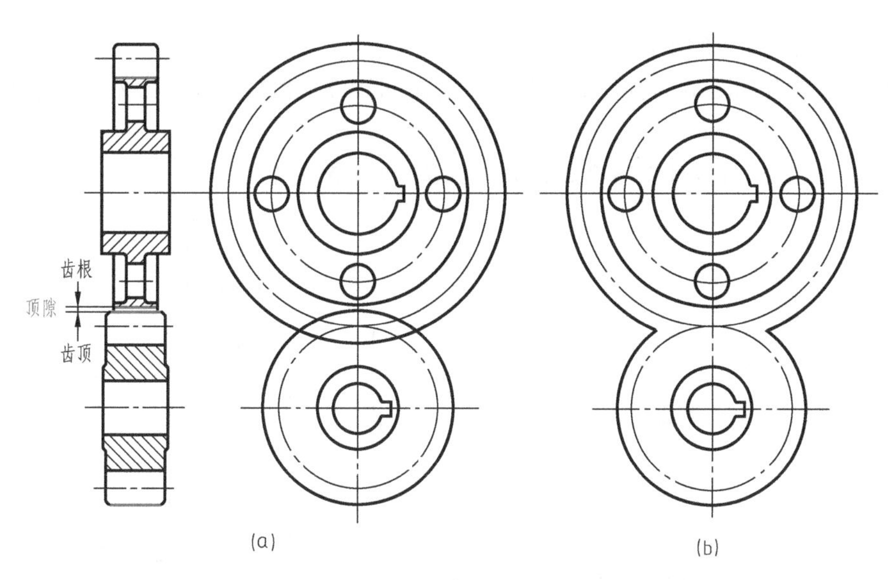

图 7-32　圆柱齿轮的啮合

在未作剖视的情况下，在平行于齿轮轴线的投影面的视图中，啮合区内的齿顶线不画出，只用粗实线绘制节线，如图 7-33（b）、（c）所示。图 7-33（c）中三条平行的细实线表示斜齿圆柱齿轮。

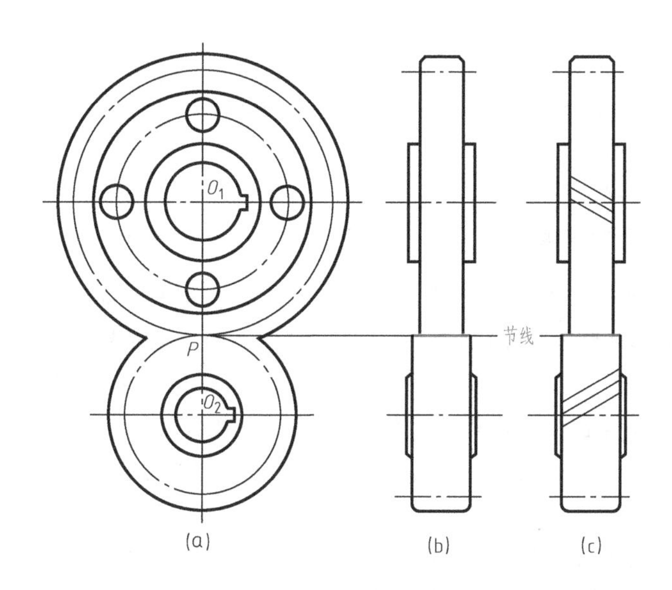

图 7-33　未作剖视的圆柱齿轮啮合

特别提示

当两齿轮传动时，其齿廓曲线（轮齿在齿顶圆和齿根圆之间的曲线）在连心线 O_1O_2 上的接触点 P 处，两齿轮的圆周速度相等，以 O_1P 和 O_2P 为半径的圆称为相应齿轮的节圆，两节圆相切于 P 点，如图 7-33 所示，此时的齿轮传动相当于相切两节圆的纯滚动。注意，节圆直径只有在装配后才能确定；一对装配准确的标准齿轮，其节圆和分度圆重合。

（2）圆柱齿轮啮合的示例

圆柱齿轮啮合如图 7-34 所示，齿轮与轴都是回转件，齿轮 1 与齿轮 2 的啮合常用剖视图表达。

【例 7-4】 装配图如图 7-35 所示，分析各零件的装配关系。

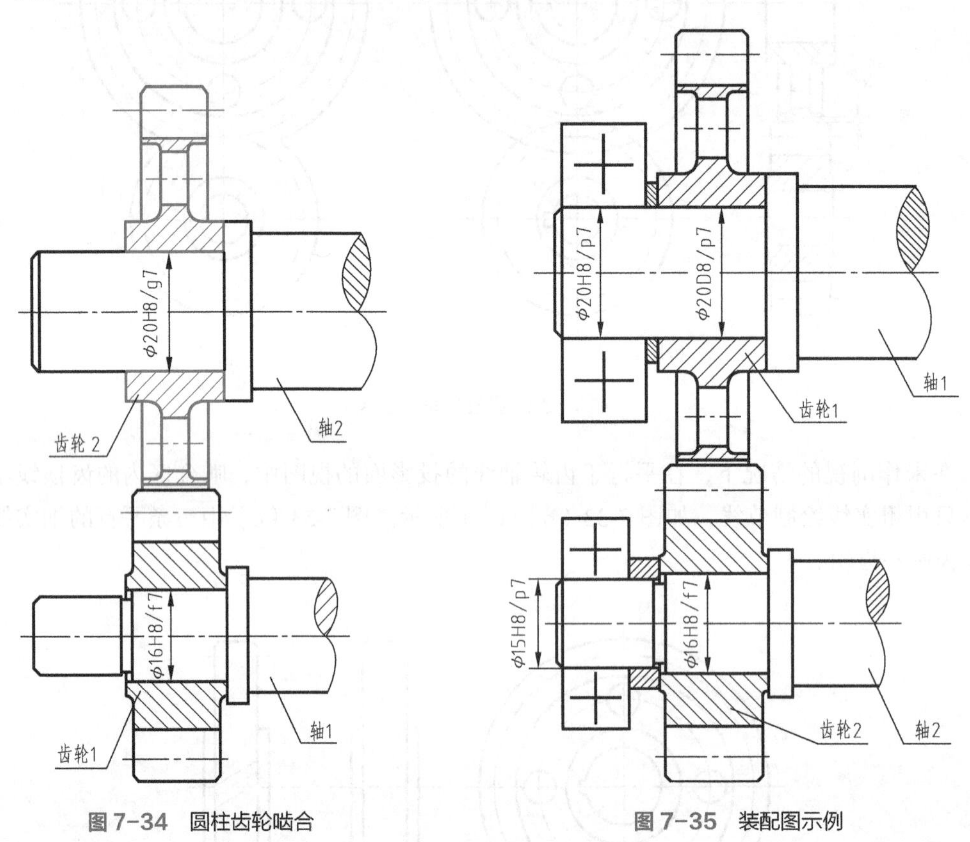

图 7-34 圆柱齿轮啮合　　图 7-35 装配图示例

解 由图 7-35 可见，轴 1 上安装了轴承、齿轮 1 等零件，轴承与齿轮 1 之间有垫片；轴 1 与轴承采用基孔制配合 ϕ20H8/p7，轴 1 与齿轮 1 之间采用非基准制配合 ϕ20D8/p7。

轴 2 上安装了轴承、齿轮 2 等零件，轴承与齿轮 2 之间有轴套；轴 2 与轴承采用基孔制配合 ϕ15H8/p7，轴 2 与齿轮 2 之间采用基孔制配合 ϕ16H8/f7。

轴 1、轴 2 由各自的轴承支承，保证齿轮 1 与齿轮 2 正确啮合。

2. 直齿锥齿轮传动

锥齿轮是分度曲面为圆锥面的齿轮，当锥齿轮的齿线是分度圆锥面的直母线时，该锥齿轮称为直齿锥齿轮。直齿锥齿轮啮合传动大多用于两轴线垂直相交的场合，如图 7-36 所示。直齿锥齿轮啮合常采用全剖视图表达。

3. 蜗轮蜗杆传动

蜗杆与蜗轮啮合传动外形视图如图7-37所示。蜗轮被蜗杆遮住部分不画，如图7-37（a）所示；蜗杆的分度线与蜗轮的分度圆相切，蜗杆与蜗轮啮合区的齿顶圆都用粗实线画出，如图7-37（b）所示。

蜗杆与蜗轮啮合传动的剖视图如图7-38所示。

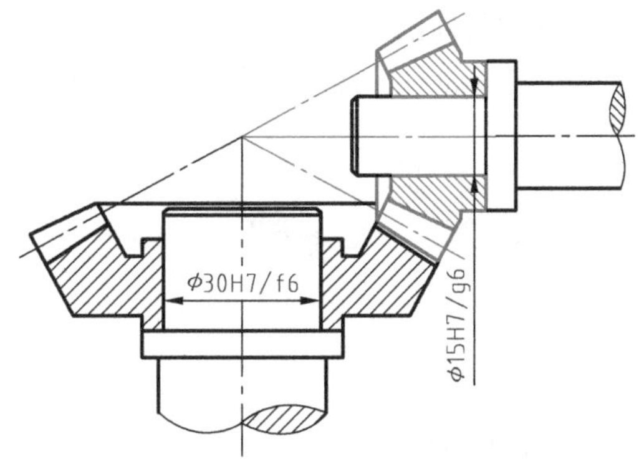

图 7-36　直齿锥齿轮传动

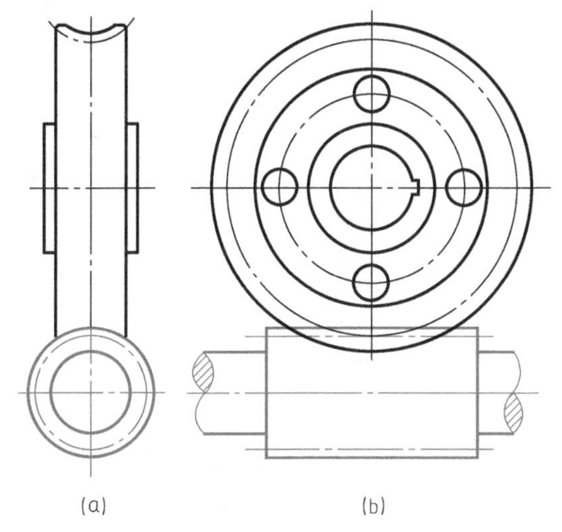

图 7-37　蜗杆与蜗轮啮合传动（一）

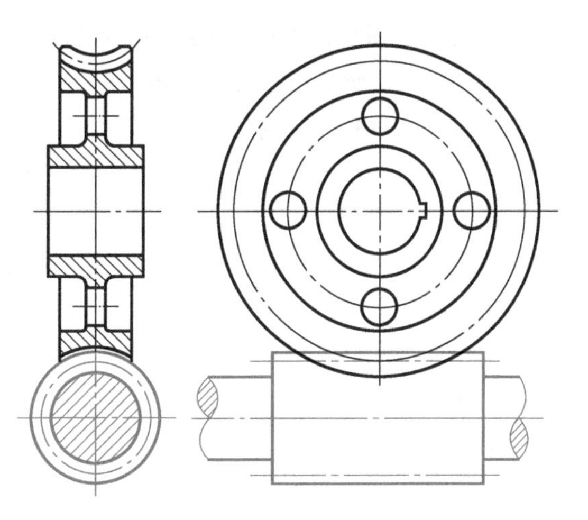
图 7-38　蜗杆与蜗轮啮合传动（二）

二、轴上零件的固定

轴上零件的固定包括周向固定和轴向固定。周向固定的目的是保证轴能可靠地传递运动和转矩，防止轴上零件与轴产生相对转动；轴向固定的目的是保证零件在轴上有确定的轴向位置，防止零件做轴向移动，并能承受轴向力。

（一）轴与轴上零件的周向固定

轴上零件的周向固定常用的方法有键连接、销连接、紧定螺钉连接等。

1. 键连接

（1）键连接

键连接是一种可拆卸连接，用于轴与轴上零件（齿轮、带轮等）之间的周向固定，传递转矩和运动。

键连接分类如下：

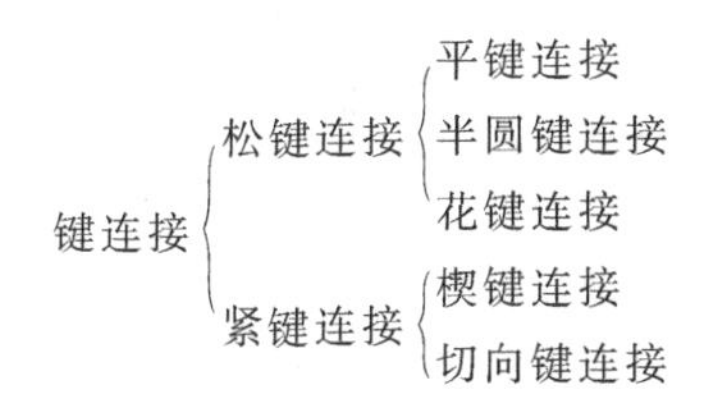

（2）键的标记

键属于标准件，常用的键有普通平键、半圆键和钩头楔键，如图 7-39 所示。

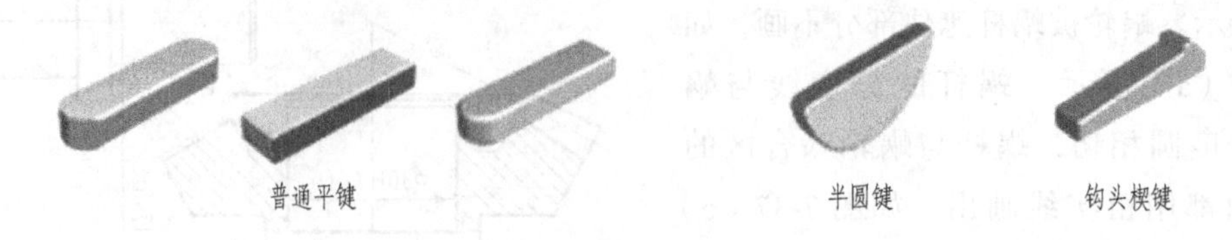

图 7-39　常用的键

① 普通平键

普通平键有 A 型（圆头）、B 型（平头）、C 型（单圆头）三种类型，普通平键的两侧面是工作表面，圆头普通平键（A 型）在键槽中不会发生轴向移动，因此应用最广，单圆头普通平键（C 型）则多用于轴的端部。

普通平键的标记：标准代号 名称 类型及规格尺寸（$b \times h \times L$），例如：

“GB/T 1096 键 12×8×50”表示：圆头普通平键、键宽 b=12mm、键高 h=8mm、键长 L=50mm。

“GB/T 1096 键 B16×10×100”表示：平头普通平键、键宽 b=16mm、键高 h=10mm、键长 L=100mm。

“GB/T 1096 键 C16×10×80”表示：单圆头普通平键、键宽 b=16mm、键高 h=10mm、键长 L=80mm。

国家标准规定，在普通平键的标记中，若为圆头普通平键 (A 型)，字母“A”省略不注，B 型（平头）和 C 型（单圆头）必须注出代表型号的字母。

② 半圆键连接

半圆键连接情况与普通平键相似，工作面是键的两侧面，可在轴上的键槽中绕槽底圆弧摆动。半圆键常用在载荷不大的传动轴上，用于锥形轴与轮毂的连接。半圆键的尺寸可查阅 GB/T 1099.1—2003。

（3）平键连接

零件上键槽的画法如图 7-40 所示。轴上的键槽如图 7-40（a）所示，键槽的宽度 b 可根据轴的直径 d 查表确定，键的长度应小于或等于轮毂的长度；孔中的键槽如图 7-40（b）所示。

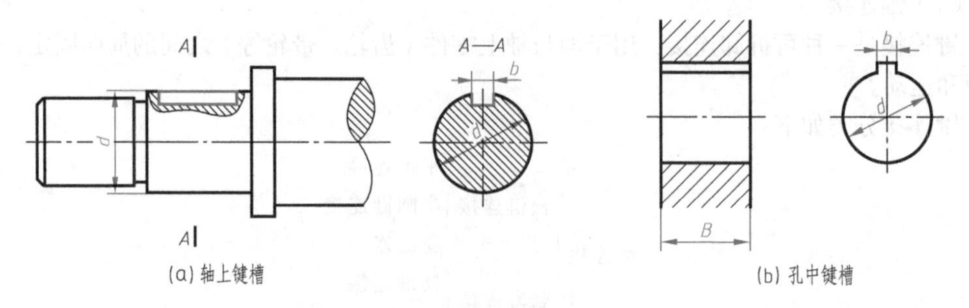

图 7-40　键槽的画法

① 普通平键连接

普通平键的连接如图 7-41 所示，普通平键的两侧面是工作表面，连接时与键槽接触，键的顶面与孔上的键槽底面之间有间隙。

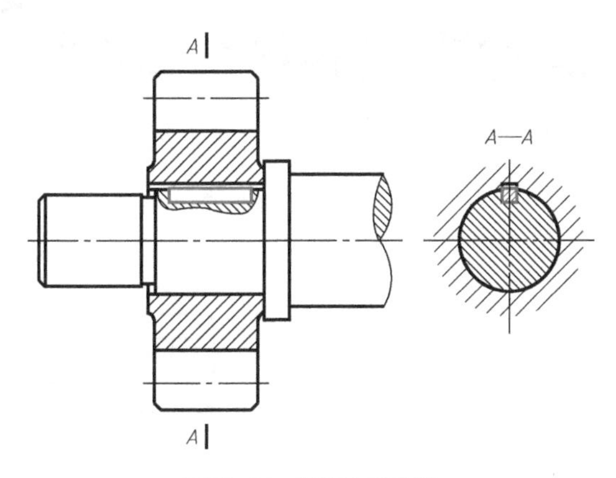

图 7-41　普通平键连接

图 7-41 中用剖视图表达了普通平键在键槽中的状态，在装配图中常常只绘制出键槽的形式来表示键连接，如图 7-42 所示，这种方式更简单、常用。

② 导向平键连接

当被连接的齿轮等零件的轮毂需要在轴上沿轴向移动时，可采用导向平键（GB/T 1097—2003）连接，如图 7-43 所示。导向平键比普通型平键长，为了防止松动，通常用螺钉固定在轴上的键槽中，键与轮毂槽采用间隙配合。

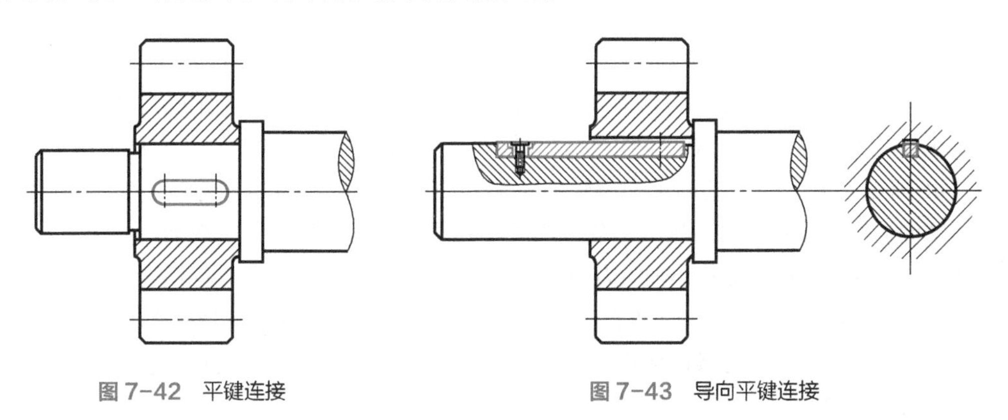

图 7-42　平键连接　　　　图 7-43　导向平键连接

2. 销的形式及连接

（1）销的形式

销是标准件，通常用于零件间的连接、定位或防松。常用的销有圆柱销、圆锥销和开口销，如图 7-44 所示。

（2）销连接

销连接主要用于定位（作为组合加工和装配时的辅助零件，用于确定零件间的相对位置），如图 7-45（a）所示，也可用于轴与毂或其他零件的连接，如图 7-45（b）所示，还可以作为安全装置中的过载保护零件。

图 7-44　销的形式

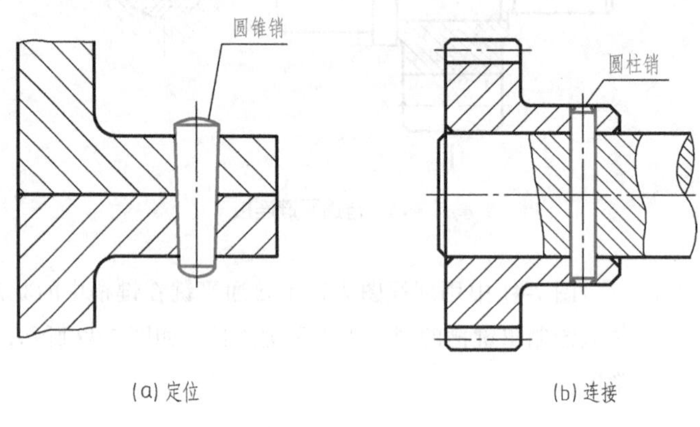

(a) 定位　　(b) 连接

图 7-45　销连接

当剖切平面通过销孔的轴线剖开时，销按不剖画出。

（二）轴与轴上零件的轴向固定

轴上零件的轴向固定常用方法有螺母、轴肩与轴环、弹性挡圈、紧定螺钉等。

要求结构简单、定位可靠、能承受较大轴向力的场合，常用轴与轴上零件的轴向固定。如图 7-46 所示，轴上的滚动轴承和齿轮的左侧轴向固定靠轴的轴肩来定位；滚动轴承向右方向的轴向固定靠轴承盖来压紧；齿轮的右侧用螺母、垫圈来压紧，实现轴向固定。

要求结构简单、能承受较小轴向力的场合，也可用轴与轴上零件的轴向固定。如图 7-47 所示，滚动轴承右侧采用弹性挡圈实现轴向固定；齿轮右侧采用紧定螺钉和挡圈实现轴向固定。

【例 7-5】 某齿轮减速器的输出轴如图 7-48 所示，分析轴上零件的固定。

解　分析图 7-48。

（1）轴上零件的周向固定：齿轮与轴头的周向固定采用键连接；滚动轴承内孔与轴颈的周向固定采用过盈配合。

（2）轴上零件的轴向固定。

① 左端轴承的轴向固定：轴承的左侧采用轴承盖，右侧采用轴肩；

② 齿轮的轴向固定：齿轮的左侧采用轴环，右侧采用轴套；

③ 右端轴承的轴向固定：轴承的左侧采用轴套，右侧采用轴承盖。

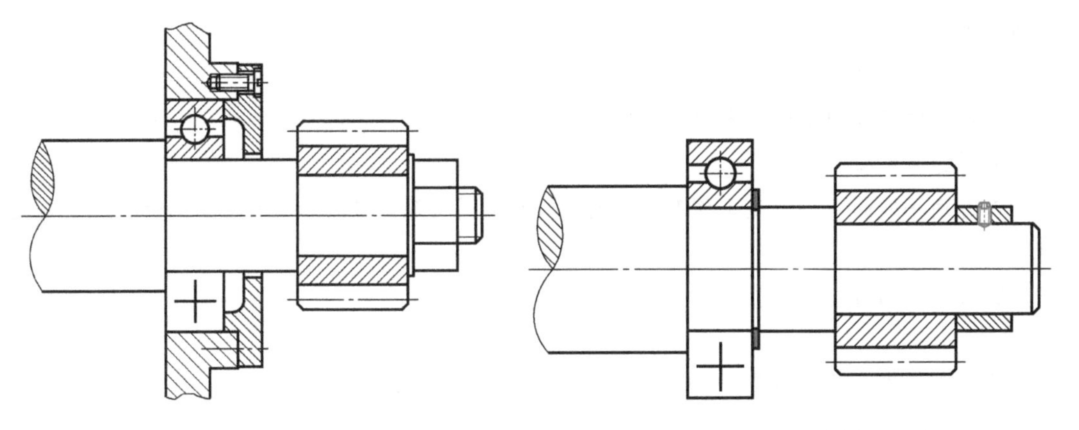

图 7-46　轴向定位结构　　　　图 7-47　轴上零件的轴向固定

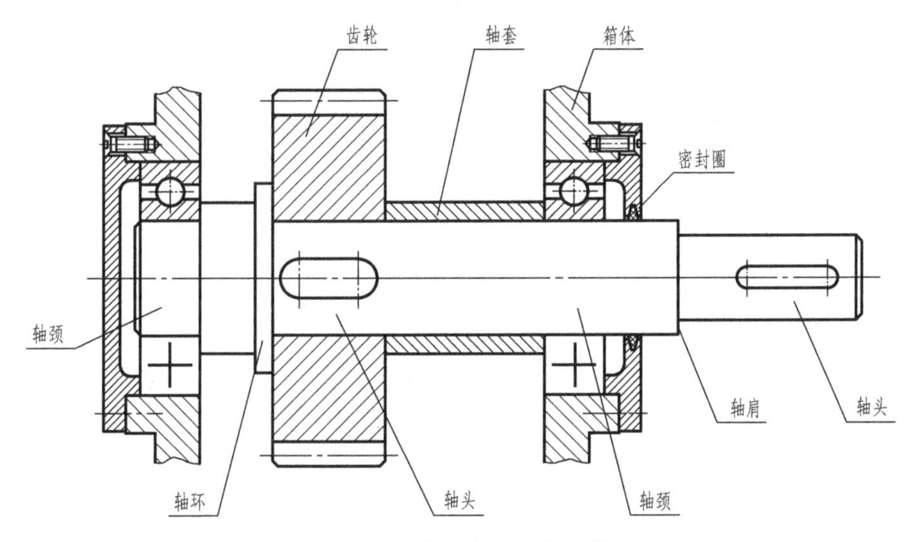

图 7-48　齿轮减速器的输出轴

为了防止机器中的工作介质（液体或气体，如润滑油等）沿轴、杆泄漏或外界灰尘等杂质进入机器内部，机器上要有密封装置，如图 7-48 中右端的轴承盖与轴之间有密封圈。另外，轴承盖与箱体之间要有密封垫片，一是起密封作用，二是调整垫片的厚度可以调整轴向间隙。

【思考与练习 7-3】

一、填空题

1. 圆柱齿轮的啮合：在垂直于圆柱齿轮轴线的投影面的视图中，两节圆相切，在啮合区内的齿顶线用___线绘制，也可按省略画法，___圆省略不画。

2. 在圆柱齿轮啮合的剖视图中，当剖切平面通过两啮合齿轮轴线时，轮齿一律按______绘制。

3. 蜗杆与蜗轮啮合传动中，蜗杆的分度线与蜗轮的分度圆相切，蜗杆与蜗轮啮合区的齿顶圆都用____画出。

4. 轴上零件的固定包括_____和_____。

5. 轴上零件的周向固定常用的方法有_____、_____、______等。

6. 普通平键有_____、_____、______三种类型。

7. 普通平键的______是工作表面，连接时与键槽接触，键的顶面与孔上的键槽底面之间有_____。

8. 常用的销有_____、____和_____。

二、分析题

某轴与轴上零件如图 7-49 所示，分析轴上零件的固定。

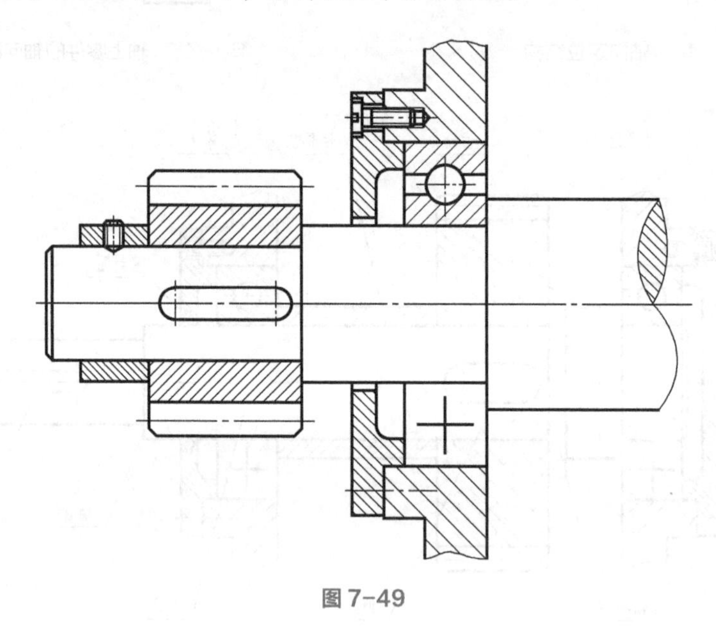

图 7-49

【思考与练习 7-3】 答案

一、填空题

1. 粗实、齿根 2. 不剖 3. 粗实线 4. 周向固定、轴向固定 5. 键连接、销连接、紧定螺钉连接 6. A 型（圆头）、B 型（平头）、C 型（单圆头） 7. 两侧面、间隙 8. 圆柱销、圆锥销、开口销

二、分析题

图 7-49 主要表达轴与轴上零件的固定。

（1）轴上零件的轴向固定：

① 左端轴套的轴向固定：采用螺钉固定；

② 齿轮的轴向固定：齿轮的左侧采用轴套，右侧采用轴肩；

③ 滚动轴承的轴向固定：轴承的左侧采用轴承盖（轴承盖采用沉头螺钉固定在机架上），右侧采用轴肩。

（2）轴上零件的周向固定：

① 左端轴套的轴向固定：采用螺钉固定；

② 齿轮与轴头的周向固定：采用键连接；

③ 滚动轴承内孔与轴颈的周向固定：采用过盈配合。

第四节　凸轮机构

在机械装置中，有些场合需要主动件做匀速运动而从动件做有规律的运动，此时常用凸轮机构。

一、凸轮

凸轮的种类很多，按凸轮的形状不同，常用的凸轮有盘形凸轮、圆柱凸轮、移动凸轮、端面凸轮等，如图 7-50 所示的是盘形凸轮。

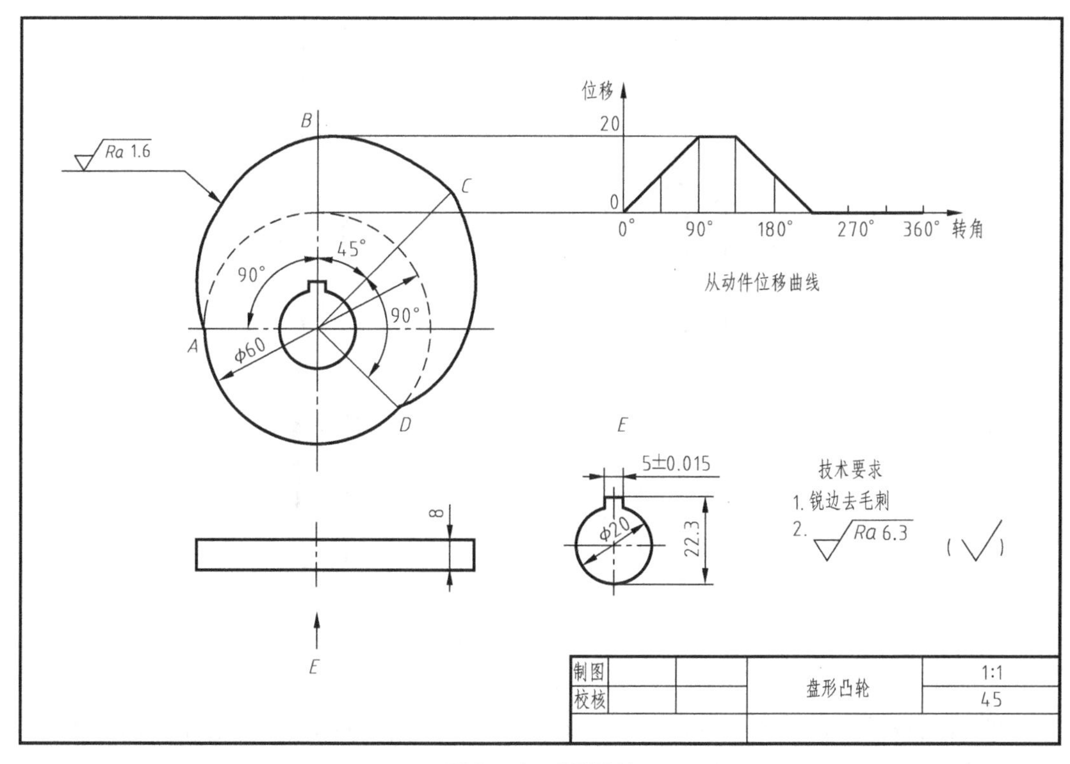

图 7-50　盘形凸轮

图 7-50 中的从动件位移曲线表明从动件的运动规律是等速运动。盘形凸轮的径向尺寸是变化的，其轮廓线是复杂的曲线，取决于从动件位移曲线。由主视图可知：凸轮的基圆直径是 60mm，*AB* 段轮廓线曲率半径逐渐增大（30mm ↗ 50mm），*BC* 段轮廓线曲率半径最大（50mm，保持不变），*CD* 段轮廓线曲率半径逐渐变小（50mm ↘ 30mm），*DA* 段轮廓线曲率

半径最小（30mm，保持不变）。

当凸轮匀速逆时针转动时，从动件随之做“上升→停止→下降→停止”的周期运动。

特别提示

从动件的运动规律有等速运动，还有等加速等减速运动等方式，不同的运动规律要求凸轮的轮廓也是不同的，读图时要注意这点。

二、常见凸轮机构

1. 盘形凸轮机构

盘形凸轮机构如图 7-51 所示，凸轮机构主要由凸轮、从动件和机架组成。凸轮匀速绕定轴逆时针转动，从动件在垂直于回转轴的平面内与机架孔间隙配合，在弹簧的作用下从动件与凸轮紧紧靠在一起，随凸轮做上升→停止→下降→停止的周期移动。

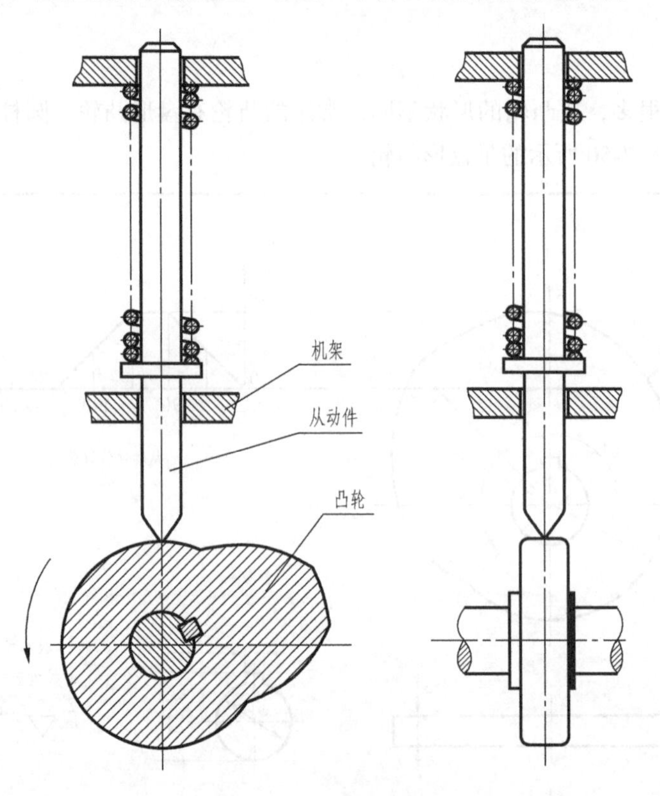

图 7-51 盘形凸轮机构

2. 圆柱凸轮机构

圆柱凸轮机构如图 7-52 所示，圆柱凸轮是一端带有曲面的圆柱体，它绕其轴线做旋转运动，从动件在平行于凸轮轴线的平面内移动（或摆动）。

思考：圆柱凸轮机构中，从动件如何实现摆动？

【知识拓展】装配图中螺旋弹簧的规定画法

① 装配图中螺旋弹簧被剖切时，若型材直径（或厚度）在图形上等于或小于 2mm 时，剖面可涂黑表示，如图 7-53（a）所示，亦可按示意图的形式绘制，如图 7-53（b）、（c）所示。

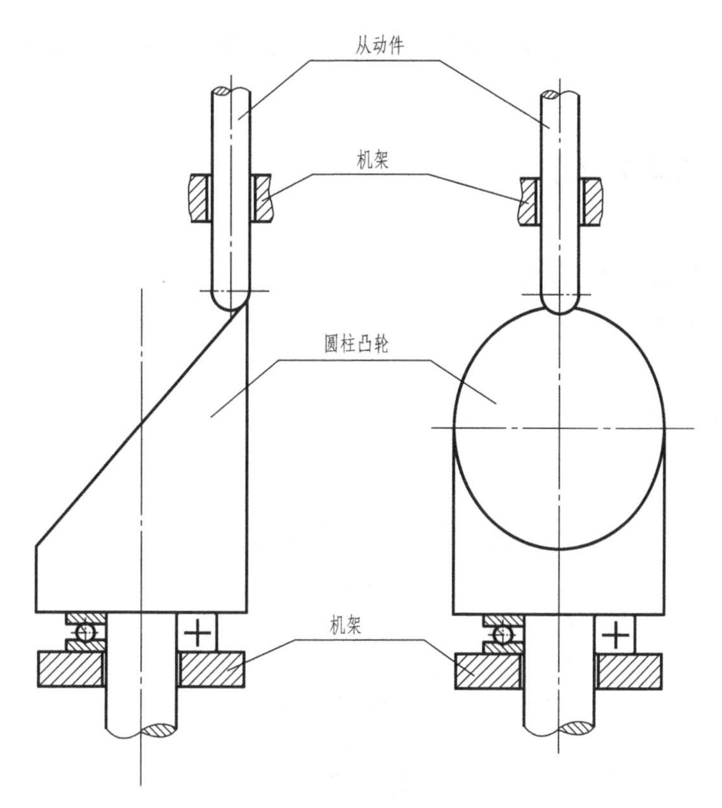

图 7-52　圆柱凸轮机构

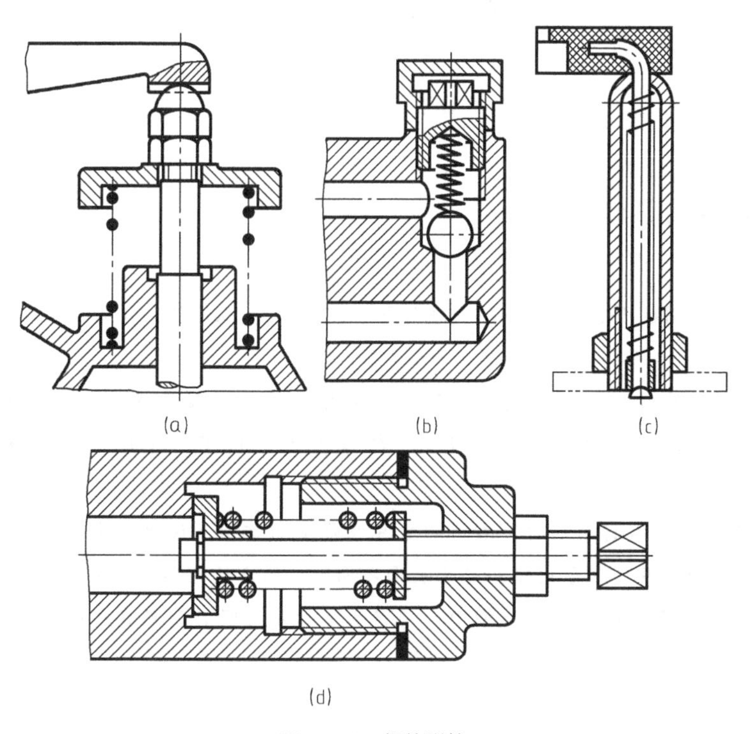

图 7-53　螺旋弹簧

② 装配图中，弹簧中间各圈采用省略画法后，被弹簧挡住的结构一般不画，如图 7-53（d）所示。

【思考与练习 7-4】

一、填空题

1. 按凸轮的形状不同，常用的凸轮有______、______、______、______等。

2. 凸轮机构主要有______、______和______。

二、识读题

叶片泵如图 7-54 所示，识读该图。

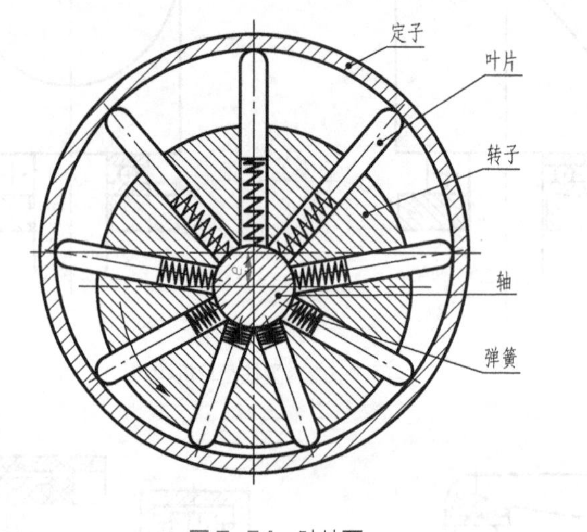

图 7-54　叶片泵

【思考与练习 7-4】答案

一、填空题

1. 盘形凸轮、圆柱凸轮、移动凸轮、端面凸轮　2. 凸轮、从动件、机架

二、识读题

图 7-54 所示的叶片泵，主要由定子、叶片、转子、轴和弹簧等组成，定子内表面是圆形，定子和转子之间有偏心距 e。在弹簧的作用下，叶片顶部紧靠在定子的内壁上。

当轴带动转子逆时针转动时，右边的叶片在弹簧的作用下逐渐伸出，相邻两个叶片之间的密封容积（两个叶片、定子内壁和转子表面之间的空腔）逐渐增大，可以实现吸油。左边的叶片被定子的内壁逐渐压入转子的槽中，相邻两个叶片之间的密封容积逐渐减小，可以实现压油。

第五节　装配图的实例及其识读

任何机械都是由若干个零件按一定配合、连接关系和技术要求装配起来的。表达机械及其组成部分的连接装配关系的图样，称为装配图。装配图是生产中重要的技术文件，它主要表达机器或部件的结构、形状、装配关系、工作原理和技术要求，同时，它还是安装、调试、操作、检修机器和部件的重要依据。

装配图在科研和生产中起着十分重要的作用。在设计产品时，通常是根据设计任务书，先画出符合设计要求的装配图，再根据装配图画出符合要求的零件图；在制造产品的过程中，要根据装配图制定装配工艺规程来进行装配、调试和检验产品；在使用产品时，要从装配图上了解产品的结构、性能、工作原理及保养、维修的方法和要求。本节主要介绍装配图的识读。

一、螺纹千斤顶

螺纹千斤顶的装配图如图 7-55 所示。

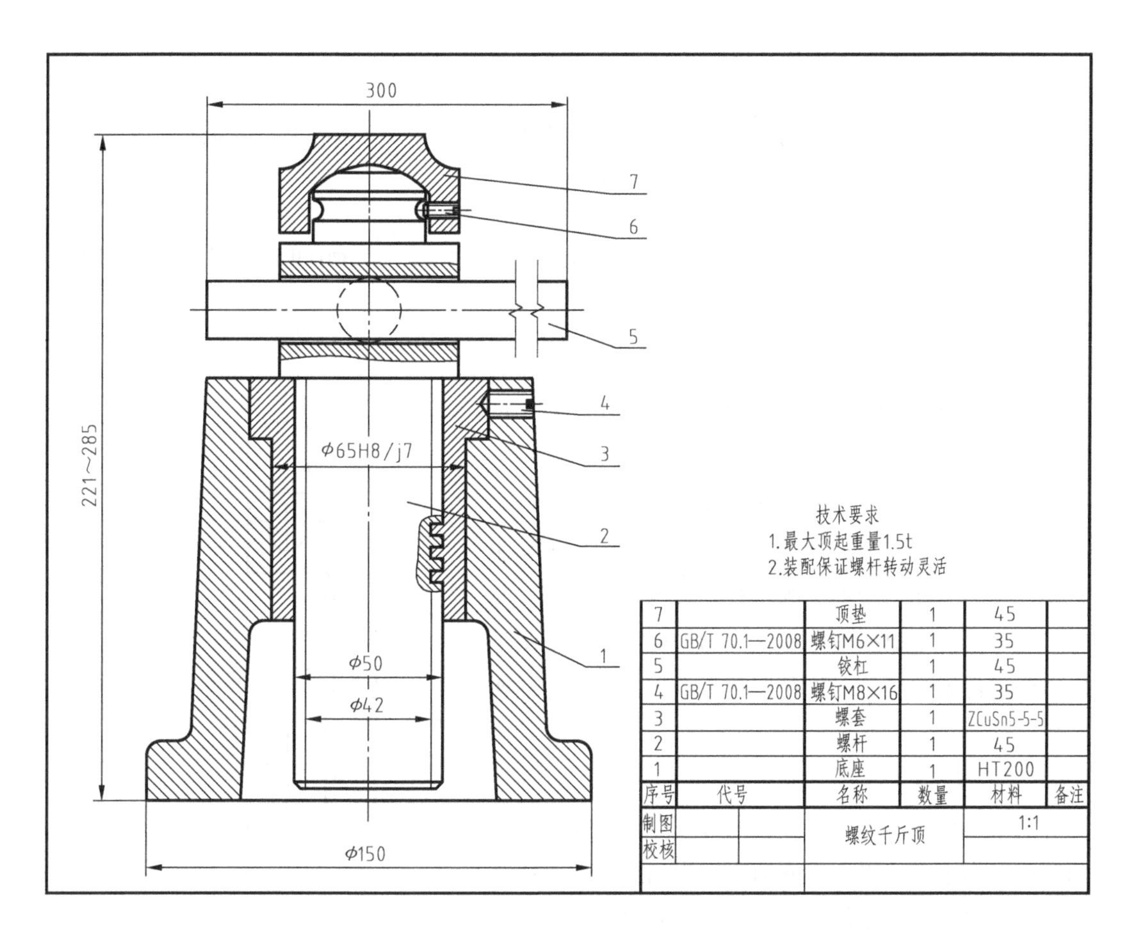

7		顶垫	1	45	
6	GB/T 70.1—2008	螺钉M6×11	1	35	
5		铰杠	1	45	
4	GB/T 70.1—2008	螺钉M8×16	1	35	
3		螺套	1	ZCuSn5-5-5	
2		螺杆	1	45	
1		底座	1	HT200	
序号	代号	名称	数量	材料	备注

图 7-55　螺纹千斤顶

1. 装配图的内容

从图 7-55 所示螺纹千斤顶的装配图可以看出，一张完整的装配图包括以下几项内容。

（1）一组视图

装配图中的一组视图用来表达机械装置的工作原理、装配关系和结构特点等。

（2）必要的尺寸

在装配图上标注尺寸与在零件图上标注尺寸的目的不同，因为装配图不是制造零件的直接依据，所以在装配图上不需要标注零件的全部尺寸，只需注出下列几种必要的尺寸：

① 规格（性能）尺寸

表示机械装置规格（性能）的尺寸，是设计和选用机械装置的主要依据，如图 7-55 中的尺寸 221 ～ 285。

② 装配尺寸

表示零件之间装配关系的尺寸，如配合尺寸和重要相对位置尺寸，如图 7-55 中的尺寸 ϕ65H8/j7。

③ 安装尺寸

表示将部件安装到机器上或将机械装置安装到基座上的尺寸。

④外形尺寸

表示机械装置外形轮廓的尺寸，即总长、总宽和总高尺寸，为包装、运输、安装等提供依据。

装配图上有时还标注其他重要尺寸，如运动件的极限位置尺寸、主要零件的重要结构尺寸等。

（3）技术要求

用文字或符号注写机械装置的质量、装配、检验、使用等方面的要求。

（4）标题栏、零件序号和明细栏

在装配图上，与零件图相同的是在标题栏中注明机械装置的名称、绘图比例及有关人员的签名等。与零件图不同的是根据生产和管理的需要，在装配图上对每个零件编注序号，并在标题栏上方列出零件的明细栏。

① 零件序号

装配图中所有的零件都必须编写序号；零件序号由圆点、指引线、水平线或圆（均为细实线）及数字组成，序号写在水平线上或小圆内，如图 7-56 所示，序号数字比装配图中的尺寸数字大一号。

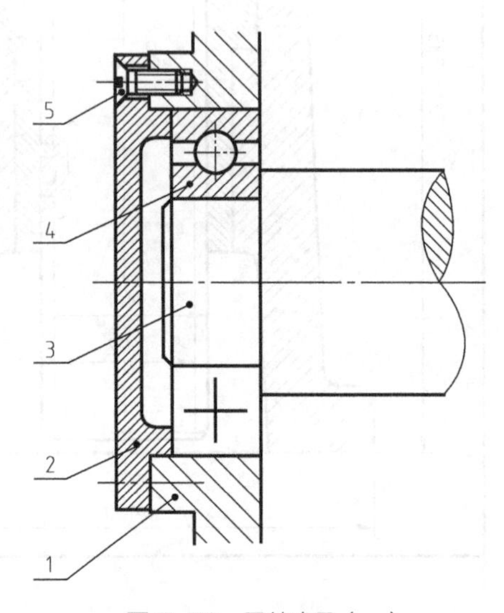

图 7-56　零件序号（一）

a. 相同的零件只编一个序号；装配图中零件序号应与明细栏中的序号一致。如图7-56中，件4滚动轴承有2个，但只编一个序号4；件5螺钉有4个，也只编一个序号 5。

b. 指引线应自所指零件的可见轮廓内引出，并在其末端画一圆点；若所指的部分不宜画圆点，如很薄的零件或涂黑的剖面等，可在指引线的末端画一箭头，并指向该部分的轮廓；指引线不要与轮廓线或剖面线等图线平行，指引线之间不允许相交，但指引线允许弯折一次，如图 7-56 所示。

c. 如果是一组螺纹连接件或装配关系清楚的零件组，可以采用公共指引线，如图 7-57 所示的螺母、垫圈和螺栓连接组。

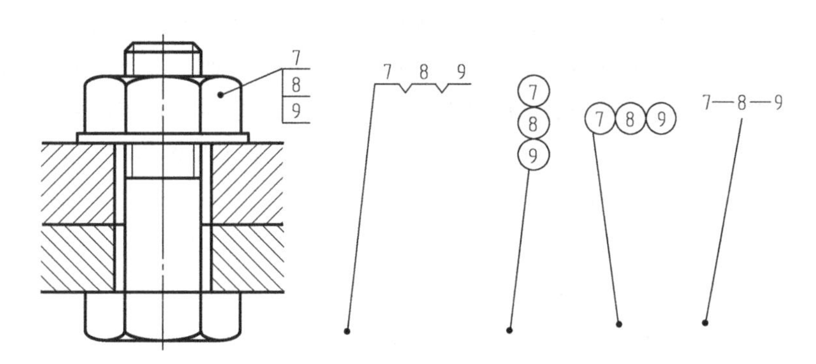

图 7-57　零件序号（二）

d. 标准化组件（如滚动轴承、电动机、油杯等）只编写一个序号。

e. 应将序号在视图的外围按水平或垂直方向排列整齐，并按顺时针或逆时针方向依次编号，不得跳号。

② 明细栏

在装配图的右下角必须设置标题栏和明细栏。明细栏位于标题栏的上方，并和标题栏紧连在一起。明细栏是装配体全部零件的目录，由序号、代号、名称、数量、材料、备注等内容组成，其序号填写的顺序要自下而上。例如图 7-58 所示的内容和格式。若位置不够，可移至标题栏的左边继续编写。

7		顶垫	1	45	
6	GB/T 70.1—2008	螺钉M6×11	1	35	
5		铰杠	1	45	
4	GB/T 70.1—2008	螺钉M8×16	1	35	
3		螺套	1	ZCuSn5-5-5	
2		螺杆	1	45	
1		底座	1	HT200	
序号	代号	名称	数量	材料	备注
制图		螺纹千斤顶		1:1	
校核					

图 7-58　明细栏

2. 读装配图的要求

① 了解装配体的名称、用途、性能和工作原理等；

② 读懂各零件的结构、形状及其在装配体中的功用；

③ 弄清各个零件之间的装配关系连接方式，了解装拆顺序和方法。

3. 读装配图的步骤

不同的工作岗位看图的目的是不同的，有的仅了解机器或部件的用途和工作原理；有的要了解零件的连接方法和拆卸顺序；有的要拆画零件图等。下面以图 7-55 所示螺纹千斤顶的装配图为例，说明识读装配图的方法与步骤。

（1）概括了解

首先从标题栏入手，了解装配体的名称和绘图比例。从装配体的名称联系生产实践和生活知识，往往可以知道装配体的大致用途。例如：阀一般是用来控制液体或气体的流量、起开关作用的；虎钳一般是用来夹持工件的；减速器则是在传动系统中起减速作用的；各种泵则是用来在气压、液压或润滑系统中泵送一定压力和流量的气体或液体的。从绘图比例，即可大致确定装配体的大小。

图 7-55 所示的装置名称是螺纹千斤顶，可以知道是利用螺纹顶起重物。绘图比例 1 ∶ 1 可确定装配体是小型装置。

再从明细栏了解零件的名称和数量，并在视图中找出相应零件所在的位置。从图 7-55 所示的明细栏可知螺纹千斤顶由 7 种零件组成：底座 1、螺杆 2、螺套 3、螺钉 4、铰杠 5、螺钉 6、顶垫 7，其中有两种标准件，结构简单。

另外，浏览一下所有视图、尺寸和技术要求，初步了解该装配图的表达方法及各视图间的大致对应关系，为进一步看图打下基础。

（2）详细分析

① 分析的重点

清楚装配体的工作原理、装配连接关系、结构组成及润滑、密封情况，并将零件逐一从复杂的装配关系中分离出来，想出其结构形状。

② 分析零件的方法

图 7-55 采用主视图表达千斤顶组成零件的装配关系，组成的每个零件根据它在装配体中的作用，大致可分为三类：运动件、固定件（机架）和连接件（后两者都是相对静止的零件）。

先分析运动件，图 7-55 中转动铰杠 5 带动螺杆 2 上、下移动，顶垫 7 随螺杆 2 上、下移动从而顶起、放下重物。底座 1 是机架，起支承作用。螺套 3、螺钉 4 和螺钉 6 是连接件，底座 1 与螺套 3 的连接采用 ϕ65H8/j7 配合，并用螺钉 4 固定；螺钉 6 用来连接螺杆 2 与顶垫 7，防止顶垫 7 从螺杆 2 上脱落。

标准件螺钉 4 和螺钉 6 容易看懂，底座 1、螺杆 2、螺套 3、铰杠 5 和顶垫 7 都是回转件，也容易想出其结构形状。

（3）综合各部分结构，想象总体形状

当每个零件的结构形状看明白后，返回去再对装配体的工作原理、运动情况、装配关系、拆装顺序等重新研究一番，综合分析结构，想象总体形状，以便加深理解。综合归纳时，可以对以下问题进行分析讨论：

① 装配体的功能是什么？其功能是怎样实现的？在工作状态下，装配体中各零件起什么作用？运动零件之间是如何协调运动的？

② 装配图中各视图的表达重点意图如何？装配体的装配关系、连接方式是怎样的？有无润滑、密封？其实现方式如何？

③ 装配体的拆卸及装配顺序如何？

④ 装配体如何使用？使用时应注意什么事项？

① 在零件图上所采用的各种表达方法，如视图、剖视图、断面图、局部放大图等也同样适用于装配图，但是零件图所表达的是一个零件，而装配图所表达的则是由许多零件组成的装配体（机器或部件）。因为两种图样的要求不同，所表达的侧重面也不同，装配图应该表达出装配体的工作原理、装配关系和主要零件的主要结构形状。因此，国家标准《机械制图》和《技术制图》对绘制装配图制定了规定画法、特殊画法和简化画法等。

② 在装配图中，为了便于区分不同的零件，正确地表达出各零件之间的关系，在表达上有以下规定：

a. 接触面和配合面的画法：相邻两零件的接触表面和基本尺寸相同的两配合表面只画一条线；两零件的不接触表面和基本尺寸不同的非配合表面画成两条线，即使间隙很小，也必须用夸大画法画出间隙，如图 7-57 所示，螺杆与被连接件之间的非接触面，画两条线。

b. 剖面线的画法：在装配图中，同一个零件在所有的剖视图、断面图中，其剖面线应保持同一方向，且间隔一致。相邻两零件的剖面线应不同，即方向相反或方向相同但间隔不同，如图 7-56 中，相邻零件 1、2 的剖面线画法。当零件的断面厚度在图中等于或小于 2mm 时，允许将剖面涂黑以代替剖面线，如垫片等。

c. 实心件和某些标准件的画法：在装配图的剖视图中，若剖切平面通过实心零件（如轴、杆等）和标准件（如螺栓、螺母、销、键等）的对称平面或基本轴线时，这些零件按不剖绘制，如图 7-57 中的螺栓和螺母，但其上的孔、槽等结构需要表达时，可采用局部剖视，当剖切平面垂直于其轴线剖切时，则需画出剖面线。

二、齿轮泵

齿轮泵如图 7-59 所示。

1. 概括了解

① 从标题栏了解装配体名称，可以知道装配体的大致用途。齿轮泵是液压系统中的动力元件，用来为液压系统输送润滑油。

从标题栏了解绘图比例，查外形尺寸可明确装配体大小。从绘图的比例为 1 ∶ 1，齿轮泵外形尺寸为 118 × 85 × 93.5，可以了解该装配体规格、包装等。

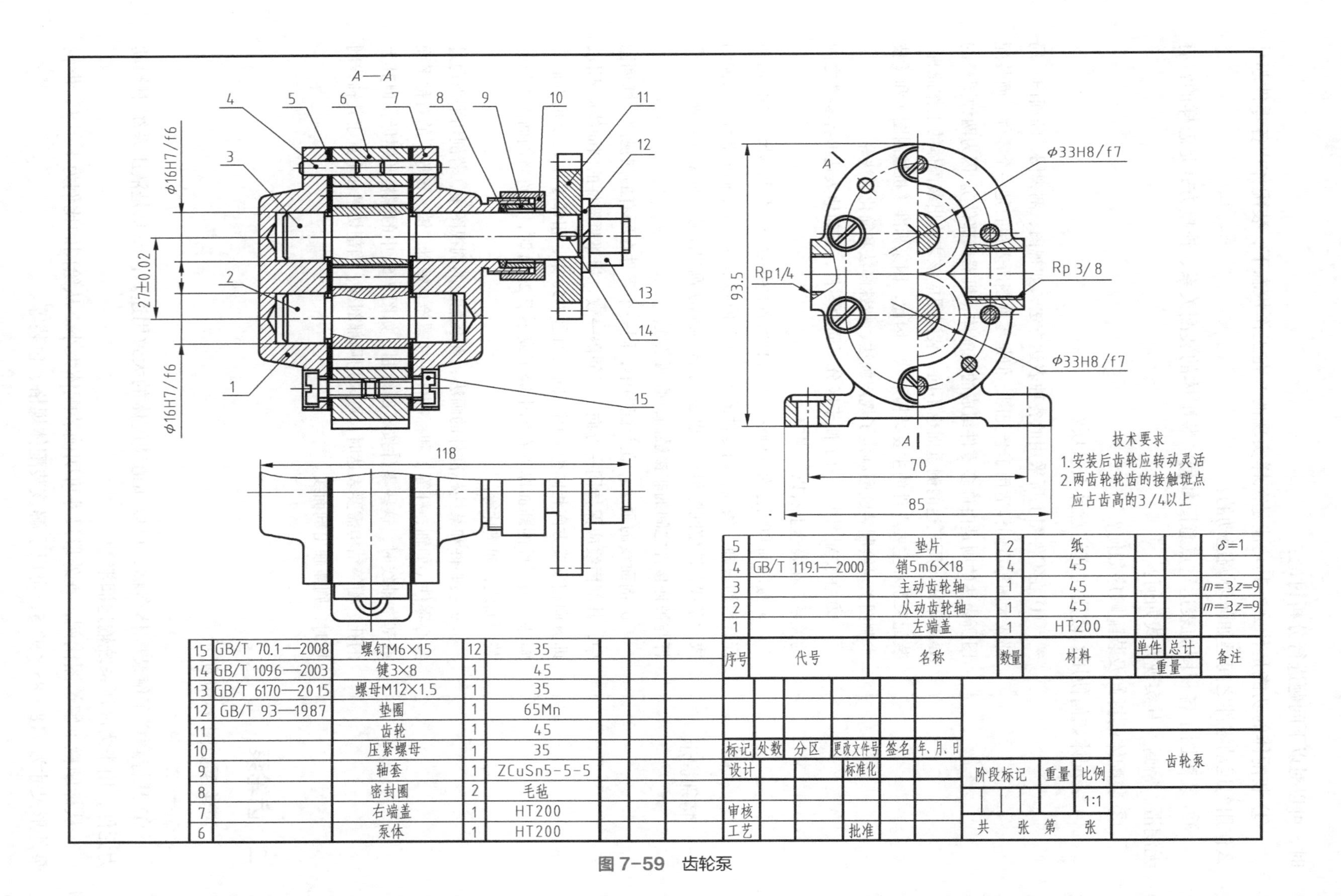
A—A
φ16H7/f6
27±0.02
φ16H7/f6
118
93.5
Rp1/4
Rp 3/8
φ33H8/f7
φ33H8/f7
70
85
技术要求
1.安装后齿轮应转动灵活
2.两齿轮轮齿的接触斑点
应占齿高的3/4以上
5 垫片 2 纸 δ=1
4 GB/T 119.1—2000 销5m6×18 4 45
3 主动齿轮轴 1 45 m=3z=9
2 从动齿轮轴 1 45 m=3z=9
1 左端盖 1 HT200
序号 代号 名称 数量 材料 单件 总计 重量 备注
15 GB/T 70.1—2008 螺钉M6×15 12 35
14 GB/T 1096—2003 键3×8 1 45
13 GB/T 6170—2015 螺母M12×1.5 1 35
12 GB/T 93—1987 垫圈 1 65Mn
11 齿轮 1 45
10 压紧螺母 1 35
9 轴套 1 ZCuSn5-5-5
8 密封圈 2 毛毡
7 右端盖 1 HT200
6 泵体 1 HT200
标记 处数 分区 更改文件号 签名 年、月、日
设计 标准化
审核
工艺 批准
阶段标记 重量 比例
1:1
共 张 第 张
齿轮泵

图 7-59 齿轮泵

② 从零件编号及明细栏中，可以了解零件的名称、数量及在装配体中的位置。从明细栏了解装配体由哪些零件组成，标准件和非标准件各为多少，以判断装配体复杂程度。

齿轮泵由泵体、传动齿轮、齿轮轴、泵盖等组成，共15种31个零件，其中5种标准件，属较简单的装配体。

③ 分析视图，了解各视图、剖视图、断面图等相互间的投影关系及表达意图。了解视图数量、视图的配置，找出主视图，确定其他视图的配置，明确各视图的表达方式。

齿轮泵采用三个基本视图：主视图采用全剖视图，表达了齿轮泵零件间的装配关系；左视图沿左泵盖与泵体结合面剖开，由于油泵在此方向左、右结构形状对称，故此视图左半部分采用了外形视图、右半部分采用了拆卸剖视的表达方法，表达了一对齿轮的啮合情况及其外部形状，还采用了局部剖视，表达了进、出油口的结构；俯视图采用局部视图，表达齿轮泵的外形结构。

2. 分析视图，了解工作原理

分析视图，根据视图配置，找出它们的投影关系，对于剖视图要找到剖切位置，分析视图所采用的表达方法及表达的主要内容。

如图7-59所示的齿轮泵共采用了三个视图，主视图是用两相交剖切平面剖切的全剖视图 *A—A*，它将该部件的结构特点和零件间的装配、连接关系大部分表达出来。由于泵体内、外结构形状对称，左视图为半剖视图，采用沿泵体左端面剖切的拆卸画法，表达泵室内齿轮啮合情况以及泵体的外部形状和螺钉的分布情况。左视图中的局部剖视图则是用来表达进油口Rp3/8和出油口Rp1/4。俯视图采用局部视图表达齿轮泵的外形。

一般情况下，直接从图样上分析装配体的传动路线及工作原理。当装配体比较复杂时，需参考产品说明书。

图7-59中左视图的半剖视图表达齿轮泵的工作原理：当外力经齿轮啮合传至传动齿轮11，传动齿轮11作逆时针方向（在左视图上观察）转动时，通过键14带动主动齿轮轴3转动，再经过齿轮啮合带动从动齿轮轴2顺时针方向转动，如图7-60所示。泵室内齿轮啮合的啮合线把泵室隔开为左、右两个油腔；右油腔的轮齿逐渐分开时，轮齿从齿槽脱出，形成局部真空，油压降低，形成负压，在大气压的作用下油箱内的油经吸油口被吸入齿轮泵的右腔，齿槽中的油随着齿轮的继续旋转被带到左腔；而左边的各对轮齿又重新啮合，轮齿进入齿槽，使齿槽中的油不断挤出成为高压油，并由压油口压出；这样，泵室右腔的齿槽中的油随着齿轮的转动源源不断地被带往泵室左腔，成为高压油然后经出油口输出。

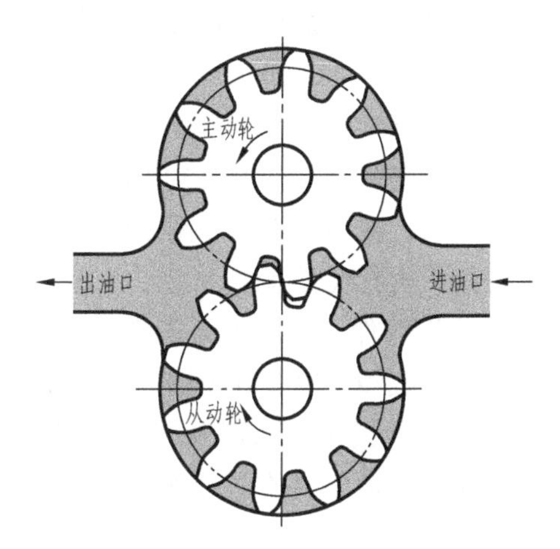

图7-60　齿轮油泵的工作原理

3. 分析零件间的装配关系及装配体的结构

这是读装配图进一步深入的阶段，需要把零件间的装配关系和装配体结构搞清楚。细致分析视图，弄清各零件之间的装配关系以及各零件主要结构形状，各零件如何定位、固定，零件间的配合情况，各零件的运动情况，零件的作用和零件的拆、装顺序等。

齿轮泵主要有两条装配线：一条是主动齿轮轴系统，它是由主动齿轮轴 3 装在泵体 6 和左端盖（泵盖）1 及右端盖 7 的孔内；在主动齿轮轴 3 上装有密封圈 8、轴套 9 及压紧螺母 10；在主动齿轮轴 3 的右边伸出端上，装有齿轮 11、垫圈 12 及螺母 13。另一条装配线是从动齿轮轴系统：从动齿轮轴 2 也是装在泵体 6 和左端盖 1 及右端盖 7 的孔内，从动齿轮轴 2 的齿轮与主动齿轮啮合。

① 连接和固定方式　从图 7-59 可以看出，齿轮泵的左端盖 1 和右端盖 7 都是用销 4 来定位，靠螺钉 15 与泵体 6 连接，采用 4 个圆柱销（每侧 2 个）定位、12 个螺钉（每侧 6 个）紧固的方法将两个端盖与泵体连接在一起。密封圈 8 是由轴套 9 及压紧螺母 10 将其挤压在右端盖的相应的孔槽内。齿轮 11 的轴向定位：左侧靠主动齿轮轴 3 的轴肩定位，右侧用螺母 13 及垫圈 12 固定；齿轮 11 的周向连接是用键 14 连接。两齿轮轴的轴向定位，是靠两端盖端面及泵体两侧面分别与齿轮两端面接触。

② 配合关系　凡是配合的零件，都要弄清基准制、配合种类、公差等级等。这可由图上所标注的极限与配合代号来判别。如两齿轮轴与两端盖轴孔的配合均为 ϕ16H7/f6，两齿轮与两齿轮腔的配合均为 ϕ33H8/f7，它们都基孔制、间隙配合，都可以在相应的孔中转动。

③ 密封装置　泵、阀之类部件，为了防止液体或气体泄漏以及灰尘进入内部，一般都有密封装置。在齿轮泵中，主动齿轮轴 3 的伸出端用轴套 9 和压紧螺母 10 压紧密封圈 8 加以密封；两端盖与泵体接触面间放有垫片 5，其作用也是密封防漏。

④ 装拆顺序　装配体在结构设计上都应有利于各零件能按一定的顺序进行装拆。齿轮泵的拆卸顺序是：先拧出螺母 13，取下垫圈 12、齿轮 11 和键 14，旋出压紧螺母 10，取出轴套 9；再拧出左、右端盖上各 6 个螺钉 15，取下左端盖 1、右端盖 7，然后从泵体中抽出两齿轮轴。对于销和填料可不必从端盖上取下。如果需要重新装配上，可按拆卸的相反次序进行。

4. 分析零件，看懂零件的结构形状

弄清楚每个零件的结构形状和作用，是读懂装配图的重要标志。仔细研究各视图表达的内容后，对照明细栏和图中的序号，逐一分析各零件的结构形状。分析时一般从主要零件开始，再看次要零件。

分析零件，首先要会正确地区分零件。区分零件的方法主要是依靠不同方向和不同间隔的剖面线，以及各视图之间的投影关系进行判别。从标注该零件序号的视图入手，用对线条、找投影关系以及根据“同一零件的剖面线在各个视图上方向相同、间隔相等”的规定等，将零件在各个视图上的投影范围及其轮廓搞清楚，进而构思出该零件的结构形状。

① 齿轮泵件 1（左端盖）的结构形状：首先，从图 7-59 标注序号的主视图中找到件 1，并确定该件的视图范围，然后用对线条找投影关系，以及根据同一零件在各个视图中剖面线应相同这一原则来确定该件在左视图中的投影，如图 7-61 所示。这样就可以根据从装配图中分离出来的属于该件的投影进行分析，想象出它的结构形状，如图 7-62 所示。

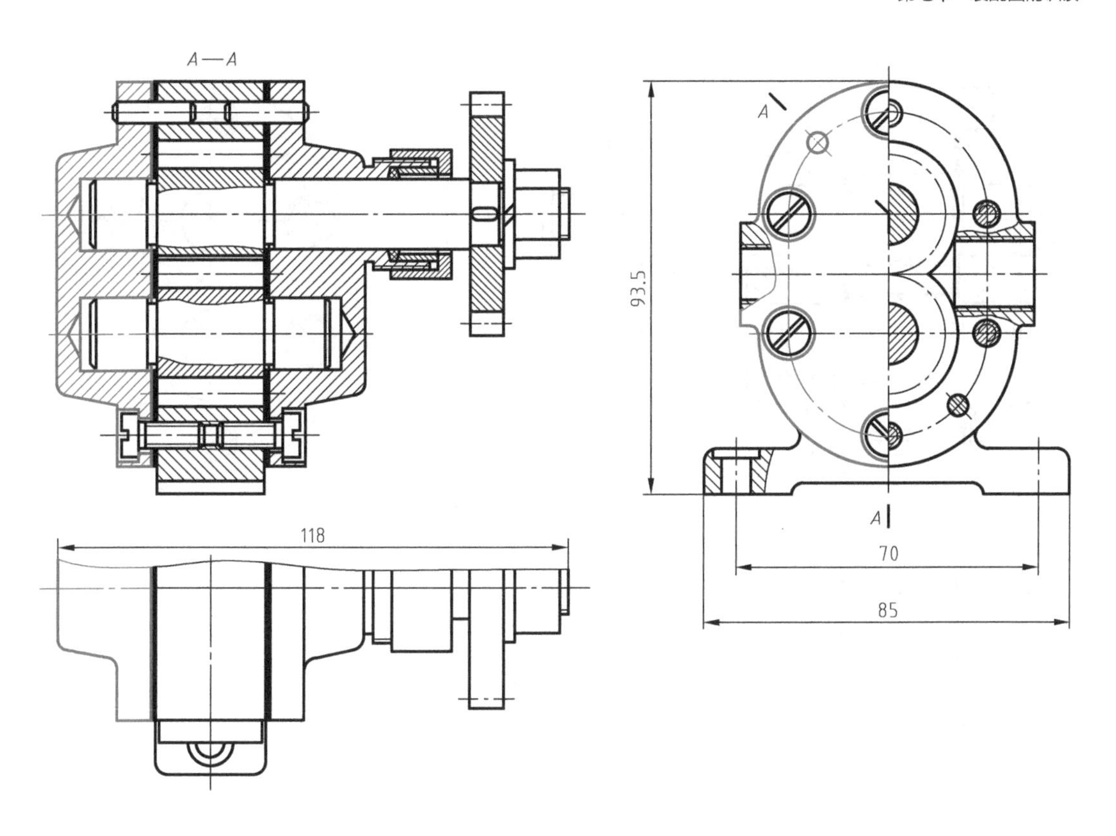

图 7-61 左端盖的投影

图 7-62 左端盖

② 泵体 6：从装配图中分离出来的属于泵体 6 的投影，如图 7-63 所示，想象出它的结构形状，如图 7-64 所示。

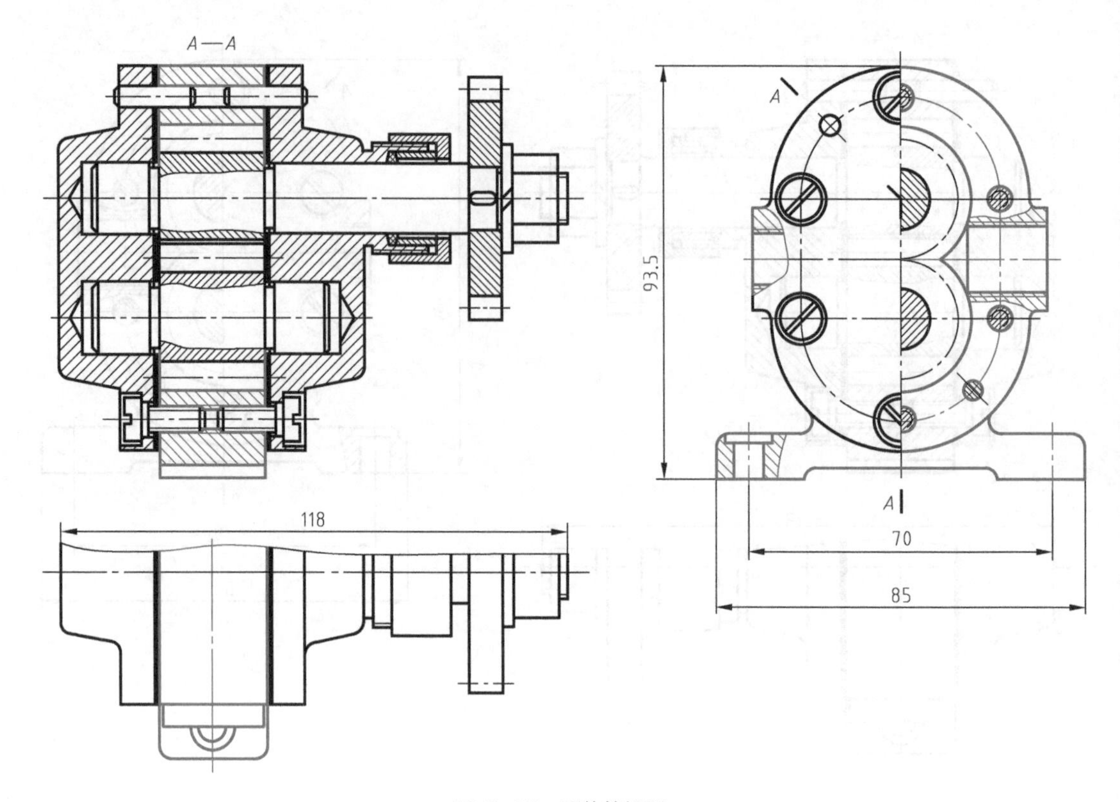

图 7-63　泵体的投影

图 7-64　泵体

③ 右端盖 7：从装配图中分离出来的属于右端盖 7 的投影，如图 7-65 所示，想象出它的结构形状，如图 7-66 所示。

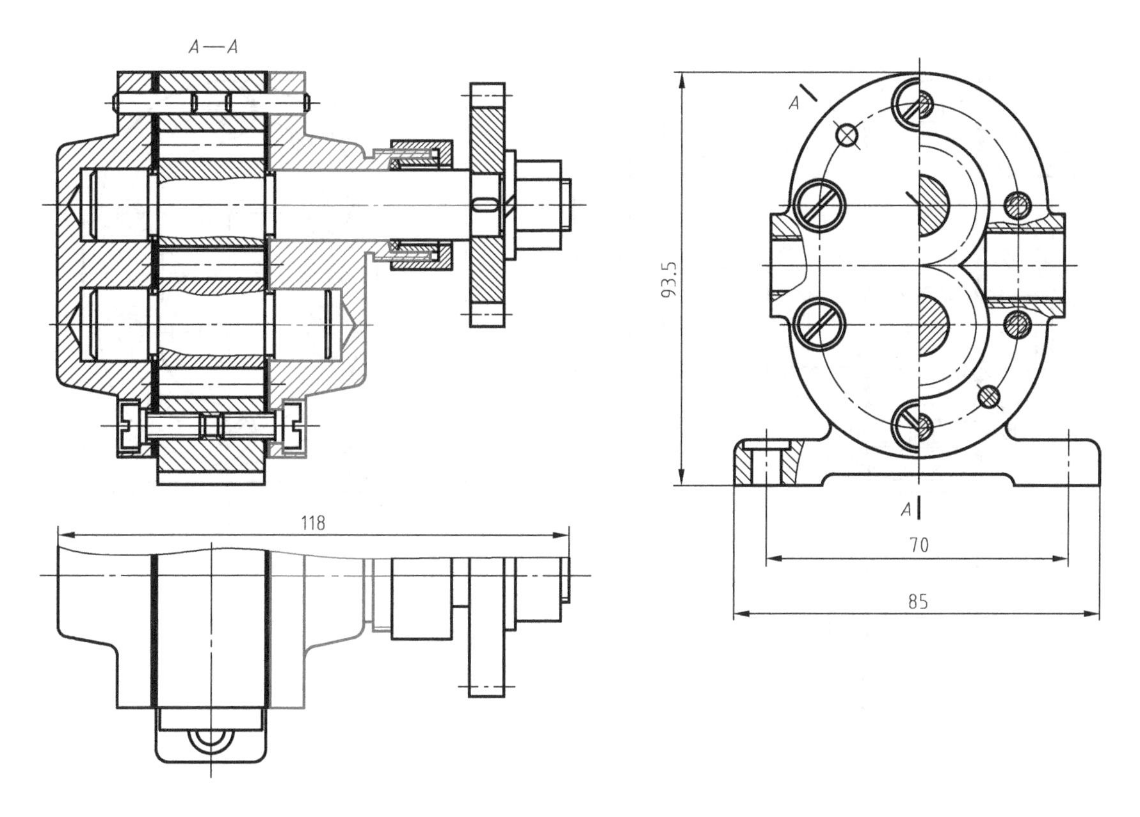

图 7-65　右端盖的投影

图 7-66　右端盖

④ 主动齿轮轴 3：从装配图中分离出来的属于主动齿轮轴 3 的投影，如图 7-67 所示，想象出它的结构形状，如图 7-68 所示。

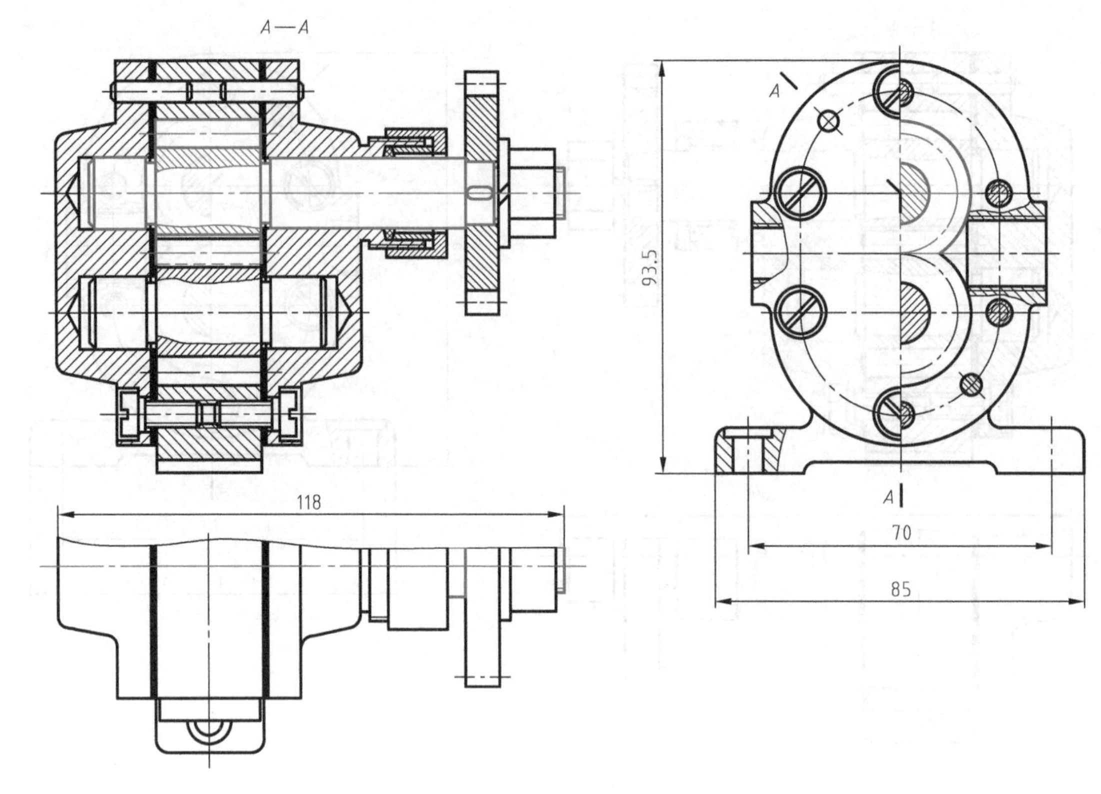

图 7-67　主动齿轮轴的投影

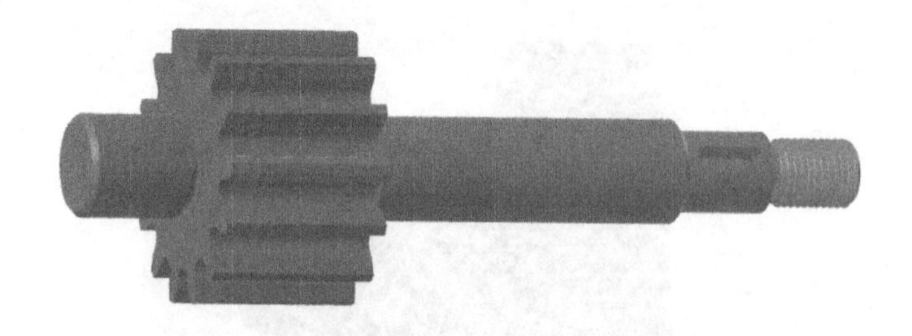

图 7-68　主动齿轮轴

⑤ 从动齿轮轴 2：从装配图中分离出来的属于从动齿轮轴 2 的投影，如图 7-69 所示，想象出它的结构形状，如图 7-70 所示。

零件区分出来之后，便要分析零件的结构形状和功用。齿轮泵的两泵盖与泵体装在一起，将两齿轮密封在泵腔内，同时对两齿轮轴起着支承作用。采用圆柱销来定位，以便保证泵左端盖上的轴孔与右端盖上的轴孔对中。

分析清楚零件之间的配合关系、连接方式和接触情况，能够进一步了解装配体。

5. 归纳总结

在详细分析各个零件之后，可综合想象出装配体的结构和装配关系，弄懂装配体的工作原理，拆卸顺序。还需对装配图所注尺寸以及技术要求（符号、文字）进行分析研究，进一步了解装配体的设计意图和装配工艺。图 7-59 中尺寸 27 ± 0.02 为重要尺寸，反映出对啮合齿轮中心距的要求，安装时要保证该尺寸的公差安装后齿轮应转动灵活。118 为总长尺寸，85 为总宽尺寸，93.5 为总高尺寸，70 为安装尺寸。这样，对装配体的全貌就有了进一步的了解，从而读懂装配图，齿轮泵的零件如图 7-71 所示。

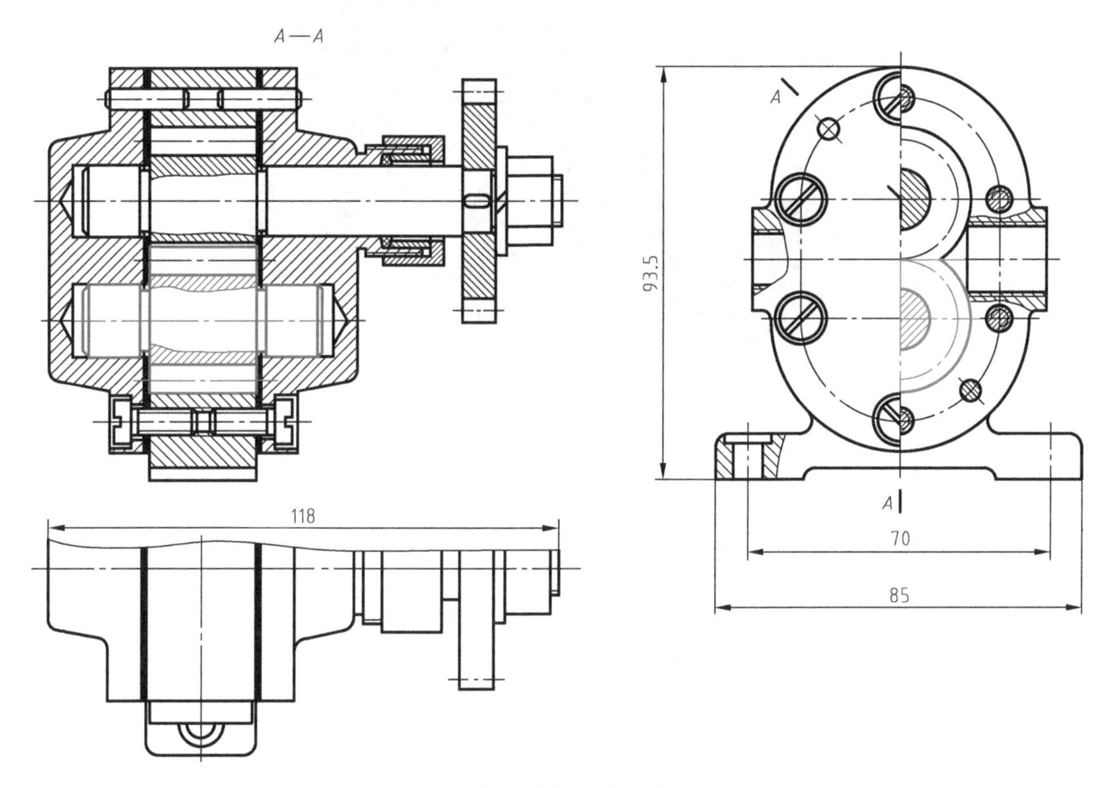

图 7-69　从动齿轮轴的投影

以上所述是读装配图的一般方法和步骤，实际上有些步骤不能截然分开，而要交替进行。再者，读图总有一个具体的主要目的，在读图过程中应该围绕着这个主要目的去分析、研究。只要这个主要目的能够达到，那就可以不拘一格，灵活地解决问题。

图 7-70　从动齿轮轴

6. 注意装配图的一些特殊画法

（1）特殊画法

在装配图中，为了表示内部结构，可假想沿着某些零件的结合面剖开。如图 7-59 所示齿轮泵左视图的右半个投影，就采用了沿着垫片 5 与泵体 6 的接触面剖切的画法。其中，由于剖切平面相对于螺钉和圆柱销是横向剖切，故对它们应画剖面线；对沿结合面剖开的零件，则不画剖面线。

（2）夸大画法

在装配图中，对于一些薄片零件、细小结构、微小间隙等，若按其实际尺寸很难画出，或难以明确表示时，可不按其实际尺寸作图，而适当地夸大画出，如图 7-72 中机架与轴承盖之间的垫片。

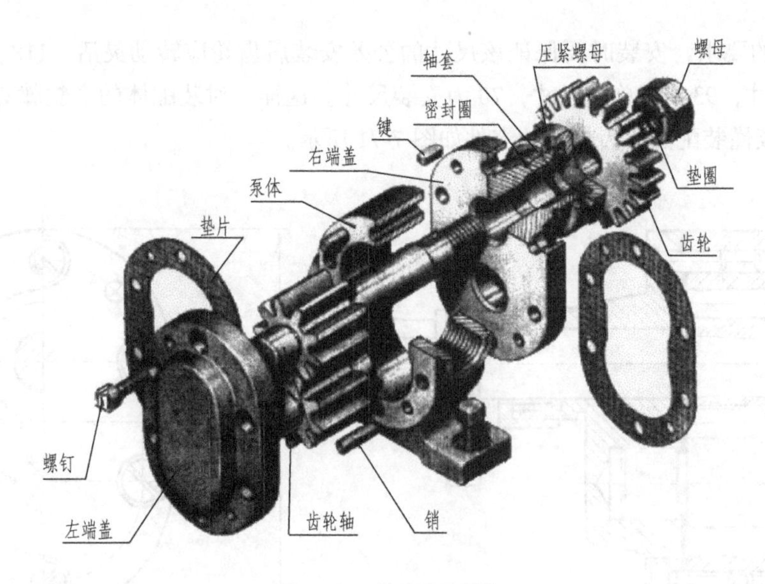

图 7-71　齿轮泵的零件

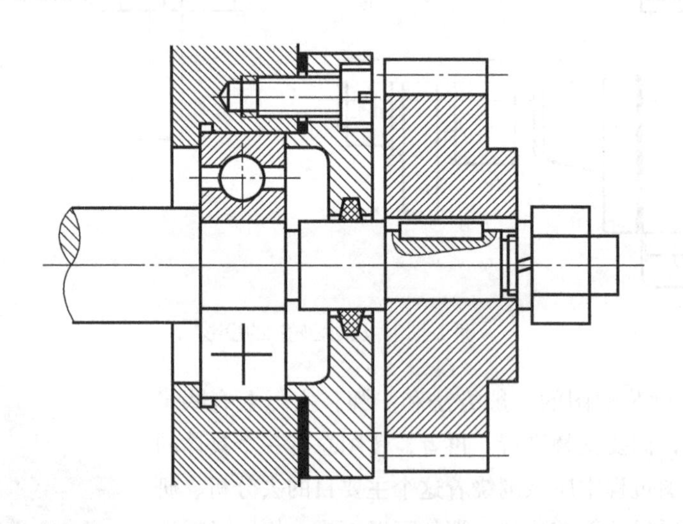

图 7-72　装配图中的简化画法

（3）简化画法

① 在装配图中，对若干相同的零件组如螺栓、螺钉连接等，可以仅详细地画出一处或几处，其余只需用点画线表示其位置，如图 7-72 中螺钉。

② 在装配图中，对于零件上的一些工艺结构，如小圆角、倒角、退刀槽和砂轮越程槽等可以省略不画。

③ 在装配图中，滚动轴承允许一半采用规定画法，另一半采用通用画法，如图 7-72 中的滚动轴承。

三、机用虎钳

机用虎钳如图 7-73 所示。

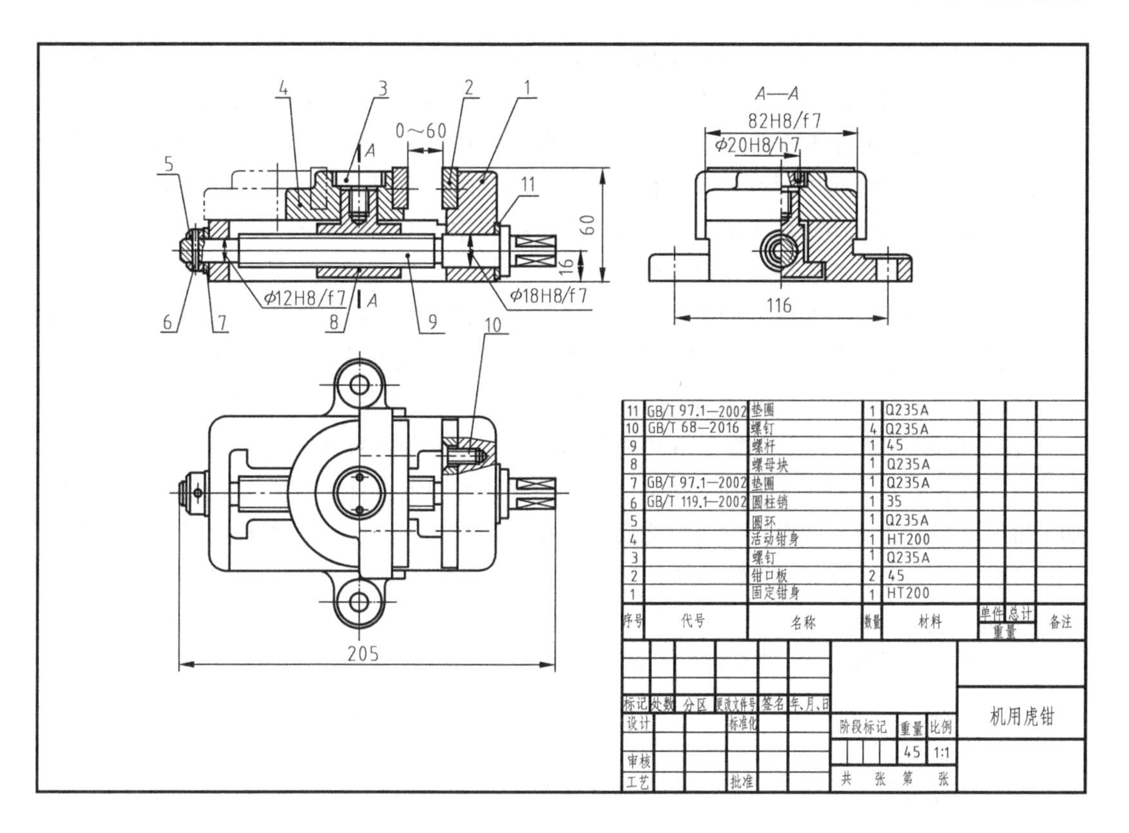

图 7-73　机用虎钳

1. 概括了解

① 从标题栏知道装配体名称是机用虎钳，可以了解其大致用途。机用虎钳是一种通用夹具，常安装在机床工作台上，用于夹紧工件，以便进行切削加工。

从标题栏了解绘图比例，查外形尺寸可明确装配体大小。从绘图的比例为 1 ∶ 1，机用虎钳外形尺寸为长 205mm、高 60mm，可以了解该虎钳的规格、大小等。

② 从零件编号及明细栏中，可以了解零件的名称、数量及在装配体中的位置。从明细栏了解装配体由那些零件组成，标准件和非标准件各为多少，以判断装配体复杂程度。

机用虎钳是固定钳身（钳座）、活动钳身、螺杆、钳口板等组成，共有 11 种 15 个零件组成，其中 4 种标准件，属于较简单的装配体。

③ 分析视图

机用虎钳采用三个基本视图。主视图采用全剖视图，主要表达了机用虎钳的运动零件之间水平方向的装配关系。左视图沿虎钳中心面剖开，由于虎钳在此方向左、右结构形状对称，故此视图采用了一半拆卸剖视和一半外形视图的表达方法，主要表达了螺母块 8、活动钳身 4 与固定钳身 1 之间的配合情况；还采用了局部剖视，表达螺钉 3 上的小孔。俯视图采用外形视图，表达虎钳零件之间装配的外形情况。

2. 分析视图，了解工作原理

分析视图，根据视图配置，找出它们的投影关系，对于剖视图要找到剖切位置，分析视图所采用的表达方法及表达的主要内容。

图 7-73 所示机用虎钳有一条装配线：垫圈 11 套在螺杆 9 上，将螺杆 9 装入固定钳身 1 中，然后转动螺杆 9，与螺母块 8 的螺纹连接；再将垫圈 7、圆环 5 套在螺杆 9 的左端，装入圆锥销 6。活动钳身 4 的底面与固定钳身 1 的顶面相接触；螺母块 8 的上部装在活动钳身 4 的孔中，它们之间通过螺钉 3 固定在一起。当转动螺杆 9 时，通过螺纹带动螺母块 8 左、右移动，从而带动活动钳身 4 左、右移动，达到开、闭钳口从而松开、夹紧零件的目的。

3. 分析零件间的装配关系及装配体的结构

这是读装配图进一步深入的阶段，需要把零件间的装配关系和装配体结构搞清楚。细致分析视图，弄清各零件之间的装配关系以及各零件主要结构形状，各零件如何定位、固定，零件间的配合情况，各零件的运动情况，零件的作用和零件的拆、装顺序等。

① 连接和固定方式　从图 7-73 中可以看出，螺杆 9 与圆环 5 之间通过圆锥销 6 连接，螺杆 9 只能在固定钳身 1 上转动。活动钳身 4 的底面与固定钳身 1 的顶面相接触；螺母块 8 的上部装在活动钳身 4 的孔中，它们之间通过螺钉 3 固定在一起，而螺母块 8 的下部与螺杆 9 之间通过螺纹连接起来。当转动螺杆 9 时，通过螺纹带动螺母块 8 左、右移动，从而带动活动钳身 4 左、右移动，达到开、闭钳口从而松开、夹紧零件的目的。 固定钳身 1 和活动钳身 4 上都装有钳口板 2，它们之间通过螺钉 10 连接起来。

② 配合关系　凡是配合的零件，都要弄清基准制、配合种类、公差等级等。这可由图上所标注的极限与配合代号来判别。主视图上螺杆 9 与固定钳身 1 的孔的配合：左端为 ϕ12H8/f7，右端为 ϕ18H8/f7，两处配合都是基孔制、间隙配合，螺杆 9 可以在相应的孔中转动。左视图中螺母块 8 的上部装在活动钳身 4 的孔中，采用 ϕ20H8/h7 的基孔制、间隙配合；活动钳身 4 的下部内侧面与固定钳身 1 的外侧面相接触，采用 82H8/f7 的间隙配合。

③ 装拆顺序　装配体在结构设计上都应有利于各个零件能按一定的顺序进行装拆。齿轮泵的拆卸顺序是：先拧出螺钉 3，取出活动钳身 4；再拆出左端的圆锥销 6，取下圆环 5、垫圈 7，然后转动螺杆 9，螺杆 9 与螺母块 8 之间的螺纹连接分开，从固定钳身 1 中抽出螺杆 9。如果需要重新装配上，可按拆卸的相反次序进行。

4. 分析零件，看懂零件的结构形状

弄清楚每个零件的结构形状和作用，是读懂装配图的重要标志。仔细研究各视图表达的内容后，对照明细栏和图中的序号，逐一分析各零件的结构形状，分析时一般从主要零件开始，再看次要零件。

分析零件，首先要会正确地区分零件。区分零件的方法主要是依靠不同方向和不同间隔的剖面线，以及各视图之间的投影关系进行判别。从标注该零件序号的视图入手，用对线条、找投影关系以及根据“同一零件的剖面线在各个视图上方向相同、间隔相等”的规定等，将零件在各个视图上的投影范围及其轮廓搞清楚，进而构思出该零件的结构形状。

① 固定钳身 1 的结构形状：首先从标注序号的主视图中找到固定钳身 1，并确定该件的视图范围；然后用对线条找投影关系，以及根据同一零件在各个视图中剖面线应相同这一原则来确定该件在左视图中的投影。这样就可以根据从装配图中分离出来的属于该件的投影（图 7-74），想象出它的结构形状，如图 7-75 所示，固定钳身 1 是机架，对各零件起着支承作用。

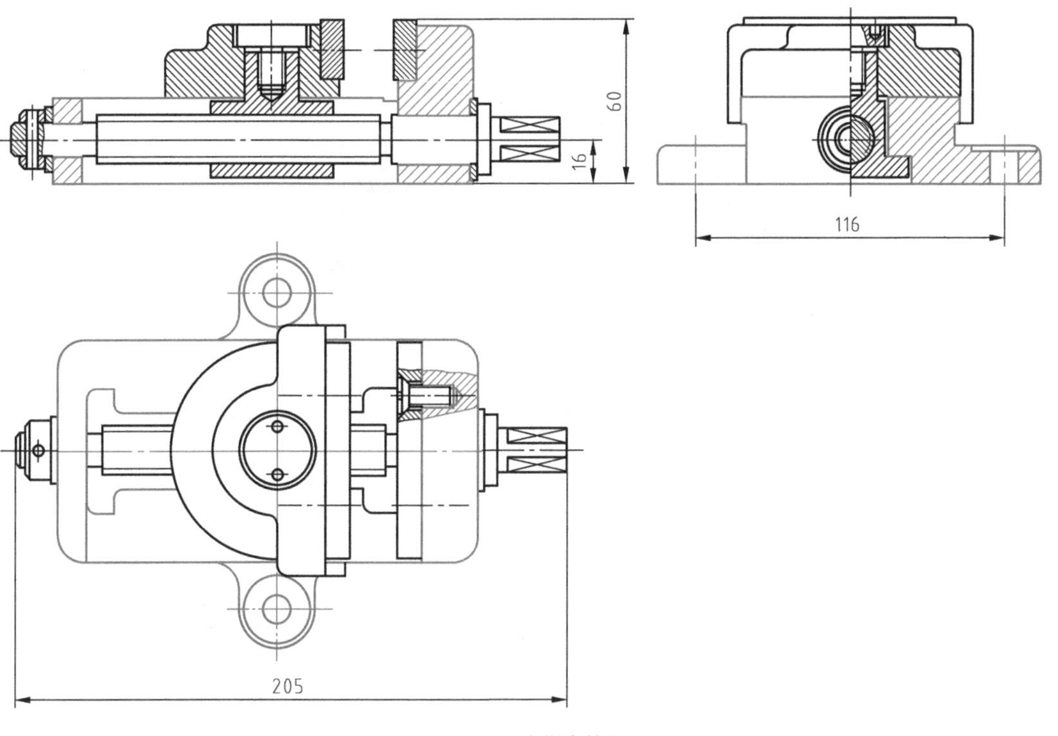

图 7-74　固定钳身的投影

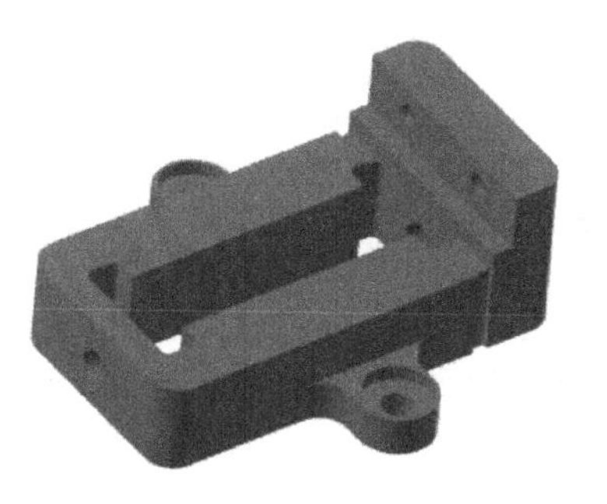

图 7-75　固定钳身

② 活动钳身 4：从装配图中分离出来的属于活动钳身 4 的投影，如图 7-76 所示，想象出它的结构形状，如图 7-77 所示。

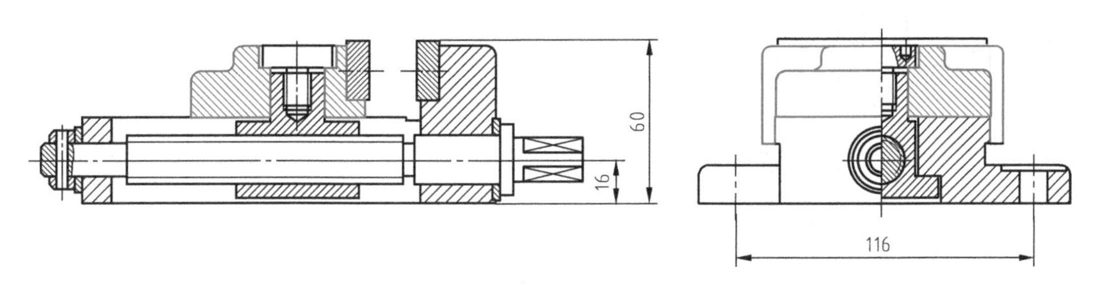

图 7-76

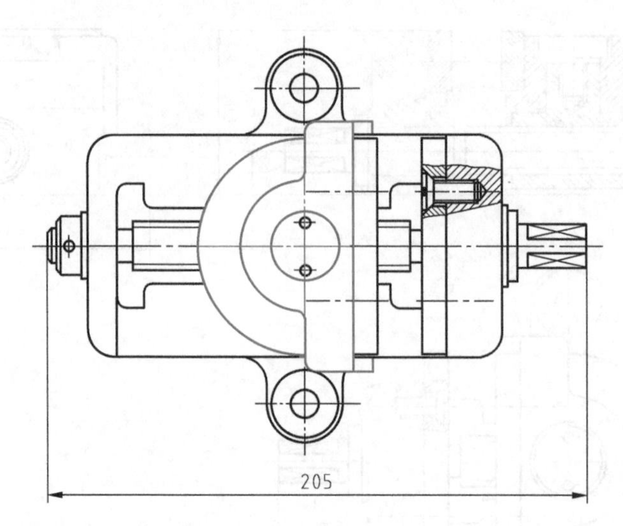

图 7-76　活动钳身的投影

③ 螺杆 9：从装配图中分离出来的属于螺杆 9 的投影，如图 7-78 所示，想象出它的结构形状，如图 7-79 所示。

④ 螺母块 8：从装配图中分离出来的属于螺母块 8 的投影，如图 7-80 所示，想象出它的结构形状，如图 7-81 所示。

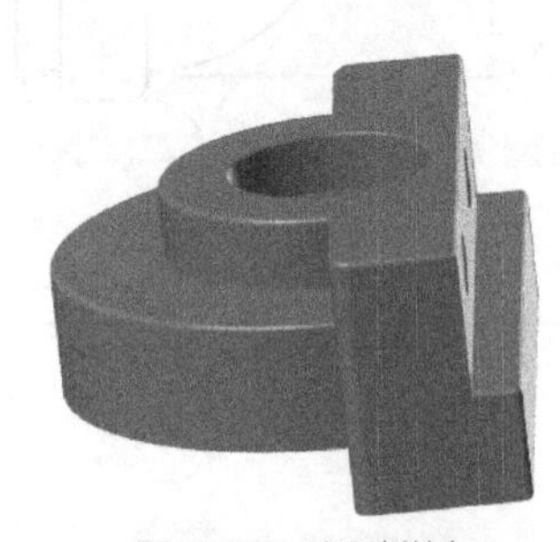

图 7-77　活动钳身

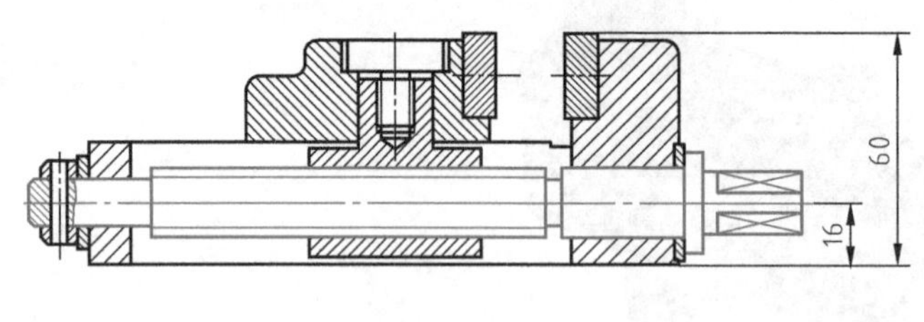

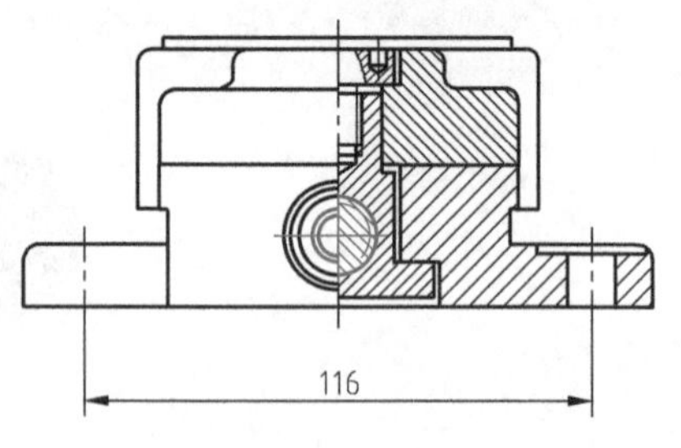

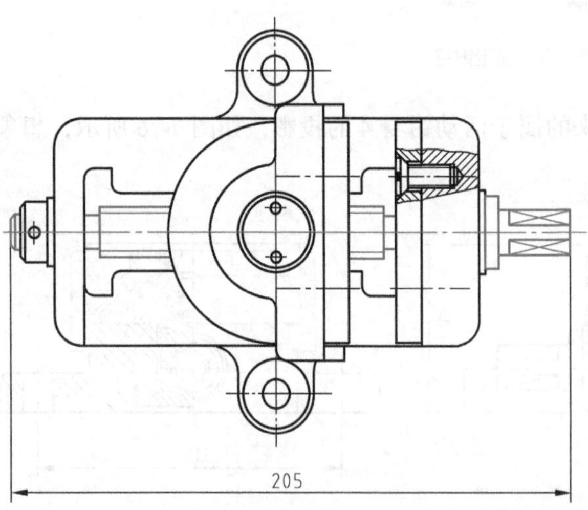

图 7-78　螺杆的投影

图 7-79　螺杆

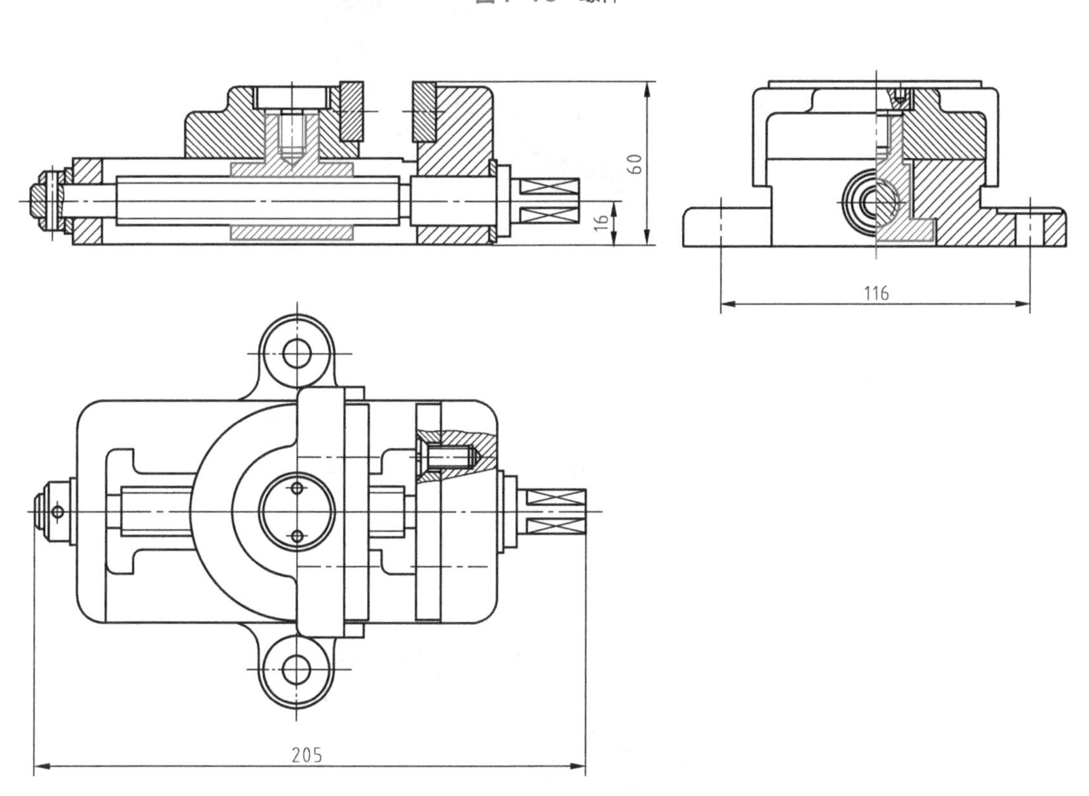

图 7-80　螺母块的投影

5. 归纳总结

图 7-81　螺母块

分析清楚零件的结构形状，能够进一步了解装配体。在详细分析各个零件之后，可综合想象出装配体的结构和装配关系，弄懂装配体的工作原理、拆卸顺序，还需对装配图所注尺寸以及技术要求（符号、文字）进行分析研究，进一步了解装配体的设计意图和装配工艺。螺杆 9 与固定钳身 1 的孔的配合：左端为 ϕ12H8/f7，右端为 ϕ18H8/f7，两配合均为都是基孔制、间隙配合。螺母块 8 的上部装在活动钳身 4 的孔中，采用 ϕ20H8/h7 的基孔制、间隙配合；活动钳身 4 的底部内侧面与固定钳身 1 的外侧面相接触，采用 82H8/f7 的间隙配合。尺寸 205 为总长尺寸，60 为总高尺寸，116 为安装尺寸。这样对装配体的全貌就有了进一步的了解，从而读懂装配图。

机用虎钳的实例，如图 7-82 所示。

图 7-82 机用虎钳

6. 注意装配图的特殊画法：假想画法

对于运动零件，当需要表明其运动极限位置时，可以在一个极限位置上画出该零件，而在另一个极限位置用假想画法。假想画法用双点画线来表示，如图 7-83 中，活动钳身 4 的左极限位置用双点画线表示。

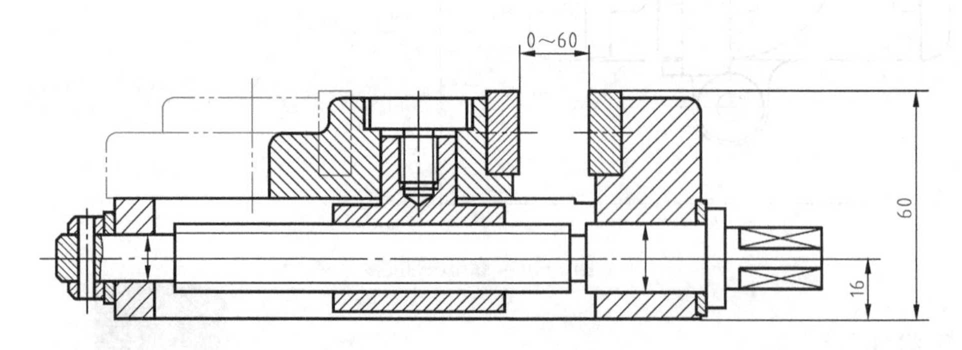

图 7-83 运动极限位置

【思考与练习 7-5】

一、填空题

1. 配合是指______相同的、相互结合的孔和轴______之间的关系。在装配图上，应注写____代号。

2. 基孔制配合中的孔，称为______，其基本偏差为_____偏差，代号为____，数值为____，即它的下极限尺寸等于___。

3. 基轴制配合中的轴，称为______，其基本偏差为____偏差，代号为_____，数值为____，即它的上极限尺寸等于___。

二、识读装配图

1. 夹线体的装配图，如图 7-84 所示，识读夹线体的装配图。

2. 推杆阀的装配图，如图 7-85 所示，识读装配图，完成填空。

（1）装配图包括______、______、________和______、_____等内容。

（2）推杆阀用了____个视图表达，其中主视图和俯视图采用____视图，*B* 向视图为___视图。

（3）推杆阀由___个零件组成，有___个是材料 HT200 制成的。

（4）装配图中有___处标注了配合尺寸，分别是________、______、______。

（5）推杆阀常用于管道系统中，通常在弹簧的作用下钢珠使油口处于___状态；当向左推动推杆时，钢珠___，左侧管路（进口）和中下部管路（出口）导通；一旦推杆失去推力，在弹簧的作用下钢珠使____。

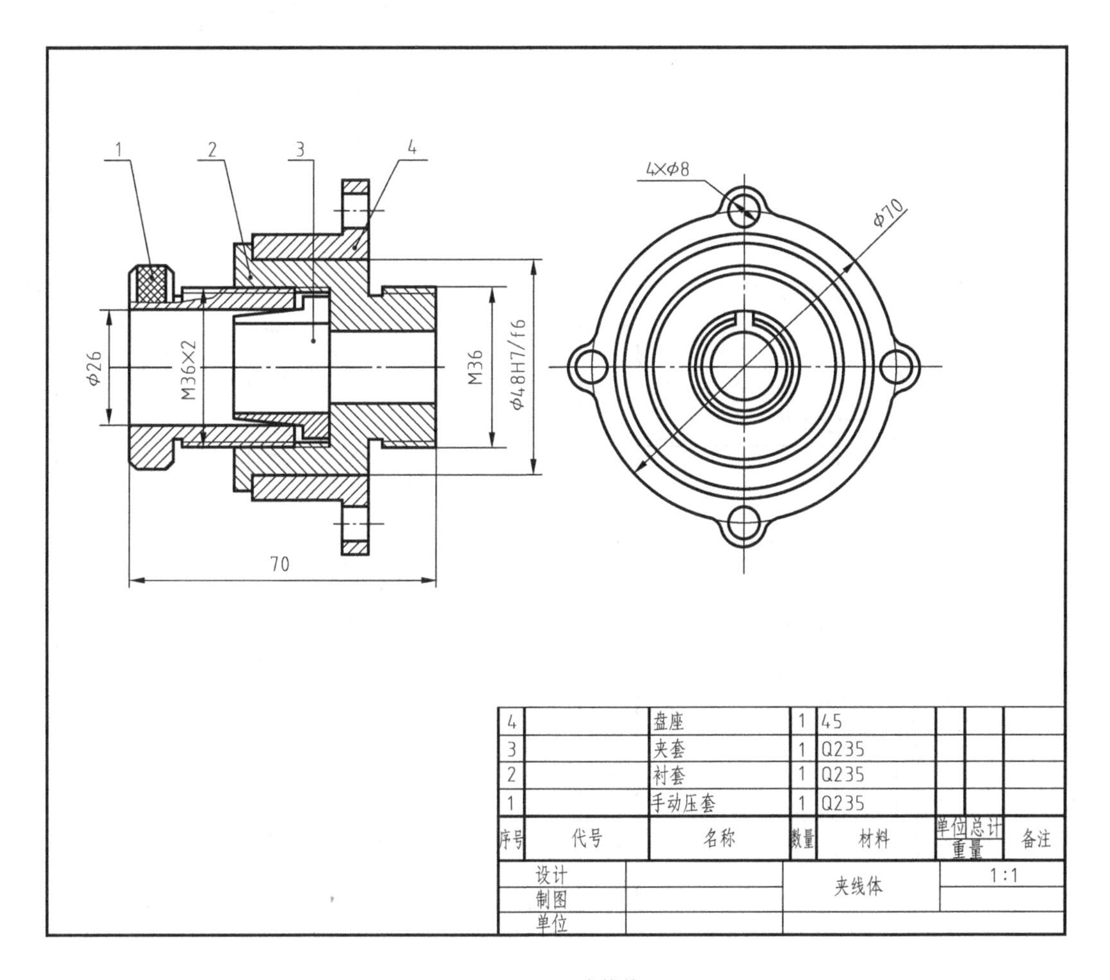

图 7-84　夹线体

3. 狙击步枪（工艺品）的装配图，如图 7-86 所示，识读装配图，分析狙击步枪（工艺品）的组成。

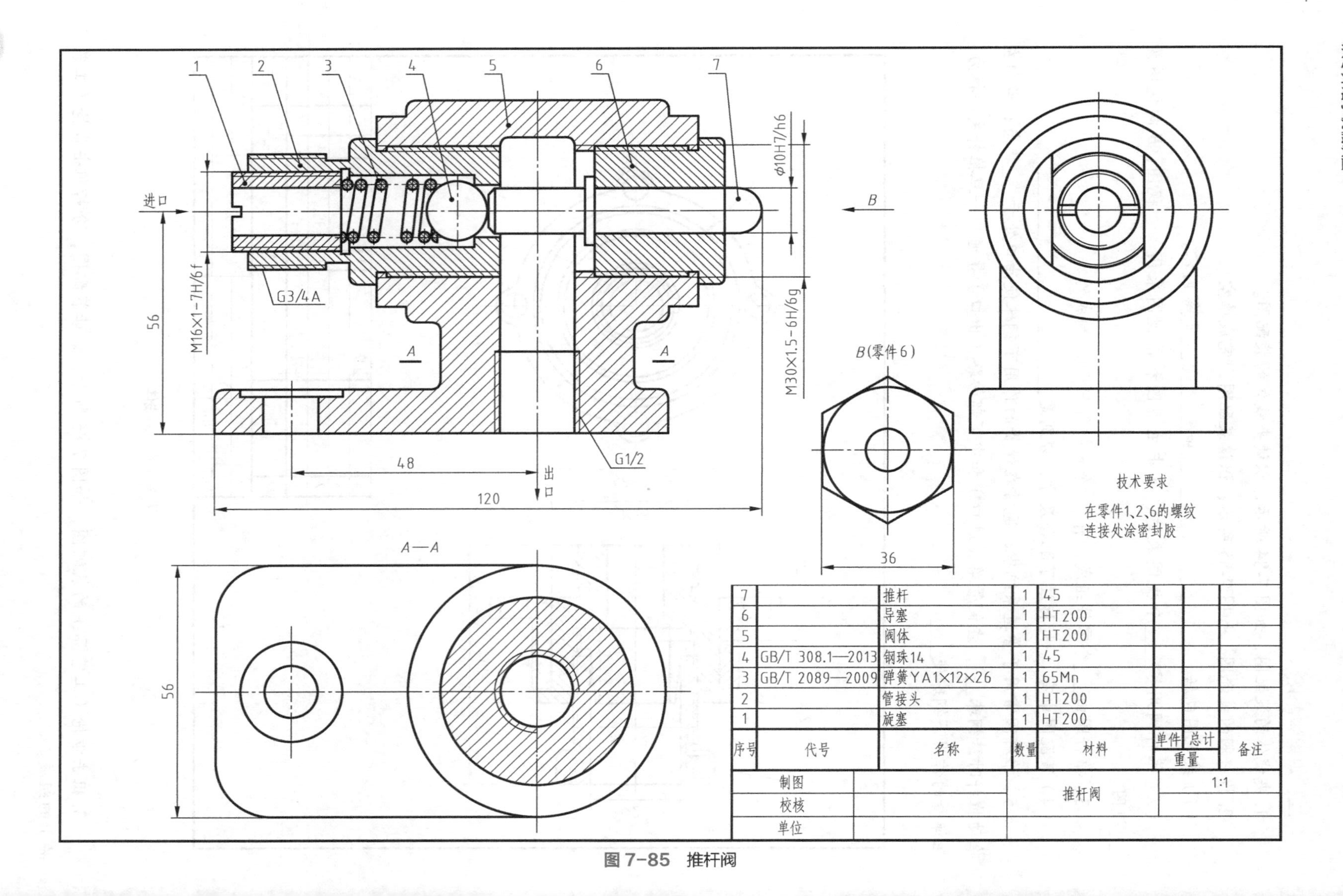

序号	代号	名称	数量	材料	单件重量	总计重量	备注
7		推杆	1	45			
6		导塞	1	HT200			
5		阀体	1	HT200			
4	GB/T 308.1—2013	钢珠14	1	45			
3	GB/T 2089—2009	弹簧YA1×12×26	1	65Mn			
2		管接头	1	HT200			
1		旋塞	1	HT200			

制图		推杆阀	1:1
校核			
单位			

图 7-85 推杆阀

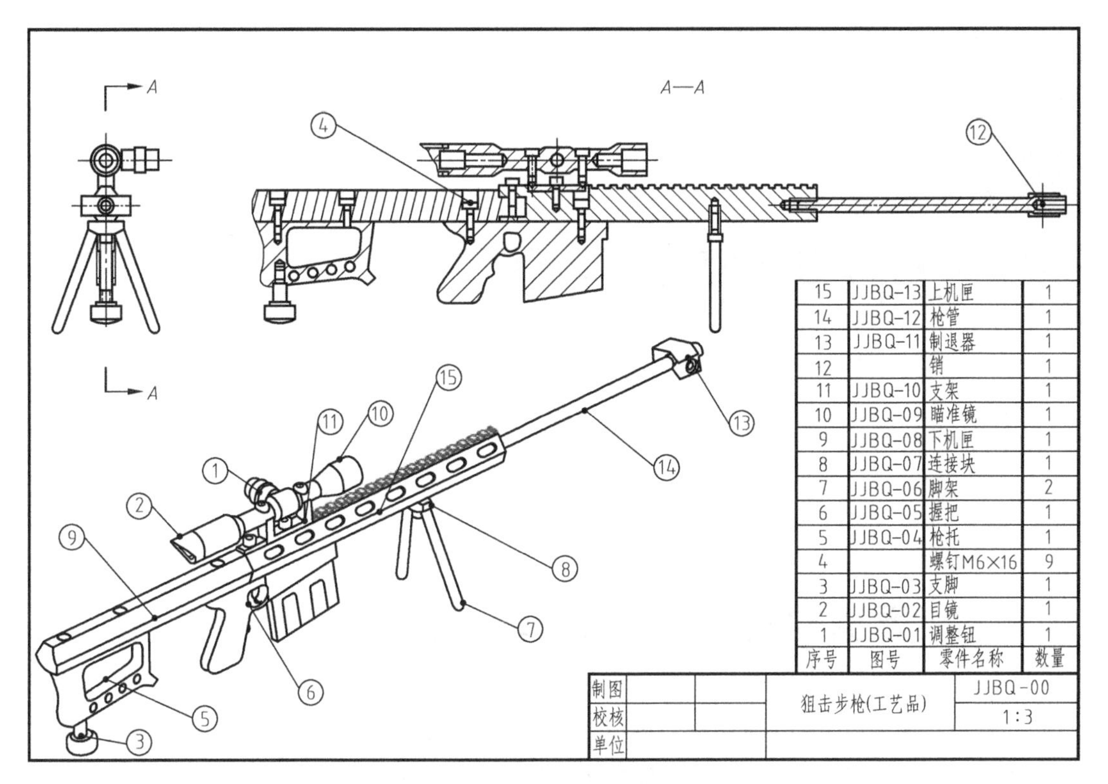

序号	图号	零件名称	数量
15	JJBQ-13	上机匣	1
14	JJBQ-12	枪管	1
13	JJBQ-11	制退器	1
12		销	1
11	JJBQ-10	支架	1
10	JJBQ-09	瞄准镜	1
9	JJBQ-08	下机匣	1
8	JJBQ-07	连接块	1
7	JJBQ-06	脚架	2
6	JJBQ-05	握把	1
5	JJBQ-04	枪托	1
4		螺钉M6×16	9
3	JJBQ-03	支脚	1
2	JJBQ-02	目镜	1
1	JJBQ-01	调整钮	1

图 7-86　狙击步枪（工艺品）

【思考与练习 7-5】 答案

一、填空题

1. 公称尺寸、公差带、配合　2. 基准孔、下、H、0、0　3. 基准轴、上、h、0、0

二、识读装配图

1. 提示：夹线体是将线穿入夹套 3 中，然后旋转手动压套 1，通过螺纹 M36×2 使手动压套 1 向右移动，沿着锥面接触使夹套 3 向中心收缩（夹套 3 上有开口槽），从而将线夹紧。当夹套 3 夹紧线后，还可以与手动压套 1、衬套 2 一起在盘座 4 的 ϕ48 孔中旋转，以适应工作环境。

2. 填空：（1）一组视图、必要的尺寸、技术要求、标题栏、明细栏　（2）4、剖、局部　（3）7、4　（4）3、M16×1-7H/6f、ϕ10H7/h6、M30×1.5-6H/6g　（5）常闭、向左移动、油口处于常闭状态

3.（略）

第八章
金属焊接图的识读

第一节　焊缝的图示法和符号表示法

将两件或两件以上的金属零件，用焊接的方法连接成一个整体，该构件就称为金属焊接件。用来表达金属焊接件的工程图样称为金属焊接件图，简称焊接图。

焊接是一种不可拆连接，金属结构件被焊接后所形成的接缝称为焊缝。焊缝在图样上可用视图、剖视图或断面图表示，也可以用轴测图示意地表示，同时标注焊缝符号（表示焊接方式、焊缝形式和焊缝尺寸等技术要求的符号）。

一、焊缝的图示法（GB/T 12212—2012）

1. 视图

（1）焊缝用栅线表示

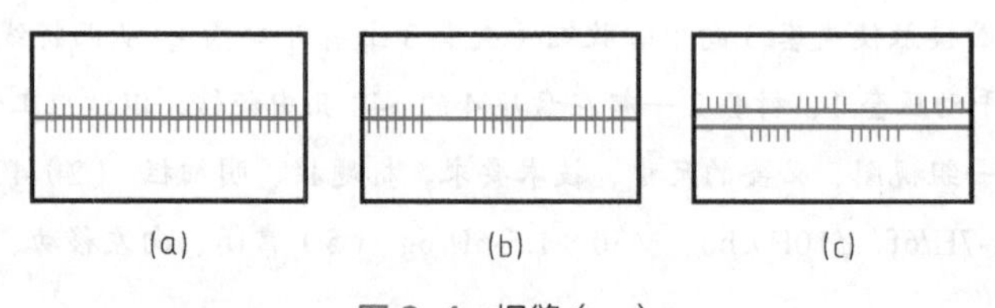

图 8-1　焊缝（一）

用视图表示焊缝时，焊缝用一条线（表示两个被焊接件相接触的轮廓线）加栅线（一系列平行的细实线段）表示，如图 8-1 所示的两个被焊接件相接触的轮廓线是直线，图 8-2 所示的两个被焊接件相接触的轮廓线是圆。

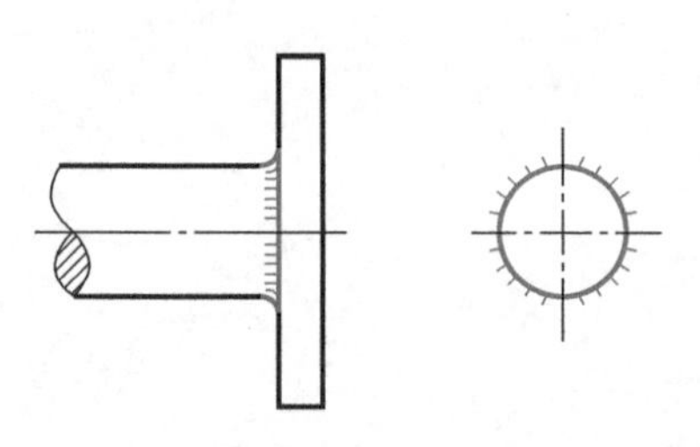

图 8-2　焊缝（二）

① 焊缝的可见面用栅线表示，不可见面不画栅线，如图 8-3 所示，右视图是焊缝的可见面，左视图是焊缝的不可见面。

② 可见连续焊缝用连续栅线表示，不可见连续焊缝不画栅线表示，如图 8-4 所示，左视图是可见连续焊缝，右视图不可见连续焊缝。

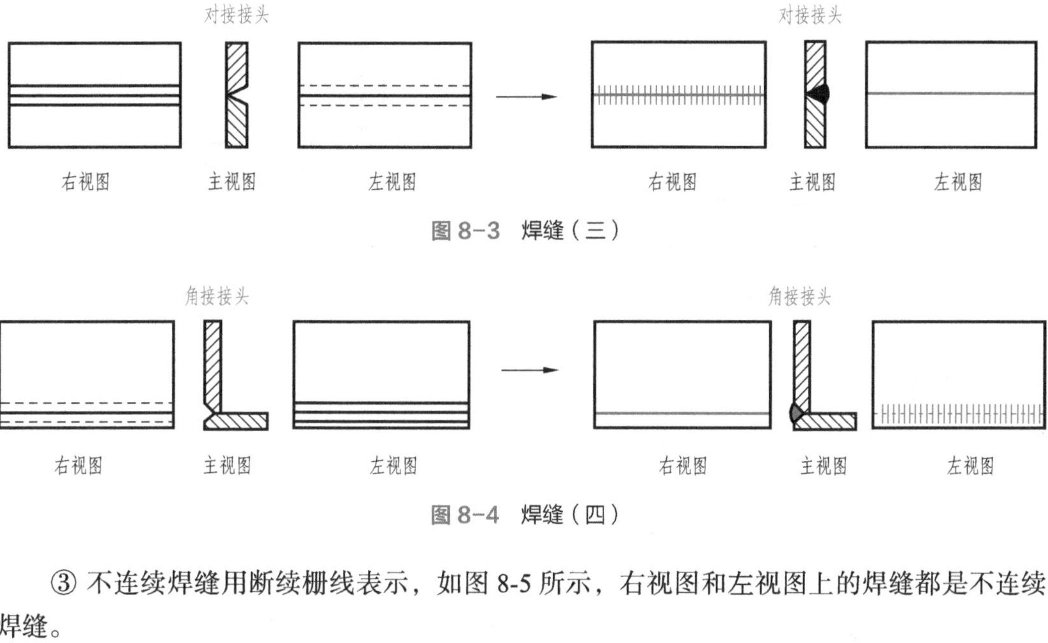

图 8-3　焊缝（三）

图 8-4　焊缝（四）

③ 不连续焊缝用断续栅线表示，如图 8-5 所示，右视图和左视图上的焊缝都是不连续焊缝。

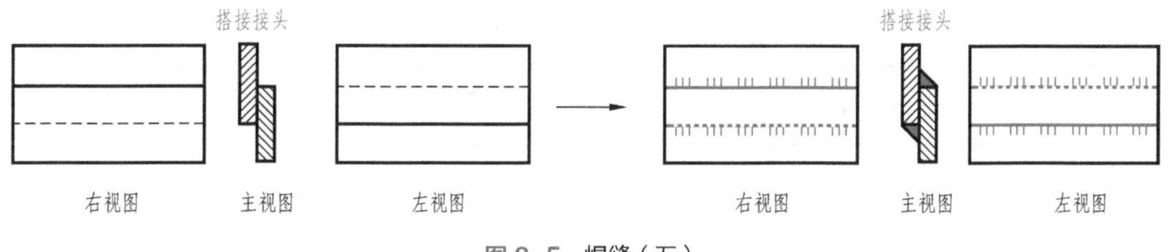

图 8-5　焊缝（五）

（2）焊缝用加粗实线表示

焊缝用加粗实线表示，如图 8-6 所示，加粗实线的线宽是粗实线的 2 ～ 3 倍。图 8-6（a）中的焊缝是连续焊缝，而图 8-6（b）中的焊缝是不连续焊缝。

（3）用粗实线绘制焊缝的轮廓

在表示焊缝端面的视图中，通常用粗实线绘制焊缝的轮廓，必要时可用细实线画出焊接前的坡口形状等，如图 8-7 所示。

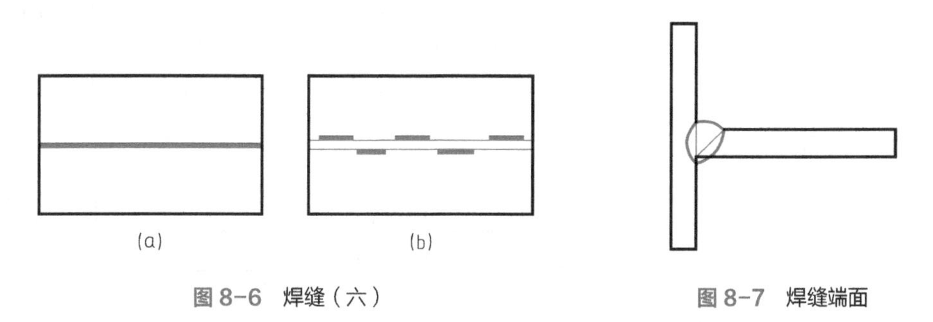

图 8-6　焊缝（六）

图 8-7　焊缝端面

8

2. 剖视图或断面图

在剖视图或断面图上，焊缝的金属熔焊区通常涂黑表示，如图 8-8 所示。需要表达焊缝坡口时，焊缝的熔焊区可以绘制成图 8-9 所示方式。

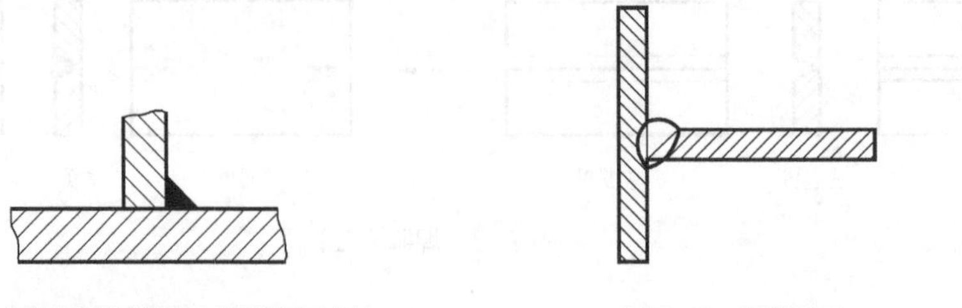

图 8-8　剖视图或断面图上焊缝表示方法

图 8-9　焊缝坡口

二、焊缝符号

焊缝符号由基本符号和指引线组成，必要时加补充符号和焊缝尺寸符号及数据等。

1. 焊缝的基本符号

焊缝的基本符号是表示焊缝截面形状的符号，它采用近似焊缝横截面形状的符号来表示。焊缝的基本符号用粗实线表示，常用焊缝的基本符号、图示法及标注方法示例如表 8-1 所示，其他的焊缝的基本符号可查阅国家标准（GB/T 12212—2012）。

表 8-1　焊缝的基本符号、图示法及标注方法示例

基本符号				
名称	示意图	符号	图示法	标注方法
I形焊缝		‖		
V形焊缝		∨		

续表

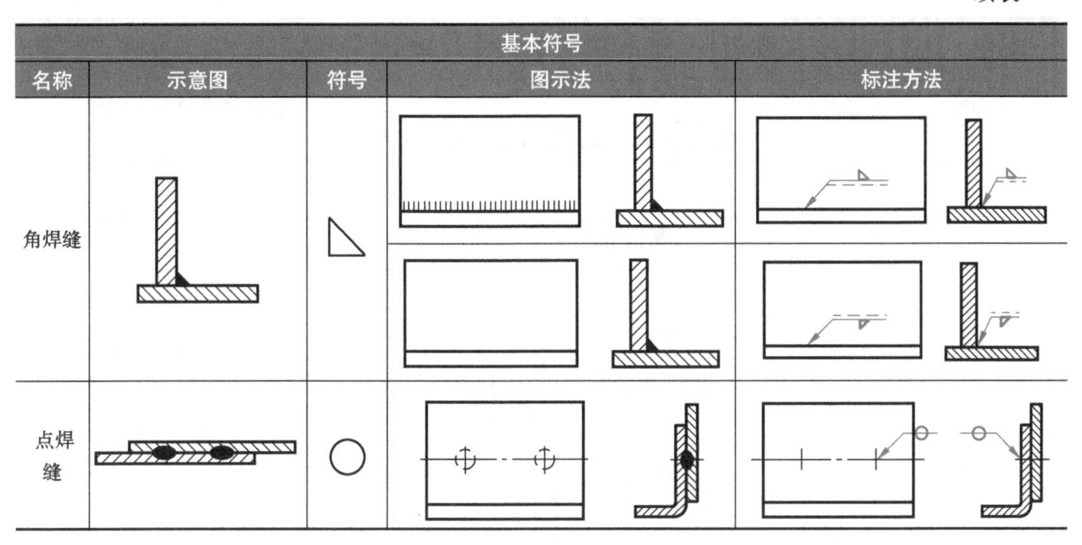

基本符号				
名称	示意图	符号	图示法	标注方法
角焊缝				
点焊缝				

2. 焊缝基本符号的组合

标注双面焊缝或接头时，基本符号可以组合使用，见表 8-2。

表 8-2　焊缝基本符号的组合

名称	符号	形式及标注示例
双面 V 形焊缝（X 焊缝）		
双面单 V 形焊缝（K 焊缝）		
带钝边双面 V 形焊缝		

3. 焊缝的补充符号

焊缝的补充符号用来说明与焊缝有关的某些特征（如表面形状、衬垫、焊缝分布及施焊地点等），用粗实线绘制，见表 8-3。

表 8-3　焊缝的补充符号

名称	符号	形式及标注示例	说明
平面			V 形焊缝表面经加工后平整
凹面			角焊缝表面凹陷

续表

名称	符号	形式及标注示例	说明
凸面	⌒		双面V形焊缝表面凸起
永久衬垫	M		V形焊缝的背面有衬垫，衬垫永久保留
三面焊缝	⊏		工件三面带有角焊缝
周围焊缝	○		在现场沿工件周围施焊
现场焊缝	⚑		
尾部	<	5 250 111 3条	用手工电弧焊，有3条相同的角焊缝

4. 焊缝的指引线

焊缝的指引线一般由箭头线和两条基准线（一条为细实线，另一条为细虚线）组成，如图8-10所示。箭头线用来将整个焊缝符号指引到图样上的焊缝，必要时允许弯折一次；基准线与主标题栏平行，其上面和下面用来标注各种符号及尺寸，基准线的细虚线可在细实线的上侧或下侧，必要时可在基准线（细实线）的末端加一尾部符号，作为其他说明之用，如焊接方法和焊缝数量等。

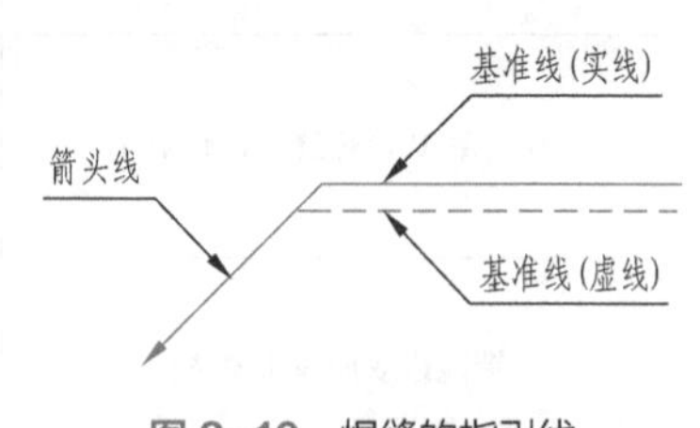

图8-10 焊缝的指引线

5. 焊缝的尺寸符号

焊缝的尺寸符号用来表示坡口及焊缝尺寸，一般不必标注。如需标注，可按国家标准《焊缝符号表示法》（GB/T 324—2008）的规定标注。常用焊缝尺寸符号见表8-4。

表8-4 焊缝的尺寸符号

焊缝尺寸符号					
符号	名称	示意图	符号	名称	示意图
δ	工件厚度	δ	e	焊缝间距	e
α	坡口角度	α	k	焊角尺寸	k

续表

焊缝尺寸符号					
符号	名称	示意图	符号	名称	示意图
b	根部间隙	b	d	熔核直径	d
p	钝边	p	s	焊缝有效厚度	S
c	焊缝宽度	C	N	相同焊缝数量	N=3
R	根部半径	R	H	坡口深度	H
l	焊缝长度	l	h	余高	h
n	焊缝段数	n=2	β	坡口面角度	β

三、焊接方法及其数字代号

焊接的方法很多，常用的有电弧焊、电渣焊、点焊和钎焊等，其中以电弧焊应用最广泛。焊接方法可用文字在技术要求中注明，也可以用数字代号直接注写在指引线的尾部。常用的焊接方法及其数字代号见表 8-5。

表 8-5　焊接方法及其数字代号（GB/T 5185—2005）

焊接方法	数字代号	焊接方法	数字代号
电弧焊	1	气焊	3
电阻焊	2	压力焊	4
手工电弧焊	111	激光焊	751
埋弧焊	12	氧 - 乙炔焊	311
电渣焊	72	硬钎焊	91
电子束焊	76	点焊	21

第二节　焊缝标注方法

为了使图样清晰和减轻绘图工作量，可按国家标准 GB/T 324—2008《焊缝符号表示法》中规定的焊缝符号表示焊缝。

一、焊缝标注

1. 焊缝标注应注意的问题

① 注意焊缝的“箭头侧”和“非箭头侧”：“箭头侧”是焊缝指引线的箭头直接指向的接头侧，另一侧则为“非箭头侧”，如图 8-11 所示。

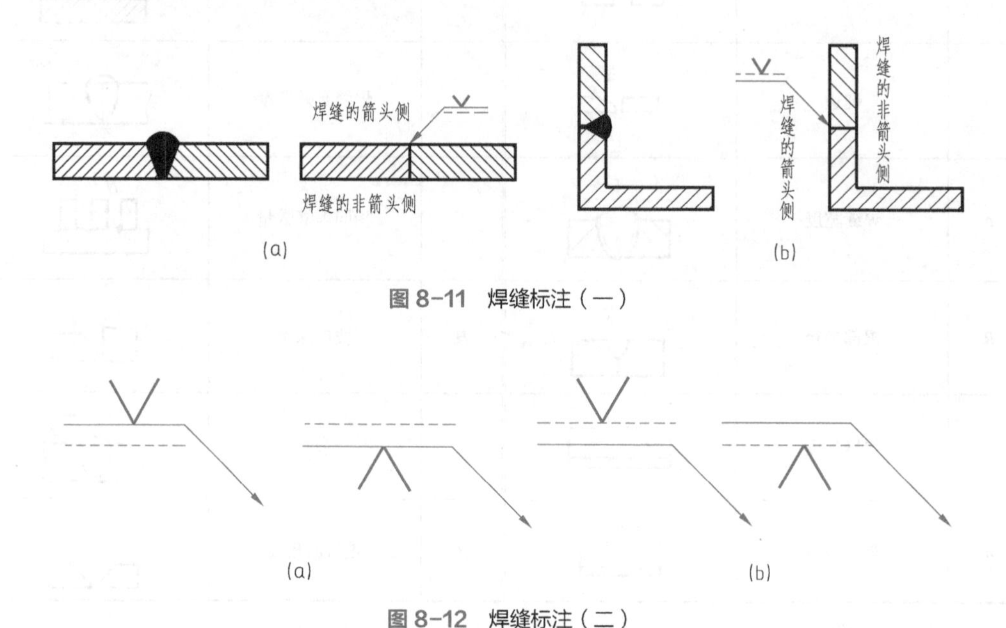

图 8-11 焊缝标注（一）

图 8-12 焊缝标注（二）

② 焊缝的基本符号和基准线的相对位置如图 8-12 所示：图（a）所示的焊缝基本符号在实线侧，表示焊缝在箭头侧，即指引线箭头指向焊缝的正面；图（b）所示的焊缝基本符号在虚线侧，表示焊缝在非箭头侧，即指引线箭头指向焊缝的背面。

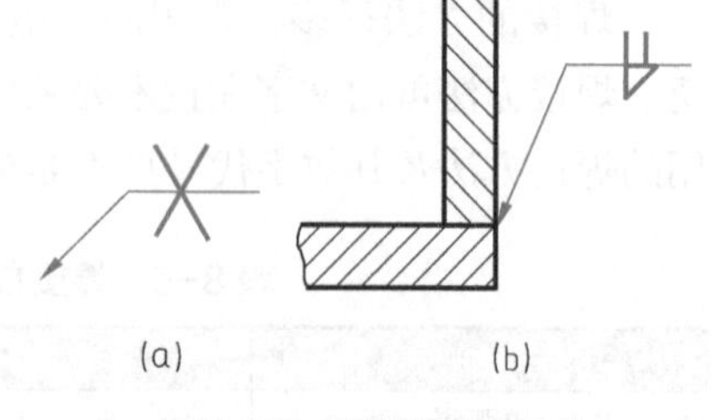

图 8-13 焊缝标注（三）

③ 对称焊缝可省略虚线基准线，如图 8-13（a）所示；在明确焊缝位置的情况下，双面焊缝也可省略虚线基准线，如图 8-13（b）所示。

2. 常见焊缝标注形式（表 8-6）

表 8-6 常见焊缝标注形式

名称	符号	形式及标注示例	说明
对接接头	α δ b		V 形焊缝表面经加工后平整
T 形接头	k	k	表示在现场进行焊接；k 表示焊角尺寸；表示双面角焊缝，焊缝表面凹陷

续表

名称	符号	形式及标注示例	说明
T形接头			表示有n段角焊缝，焊缝长度 l，e 表示断续焊缝间距
角接接头			表示双面焊缝，上面为带钝边的V形焊缝，下面为角焊缝
搭接接头			○表示点焊缝，d 表示焊点直径，n 为焊点数量，l 表示起始焊点中心至零件边缘的距离，e 表示焊点间距

二、常见焊缝的标注

【例 8-1】一对接接头的焊缝形式及尺寸如图 8-14（a）所示，接头板厚 10mm，根部间隙 2mm，坡口角度 60°，共有 3 条焊缝，每条焊缝长 60mm，采用埋弧焊进行焊接。

试采用焊缝符号进行标注。

解　图 8-14（a）所示焊缝的标注如图 8-14（b）所示。

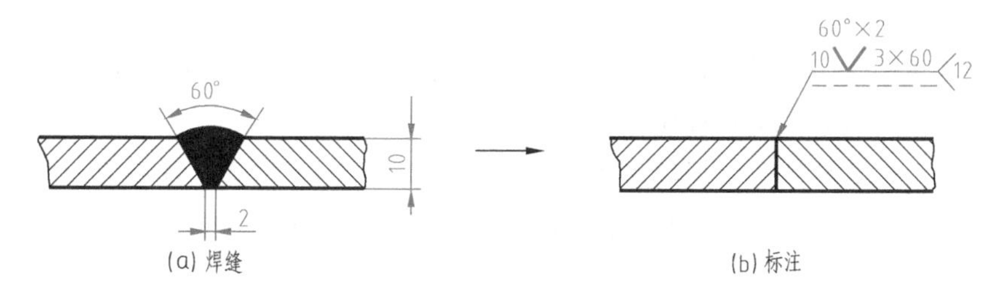

图 8-14　焊缝示例（一）

【例 8-2】一角接接头，焊缝形式及尺寸如图 8-15（a）所示，该焊缝为双面焊缝，上面为带有钝边的 V 形焊缝，下面为角焊缝，钝边为 3mm，坡口角度 50°，根部间隙 2mm，焊脚尺寸为 6mm。

试采用焊缝符号进行标注。

解　图 8-15（a）所示焊缝的标注如图 8-15（b）所示。

提示：

① 当同一图样上所有焊缝所采用的焊接方法都相同时，焊缝符号尾部表示焊接方法的代号可以省略，但要在技术要求或其他技术文件中注明“全部焊缝均采用 ×× 焊”等字样；

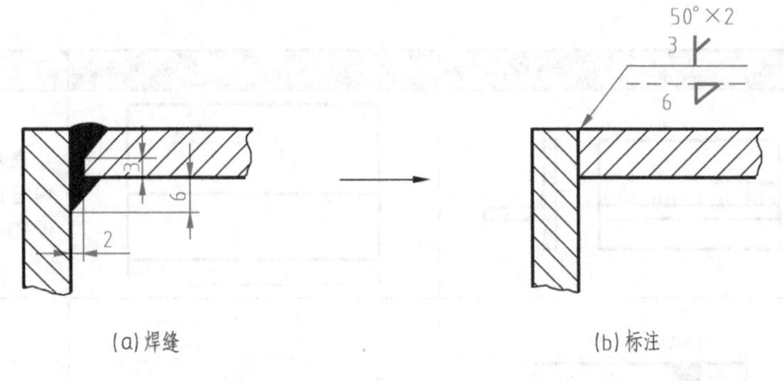

图 8-15　焊缝示例（二）

② 当大部分焊接方法相同时，也可在技术要求或其他技术文件中注明“除图样中注明的焊接方法外，其余焊缝均采用 ×× 焊”等字样。

【例 8-3】一搭接接头的焊缝形式及焊缝标注符号如图 8-16 所示，解释该焊缝符号的含义。

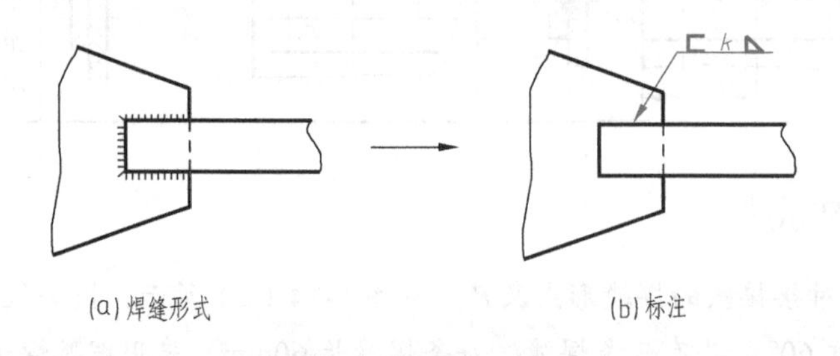

图 8-16　焊缝示例（三）

解　图 8-16 所示的焊缝符号中：“⊏”表示三面焊缝；“k”表示焊脚尺寸；“◺”表示单面角焊缝。

提示：在不至于引起误解的情况下，箭头线指向焊缝而非箭头线侧又无焊缝要求时，允许省略非箭头线侧的基准线（细虚线）。

【例 8-4】一 T 形接头的焊缝形式及尺寸如图 8-17（a）所示，该焊缝为双面、断续、角焊缝（交错），断续焊缝共有 10 条，每段焊缝长度为 30mm，焊缝间隔 50mm，焊脚尺寸 4mm。

试采用焊缝符号进行标注。

解　焊缝符号标注如图 8-17（b）所示。

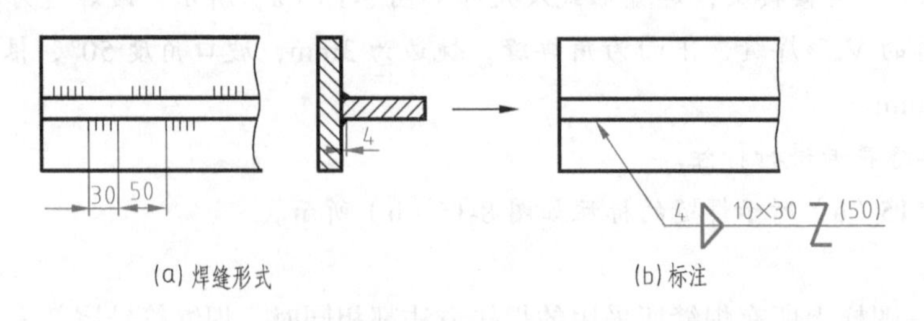

图 8-17　焊缝示例（四）

第三节 焊接图的识读

一、焊接图的特点

焊接图是焊接件进行加工时所用的图样，除了将各构件的形状、尺寸及相互位置表达清楚外，还应能清晰地表示出焊接形式、焊接要求以及焊接尺寸等，因此焊接图从形式上看很像装配图，但它又与装配图不同，通常说焊接图是装配图的形式、零件图的内容。焊接图有如下特点：

① 装配图表达的是机械装置（多个零件），而焊接图上对组成焊接件的各个构件进行编号，填写明细栏，表达的仅仅是一个零件（焊接件），如图8-18所示的挂架就是一个焊接件；

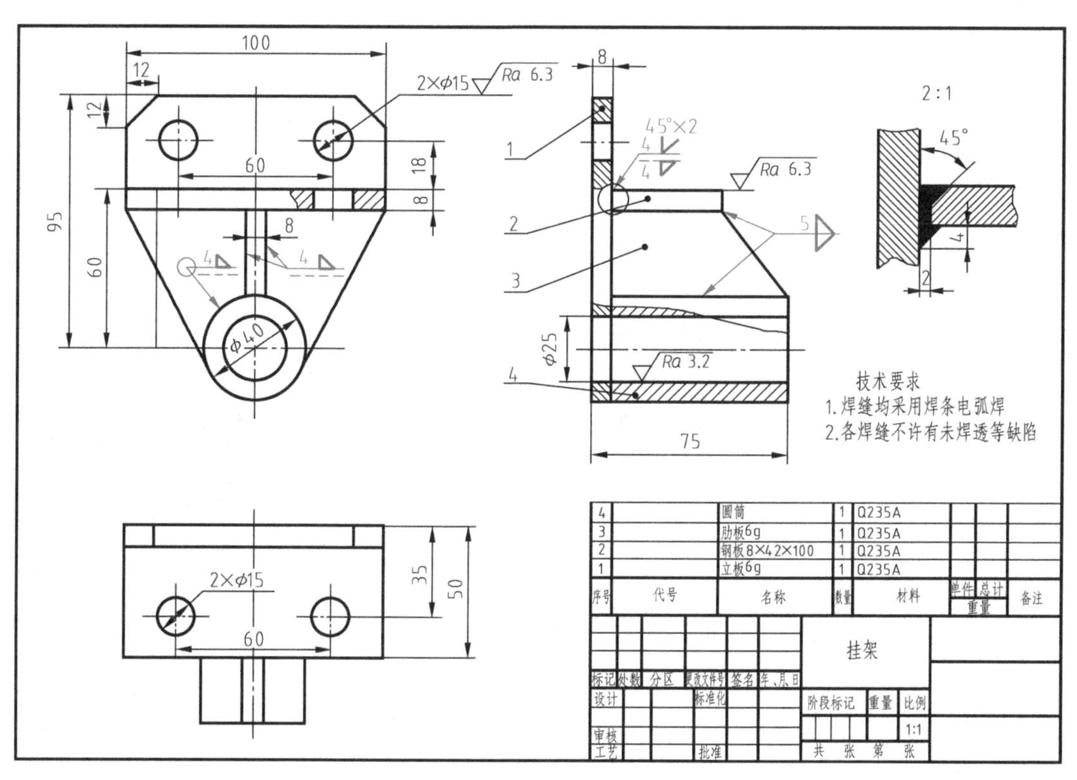

图8-18 挂架

② 焊接图上各个相邻构件的剖面线的倾斜方向应不同，即使方向相同其间隔应不同；

③ 焊接图上各个构件的形状、尺寸、位置等要表达清晰，图样中的各个构件一般不必另画零件图；

④ 组成焊接件的构件如果形状结构复杂，则需要单独画出其零件图；

⑤ 组成焊接件的构件由板料弯曲卷成的，可画出展开图。

二、焊接图的识读方法

① 看视图，分析焊接体。先看标题栏与明细栏，明确焊接件的名称和各个构件的名称、

数量等，从而了解焊接件的作用等；再分析视图，读懂尺寸，弄清各个构件的形状结构和相对位置等。

② 找出图样中的焊接符号，明确其表达的含义。

③ 阅读技术要求，明确对焊件的焊接要求。

三、焊接图的识读实例

1. 挂架的焊接图

如图 8-18 所示，识读该图。

（1）首先看标题栏与明细栏

由标题栏可知该焊接件为“挂架”，对照图上的序号和明细栏可知，该焊接件由立板、横板、肋板和圆筒等构件焊接而成。材料为普通碳素结构钢，绘图比例为 1 ：1。

（2）分析视图，想象出焊接结构形状

分析焊接图的表达方案，采用了几个视图，搞清各视图之间的关系，找出主视图。

挂架焊接图采用了主视图、俯视图、左视图三个基本视图和一个局部放大图。各视图及表达方法分析如下：

① 主视图　主视图主要表达了立板、横板、肋板和圆筒的位置，并采用局部剖视图表达了横板上孔的内部结构（通孔），同时采用焊接符号表达了立板与肋板、立板与圆筒的焊缝形式及尺寸。

② 俯视图　俯视图表达了挂架的俯视状态，给出了横板上两个孔的相对位置。

③ 左视图　左视图采用局部剖视图，分别表达了立板上孔的内部结构和圆筒的内部结构，标注了圆筒内孔表面 *Ra* 3.2；同时采用焊接符号表达了立板与横板、横板与肋板、肋板与圆筒的焊缝形式及尺寸。

④ 局部放大图　局部放大图用来表达立板与横板的焊缝的断面形状及尺寸。

综上分析，挂架主要由立板、横板、肋板和圆筒四部分焊接而成；圆筒内孔表面标注了 *Ra* 3.2，说明圆筒为挂架的主体，立板为固定支架，横板和肋板是为了增加承载能力的加强板。挂架的结构如图 8-19 所示。

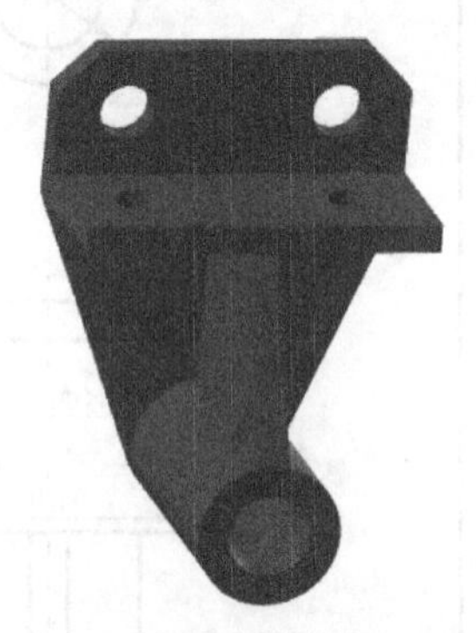

图 8-19　挂架立体图

（3）分析焊接结构的焊缝形式及尺寸

圆筒与肋板之间的焊缝符号 5▷ 表示：采用焊脚尺寸为 5mm 的双面连续角焊缝进行焊接；横板与肋板之间的焊缝符号 5▷ 表示：采用焊脚尺寸为 5mm 的双面连续角焊缝进行焊接；横板与立板之间的焊缝符号 45°×2 4V 4▷ 表示：采用单边 V 形焊缝，坡口角度 45°，焊缝间隙 2mm，坡口深度 4mm，横板下表面与立板的焊缝是焊脚尺寸为 4mm 的角焊缝；圆筒与立板之间的焊缝符号 ○4▷ 表示：采用焊脚尺寸为 4mm 的角焊缝，围绕圆筒周围进行焊接。

（4）分析尺寸

焊接图上的尺寸是制造、检验焊接结构的重要依据。分析尺寸的主要目的是根据构件的结构特点、设计和制造的工艺要求，找出尺寸基准，分清设计基准和工艺基准，明确尺寸种类和标注形式；分析影响性能的主要尺寸标注是否合理，标准结构要素的尺寸标注是否符合要求，其他尺寸是否满足工艺要求；校对尺寸标注是否完整等。

挂架的焊接图中，长度方向的总体尺寸是100mm，尺寸基准是中心对称面，以此来确定立板上两孔的中心距为60mm；宽度方向的总体尺寸是75mm，尺寸基准是立板的端面，以此来确定立板上两孔的定位尺寸35mm；高度方向的尺寸基准是圆筒的轴线，立板顶端到中心线的距离为95mm，横板到中心线的距离为60mm；横板的下端面是高度方向的辅助基准，以此来确定横板的厚度以及立板上两孔的定位尺寸。

（5）了解技术要求

焊接图上的技术要求是焊接构件制造的质量指标。焊接结构装配图的技术要求可用文字说明，也可用符号表示。挂架的技术要求在图中分为两部分：一部分是用符号标注出来的，如表面粗糙度符号、焊缝符号等；另一部分是文字说明，如焊接方法、焊缝质量要求等。

通过上述方法和步骤，一般可以对焊接结构有所了解。对于某些结构比较复杂的，还需要参考有关技术资料和相关图样，才能彻底识读。看图的步骤也可视焊接结构的具体情况，灵活运用。

2. 弯头的焊接图

如图8-20所示，识读该图。

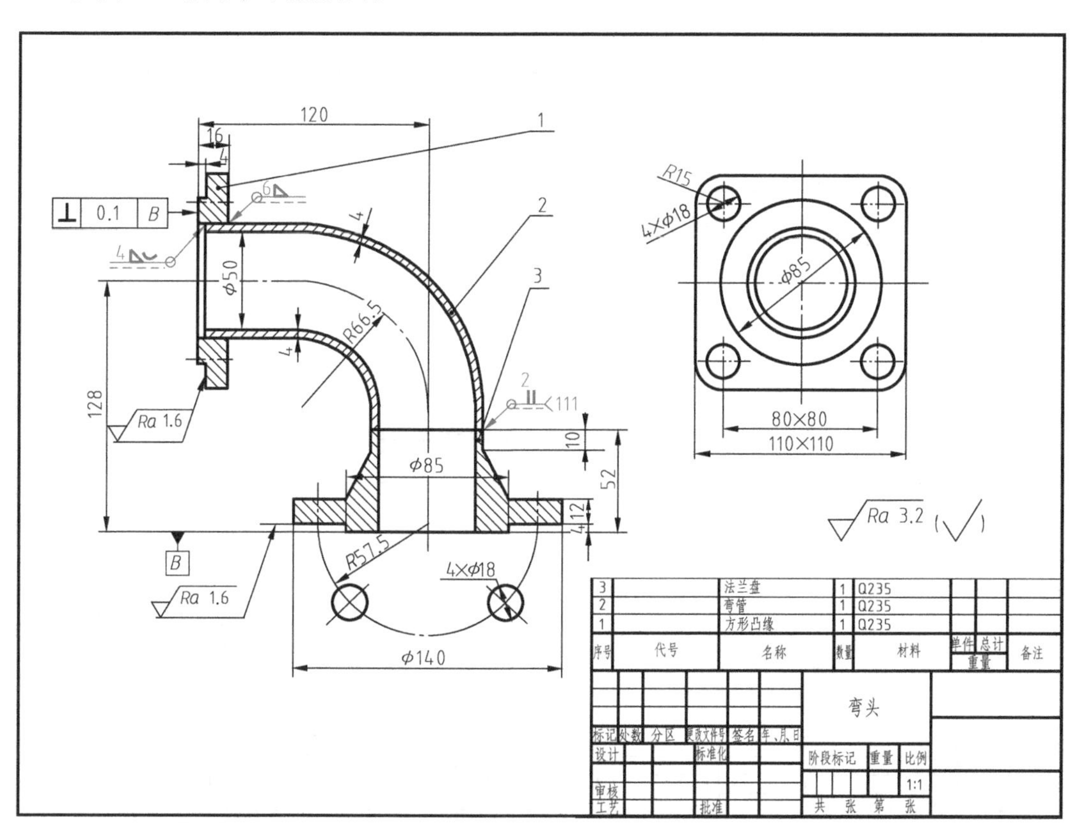

图8-20 弯头

（1）先看标题栏与明细栏

阅读标题栏，明确焊件的名称是弯头、比例为 1 ：1，看明细表明确各构件的数量、材料等，弯头由方形凸缘、弯管和法兰盘三个构件组成。

（2）分析视图

图 8-20 采用了主视图和左视图，主视图表达了方形凸缘、弯管和法兰盘的装配要求，还表达了各个构件的形状、尺寸以及加工要求等；采用简化画法表达法兰盘上的四个 $\phi18$ 的孔；左视图表达了方形凸缘结构、尺寸等。

（3）分析焊接要求

图 8-20 所示的弯头焊接图中有三条焊缝，分别标注了焊缝代号，其含义如下：

① 代号 4◺◡○ 为方形凸缘和弯管的内焊缝代号，其中“4”表示焊脚高度 4mm，“◺”表示角焊缝，“◡”表示焊缝表面凹陷，“○”表示环绕工件周围焊接；

② 代号 ○6◺ 为方形凸缘和弯管外表面的焊缝代号，其中“○”表示环绕工件周围焊接，“6”表示焊脚高度 6mm，“◺”表示角焊缝；

③ 代号 ○2‖＜111 为弯管和法兰盘间的焊缝代号，其中“○”表示环绕工件周围焊接，“‖”表示Ⅰ形焊缝，“2”表示焊脚高度 2mm，“111”表示焊缝采用手工电弧焊。

值得注意的是，如果被焊的接头只焊接一面，这种类型的接头只需一个焊接符号即可，放置在与接头施焊侧相应的参考线的一侧。

3. 抽底管的焊接图

如图 8-21 所示，识读该图。

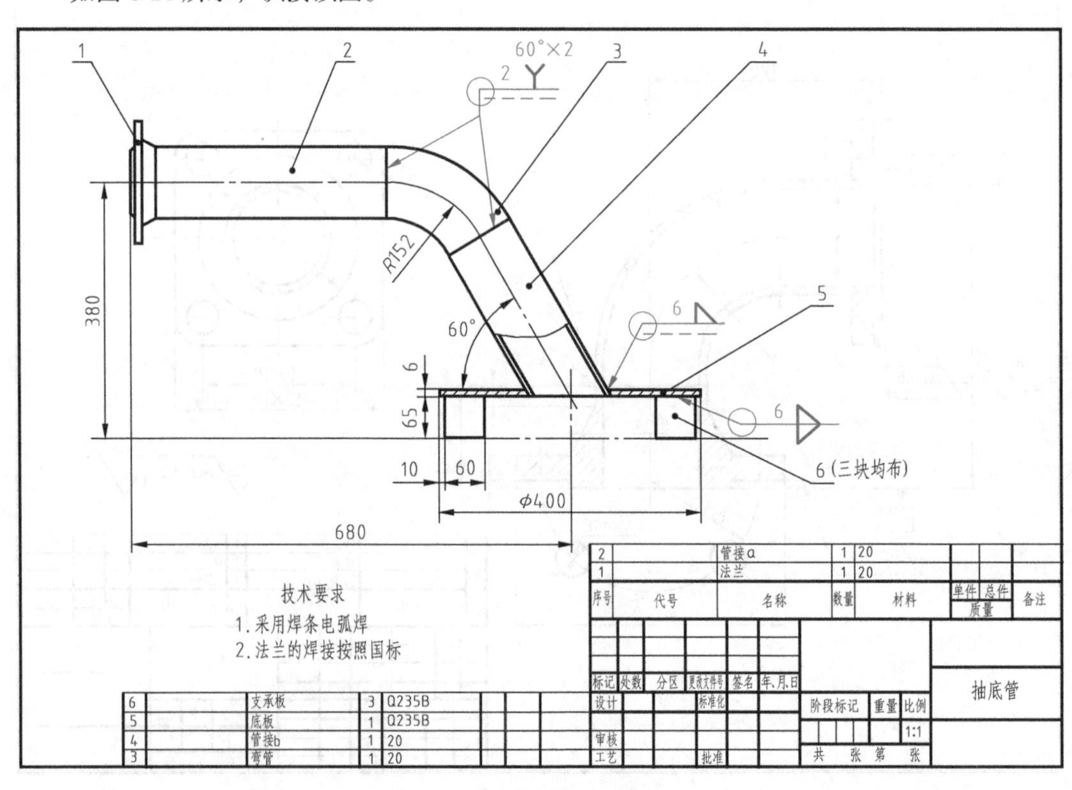

图 8-21 抽底管的焊接图

（1）看标题栏和明细栏

从图 8-21 可知，该焊接件是抽底管，主要由法兰、管接 a、弯管、管接 b、底板和支承板等构件焊接而成，其中法兰、管接 a、弯管和管接 b 的材料都是焊接性能较好的低碳钢（20 钢），底板和支承板是普通碳素钢，支承板有三块，绘图比例 1 ∶ 1。

（2）视图分析

图 8-21 为了表达抽底管的焊接结构，采用了主视图，主要表达了法兰、管接 a、弯管、管接 b、底板和支承板等构件位置关系，主视图上的局部剖视图表达了管接 b 和底板的焊缝形式与尺寸。

图 8-21 中与支承板相连的细双点画线表示油罐的罐底表面。

（3）识读焊缝结构与尺寸

从图 8-21 可知，管接 a 与弯管、弯管与管接 b 之间的焊接符号 60°×2 2 Y 表示焊缝采用根部间隙 2mm、钝边高度 2mm、坡口角度 60° 的 V 形接头。管接 b 与底板之间的焊接符号 6 表示焊缝采用焊脚尺寸为 6mm 的角焊缝，沿管接周围施焊。底板和支承板之间的焊接符号 6 表示焊缝采用焊脚尺寸为 6mm 的双面角焊缝。

（4）分析尺寸

从图 8-21 可知，长度方向的尺寸为 680mm，尺寸基准是底板的中心线，以此来确定法兰和管接 a 的位置；底板的一侧为长度方向的辅助基准，以此来确定支承板的位置。高度方向的尺寸为 380mm、65mm，尺寸基准是油罐的罐底表面，支承板的高度为 65mm，法兰和管接 a 的中心线到油罐的罐底表面的高度为 380mm。另外，ϕ400 是底板的定形尺寸，表明底板是圆形的，60° 的定位尺寸，限定管接 b 的角度。

（5）了解技术要求

由技术要求可知，抽底管的焊接采用焊条电弧焊，法兰的焊接要按照相关的国家标准进行。

【思考与练习 8】

一、填空题

1. 将两件或两件以上的金属构件，用焊接的方法连接成一个整体，该构件就称为______。

2. 用来表达金属焊接件的工程图样称为______，简称_____。

3. 焊接是一种不可拆连接，金属结构件被焊接后所形成的接缝称为_____。

4. 焊缝符号由_____和_____组成，必要时加补充符号和焊缝尺寸符号及数据等。

5. 焊缝的指引线一般由箭头线和两条基准线（一条为_____，另一条为_____）组成。

6. 焊缝指引线的箭头直接指向的接头侧是_____，另一侧则为_____。

二、解析题

1. 焊缝标注如图 8-22 所示，解释焊缝符号的含义。

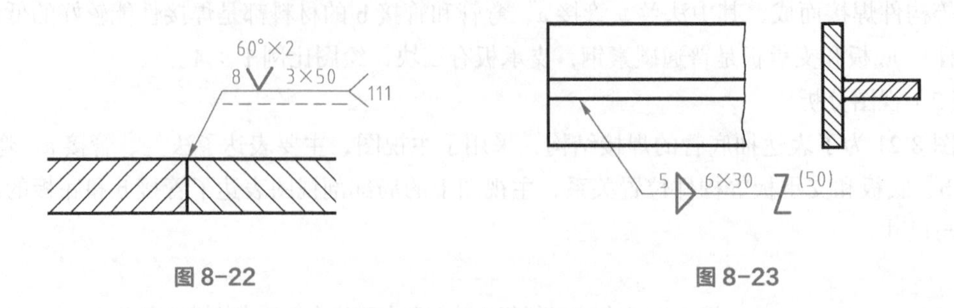

图 8-22　　　　图 8-23

2. 焊缝标注如图 8-23 所示，解释焊缝符号的含义。

三、分析题

电子仪外壳如题图 8-24 所示，该外壳是电子仪器中用来屏蔽高频干扰的零件，由薄金属板焊接制成。看图并回答下列问题：

1. 弯角件与壳体采用什么方式连接？

2. 解释符号 2 ○ 4×(10) <21 的含义；

3. 起始焊点中心至板边的距离是多少？

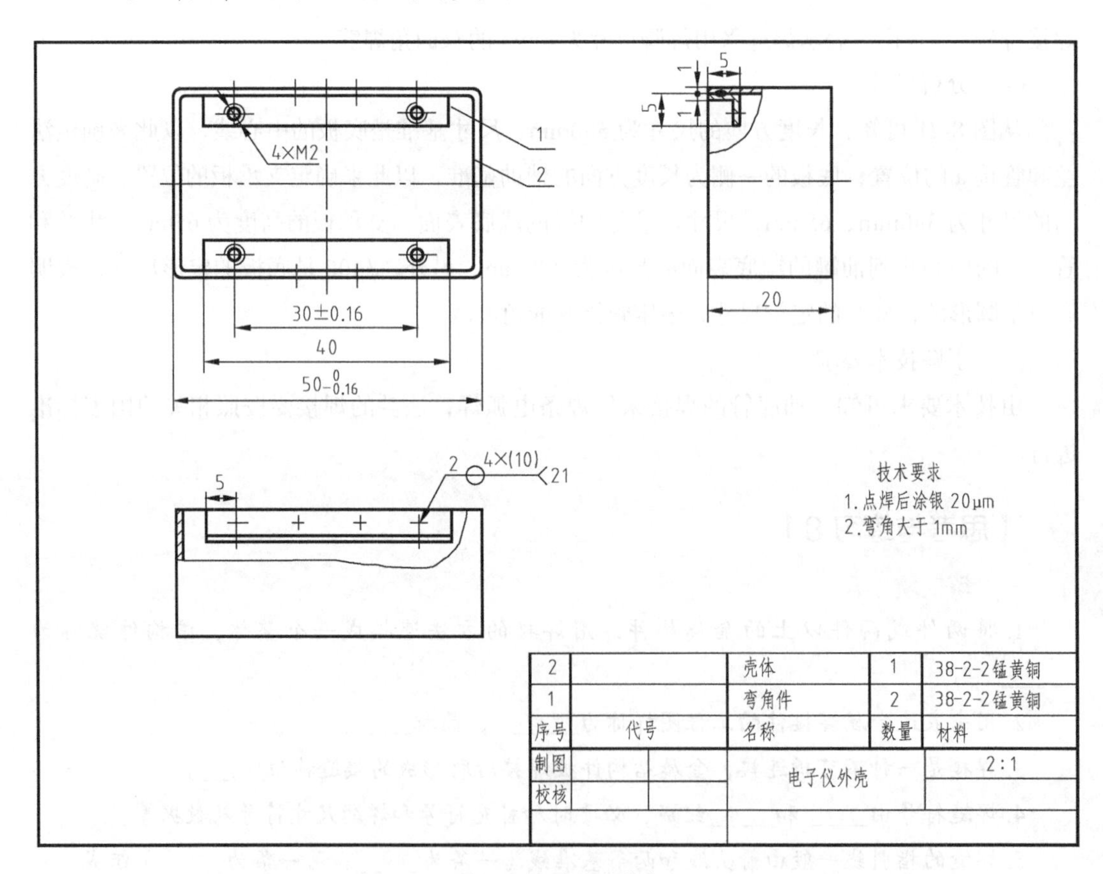

2		壳体	1	38-2-2锰黄铜
1		弯角件	2	38-2-2锰黄铜
序号	代号	名称	数量	材料
制图		电子仪外壳		2:1
校核				

图 8-24　电子仪外壳

四、识读题

支架如图 8-25 所示，识读该焊接图。

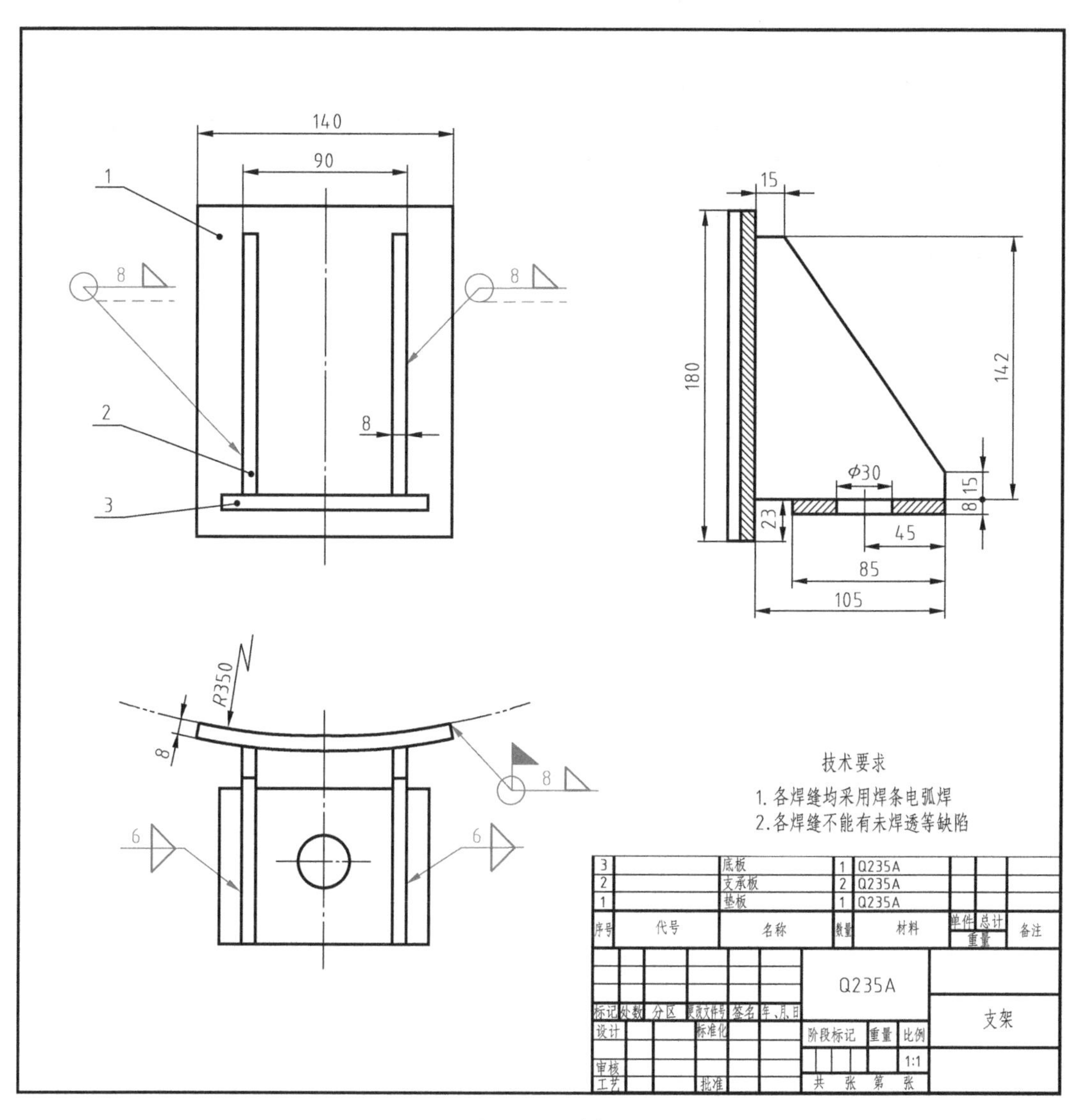

图 8-25　支架

【思考与练习 8】 答案

一、填空题

1. 金属焊接件　2. 金属焊接件图、焊接图　3. 焊缝　4. 基本符号、指引线　5. 细实线、细虚线　6. 箭头侧、非箭头侧

二、解析题

1. 60°×2 8V3×50 111 表示 V 形焊缝对接接头，坡口角度 60°，根部间隙 2mm，接头板厚 8mm，共有 3 条焊缝，每条焊缝长 50mm，采用手工电弧焊进行焊接。

2. 5 ◁ 6×30 Z (50) 表示焊缝为双面、断续、角焊缝（交错），焊脚尺寸 5mm，断续焊缝共有 6 条，每段焊缝长度为 30mm，焊缝间隙 50mm。

三、分析题

1. 弯角件与壳体采用点焊连接；

2. 符号 2 ○ 4×(10) < 21 的含义：2 表示焊点直径 2mm，○表示点焊缝，4 表示焊点有 4 个，10 表示焊点间距 10mm，21 表示焊接方法是点焊；

3. 起始焊点中心至板边的距离是 5mm（俯视图）。

四、（略）

第九章 金属结构图与展开图

第一节　金属结构图

金属结构件广泛用于机械、化工设备、桥梁及建筑中，通常是由各种型钢与钢板通过焊接（局部也用螺栓连接或铆接）方式连接组成。

一、棒料、型材及其断面简化表示（GB/T 4656—2008）

棒料、型材及其断面用相应的标记（表 9-1、表 9-2）表示，各参数之间用短画隔开。必要时可在标记后注出切割长度，如图 9-1 所示。

表 9-1　棒料断面尺寸和标记

棒料断面与尺寸	标记	
	图形符号	必要尺寸
圆形（ϕd）　圆管形（ϕd、t）	∅	d d、t
方形（b）　空心方管形（b、t）	□	b b、t
扁矩形（b、h）　空心矩管形（b、h、t）	▭	b、h b、h、t

续表

棒料断面与尺寸	标记	
	图形符号	必要尺寸
六角形 空心六角管形		s s、t
三角形		b
半圆形		b、h

表 9-2　型材断面尺寸和标记

型材	标记		
	图形符号	字母代号	尺寸
角钢	∟	L	特征尺寸
T 型钢	T	T	
工字钢	I	I	
H 钢	H	H	
槽钢	[	U	
Z 型钢	⅂	Z	

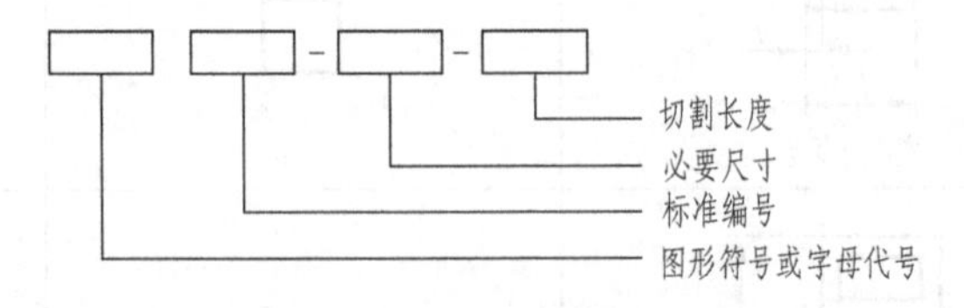

图 9-1　金属结构件的标记

示例：角钢，尺寸为 50mm × 50mm × 4mm，长度为 1000mm，标记为∟ 50 × 50 × 4-1000

① 在不致引起误解时，可以简化标记，例如，扁钢，尺寸为 50mm × 10mm，长度为 100mm，简化标记为▭ 50 × 10-100

② 可以用大写字母代替表 9-2 中的型材图形符号简化标记，例如，角钢，尺寸为 90mm × 50mm × 5mm，长度为 600mm，标记为∟ 90 × 50 × 5-600

③ 标记应尽可能靠近相应的构件标注，如图 9-2 所示。该结构件由一等边角钢∟ 70 × 7-3500 和一块钢板用 M16 螺栓连接而成，5 个 M16 × 45 螺栓的定位尺寸为 50、40、100。

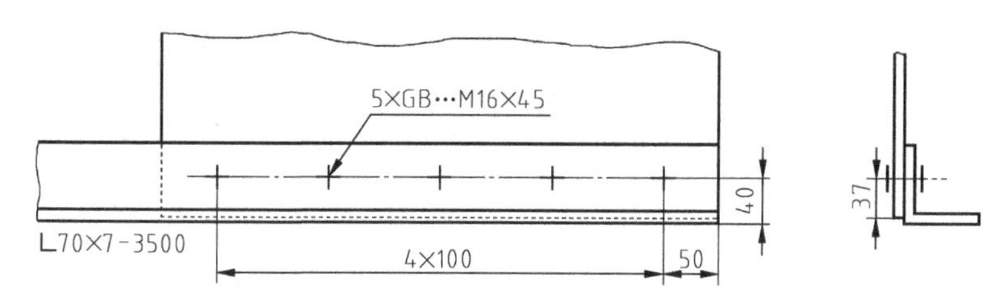

图 9-2　金属结构件的标记示例（一）

④ 图样上的标记应与型钢的位置相一致，如图 9-3 所示。该结构件由三段角钢和一块 600 × 300 × 10 钢板用螺栓连接而成，其中一等边角钢∟ 50 × 5-1600 竖直放置，另外两段角钢∟ 100 × 10-5600 水平对称放置，钢板被夹持在两段角钢中间，用 M16 螺栓连接。

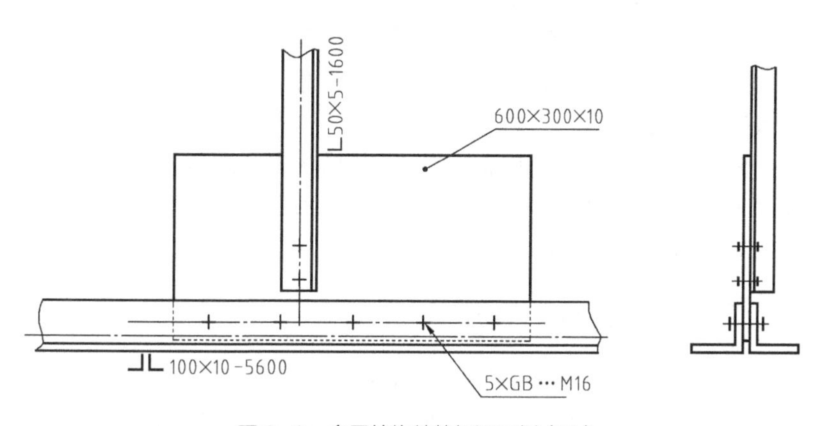

图 9-3　金属结构件的标记示例（二）

【例 9-1】 金属结构件如图 9-4 所示，分析该结构图。

解　图 9-4 所示的结构件：主体是一块 600 × 300 × 10 的钢板，其左侧、右侧分别用螺栓连接了两段角钢，其中左侧的两段角钢∟ 100 × 50 × 7-2300 与钢板前后对称放置，用 M10 螺栓连接，左侧的两段角钢上方垫有扁钢 50 × 10-100，用 M10 螺栓连接，如 *A—A* 断面图所示。右侧的另外两段角钢倾斜与钢板前后放置，用 M16 螺栓连接；两段角钢上方用钢板 130 × 130 × 10 连接，钢板被夹持在两段角钢之间用 M16 螺栓连接，如 *B—B* 断面图所示。

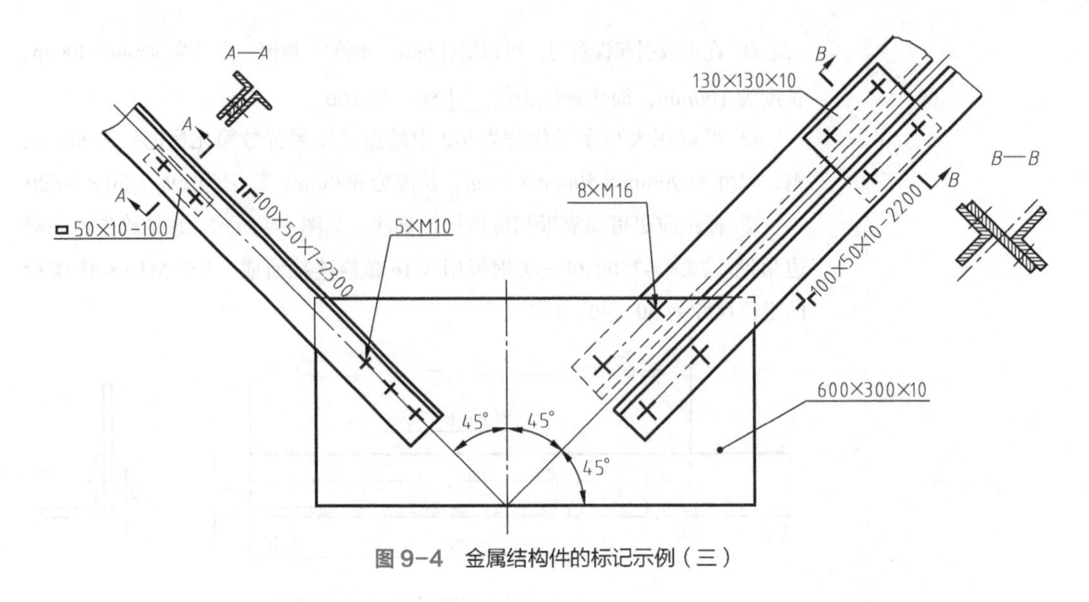

图 9-4　金属结构件的标记示例（三）

第二节　展开图

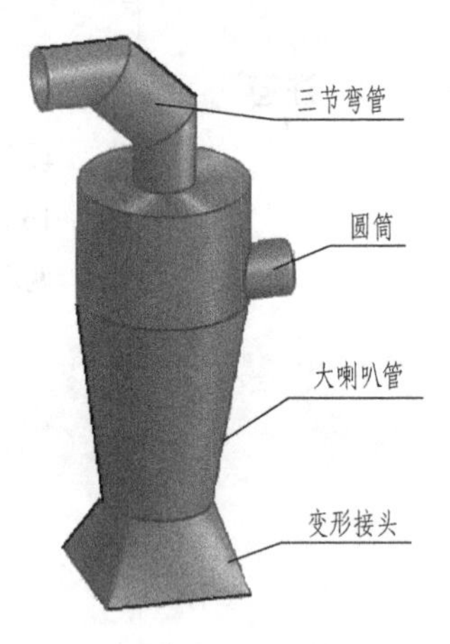

图 9-5　集粉筒

在生产中，经常用到各种薄板制件，如水箱、防护罩、各种管接头等，如图 9-5 所示的集粉筒。制造这类制件时，通常是先在金属薄板上画出展开图，然后下料弯制成形，最后经焊接或铆接而成。

将制件各表面按其实际大小和形状依次连续地展开在一个平面上，称为制件的表面展开，展开所得图形称为表面展开图，简称展开图。

一、平面立体制件的展开图

由于平面立体的表面都是平面，因此，平面立体制件的展开只要作出各个表面的实形，并将它们依次连续地画在一个平面上，即可得到平面立体制件的展开图。

1. 斜口直四棱柱管

（1）分析

斜口直四棱柱管如图 9-6（a）所示，从制件的投影图 9-6（b）中可以直接量得各表面的边长和实形，因此展开图绘制比较简单。

（2）展开图绘制

① 将各底边的实长展开成一条直线，标出Ⅰ、Ⅱ、Ⅲ、Ⅳ、Ⅰ诸点；

② 过Ⅰ、Ⅱ、Ⅲ、Ⅳ、Ⅰ诸点作铅垂线，在其上量取各棱线的实长，即得各顶点 A、B、C、D、A；

③ 用直线依次连接 A、B、C、D、A 各顶点，即得斜口直四棱柱管的展开图，如图 9-6（c）所示。

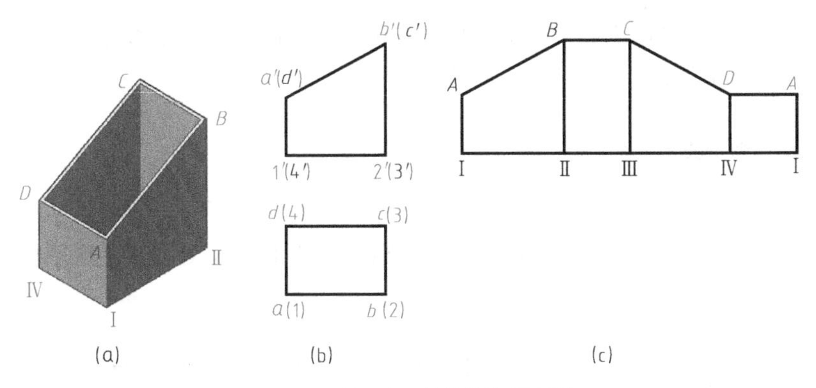

图 9-6　斜口直四棱柱管的展开图

2. 四棱台管

（1）分析

四棱台管如图 9-7（a）所示，由四个梯形平面围成，其前后、左右对应相等，其投影如图 9-7（b）所示，不反映实形，要先求出四棱台管棱线的实长（四条棱线相等），以此为半径画出扇形，在扇形内作出四个等腰梯形。

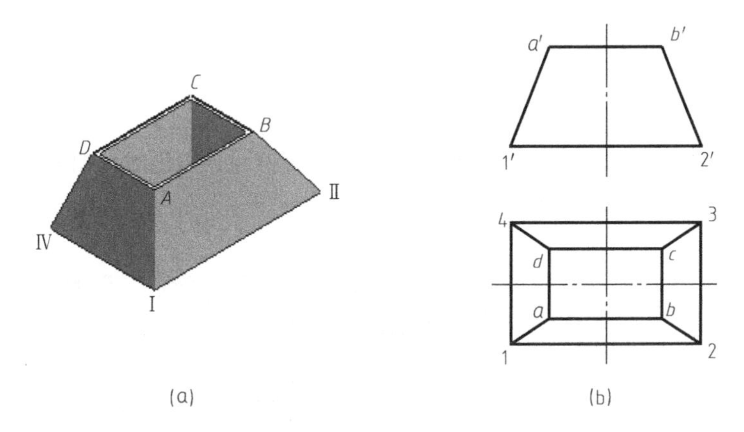

图 9-7　四棱台管

（2）四棱台管展开图的绘制

① 求出四棱台管棱线的实长：将主视图中的棱线得交点 s'，用旋转法求出棱线 SⅠ、SA 的实长 $s'1_1'$、$s'a_1'$，如图 9-8（a）所示；

② 以 S 为圆心、$s'1_1'$ 和 $s'a_1'$ 为半径画圆弧，半径上标注点Ⅰ和 A；在圆弧上依次截取ⅠⅡ=12、ⅡⅢ=23、ⅢⅣ=34、ⅣⅠ=41，过Ⅰ、Ⅱ、Ⅲ、Ⅳ各点与点 S 连线画出扇形，如图 9-8（b）所示；

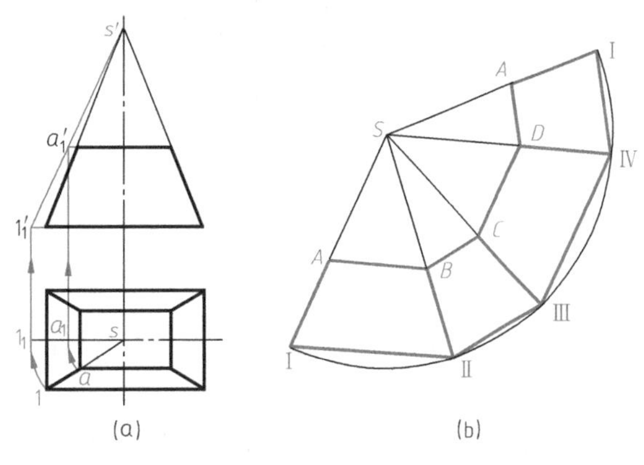

图 9-8　四棱台管展开图

③ 过点 A 依次作底边ⅠⅡ、ⅡⅢ、ⅢⅣ、ⅣⅠ的平行线，得到 AB、BC、CD、DA，即为四棱台管的表面展开图，如图 9-8（b）所示。

二、圆管制件的展开图

1. 圆管

如图 9-9 所示，圆管的展开图为一矩形，矩形底边的边长为圆管（底圆的）周长 πD、高为圆管的高 H。

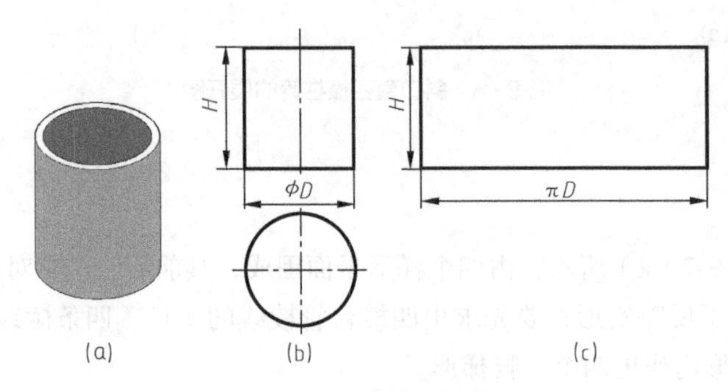

图 9-9　圆管的展开图

2. 斜口圆管

（1）分析

斜口圆管如图 9-10（a）所示，表面素线的高度有差异，但仍然互相平行，与底面垂直，其正面投影反映实长，如图 9-10（b）所示，斜截口展开后为曲线，如图 9-10（c）所示。

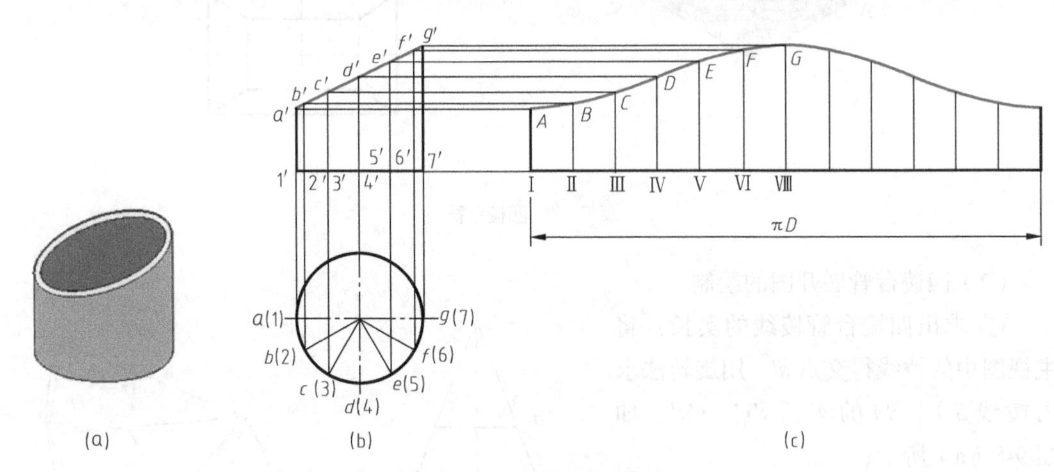

图 9-10　斜口圆管的展开图

（2）斜口圆管的展开图

① 在俯视图上将圆周分成 12 等份，过各等分点在主视图上作出相应素线的投影，如图 9-10（b）所示；

② 将底圆展开成直线，其长度为 πD，将该直线等分为 12 段，得Ⅰ、Ⅱ、Ⅲ、Ⅳ…各点，过Ⅰ、Ⅱ、Ⅲ、Ⅳ…各点作直线的垂线，在垂线上量取相应素线的长度ⅠA=1′a′、

ⅡB=2′b′、ⅢC=2′c′等，如图 9-10（c）所示；

③ 将各素线的端点 A、B、C、D 等各点连成光滑的曲线，即为斜口圆管的表面展开图，如图 9-10（c）所示。

3. 等径直角弯管

（1）分析

在通风管道中，如果要垂直改变风道的方向，可以采用直角弯管。一般将直角弯管分成若干节（本例为三节），如图 9-11 所示，每节为一斜截正圆柱面，两端的端节是中间节的一半。

如图 9-11（a）所示，主视图是两个端节和一个中间节的投影，俯视图为下端节的投影。

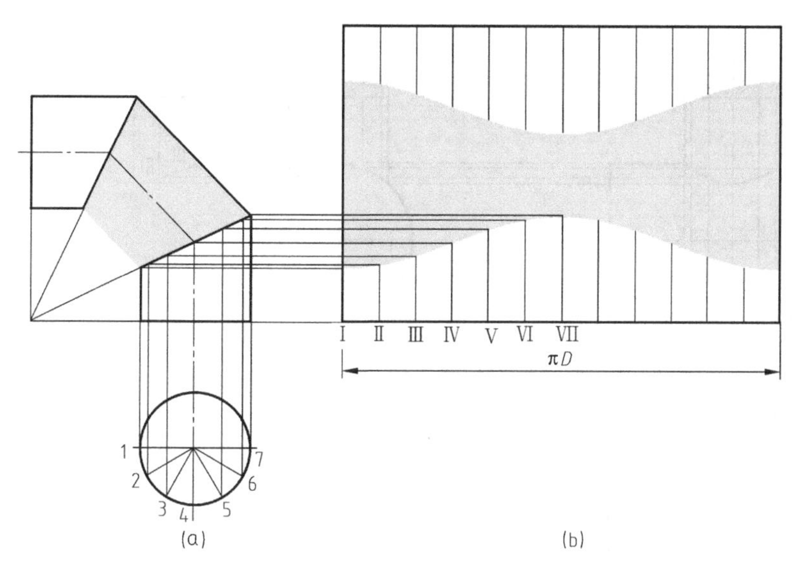

图 9-11　等径直角弯管展开图

（2）展开图

① 在俯视图上将圆周分成 12 等份，过各等分点在主视图上作出相应素线的投影，如图 9-11（a）所示；

② 将底圆展开成直线，按照投影关系可画出等径直角弯管展开图，如图 9-11（b）所示。

4. 异径直角三通管

（1）分析

异径直角三通管由两个不同直径的圆管正交而成，如图 9-12（a）所示，作展开图时，必须准确地画出相贯线的投影，如图 9-12（b）所示。

（2）展开图

① 小圆管的展开图与前述斜口圆管的展开图相同，如图 9-13（b）所示。

② 大圆管的展开图主要是相贯线展开后的图形，如图 9-13（a）所示，先将大圆管展开成一矩形，画出对称中心线，量取 12=1″2″、23=2″3″等，过 1、2、3、4 各点引水平线，与主视图上 1、2、3、4 各点的铅垂线相交，得相应素线的交点Ⅰ、Ⅱ、Ⅲ、Ⅳ，光滑连接点Ⅰ、Ⅱ、Ⅲ、Ⅳ，利用对称关系即得大圆管相贯线的展开图，如图 9-13（a）所示。

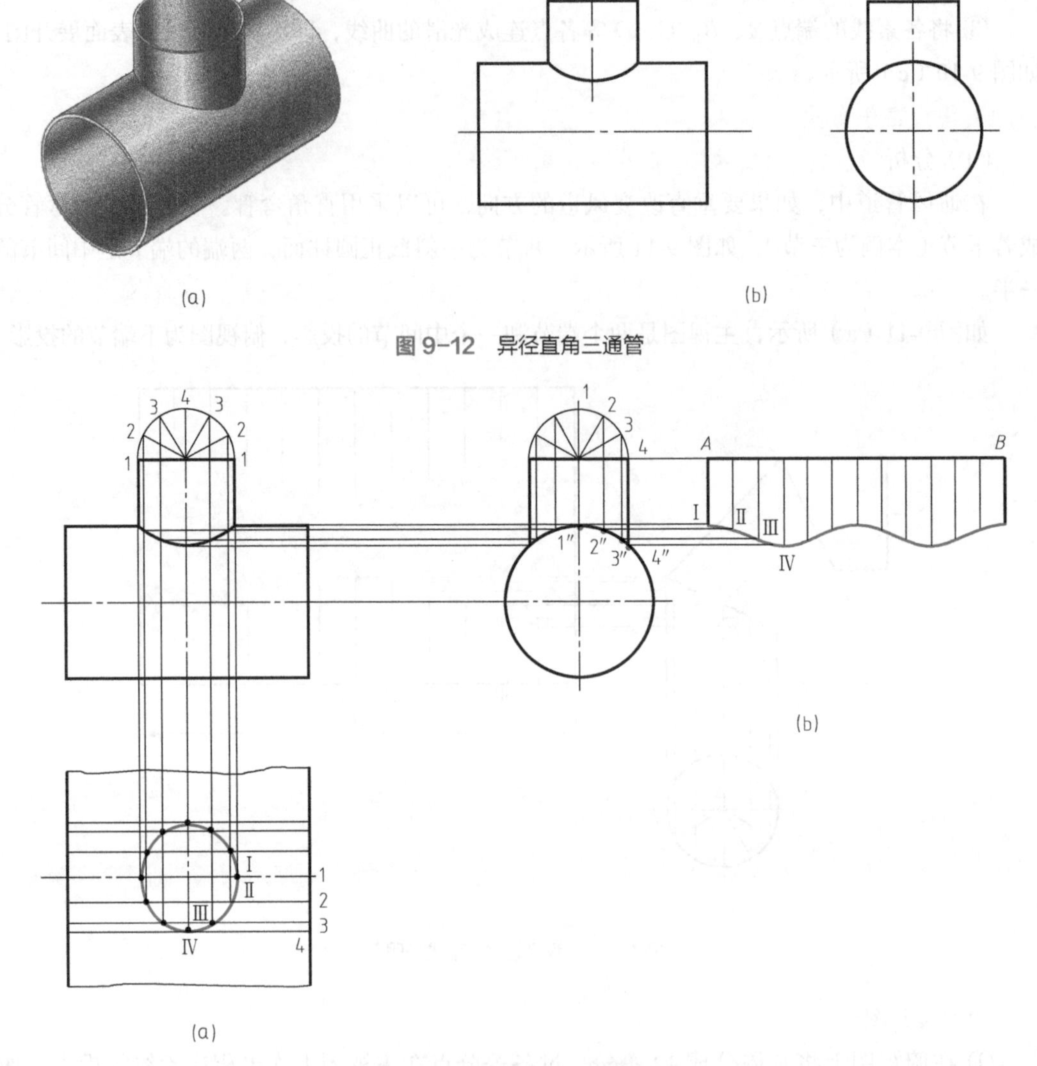

图 9-12 异径直角三通管

图 9-13 异径直角三通管展开图

实际生产中，特别是单件制作这种制件，通常不在大圆管的展开图上开孔，而是将小圆管弯卷焊接后，定位在大圆管的正确位置上，描画曲线形状，然后气割开孔，把两个圆管焊接在一起，这样可以避免大圆管弯卷时产生变形。

三、圆锥管制件的展开图

1. 正圆锥

正圆锥如图 9-14（a）所示，圆锥素线的长度为 R，底圆的周长 πD，完整的正圆锥的表面展开图为一扇形，中心角 $\alpha=360° \pi D/(2\pi R)=180° D/R$，如图 9-14（b）所示。

2. 斜截口正圆锥管

斜截口正圆锥管如图 9-15（a）所示，其投影如图 9-15（b）所示。

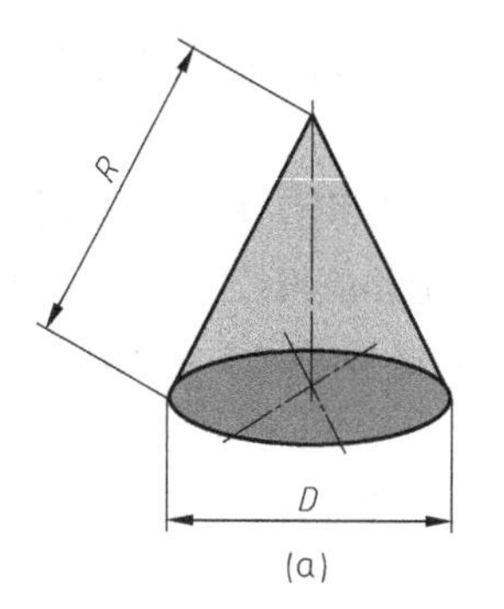

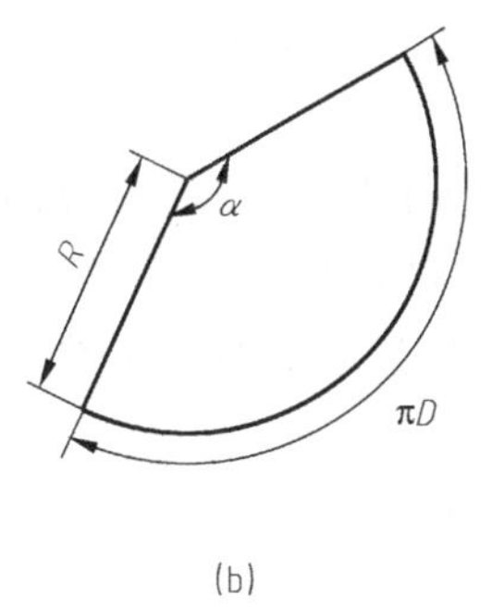

图 9-14　正圆锥展开图

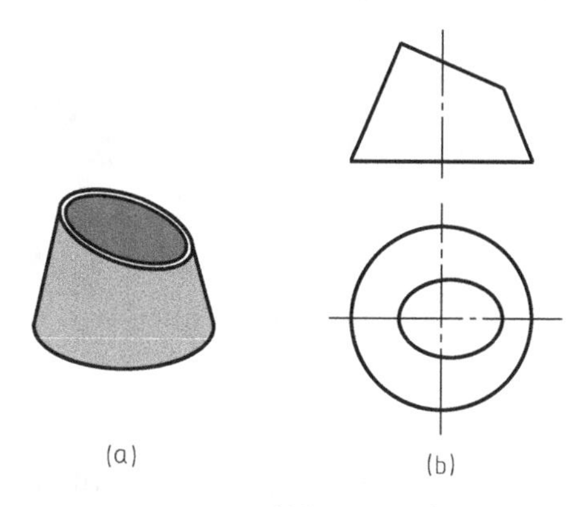

图 9-15　斜截口正圆锥管

斜截口正圆锥管的展开图如图 9-16 所示。

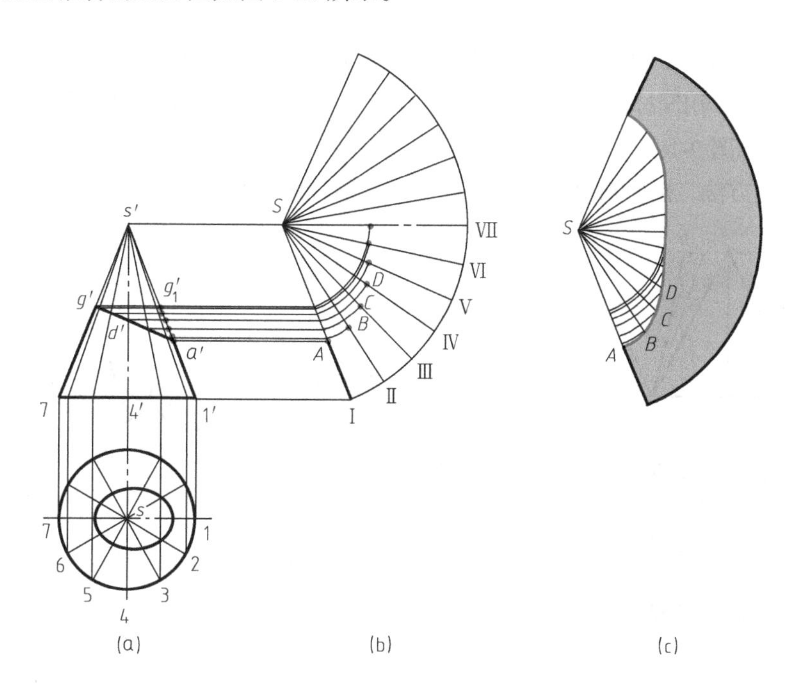

图 9-16　斜截口正圆锥管的展开图

① 将水平投影圆周 12 等分，在正面投影图上作出相应素线的投影 $s'1'$、$s'2'$ 等，如图 9-16（a）所示；

② 过正面投影图上各条素线与斜顶面交点 a'、b' 等分别作水平线，与圆锥转向线 $s'1'$ 分别交于 a'_1、b'_1 等各点，则 $1'a'_1$、$1'b'_1$ 等为斜截口正圆锥管上相应素线的实长，如图 9-16（a）所示；

③ 作出完整的圆锥表面的展开图，在相应的棱线上截取 Ⅰ$A=1'a'_1$、Ⅱ$B=1'b'_1$ 等，得 A、B 等各点，如图 9-16（b）所示；

④ 用光滑曲线连接 A、B 等各点，得到斜截口正圆锥管的展开图，如图 9-16（c）所示。

四、变形管接头的展开图

变形管接头如图 9-17（a）所示，其投影如图 9-17（b）所示。

1. 分析

变形管接头的表面由四个全等的等腰三角形和四个相同的局部圆锥面组成，变形管接头的上口和下口的水平投影反映实形和实长，三角形的两腰 ⅠA、ⅠB 以及局部圆锥面的素线都是一般位置直线，必须求出它们的实长才能画出展开图。

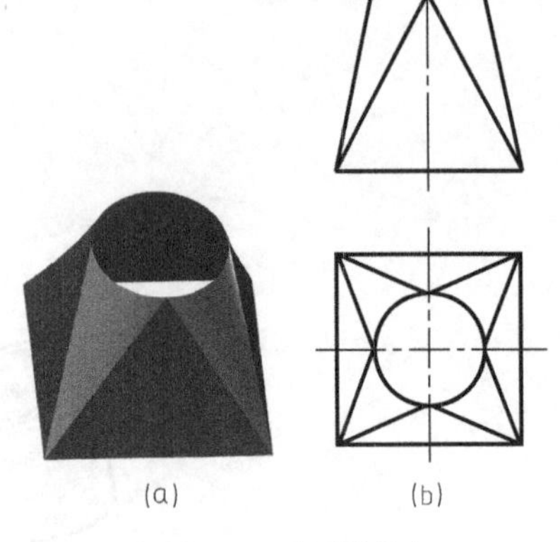

图 9-17　变形管接头

2. 展开图

① 将上口 1/4 圆周 3 等分，并与下口顶点相连，得斜圆锥面上四条素线的投影。用旋转法求作素线实长 $a'3'_1$、$a'4'_1$，如图 9-18（a）所示。

② 以水平线 $AB=ab$ 为底、A Ⅰ $=B$ Ⅰ $=a'4'_1$ 为两腰，作出等腰三角形 AB Ⅰ，如图 9-18（b）所示。

③ 以 A 为圆心、$a'3'_1$ 为半径画圆弧，再以Ⅰ为圆心、上口等分弧的弦长为半径画圆弧，两圆弧交于点Ⅱ；用同样的方法得到点Ⅲ、Ⅳ，将Ⅰ、Ⅱ、Ⅲ、Ⅳ光滑连接，即得一斜圆锥面的展开图，如图 9-18（b）所示。

④ 用上述方法，按照对称关系，即可画出变形管接头的展开图，如图 9-18（b）所示。

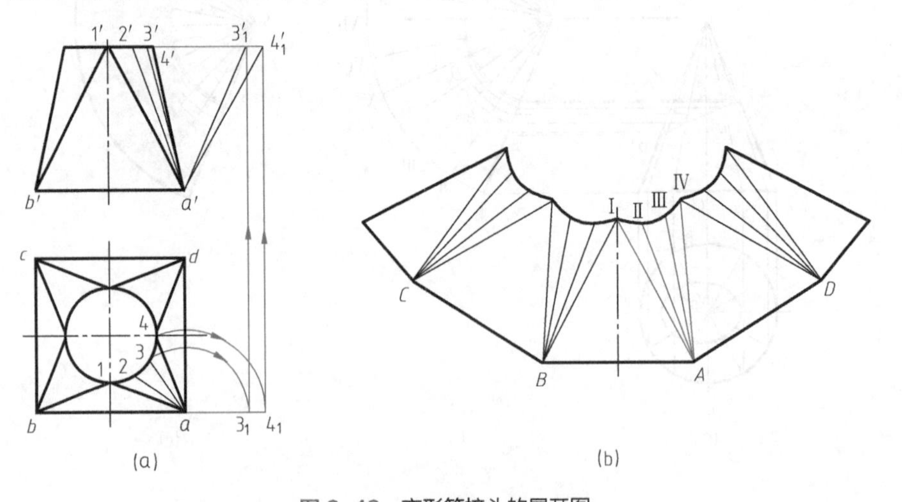

图 9-18　变形管接头的展开图

【思考与练习 9】

一、识读题

金属结构件如图 9-19 所示，识读该结构图。

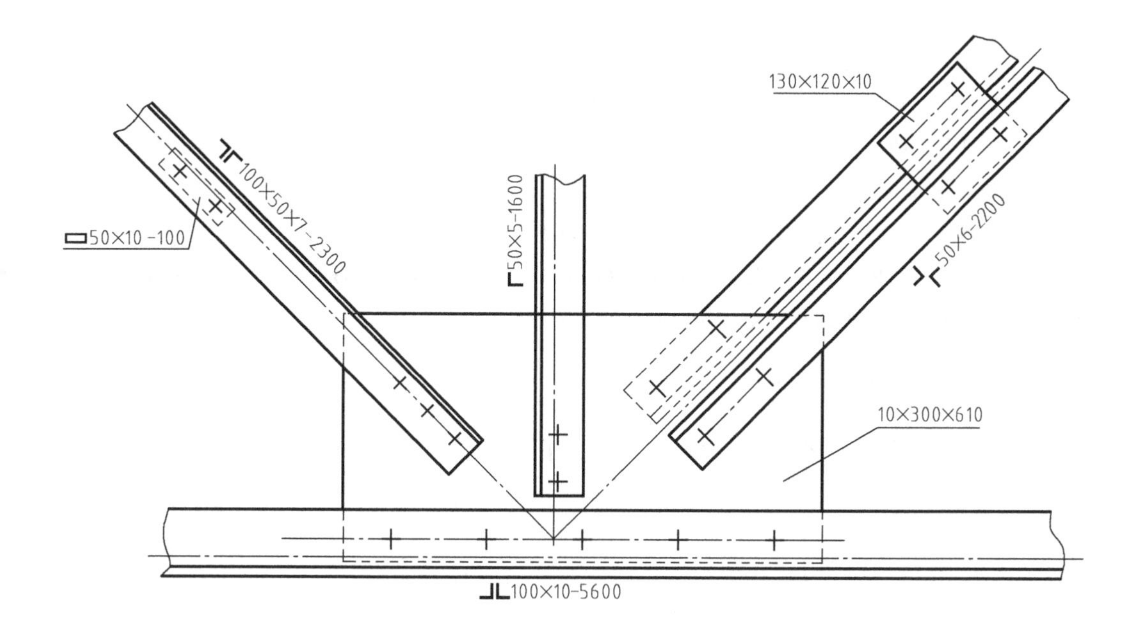

图 9-19

二、作图题

1. 吸气罩如图 9-20 所示，分别作出下部（斜截口正四棱柱）、吸气罩的上部（正四棱台）的侧面展开图。

2. 矩形口与圆口过渡接管的投影如图 9-21 所示，作出其侧面展开图。

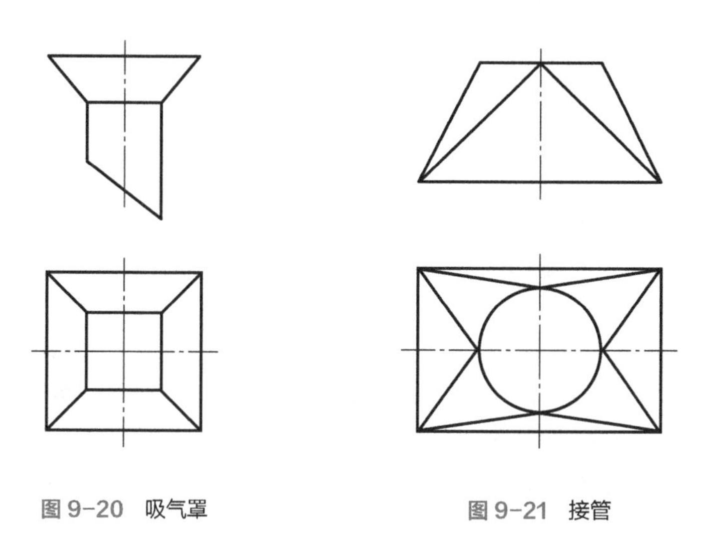

图 9-20　吸气罩　　　图 9-21　接管

【思考与练习 9】 答案

一、识读题

参见【例 9-1】。

二、作图题

1. 吸气罩的侧面展开面：

吸气罩的下部（斜截口正四棱柱）的侧面展开图：

（1）吸气罩的投影如图 9-22（a）所示，其下部（斜截口正四棱柱）的表面是正平面或正垂面，投影面 $a'b'n'm'$ 反映实形；

（2）作平面 $ABNM$ 与投影面 $a'b'n'm'$ 相同，如题图 9-22（b）所示；

（3）在直线 AB 的延长线上，依次量取 $BC=CD=DA=AB$，按照投影关系即得到吸气罩的下部（斜截口正四棱柱）的侧面展开图，如题图 9-22（b）所示。

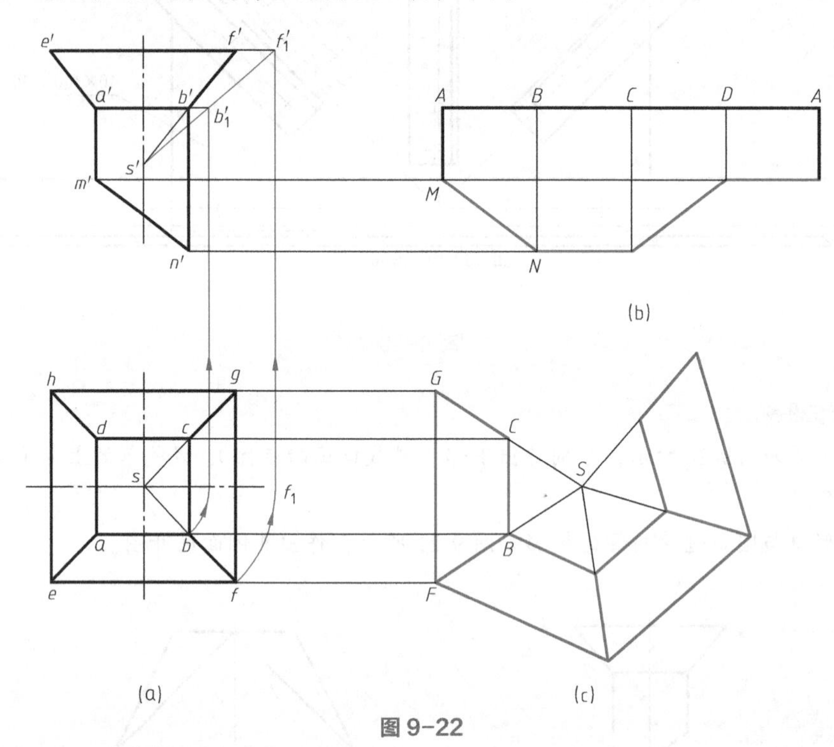

图 9-22

吸气罩的上部（正四棱台）的侧面展开图：

（1）作出正四棱台的顶点 S 的投影，如图 9-22（a）所示，用旋转法作出棱线 SF 的实长 $s'f_1'$；

（2）作直线 $GF=gf$，分别以点 G 和 F 为圆心、$s'f_1'$ 为半径画圆弧，得圆弧交点，即为展开图上四棱台的顶点 S，如图 9-22（c）所示，按照投影关系（或作 GF 的平行线 $BC=bc$）作出直线 BC，即得到正四棱台的一个侧面的展开图；

（3）按照对称关系，作出正四棱台另外三个侧面的展开图，就作出了吸气罩的上部（正四棱台）的侧面展开图，如图 9-22（c）所示。

2. 矩形口与圆口过渡接管的侧面展开图：

（1）将上口 1/4 圆周 3 等分，并与下口顶点相连，得斜圆锥面上四条素线的投影，用旋转法求作素线实长 $a'3'_1$、$a'4'_1$，如图 9-23（a）所示；

（2）以水平线 $AB=ab$ 为底、A Ⅰ $=B$ Ⅰ $=a'4'_1$ 为两腰，作出等腰三角形 AB Ⅰ，如图 9-23（b）所示；

（3）以 A 为圆心、$a'3'_1$ 为半径画圆弧，再以Ⅰ为圆心、上口等分弧的弦长为半径画圆弧，两圆弧交于点Ⅱ，用同样的方法得到点Ⅲ、Ⅳ，将Ⅰ、Ⅱ、Ⅲ、Ⅳ光滑连接，即得一斜圆锥面的展开图，如图 9-23（b）所示；

（4）用上述方法，按照对称关系，即可画出矩形口与圆口过渡接管的侧面展开图，如图 9-23（b）所示。

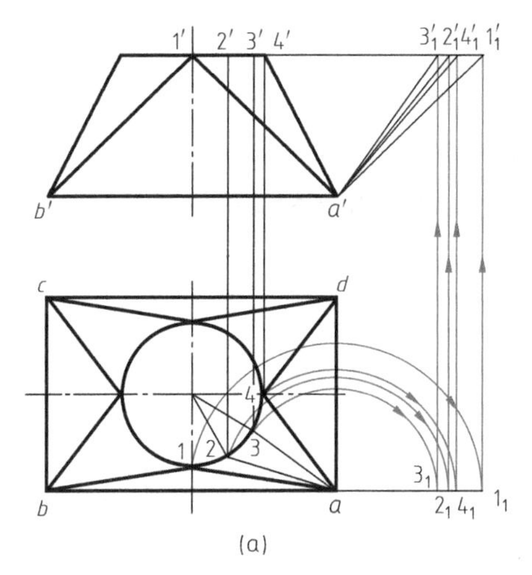

(a)

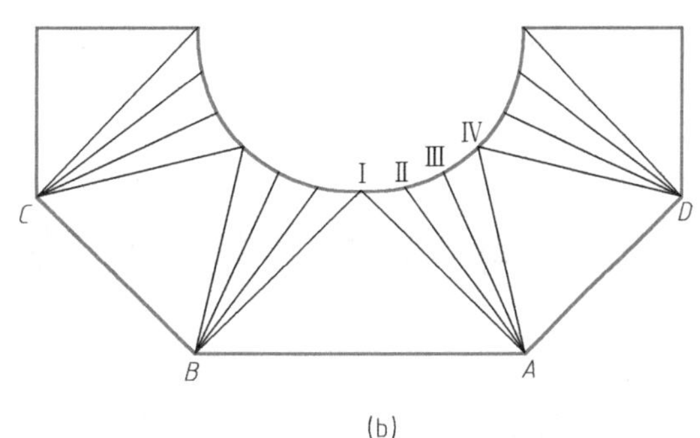

(b)

图 9-23

第十章 零件机构简图的识读

在实际生产中，分析、设计、仿制零件与产品时，常用简图表达零件或产品。零件机构简图又称为零件机构示意图，国家标准 GB/T 4460—2013 中规定了相关符号，本章简单介绍零件机构示意图的识读。

第一节　常用零件机构简图符号

一、机构构件运动简图的图形符号

机构构件运动简图的图形符号见表 10-1。

表 10-1　机构构件运动简图的图形符号

名称	基本符号	可用符号	附注
运动轨迹			直线运动 曲线运动
运动指向			表示点沿轨迹运动的指向
局部反向运动			直线运动 回转运动
直线运动或曲线运动的单向运动			直线运动 曲线运动
具有局部反向的单向运动			直线运动 回转运动
直线或回转的往复运动			直线运动 回转运动

二、运动副简图的图形符号

运动副简图的图形符号见表 10-2。

表 10-2　运动副简图的图形符号

名称			基本符号	可用符号
具有一个自由度的运动副	回转副	平面机构		
		空间机构		
	螺旋副			
具有两个自由度的运动副	圆柱副			
具有三个自由度的运动副	球面副			
	平面副			

三、构件及其组成部分连接的简图图形符号

构件及其组成部分连接的简图图形符号见表 10-3。

表 10-3　构件及其组成部分连接的简图图形符号

名称	基本符号	可用符号	附注
机架			
杆、轴			
构件组成部分的永久连接			
组成部分与轴（杆）的固定连接			

四、摩擦机构与齿轮机构的简图图形符号

齿轮和摩擦轮的符号如图 10-1 所示。

齿轮和摩擦轮的符号中，表示齿圈或摩擦表面的直线相对于轮辐平面的直线位置是不同的。

若用单线绘制轮子，允许在两轮接触处留出空隙，如图 10-2 所示。

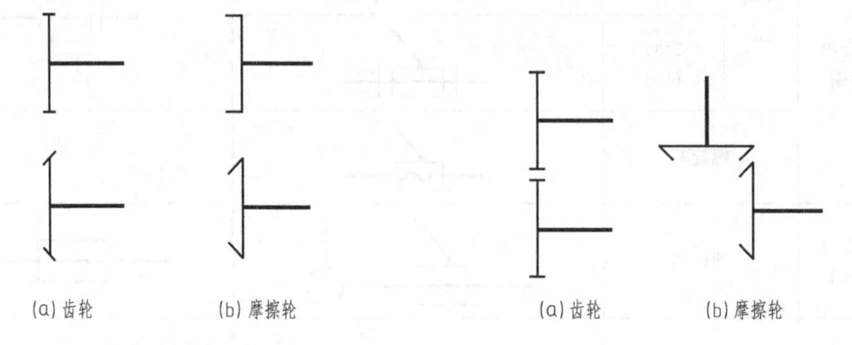

图 10-1　齿轮和摩擦轮的符号（一）

图 10-2　齿轮和摩擦轮的符号（二）

摩擦机构与齿轮机构的简图图形符号见表 10-4。

表 10-4　摩擦机构与齿轮机构的简图图形符号

名称				基本符号	可用符号
摩擦机构	摩擦轮	圆柱轮			
		圆锥轮			
	摩擦传动	圆柱轮			
		圆锥轮			
齿轮机构	齿轮	不指明齿线	圆柱齿轮		
			圆锥齿轮		

续表

名称					基本符号	可用符号
齿轮机构	齿轮	指明齿线	圆柱齿轮	直齿		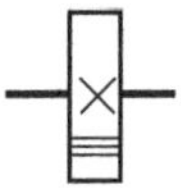
				斜齿		
				人字齿		
			圆锥齿轮	直齿		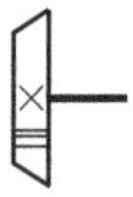
				斜齿		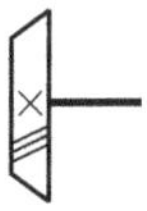
	齿轮传动	不指明齿线	圆柱齿轮		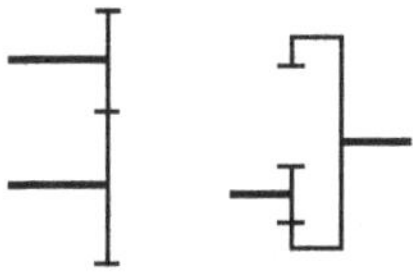	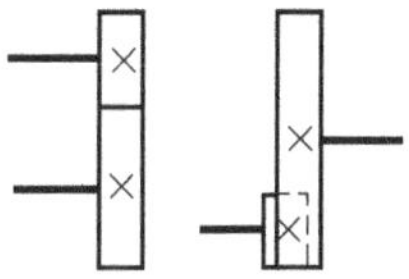
			圆锥齿轮		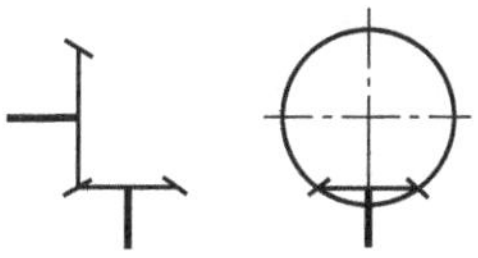	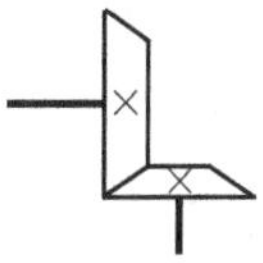

其他机构及其简图图形符号见表 10-5。

表 10-5　其他机构及其简图图形符号

名称	基本符号	可用符号	附注
带传动	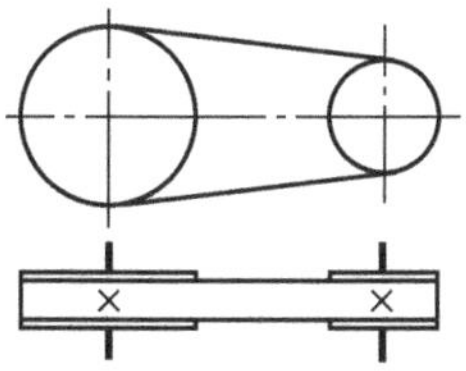 或 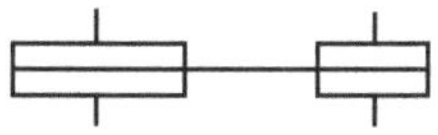		若需指明传动带类型，可采用下列符号： 平带 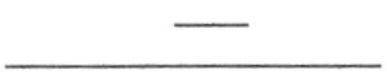 V 带  圆带  例如：V 带传动 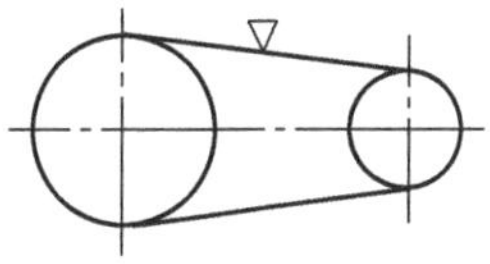

续表

名称			基本符号	可用符号	附注
链传动			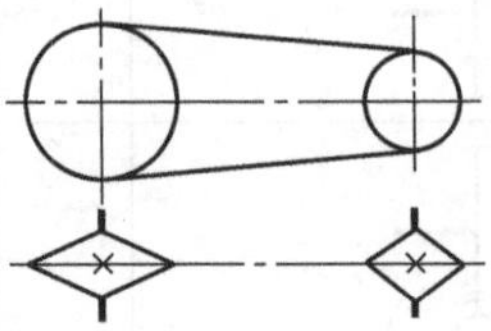		若需指明链条类型，可采用下列符号： 环形链 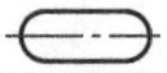 滚子链  无声链  例如：无声链传动 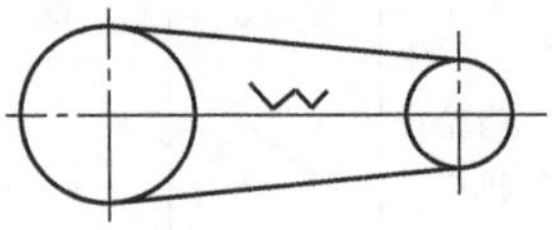
螺杆传动		整体螺母	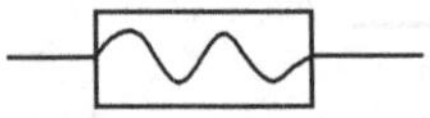		
螺杆传动		开合螺母	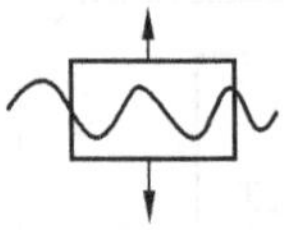	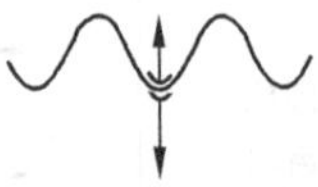	
轴承	向心轴承	滑动轴承	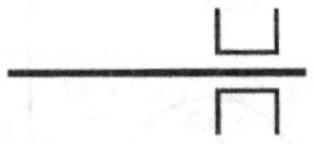		
轴承	向心轴承	滚动轴承			
轴承	推力轴承	单向	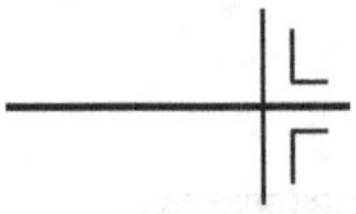		
轴承	推力轴承	双向	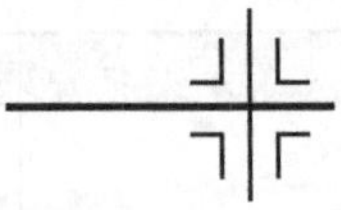		
轴承	推力轴承	滚动轴承	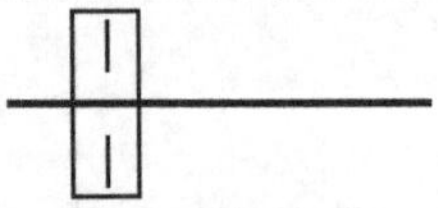		
弹簧		压缩弹簧	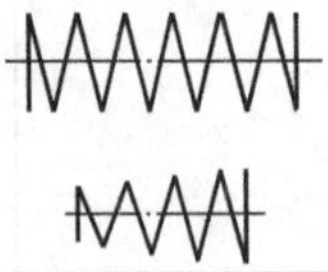		
弹簧		拉伸弹簧	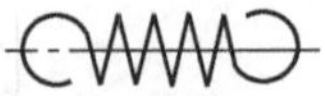		
弹簧		蜗卷弹簧			

第二节　装配示意图的识读

一、平面连杆机构

平面连杆机构是指由一些刚性构件用转动副或移动副相互连接而成，在同一平面或相互平行的平面内运动的机构。最常用的平面连杆机构是铰链四杆机构。

1. 铰链四杆机构

铰链四杆机构如图 10-3 所示，杆件 *AB*、*BC*、*CD*、*DA* 之间用铰链连接，其中固定不动的构件 *AD* 称为机架，不与机架直接相连的构件 *BC* 称为连杆，与机架直接相连的构件 *AB*、*CD* 称为连架杆。

铰链四杆机构中，能绕固定轴做整周旋转运动的连架杆称为曲柄，能绕固定轴在一定角度（小于 180°）范围内摆动的连架杆称为摇杆。

2. 曲柄滑块机构

曲柄滑块机构如图 10-4 所示，它是有一个曲柄 *AB* 和一个滑块 *C* 的机构。曲柄 *AB* 绕固定轴 *A* 做整周旋转运动，滑块 *C* 做往复直线运动。

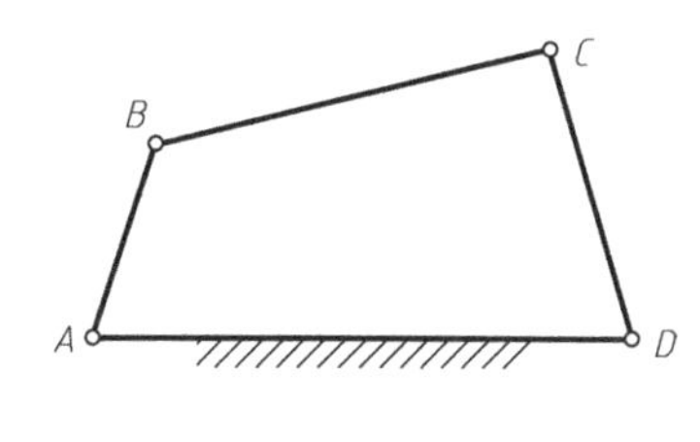

图 10-3　铰链四杆机构

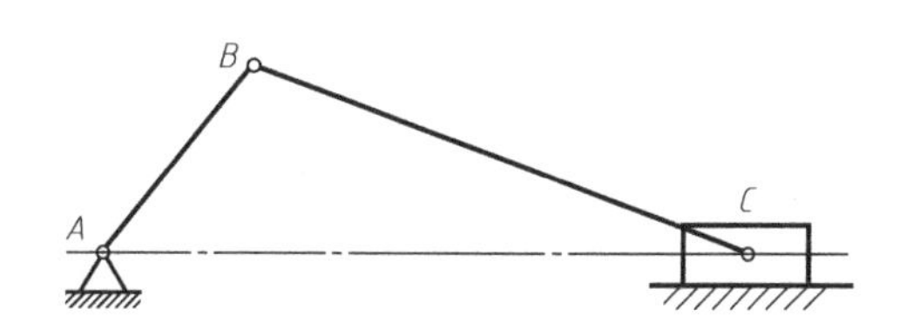

图 10-4　曲柄滑块机构

二、轮系

1. 定轴轮系

某定轴轮系如图 10-5 所示，有 6 个齿轮，其中齿轮 1、2 外啮合，齿轮 3、4 内啮合，齿轮 5、6 外啮合，齿轮 2 与齿轮 3 共轴，齿轮 4 与齿轮 5 共轴。

2. 滑移齿轮变速机构

滑移齿轮变速机构如图 10-6 所示，带传动将动力传递到轴Ⅰ，再经轴Ⅱ、轴Ⅲ，最后从主轴Ⅳ输出。轴Ⅲ上的三联齿轮是滑移齿轮，改变其位置分别与轴Ⅱ上的三个齿轮啮合，可以得到三种变速。

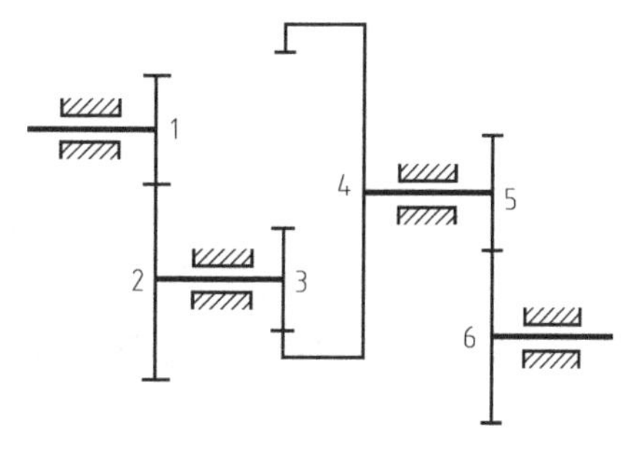

图 10-5　定轴轮系

三、磨床砂轮架进给机构

磨床砂轮架进给机构如图 10-7 所示，该机构是轮系的末端带有螺旋传动，将手柄输入的回转运动转变为螺母的直线移动。

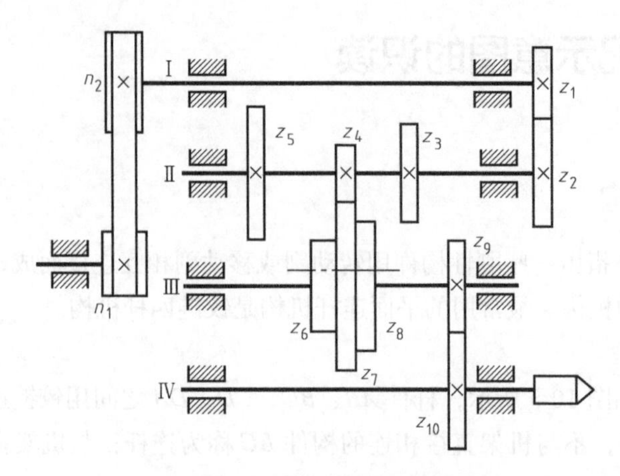

图 10-6　滑移齿轮变速机构

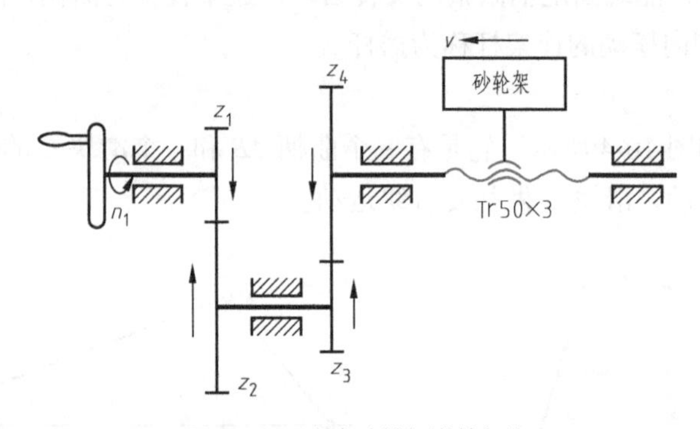

图 10-7　磨床砂轮架进给机构

四、机用虎钳

机用虎钳装配示意图如图 10-8 所示，它由 11 种零件组成，其中螺钉 2、垫圈 6、圆柱销 8、垫圈 11 等是标准件。

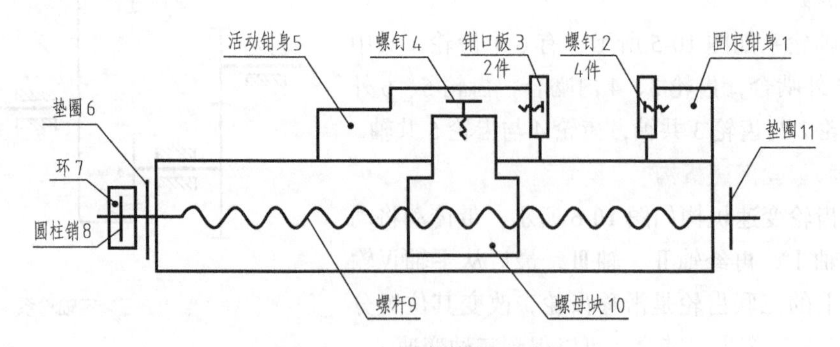

图 10-8　机用虎钳装配示意图

第十一章 液压传动和气压传动图样的识读

液压传动是以液体作为工作介质来传递能量和进行控制的传动方式，属于流体传动，其工作原理与机械传动有着本质的区别。随着社会的发展，液压传动技术也迅速发展，在机床、工程机械、汽车等行业中得到了广泛应用，如今流体传动技术水平的高低已成为一个国家工业发展水平的重要标志。

第一节 液压传动概述

液压传动是在密闭的容器内，利用压力油液作为工作介质来实现能量转换和传递动力的。其中的液体称为工作介质，一般为矿物油，它的作用和机械传动中的带、链条和齿轮等传动元件相类似。

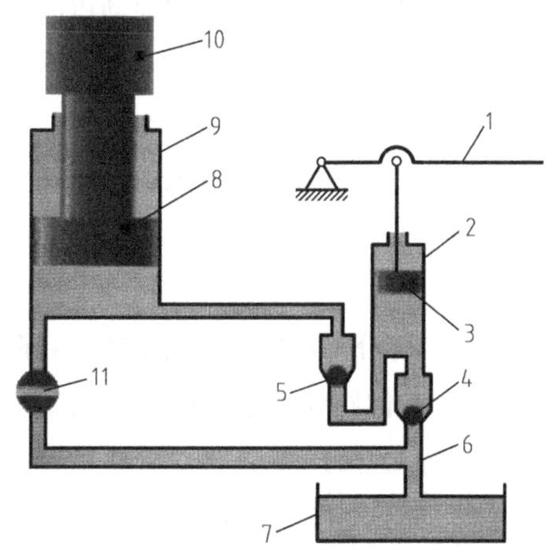

图 11-1 液压千斤顶的工作原理

1—杠杆手柄；2—小缸体；3—小活塞；4，5—单向阀；6—吸油管；7—油箱；8—大活塞；9—大缸体；10—重物；11—截止阀

一、液压传动的工作原理

液压千斤顶是生活中经常用到的小型起重装置，是一种非常典型的液压传动设备，利用柱塞、缸体等元件，通过油液将机械能转变为液压能，再转换为机械能实现传动。分析它的工作过程，可以清楚地了解液压传动的基本原理。

液压千斤顶的工作原理如图 11-1 所示，杠杆手柄 1、小缸体 2、小活塞 3、单向阀 4 和单向阀 5 组成手动液压泵，大活塞 8、大缸体 9 组成举升液压缸。具体工作过程如下。

（1）小活塞吸油

当提起杠杆手柄 1 使小活塞 3 向上移动时，小缸体2下端油腔容积增大，形成局部真空，这时单向阀5封闭油口、单向阀4打开油口，通过吸油管6将油箱7中的油液吸入到小缸体2的下端油腔。

（2）小活塞压油

当压下杠杆手柄1使小活塞3向下移动时，小缸体2下端油腔容积减小，单向阀4关闭、单向阀5打开，小缸体2下端油腔中的油液经过油管输入大缸体9的下端油腔，迫使大活塞向上移动，顶起重物10。

再次提起杠杆手柄1使小活塞3向上移动时，单向阀5关闭，大缸体9的下端油腔的油液不能倒流；不断往复扳动杠杆手柄1，就将油液不断地压入大缸体9的下端油腔，逐渐顶起重物10。

（3）大活塞泄油

打开截止阀11，大缸体9下端油腔的油液经过截止阀11通过油管流回油箱，大活塞在重物和自重的作用下向下移动，回到原位。

综上，液压传动的工作原理是：以液体（常用矿物油）为工作介质，通过动力元件（液压泵）将机械能转变为液体的压力能；再通过控制元件，借助执行元件（液压缸或液压马达）将压力能转变为机械能，驱动负载实现直线或回转运动；通过控制元件对压力和流量的调节，可以调节执行元件的力和速度。

二、液压传动系统的组成

液压系统主要由动力部分（液压泵）、执行部分（液压缸或液压马达）、控制部分（各种阀）、辅助部分和工作介质五部分组成。

1. 动力部分（液压泵）

动力部分（液压泵）将原动机的机械能转变为油液的压力能。在液压千斤顶中，由杠杆手柄1、小缸体2、小活塞3、单向阀4和单向阀5组成的手动柱塞泵为动力元件。

2. 执行部分（液压缸或液压马达）

执行部分将液压泵输入的液体压力能转换为机械能，执行元件有液压缸和液压马达。在液压千斤顶中由大活塞8、大缸体9组成的液压缸为执行元件。

3. 控制部分（各种阀）

控制部分（各种阀）用来控制和调节油液的压力、流量和流动方向。在液压千斤顶中单向阀4、单向阀5和截止阀11是控制元件。

4. 辅助部分

辅助部分将动力部分（液压泵）、执行部分（油缸或液压马达）和控制部分（各种阀）连接在一起，组成液压系统，起储油、过滤、测量和密封等作用，以保证系统正常工作。辅助部分主要包括油箱、油管、过滤器、管接头密封元件及控制仪表等元件。

5. 工作介质

在液压传动系统中，工作介质主要是指传递能量的液体介质，常用矿物油。

第二节　液压传动元件及其符号

一、液压动力元件

1. 液压泵

液压泵是液压传动中的动力元件，它是将电动机或其他动力机械输出的机械能转换成液体压力能的装置，其作用是向液压传动系统提供压力油液。

液压泵的种类很多，常用的有齿轮泵、叶片泵、柱塞泵等。中低压、中小流量的液压系统，一般选用齿轮泵或叶片泵；高压、大流量的液压系统，一般选用柱塞泵。

2. 液压泵的图形符号

液压泵的图形符号见表 11-1。

表 11-1　液压泵的图形符号

名称	图形符号	说明
液压泵一般符号	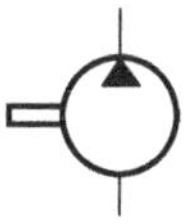	无特殊要求的液压泵
单向定量液压泵	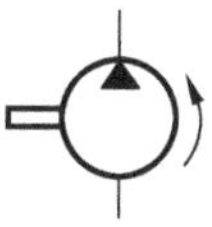	单向旋转、单向流动、定排量的液压泵
双向定量液压泵	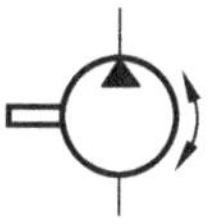	双向旋转、双向流动、定排量的液压泵
单向变量液压泵		单向旋转、单向流动、变排量的液压泵

二、液压执行元件（液压缸、液压马达）

1. 液压执行元件

液压执行元件是将液体的液压能转换成机械能的能量转换装置，有液压缸和液压马达等，其中液压缸能将液压能转换成往复直线运动的机械能，液压马达能将液压能转换为连续旋转的机械能。

2. 液压缸的类型与图形符号

液压缸的类型与图形符号见表 11-2。

表 11-2 液压缸的类型与图形符号

类型	名称	图形符号	说明
单作用液压缸	单作用柱塞缸		柱塞仅单向液压驱动，返回时需利用自重或其他外力
	单作用单杆缸		活塞（杆）仅单向液压驱动，返回时利用弹簧力
	单作用伸缩缸		液压驱动活塞，由大到小逐节推出，以短缸获得长行程，靠外力由小到大逐节缩回
双作用液压缸	双作用单杆缸		单边有杆伸出，双向液压驱动，双向推力和速度不相等
	双作用双杆缸		两边有杆伸出，双向液压驱动，双向推力和速度相等

三、液压控制元件

在液压传动系统中，液压控制元件用来控制和调节工作液体的压力、流量和流向，以满足工作的要求。液压控制元件又称为液压控制阀，根据用途和工作特点的不同，液压控制阀分为方向控制阀、压力控制阀和流量控制阀三大类。

（一）方向控制阀

控制油液流动方向的阀称为方向控制阀，按用途方向控制阀分为单向阀和换向阀。

1. 单向阀

使油液只能向一个方向流动，而不能反向流动的阀是单向阀，常用的单向阀有普通单向阀和液控单向阀。

（1）普通单向阀

普通单向阀根据连接方式可分为管式单向阀和板式单向阀，如图 11-2 所示为管式单向阀，主要由阀体、阀芯和弹簧等组成。其工作原理是：液体从油口 *P* 流入，克服弹簧力将阀芯顶开，再从油口 *A* 流出；当液体反向流入时，阀芯被压紧在阀体的密封面上，液流被截止。

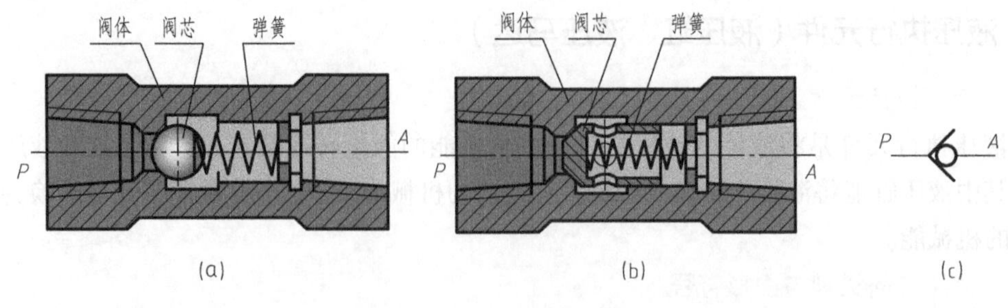

图 11-2 普通单向阀

图 11-2（a）所示为钢球式单向阀，结构简单；图 11-2（b）所示为锥阀式单向阀，其密封效果优于钢球式单向阀。普通单向阀的图形符号如图 11-2（c）所示，油口 *P* 为进油口，油口 *A* 为出油口。

（2）液控单向阀

液控单向阀的图形符号如图 11-3 所示，矩形框表示阀体，该阀多了一个控制油口 *K*。当控制油口 *K* 未接通压力油时，它就是普通单向阀；当控制油口 *K* 接通压力油时，进油口 *P* 与出油口 *A* 接通，油液可以沿两个方向自由流动。

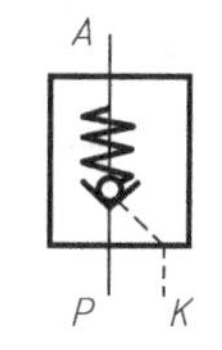

图 11-3　液控单向阀的图形符号

2. 换向阀

（1）换向阀的结构与工作原理

换向阀是利用阀芯在阀体内的移动，改变阀芯和阀体的相对位置，以变换油液流动的方向及接通或关闭油路，从而控制执行元件的换向、启动和停止。

如图 11-4（a）所示二位二通手动换向阀，它由手柄、阀体、阀芯等组成。阀芯能在阀体的孔内滑动，扳动手柄，即可改变阀芯与阀体的相对位置，从而接通或关闭油路。阀芯的定位靠钢珠和弹簧实现。

图 11-4（b）所示为二位二通手动换向阀的图形符号。

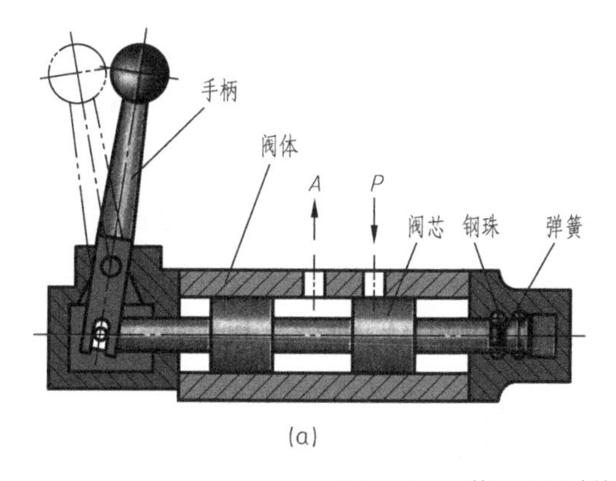

(a)

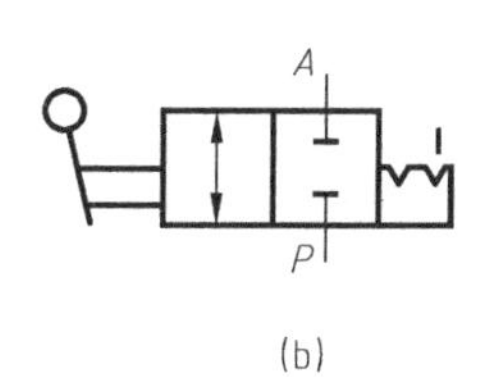

(b)

图 11-4　二位二通手动换向阀

（2）换向阀的图形符号的规定

① 换向阀的主体符号

换向阀的主体符号用来表达换向阀的“位”和“通”，“位”表示阀芯的工作位置，用方框表示；“通”表示油口数量。常见的换向阀主体符号见表 11-3，方框中的“↑”表示两个油口接通，“⊤”表示单个油口封闭。

② 换向阀的控制符号

换向阀的控制符号用来表示阀芯的控制方式，绘制在主体符号的两端。换向阀的控制方式有人力控制、机械控制、电气控制、液压控制等。

③ 换向阀的常态

当换向阀没有操纵力的作用，处于静止时的状态称为换向阀的常态。对于弹簧复位二位换向阀，靠近弹簧的那一位为常态；对于三位换向阀，中间位置是常态。

表 11-3 常见的换向阀的主体符号

类型	二位二通	二位三通	二位四通	二位五通
主体符号	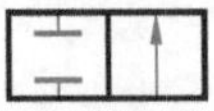		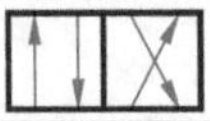	
类型	三位三通	三位四通	三位五通	三位六通
主体符号	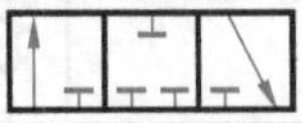	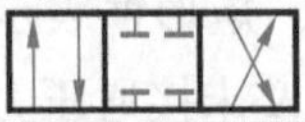	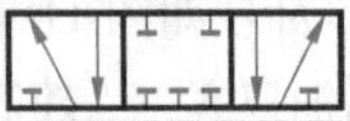	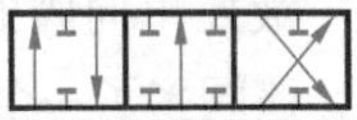

（3）常用换向阀的图形符号

常用换向阀的图形符号见表 11-4。

表 11-4 常用换向阀的图形符号

名称	图形符号	说明
二位二通换向阀	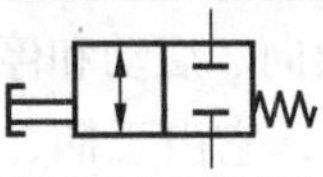	推压操控机构，弹簧复位，常开
二位二通电磁换向阀	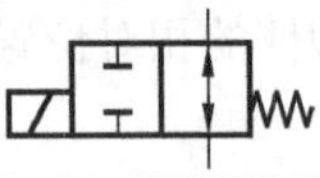	单电磁铁操控，弹簧复位，常闭
二位三通电磁换向阀		单电磁铁操控，弹簧复位
二位三通机动换向阀	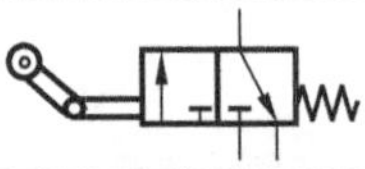	滚轮杠杆操控，弹簧复位
二位四通电磁换向阀	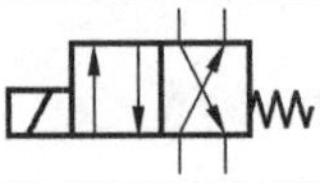	单电磁铁操控，弹簧复位
二位三通电磁换向阀	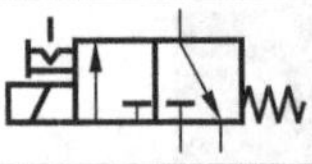	定位销式手动定位，单电磁铁操控，弹簧复位
三位四通电磁换向阀	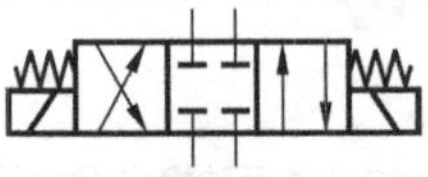	电磁铁操控，弹簧复位、对中
三位四通换向阀	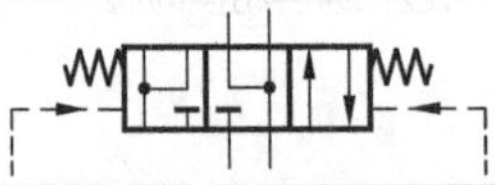	液压控制，弹簧复位、对中

（4）三位四通换向阀中位机能的图形符号

三位换向阀的阀芯处于中间位置时，各油口的连通方式称为换向阀的中位机能。阀的中位机能通常用一个字母表示，如 O 型、H 型、Y 型、P 型、M 型等，可以满足不同的功能要求。三位四通换向阀常见中位机能的图形符号见表 11-5。

表 11-5 三位四通换向阀常见中位机能的图形符号

中位机能	图形符号	说 明
O 型	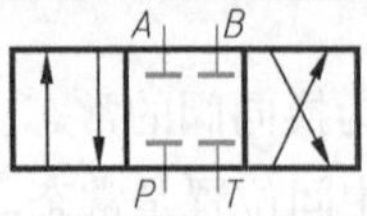 A B P T	各油口都封闭，液压泵不卸荷，液压缸被锁紧

续表

中位机能	图形符号	说 明
H 型	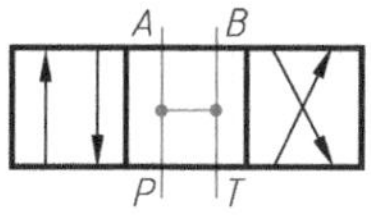 A B P T	各油口全部相通，液压泵卸荷，液压缸活塞处浮动状态
Y 型	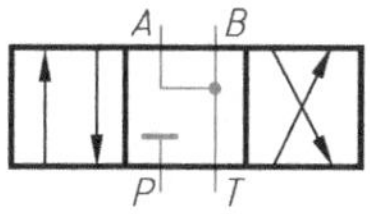 A B P T	油口 P 封闭，A、B、T 三个油口相通，液压泵不卸荷，液压缸活塞处浮动状态
P 型	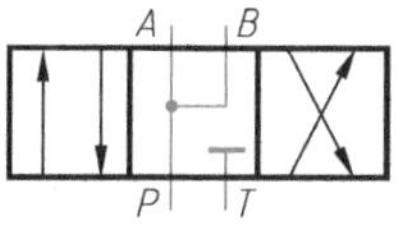 A B P T	P、A、B 三个油口相通，油口 T 封闭，液压泵与液压缸两腔相通，可组成差动回路
M 型	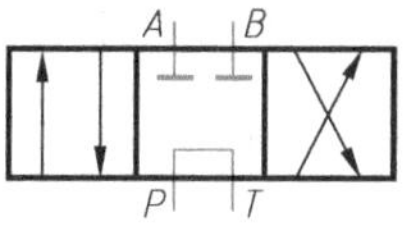 A B P T	P、T 油口相通，A、B 油口封闭，液压泵卸荷，液压缸被锁紧

（二）压力控制阀

压力控制阀是控制液压传动系统的压力或利用系统中压力的变化来控制其他液压元件动作的液压元件，简称压力阀。

压力阀是利用作用在阀芯上的液压力与弹簧力相平衡来工作的，按照用途不同，可以分为溢流阀、减压阀、顺序阀等。

1. 溢流阀

溢流阀在液压系统中主要有两方面的作用：一是起溢流调压及稳压作用，保持液压系统的压力恒定；二是限压保护作用，防止液压系统过载。溢流阀通常装在液压泵出油口的油路上。

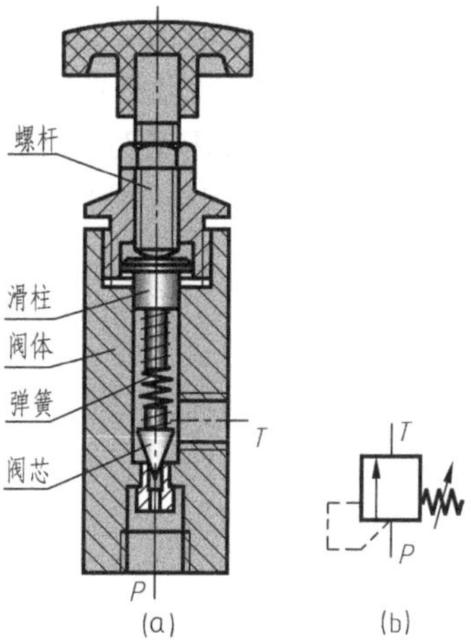

图 11-5　直动式溢流阀

图 11-5（a）所示为直动式溢流阀，它由螺杆、阀体、弹簧、阀芯等组成，旋动螺杆，调节弹簧的预紧力，可以改变溢流阀的调定压力。进油口 P 与系统相连，溢油口 T 通油箱，图 11-5（b）所示为直动式溢流阀的图形符号。

【例 11-1】 液压系统如图 11-6 所示，分析：（1）系统主要由哪些元件组成？（2）溢流阀起什么作用？

解 （1）图 11-6 所示的液压系统主要由单向定量泵、单出杆液压缸、溢流阀及油箱、油管等组成；（2）溢流阀起溢流稳压作用：在系统正常工作的情况下，定量泵输出的油液除进入液压缸外，其余的油液由溢流阀溢流，溢流阀阀口是常开的（即一直有溢流），调节系统压力恒定。

【例 11-2】 液压系统如图 11-7 所示，分析：（1）系统主要由哪些元件组成？（2）溢流阀起什么作用？

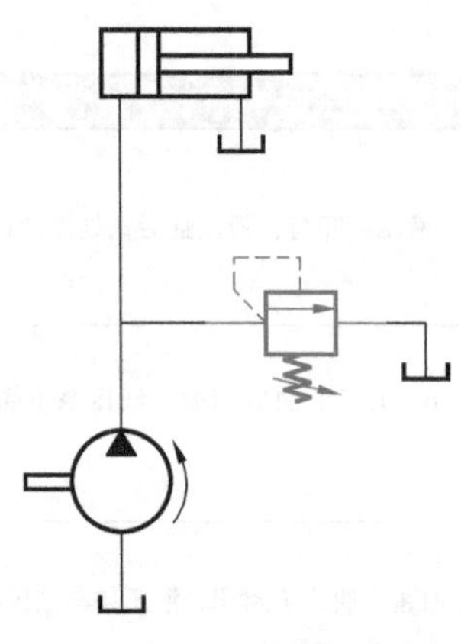

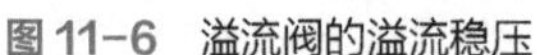

图 11-6　溢流阀的溢流稳压

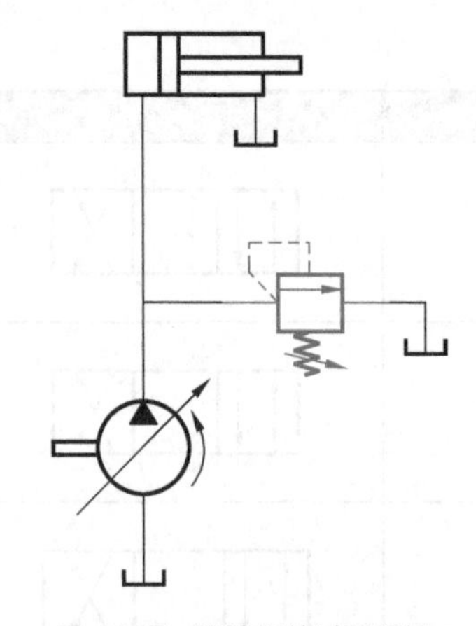

图 11-7　溢流阀的过载保护

解　(1) 图 11-7 所示的液压系统主要由单向变量泵、单出杆液压缸、溢流阀及油箱、油管等元件组成；(2) 溢流阀起过载保护作用：在系统正常工作的情况下，液压缸需要的流量由变量泵本身调节，没有多余的油液，溢流阀阀口是常闭的（即没有溢流），系统压力取决于负载；当系统压力超过调定压力时，溢流阀阀口打开、溢流，保证系统安全。

2. 减压阀

减压阀用来降低液压系统某一支路的油液压力，使同一系统有两个或多个不同的压力。直动式减压阀的图形符号如图 11-8 所示，出油口 A 的油液压力小于进油口 P 的油液压力。

减压阀的应用实例：在使用定量泵的机床系统中，至主系统的油液压力 p_A 较高，而润滑系统的油液压力 p_B 较低，这时可用减压阀来调节润滑系统的油液压力，如图 11-9 所示。

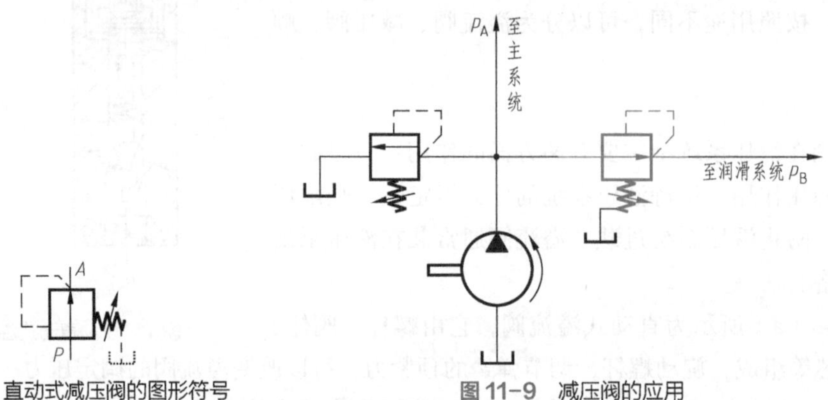

图 11-8　直动式减压阀的图形符号

图 11-9　减压阀的应用

3. 顺序阀

顺序阀是利用液压系统中油液的压力变化来控制油路的通断，从而使某些液压元件按一定的顺序动作。如图 11-10 所示为直动式顺序阀的图形符号，当进油口 P 的油液压力小于阀的调定压力时，进油口 P 与出油口 A 不通；当进油口 P 的油液压力升高到阀的调定压力时，进油口 P 与出油口 A 相通，压力油从顺序阀流过。

顺序阀的应用实例：如图 11-11 所示的油液系统，液压泵输出油液直接进入液压缸 A 的左腔，推动液压缸 A 中的活塞向右移动；当运动到达终点时，系统压力升高，达到顺序阀的设定压力时，顺序阀打开，液压泵输出油液进入液压缸 B 的左腔，推动液压缸 B 中的活塞向右移动，从而实现液压缸 A、B 顺序动作。

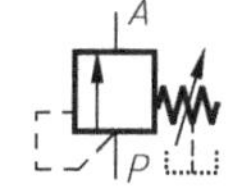

图 11-10　直动式顺序阀的图形符号

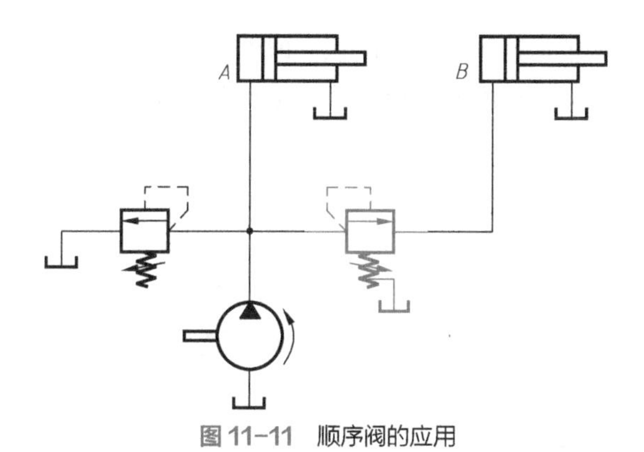

图 11-11　顺序阀的应用

4. 压力继电器

压力继电器是一种将液压信号转变为电信号的转换元件。当控制油液压力达到调定值时，它能自动接通或断开有关电路，使相应的电气元件（如电磁铁）动作，以实现系统按预定程序动作及安全保护。

压力继电器一般都是通过压力和位移的转换使微动开关动作，借以实现其控制功能。常用的液压柱塞式压力继电器的图形符号如图 11-12 所示。

（三）流量控制阀

在液压传动系统中，用来控制油液流量的阀称为流量控制阀，简称流量阀。

流量控制阀是通过改变节流口的通流面积来调节通过阀口的流量，从而控制执行元件运动的速度。常用的流量控制阀有节流阀和调速阀。

1. 节流阀

节流阀是结构最简单、应用广泛的一种流量控制阀，其图形符号如图 11-13 所示，*P* 为进油口，*A* 为出油口。

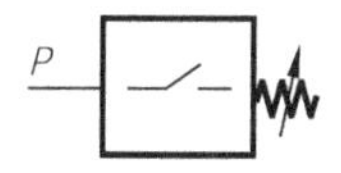

图 11-12　液压柱塞式压力继电器的图形符号

图 11-13　节流阀的图形符号

节流阀应用实例：如图 11-14 所示，液压泵输出的油液一部分经节流阀进入液压缸的工作腔，多余的油液经溢流阀流回油箱。调节节流阀的通流面积，即可改变通过节流阀的流量，从而调节液压缸的运动速度。在负载较小、速度不高或负载变化不大时常用节流阀调速。

2. 调速阀

调速阀是由减压阀和节流阀串联而成的组合阀。节流阀调节通过的流量，减压阀自动补偿负载变化的影响，使节流阀前后的压差为定值，消除了负载变化对流量的影响。调速阀的图形符号如图 11-15 所示。

调速阀应用实例：如图 11-16 所示，液压泵输出的油液一部分经调速阀进入液压缸的工作腔，多余的油液经溢流阀

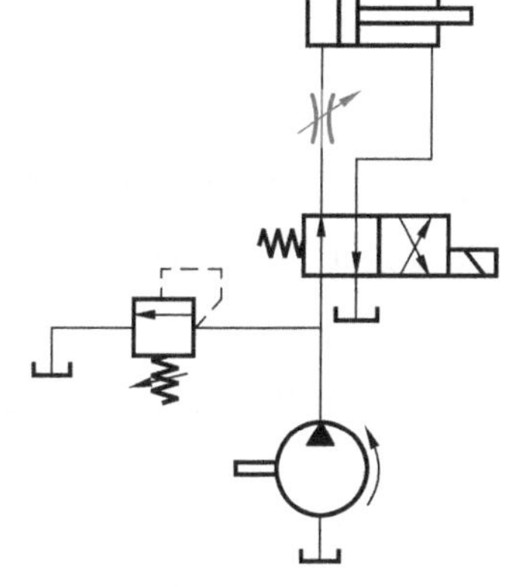

图 11-14　节流阀调速

流回油箱。调节调速阀的通流面积，即可改变通过调速阀的流量，从而调节液压缸的运动速度。在负载较大、速度较高或负载变化较大时常用调速阀调速。

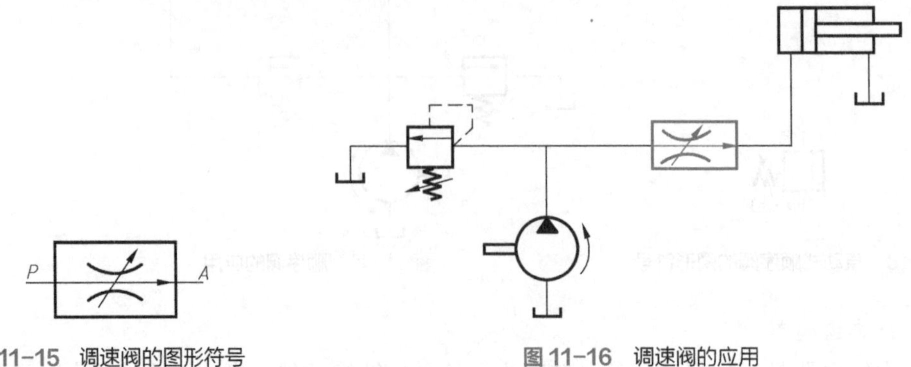

图 11-15　调速阀的图形符号

图 11-16　调速阀的应用

特别提示

节流阀与调速阀的不同之处如下。

（1）结构方面

调速阀是由减压阀和节流阀串联而成的组合阀，其减压阀的进、出油口压力差为定值（该减压阀又称为定差减压阀）；节流阀中没有减压阀。

（2）性能方面

① 相同的是节流阀与调速阀都是通过改变节流阀口的大小来调节执行元件的速度；

② 不同的是当节流阀的阀口调定后，负载的变化对其流量稳定性的影响较大，而调速阀中的减压阀能自动补偿负载变化的影响，使节流阀前后的压差为定值，消除了负载变化对流量的影响。

四、液压辅助元件

液压辅助元件主要包括滤油器、压力表、蓄能装置、冷却器、管件及油箱等，它们也是液压系统的基本组成之一。

1. 滤油器

在液压系统中，保持油液的清洁是十分重要的，因此需要用滤油器对油液进行滤油。滤油器的图形符号如图 11-17 所示，通常情况下，液压泵的吸油口装粗滤油器，泵的输出管路与重要元件之前安装精滤油器。

2. 油箱

油箱除用于储油外，还起散热及分离油中的杂质和空气的作用。油箱的图形符号如图 11-18 所示。

3. 管路

在液压传动系统图中，供油管路用实线表示，控制管路和泄油管路用虚线表示。管路接点如图 11-19 所示，“T”形管路的连接点可不加实心圆点，也可加实心圆点，如图 11-19（a）、（b）所示；“十”字形管路的连接点必须加实心圆点，如图 11-19（c）所示，没有实心圆点表示不连接（跨越），如图 11-19（d）所示。

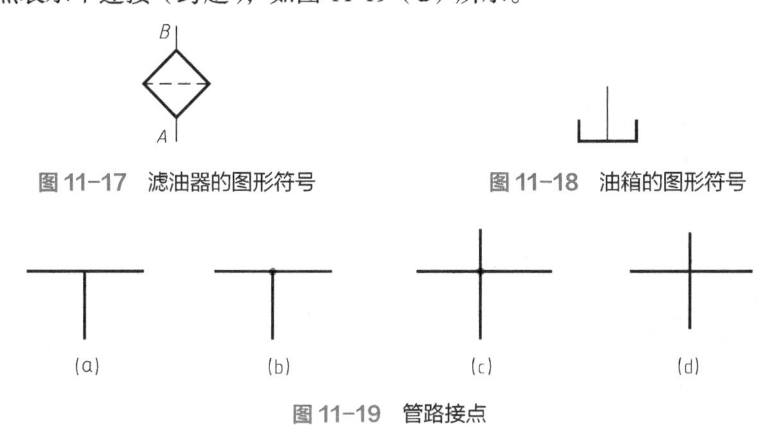

图 11-17　滤油器的图形符号

图 11-18　油箱的图形符号

图 11-19　管路接点

4. 蓄能器

蓄能器是储存压力油的一种容器，其主要作用是在短时间内供应大量压力油，补偿泄漏以保持系统压力，消除压力脉冲与缓和液压冲击等。

气囊蓄能器惯性小，反应灵敏，易于安装、维护，其图形符号如图 11-20 所示。

P

图 11-20　气囊蓄能器的图形符号

第三节　液压传动系统基本回路

液压传动系统由许多液压基本回路组成。液压基本回路是指由某些液压元件和附件构成并能完成某种特定功能的回路。对于同一功能的基本回路，可有多种实现方法。液压基本回路按功能可分为方向控制回路、压力控制回路、速度控制回路和顺序动作控制回路等。

一、方向控制回路

在液压系统中，控制执行元件的启动、停止（包括锁紧）及换向的回路称为方向控制回路。方向控制回路有换向回路和锁紧回路。

1. 换向回路

执行元件的换向，一般可以采用各种换向阀来实现，电磁换向阀的换向回路应用最为广泛。

① 采用二位四通电磁换向阀实现双作用单杆缸的换向回路如图 11-21 所示。当电磁铁通电时，换向阀左位工作，液压泵输出压力油液经换向阀进入液压缸左腔，推动活塞杆向右移动；电磁铁断电时，换向阀右位工作，液压泵输出压力油液经换向阀进入液压缸右腔，推动活

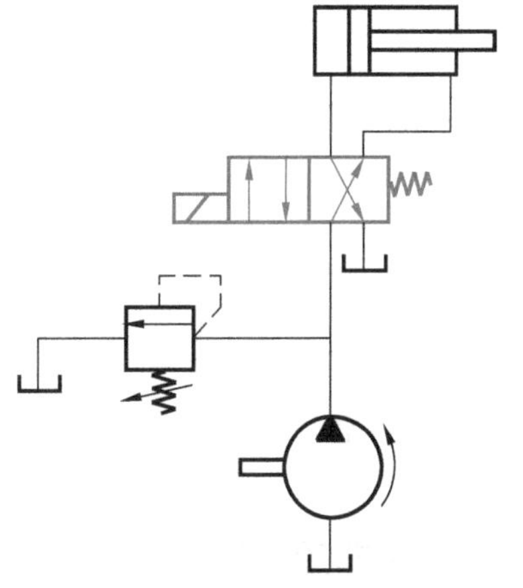

图 11-21　采用二位四通电磁换向阀的换向回路

塞杆向左移动。

② 图 11-22 所示为采用三位四通手动换向阀的换向回路：手动使换向阀在左位工作时，如图 11-22（a）所示，活塞杆向右移动（伸出）；换向阀在右位工作时，如图 11-22（b）所示，活塞杆向左移动（缩回）；换向阀在中位工作时，如图 11-22（c）所示，活塞被锁紧。

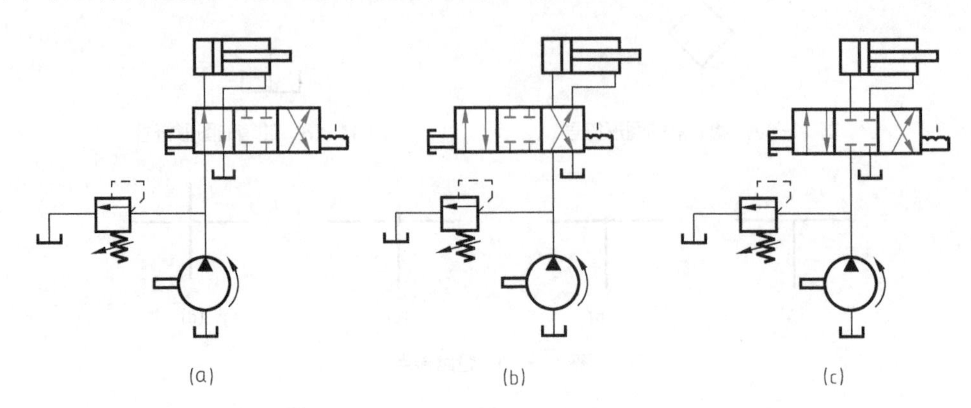

图 11-22 采用三位四通手动换向阀的换向回路

2. 锁紧回路

为了使执行元件能在任意位置停留以及在停止工作时防止在受力的情况下发生移动，可以采用锁紧回路。

采用三位四通电磁换向阀 O 型中位机能的锁紧回路如图 11-23 所示，其中的换向阀采用电磁铁通电换向，弹簧复位。当阀芯处于中位时，液压缸的进、出油口都被封闭，液压缸处于锁紧状态。

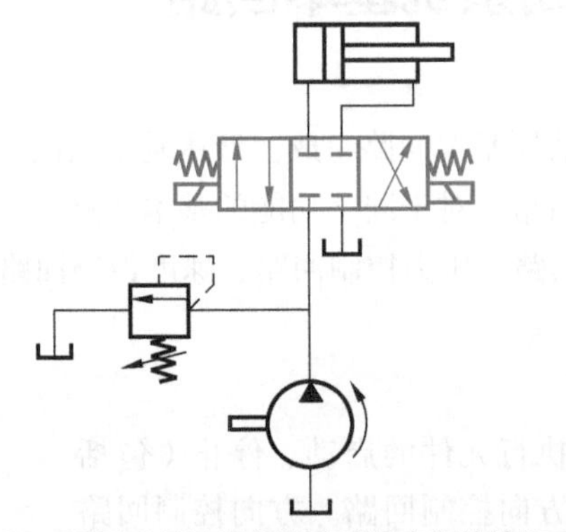

图 11-23 采用 O 型中位机能电磁换向阀的锁紧回路

由于受到换向阀泄漏的影响，O 型中位机能换向阀的锁紧回路锁紧效果较差。

二、压力控制回路

利用压力控制阀来调节液压系统或系统中某一部分压力的回路，称为压力控制回路。压力控制回路可以实现调压、减压、增压及卸荷等功能。

1. 调压回路

许多利用液压传动工作的机械装置，要求系统的压力能够调节，以便与负载相适应，同时降低动力损耗，减少系统发热。调压回路的作用就是使液压系统或系统中某一部分的压力保持恒定或不超过某个数值，主要采用溢流阀实现调压。

2. 支路减压回路

在定量泵供油的液压系统中，系统工作压力由溢流阀调定。如果系统中某个执行元件或某条支路所需要的油液压力低于溢流阀调定的压力，就需要减压回路。

支路减压回路的功能就是使系统中某一部分油路具有较低的稳定压力，主要由减压阀实现。如图 11-24 所示的回路，整个系统的工作压力由溢流阀调定，回路中有液压缸 1 和液压缸 2 两个执行元件。液压缸 1 的工作压力由溢流阀 7 调定，当液压缸 2 所需的工作压力低于溢流阀 7 调定的压力时，在液压缸 2 的进油路上串联减压阀 4。液压缸 2 的活塞杆缩回时，油液经单向阀 3 回油箱，而不必通过减压阀 4。

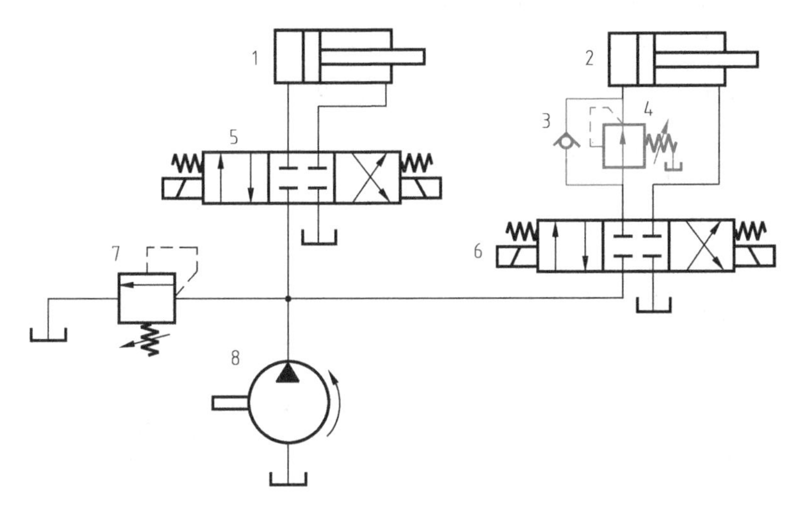

图 11-24　支路减压回路

1，2—液压缸；3—单向阀；4—减压阀；5，6—电磁换向阀；7—溢流阀；8—液压泵

3. 增压回路

增压回路的功能是使系统中的局部油路或某个执行元件得到比主系统压力高得多的压力。采用增压回路比选用高压大流量泵要经济得多。

（1）增压液压缸

增压液压缸由活塞缸和柱塞缸串联而成，其结构如图 11-25 所示，主要由左端盖 1、活塞 2、缸体 3、柱塞 4 和右端盖 5 等组成。由于活塞的面积大于柱塞的面积，所以从油口 P 向活塞缸的无杆腔输入低压油时，可以在柱塞缸得到高压油，从油口 A 输出。增压的倍数等于增压缸活塞与柱塞的工作面积之比。油口 B 在活塞右移时泄油，在活塞左移时进油。增压液压缸的图形符号如图 11-26 所示。

（2）增压回路

采用增压液压缸的增压回路如图 11-27 所示，当系统处于图示位置时，压力为 p_1 的油液进入增压液压缸的左腔，推动活塞右移，即可输出压力为 p_2 的高压油液。当电磁换向阀通

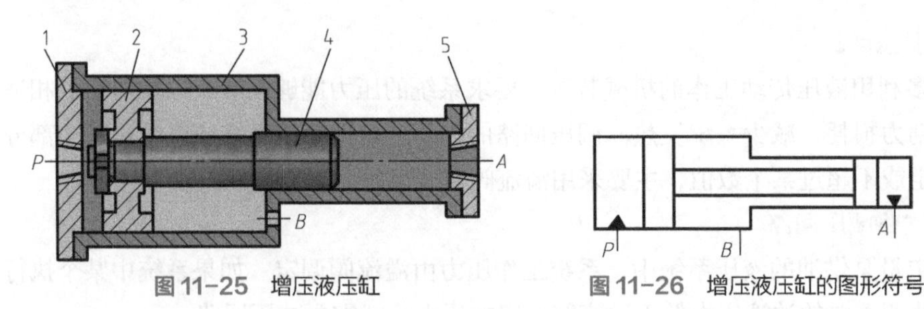

图 11-25　增压液压缸

1—左端盖；2—活塞；3—缸体；4—柱塞；5—右端盖

图 11-26　增压液压缸的图形符号

电时，增压液压缸的活塞返回，补充油箱中的油液经单向阀补入增压缸的小柱塞腔。

4. 卸荷回路

在液压设备短时停止工作期间，一般不宜停止电动机，因为频繁启停对电动机和泵的寿命有严重影响，在溢流阀调定的压力下泄油，又会造成很大的能量浪费，使油温升高、系统性能下降，为此采用卸荷回路以解决上述问题。

卸荷回路有多种形式，如图 11-28 所示为利用二位二通电磁换向阀的卸荷回路，电磁铁通电，换向阀处于右位工作，就可以实现卸荷，结构简单。

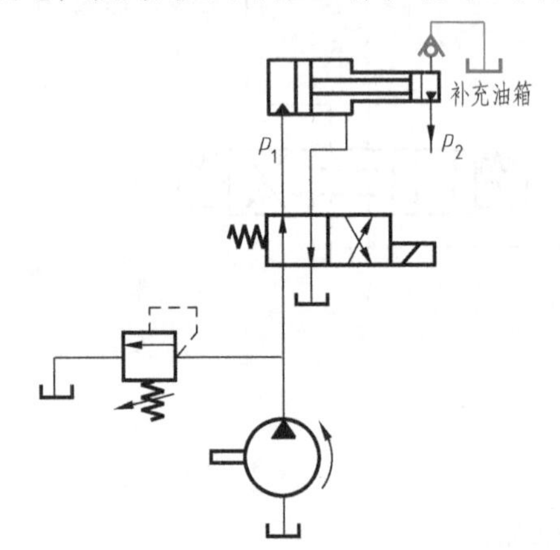

图 11-27　采用增压液压缸的增压回路

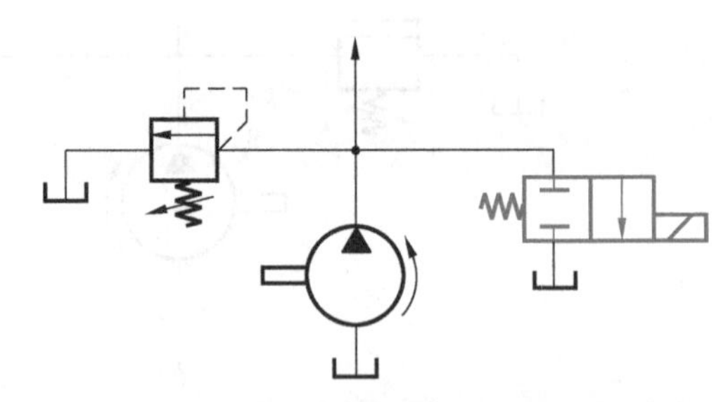

图 11-28　利用二位二通电磁换向阀的卸荷回路

利用三位四通电磁换向阀的 H 型或 M 型中位机能也可使液压泵卸荷，如图 11-29 所示，图（a）所示的液压缸处于浮动状态，图（b）所示的液压缸处于锁紧状态。

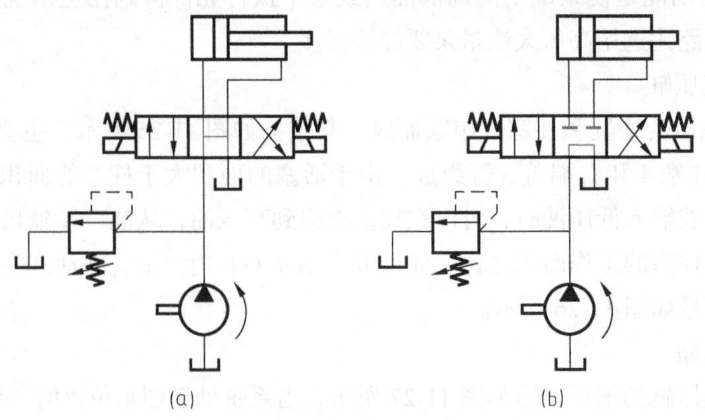

图 11-29　三位四通换向阀卸荷回路

三、速度控制回路

控制执行元件运动速度的回路称为速度控制回路。速度控制回路一般是通过改变进入执行元件的流量来实现速度控制的。速度控制回路包括调速回路和速度换接回路。

1. 调速回路

调速回路就是调节执行元件工作行程速度的回路。常用的调速回路有进油节流调速回路、回油节流调速回路和变量泵的容积调速回路等。

（1）进油节流调速回路

进油节流调速回路如图 11-30 所示，当电磁换向阀 3 通电处于左位工作时，压力油通过节流阀 5，进入液压缸 6 的左腔，活塞向右运动，通过调节节流阀 5 的通流面积，就可以调节油路中的油液流量，从而调节液压缸 6 的活塞向右运动的速度。当换向阀 3 电磁铁断电、在弹簧作用下处于右位工作时，压力油通过换向阀 3，进入液压缸的右腔，活塞向左运动，换向阀左腔的油液经单向阀 4 及电磁换向阀 3 流回油箱，此时节流阀 5 不起作用。

液压缸的负载可分为正值负载（阻力负载）和负值负载。正值负载阻止液压缸运动，负值负载助推液压缸运动。例如：液压千斤顶在提升重物时，重物的重力是正值负载；重物下降时，重物的重力是负值负载。

值得注意的是进油节流调速回路不能承受负值负载。

（2）回油节流调速回路

回油节流调速回路如图 11-31 所示，当电磁换向阀 3 通电处于左位工作时，压力油进入液压缸的左腔，活塞向右运动，液压缸右腔的油液通过节流阀 5 及电磁换向阀 3 流回油箱，此时节流阀 5 工作，起到节流调速的作用。

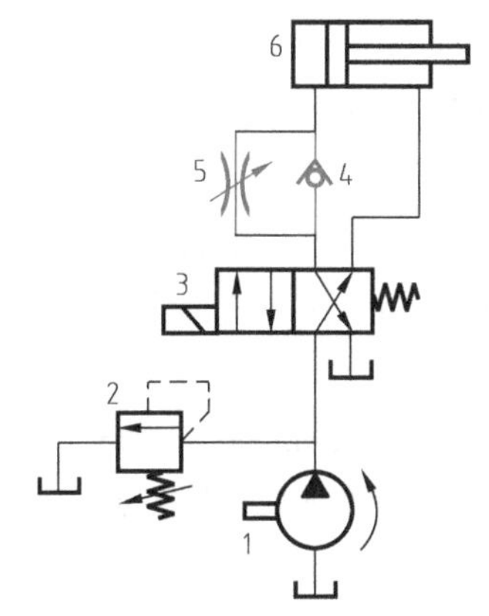

图 11-30　进油节流调速回路

1—液压泵；2—溢流阀；3—电磁换向阀；4—单向阀；5—节流阀；6—液压缸

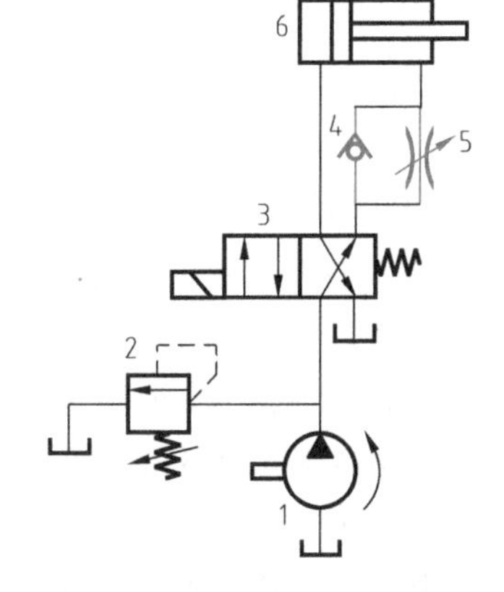

图 11-31　回油节流调速回路

1—液压泵；2—溢流阀；3—电磁换向阀；4—单向阀；5—节流阀；6—液压缸

提示：回油节流调速回路能承受负值负载，节流阀能起到提供背压的作用，利于液压缸的稳定运行，广泛用于功率不大、承受负值负载和运行平稳性要求高的液压系统。

（3）变量泵的容积调速回路

变量泵的容积调速回路如图 11-32 所示，改变变量泵 1 的排量就可调节液压缸 5 的运动速度。单向阀 2 可防止在液压泵停止工作时液压缸中的油液流回液压泵。溢流阀 3 限定回路的油液压力，起过载保护作用；溢流阀 6 起背压作用，使液压缸运行平稳。

2. 速度换接回路

速度换接回路是使不同速度相互转换的回路，常用的有液压缸差动连接速度换接回路、短接流量阀速度换接回路、串联调速阀速度换接回路和并联调速阀速度换接回路等。

（1）液压缸差动连接速度换接回路

液压缸差动连接速度换接回路如图 11-33 所示，利用二位三通换向阀实现液压缸差动连接，液压缸活塞杆有快进、工进和快退三个运动。

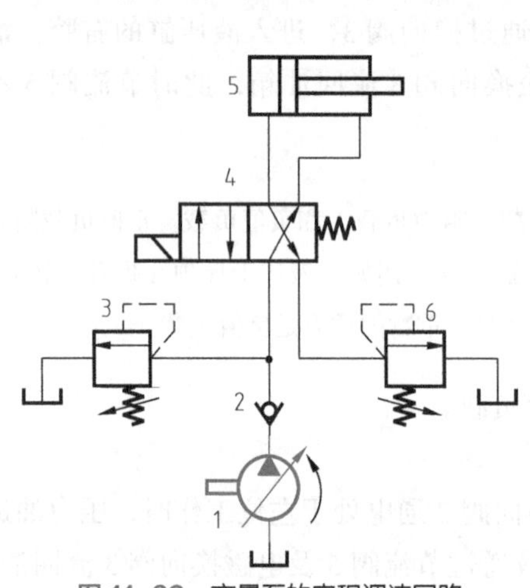

图 11-32　变量泵的容积调速回路

1—变量泵；2—单向阀；3，6—溢流阀；

4—电磁换向阀；5—液压缸

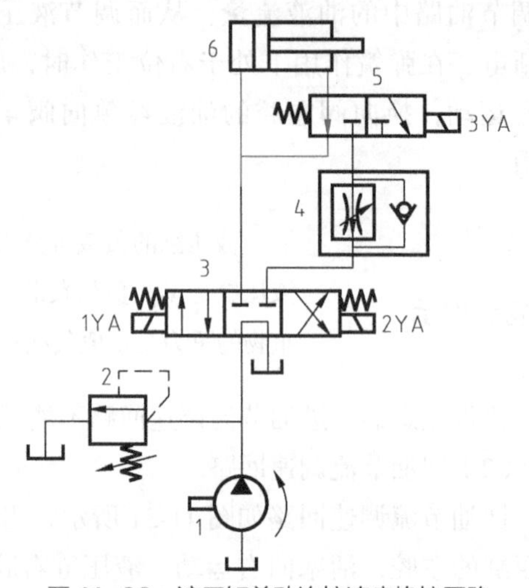

图 11-33　液压缸差动连接速度换接回路

1—液压泵；2—溢流阀；3，5—换向阀；

4—调速阀；6—液压缸

① 快进：当电磁铁 1YA 通电、2YA 和 3YA 断电时，换向阀 5 处于左位工作，连接液压缸的左、右腔，使液压缸差动连接而快速右移（快进）。

② 工进：当电磁铁 3YA 通电（1YA 仍通电）时，换向阀 5 处于右位工作，液压缸差动连接断开，液压缸右腔油液经换向阀 5、调速阀 4、换向阀 3 回油箱，液压缸的活塞杆向右运动从而实现工进。

③ 快退：当电磁铁 2YA 和 3YA 通电、1YA 断电时，压力油经换向阀 3、调速阀 4 的单向阀、换向阀 5 进入液压缸 6 的右腔；液压缸左腔的油液经换向阀 3 回油箱，液压缸的活塞杆向左运动从而实现快退。

提示：液压缸差动连接速度换接回路可以在不增加泵流量的情况下提高液压缸的运行速度，但是泵的流量和有杆腔排出的流量一起进入无杆腔，要注意选择阀和油管的规格，否则会使油液流动的阻力过大。

（2）短接流量阀速度换接回路

如图 11-34 所示为采用短接流量阀获得快速、慢速运动的回路，可以实现向左快进、慢进和向右快进、慢进四种运动。

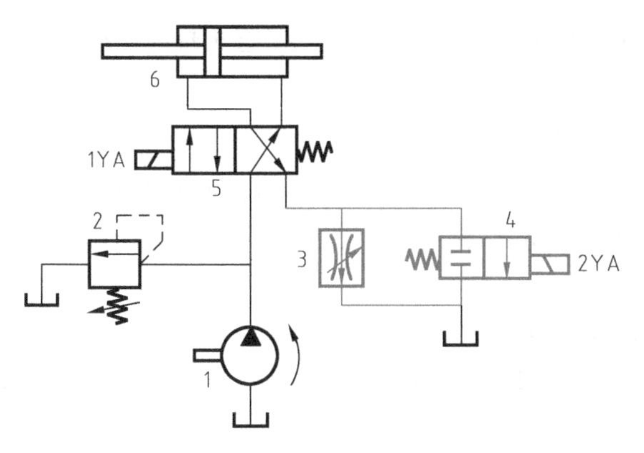

图 11-34　采用短接流量阀的速度换接回路

1—液压泵；2—溢流阀；3—调速阀；4，5—换向阀；6—液压缸

① 液压缸活塞向右运动

当 1YA 通电时，换向阀 5 处于左位工作，压力油液通过换向阀 5 进入液压缸左腔，活塞向右运动。如果 2YA 断电，则液压缸右腔的油液通过调速阀 3 回油箱，调速阀实现减速，使活塞慢速向右运动；如果 2YA 通电，则液压缸右腔的油液通过换向阀 4 回油箱，使活塞快速向右运动。通过控制电磁铁 2YA 的通、断电即可实现活塞慢速、快速运动的换接。

② 液压缸活塞向左运动

当 1YA 断电时，换向阀 5 处于右位工作，压力油液通过换向阀 5 进入液压缸右腔，活塞向左运动。如果 2YA 断电，则液压缸左腔的油液通过调速阀 3 回油箱，调速阀实现减速，使活塞慢速向左运动；如果 2YA 通电，则液压缸左腔的油液通过换向阀 4 回油箱，使活塞快速向左运动。通过控制电磁铁 2YA 的通、断电即可实现活塞慢速、快速运动的换接。

该系统结构简单，可以实现液压缸的快速进给→工作进给→工作退回→快速退回的工作循环。

（3）串联调速阀速度换接回路

采用串联调速阀的速度换接回路如图 11-35 所示，为了速度换接该回路串联了两个调速阀。当换向阀 5 处于左位工作时，液压泵输出的压力油液经调速阀 3、换向阀 5 进入液压系统，系统的工作速度由调速阀 3 调节；当换向阀 5 处于右位（电磁铁通电）工作时，液压泵输出的压力油液经调速阀 3、调速阀 4 进入液压系统，系统的工作速度由调速阀 4 调节。调速阀 4 调节的工作速度只能比调速阀 3 调节的工作速度低，用于液压缸的低速进给。

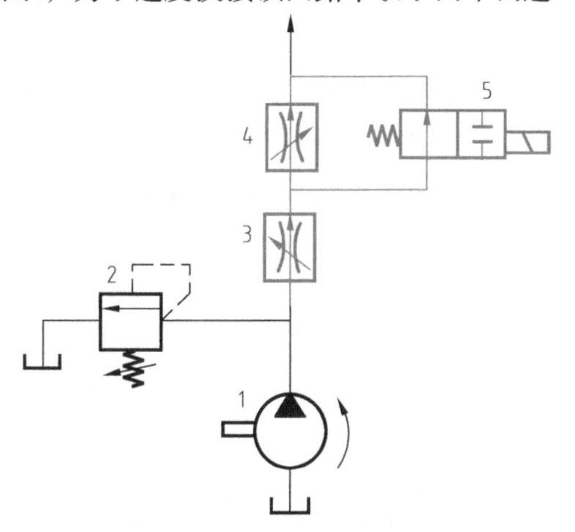

图 11-35　串联调速阀速度换接回路

1—液压泵；2—溢流阀；3，4—调速阀；5—换向阀

（4）并联调速阀速度换接回路

采用并联调速阀的速度换接回路如图 11-36 所示，系统的两个工作速度分别由调速阀 3 和调速阀 4 调节，速度换接由换向阀 5 控制。

系统的两个工作速度分别调节，但回路换接时会出现前冲现象，适用场合受到限制。

四、顺序动作控制回路

在利用液压传动的机械装置中，有些执行元件的运动需要按照严格的顺序依次动作。例如：液压传动的机床要求先夹紧工件，再进给刀具进行加工，此时就需要顺序动作控制回路。

如图 11-37 所示为采用两个单向顺序阀的顺序动作控制回路。单向顺序阀是由单向阀与顺序阀并联构成的组合阀，可以实现液压缸 6 和液压缸 7 按照“$A_1 \rightarrow B_1 \rightarrow B_0 \rightarrow A_0$”的顺序动作。

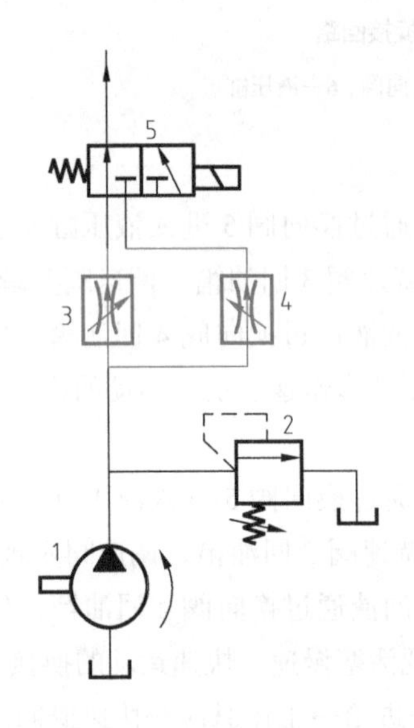

图 11-36　并联调速阀的速度换接回路

1—液压泵；2—溢流阀；3，4—调速阀；5—换向阀

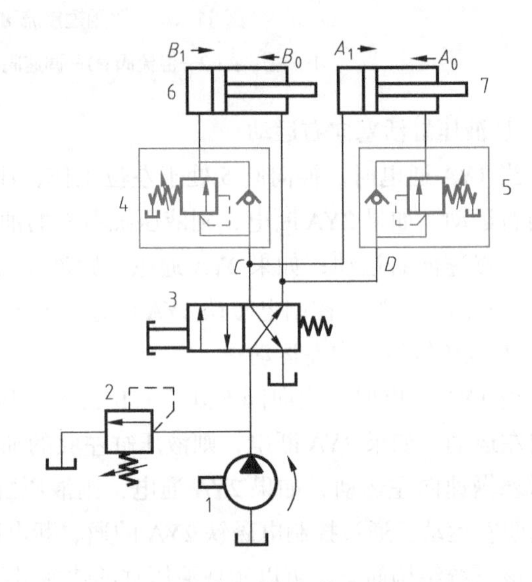

图 11-37　采用两个单向顺序阀的顺序动作控制回路

1—液压泵；2—溢流阀；3—换向阀；4，5—单向顺序阀；6，7—液压缸

（1）液压缸 7 的活塞杆伸出（动作 A_1）

按下二位四通换向阀 3 的手柄，换向阀 3 处于左位工作状态，压力油液通过换向阀 3 到达液压缸 7 的左腔和单向顺序阀 4 的 C 端。压力油液推动液压缸 7 的活塞杆伸出，实现动作 A_1。液压缸 7 右腔的油液经过单向顺序阀 5 的单向阀、换向阀 3 流回油箱。由于液压缸 7 的活塞杆运动时，系统的油液压力没有达到单向顺序阀 4 的开启压力，压力油液无法进入液压缸 6 的左腔。

（2）液压缸 6 的活塞杆伸出（动作 B_1）

当液压缸 7 的活塞杆伸出动作完成后，系统压力升高达到单向顺序阀 4 的开启压力，单向顺序阀 4 的顺序阀打开，压力油液进入液压缸 6 的左腔，推动活塞杆伸出，实现动作 B_1。液压缸 6 右腔的油液通过换向阀 3 流回油箱。

（3）液压缸 6 的活塞杆缩回（动作 B_0）

松开二位四通换向阀 3 的手柄，换向阀 3 处于右位工作状态，压力油液通过换向阀 3 到达液压缸 6 的右腔和单向顺序阀 5 的 D 端。压力油液推动液压缸 6 的活塞杆缩回，实现动作 B_0。液压缸 6 左腔的油液经过单向顺序阀 4 的单向阀、换向阀 3 流回油箱。由于液压缸 7 的活塞杆运动时，系统的油液压力没有达到单向顺序阀 5 的开启压力，压力油液无法进入液压缸 7 的右腔。

（4）液压缸 7 的活塞杆缩回（动作 A_0）

当液压缸 6 的活塞杆伸出动作完成后，系统压力升高达到单向顺序阀 5 的开启压力，单向顺序阀 5 的顺序阀打开，压力油液进入液压缸 7 的右腔，推动活塞杆缩回，实现动作 A_0。液压缸 7 左腔的油液通过换向阀 3 流回油箱。

至此完成一个工作循环，这种顺序动作控制回路的可靠性主要取决于顺序阀的性能及其调定压力。顺序阀的调定压力应比先动作的液压缸的工作压力高 $8\times10^5\sim1\times10^6$Pa，以免在系统压力波动时发生误动作。

第四节　液压传动系统应用实例

一、汽车升降平台液压传动系统

1. 汽车升降平台的结构

汽车升降平台液压传动系统的结构示意图如图 11-38 所示，单作用液压缸 1 的活塞杆上安装了链轮 2，链条 3 与平台的 A 点相连，链条 6 通过链轮 5、链轮 7、链轮 8 与平台的 B 点相连。

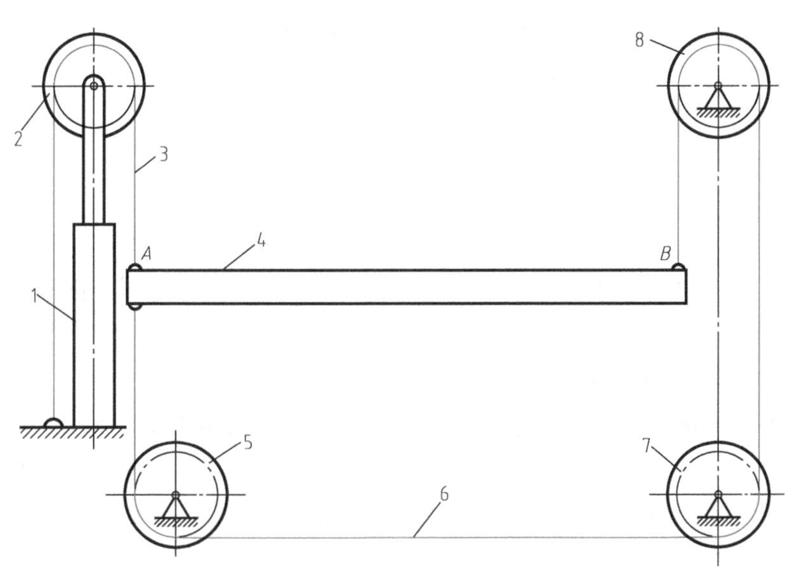

图 11-38　汽车升降平台液压传动系统

1—单作用液压缸；2，5，7，8—链轮；3，6—链条；4—平台

当单作用液压缸 1 的活塞向上运动时，通过链条的带动平台 4 向上升起；当单作用液压

缸 1 的活塞向下缩回时，通过链条的带动平台 4 下降。

2. 汽车升降平台液压传动系统分析

汽车升降平台液压传动系统如图 11-39 所示：系统的执行元件是驱动平台升降的单作用液压缸 10 和平台的锁紧液压缸 12；系统采用高压泵 2 供油，系统压力由溢流阀 3 设定并由压力表 8 显示；单作用液压缸 10 的升降由换向阀 5、换向阀 6 和液控单向阀 9 控制。单作用液压缸 10 的下降时间通过节流阀 4 调节；平台锁紧液压缸 12 的伸缩由换向阀 7 控制；行程开关 11 用作平台锁定时的发信器。

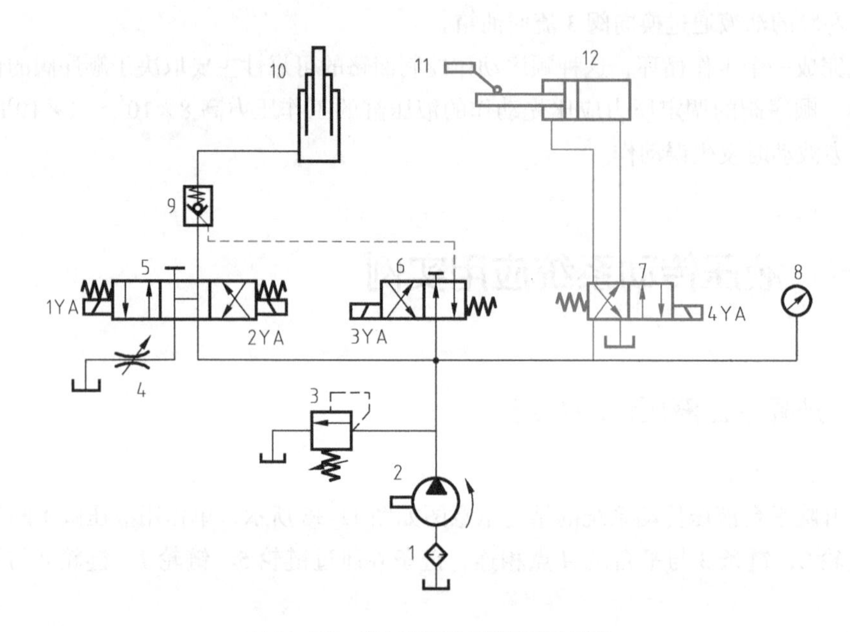

图 11-39　汽车升降平台液压传动系统

1—滤油器；2—液压泵；3—溢流阀；4—节流阀；5 ～ 7—换向阀；8—压力表；9—液控单向阀；10—单作用液压缸；11—行程开关；12—锁紧液压缸

（1）平台上升

要平台上升时，启动液压泵 2，让电磁铁 1YA、4YA 通电，使换向阀 5 处于左位工作、换向阀 7 处于右位工作。液压泵 2 输出的压力油液经换向阀 5 和液控单向阀 9 进入单作用液压缸 10 的工作腔，同时经换向阀 7 进入锁紧液压缸 12 的有杆腔。单作用液压缸 10 的活塞杆上升至顶端，锁紧液压缸 12 的活塞杆缩回，平台上升至高位。

电磁铁 4YA 断电，换向阀 7 复至左位，压力油液经换向阀 7 进入锁紧液压缸的无杆腔，锁紧液压缸 12 的活塞杆伸出锁紧平台，同时触动电气行程开关 11 发出信号，使电磁铁 1YA 断电，换向阀 5 复至中位，液压泵 2 通过换向阀 5 的 H 型中位机能卸荷。关闭液压泵 2，平台停在高位。

（2）平台下降

让平台下降时，启动液压泵 2，然后电磁铁 1YA 通电，换向阀 5 处于左位工作，压力油液经换向阀 5 和液控单向阀 9 进入单作用液压缸 10 的工作腔，使平台先上升。

让电磁铁4YA通电，换向阀7处于右位工作，压力油液经换向阀7进入锁紧液压缸12的有杆腔，锁紧液压缸12的活塞杆缩回，平台解除锁紧。

电磁铁1YA断电，电磁铁2YA通电，换向阀5处于右位工作。电磁铁3YA通电，换向阀6处于左位工作，压力油打开液控单向阀9。单作用液压缸10的油液经液控单向阀9、换向阀5和节流阀4流回油箱，平台靠自重和汽车重力下降。

平台到达低位后，所有电磁铁断电，关闭液压泵，系统恢复到初始状态。

二、数控车床液压传动系统

如图11-40所示，某数控车床由液压传动系统实现的动作有：卡盘的夹紧与松开、刀架的换位与夹紧、尾座套筒的伸出与缩回等。液压传动系统中各电磁阀的电磁铁的通电、断电由数控系统控制，采用单向定量泵供油，系统压力调至4MPa，由压力表3显示。

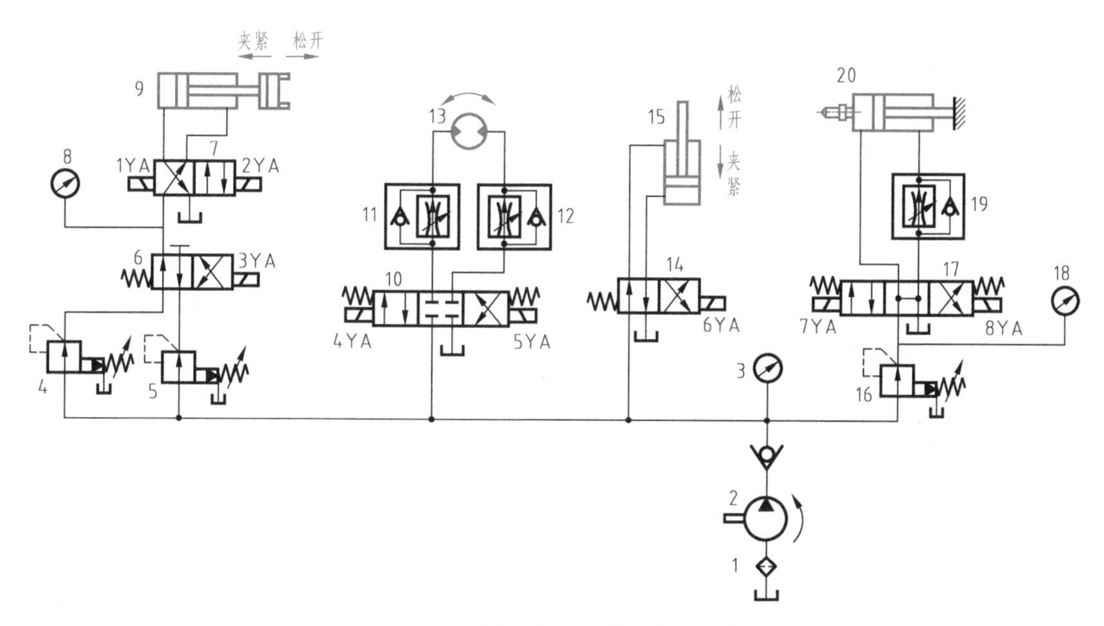

图11-40　某数控车床的液压传动系统

1—滤油器；2—液压泵；3，8，18—压力表；4，5，16—先导式减压阀；6，7，10，14，17—换向阀；9—卡盘液压缸；11，12，19—单向调速阀；13—液压马达；15，20—液压缸

1. 卡盘的夹紧与松开

为了适应不同壁厚的零件，卡盘夹紧回路有高压、低压两种夹紧状态，分别通过调整先导式减压阀4、5来实现。

（1）卡盘高压夹紧

当卡盘处于高压夹紧时，夹紧力的大小由先导式减压阀4来调整，其工作原理是：1YA通电，换向阀7处于左位工作，系统压力油液经先导式减压阀4、换向阀6、换向阀7到达卡盘液压缸9的右腔，活塞杆左移，卡盘夹紧，液压缸9左腔的油液经换向阀7直接回油箱。卡盘夹紧的油液压力由压力表8显示。

卡盘松开：2YA 通电，换向阀 7 处于右位工作，系统压力油液经先导式减压阀 4、换向阀 6、换向阀 7 到达卡盘液压缸 9 的左腔，活塞杆右移，卡盘松开，液压缸 9 右腔的油液经换向阀 7 直接回油箱。

（2）卡盘低压夹紧

当卡盘处于低压夹紧时，夹紧力的大小由先导式减压阀 5 来调整，这时 3YA 通电，换向阀 6 处于右位工作。油液系统的其他元件的工作状况与高压夹紧时相同。

2. 刀架的松开、换位与夹紧

刀架的松开与夹紧由液压缸 15 控制，刀架的换位由液压马达 13 控制。

（1）刀架松开

当 6YA 通电，换向阀 14 处于右位工作，系统压力油液经换向阀 14 输入液压缸 15 的无杆腔，活塞杆伸出使刀架松开。

（2）刀架换位

当 4YA 通电，换向阀 10 处于左位工作，系统压力油液经换向阀 10、单向调速阀 11 的调速阀到达刀架转位马达（液压马达）13 的左端，带动刀架正转，转速由单向调速阀 11 控制。若 5YA 通电，换向阀 10 处于右位工作，则液压马达 13 带动刀架反转，转速由单向调速阀 12 控制。

（3）刀架夹紧

当 6YA 断电，换向阀 14 处于左位工作，系统压力油液经换向阀 14 输入液压缸 15 的有杆腔，活塞杆缩回使刀架夹紧。

3. 尾座套筒的伸出与缩回

（1）尾座套筒的伸出

当 7YA 通电，换向阀 17 处于左位工作，系统压力油液经先导式减压阀 16、换向阀 17 到达液压缸 20 的左腔，液压缸 20 的缸体左移带动尾座套筒伸出。液压缸 20 右腔的油液经单向调速阀 19 的单向阀、换向阀 17 流回油箱。套筒伸出时的预紧力大小由先导式减压阀 16 控制，由压力表 18 显示。

（2）尾座套筒的缩回

当 8YA 通电，换向阀 17 处于右位工作，系统压力油液经先导式减压阀 16、换向阀 17 到达液压缸 20 的右腔，液压缸 20 的缸体右移带动尾座套筒缩回，液压缸 20 左腔的油液经换向阀 17 流回油箱。

【知识拓展】液压马达

液压马达是将液体的压力能转化为连续回转的机械能的装置，它在原理上与液压泵是互逆的，其结构与液压泵基本相同。液压马达按结构可分为齿轮式、叶片式和柱塞式三大类，但由于液压泵和液压马达的功用与工作条件不同，所以在实际结构上存在一定的差别，因此液压泵不能都当作液压马达使用。与电动机相比，液压马达具有调速灵活、输出转矩大的优点。

第五节　气压传动系统

一、气压传动

1. 气压传动

气压传动是以压缩气体为工作介质，靠气体的压力传递动力或信息。传递动力的系统是将压缩气体经由管道和控制阀输送给气动执行元件，把压缩气体的压力能转换为机械能，以推动负载运动。

2. 气压传动系统的组成

气压传动系统由气源装置、气动执行元件、气动控制元件和气动辅件等组成。

（1）气源装置

气源装置包括空气压缩机和空气净化装置。空气压缩机将机械能转变为空气的压力能；空气净化装置除去空气中的水分、油分和杂质，为气压传动系统提供洁净的压缩空气。

（2）气动执行元件

气动执行元件是把压缩气体的压力能转换为机械能，用来驱动机构工作的元件，包括做直线运动的汽缸和做旋转运动的气动马达。

（3）气动控制元件

气动控制元件是用来调节气流的方向、压力和流量的元件，简称气动控制阀，分为方向控制阀、压力控制阀和流量控制阀。

（4）气动辅助元件

气动辅助元件包括净化空气用的过滤器、改善空气润滑性能的油雾器、消除噪声的消声器、管子连接件等。

二、气压传动元件的图形符号

1. 气源、气动执行元件及辅助元件的图形符号

气源、气动执行元件及辅助元件的图形符号见表 11-6。

表 11-6　气源、气动执行元件及辅助元件的图形符号

元件名称	空气压缩机	气源（无特殊要求的压缩空气）	单作用单杆缸（利用弹簧复位）	双作用单杆缸
图形符号				
元件名称	气动马达	过滤器	过滤器（带手动排水分离器）	压力表
图形符号				

续表

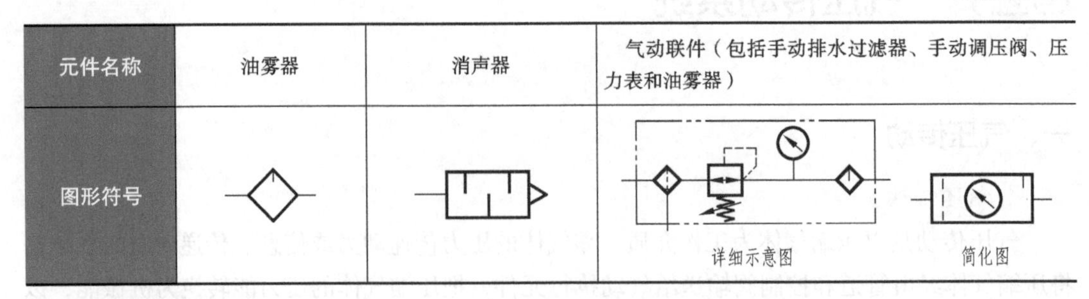

元件名称	油雾器	消声器	气动联件（包括手动排水过滤器、手动调压阀、压力表和油雾器）
图形符号			详细示意图　简化图

2. 气动控制阀

气动控制阀包括方向控制阀、压力控制阀和流量控制阀，其图形符号与液压控制阀的图形符号基本相同。

（1）气动方向控制阀

气动方向控制阀常见的有单向阀、换向阀、快速排气阀等，常用气动换向阀的图形符号见表 11-7。

表 11-7　常用气动换向阀的图形符号

名 称	图形符号	说 明
二位三通电磁换向阀		单电磁铁操控，弹簧复位
二位三通机动换向阀		滚轮杠杆操控，弹簧复位
二位三通电磁换向阀		定位销式手动定位，单电磁铁操控，弹簧复位
二位四通电磁换向阀		单电磁铁操控，弹簧复位
二位五通气动换向阀		单气控制，弹簧复位
二位五通气动换向阀		双气控制
三位四通电磁换向阀		电磁铁操控，弹簧复位、对中

（2）压力控制阀

压力控制阀常用的有溢流阀和调压阀。溢流阀常用于控制气源和气罐的压力，其图形符号如图 11-41 所示。

调压阀又称为减压阀，在气动系统中气源输出的压缩空气压力往往比设备需要的压力要高些，并且波动大，给系统带来不稳定性，因此需要用调压阀将压力减小到设备所需要的压力，并使压力稳定在所需压力值上。直动式调压阀的图形符号如图 11-42 所示。

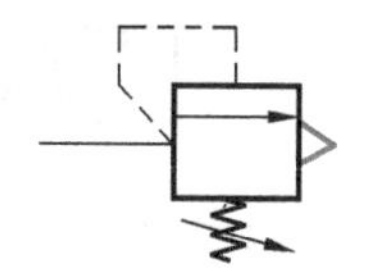

图 11-41　溢流阀的图形符号

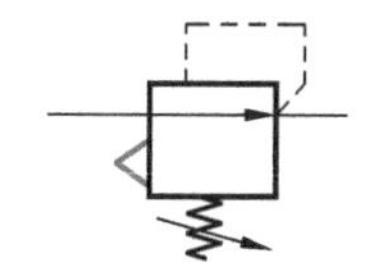

图 11-42　直动式调压阀的图形符号

（3）流量控制阀

流量控制阀常用的有节流阀、排气节流阀、单向节流阀等，其图形符号如图 11-43 所示。排气节流阀是在节流阀的基础上增加了消声装置；单向节流阀是由单向阀和节流阀并联而成的。

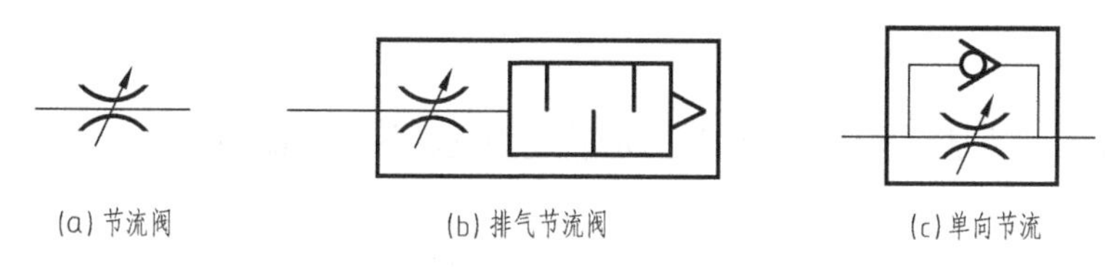

(a) 节流阀　(b) 排气节流阀　(c) 单向节流

图 11-43　流量控制阀的图形符号

三、常用气压传动回路

1. 方向控制回路

单往复动作回路如图 11-44 所示，当按下手动换向阀 1 后，气缸往复运动一次。

当按下手动换向阀 1 后，压缩空气使换向阀 4 处于左位工作，压缩空气经换向阀 4 进入气缸 2 的左腔，活塞向右行进，活塞杆伸出。当活塞杆上的挡铁压下行程换向阀 3 时，换向阀 4 处于右位工作，压缩空气经换向阀 4 进入气缸 2 的右腔，活塞向右行进，活塞杆缩回，完成一次工作循环。

如果再需要一次工作循环，则需要再次按下手动换向阀 1 的按钮。

图 11-44　单往复动作回路

1—手动换向阀；2—气缸；3—行程换向阀；4—换向阀

2. 压力控制回路

高、低压转换回路如图 11-45 所示，它利用两个调压阀得到不同的压力，并通过二位三通手动换向阀进行压力转换，使输送到气缸的压力有高压、低压两种，以满足不同工作需要。

3. 速度控制回路

（1）排气节流调速

采用排气节流阀的气动马达速度控制回路如图 11-46 所示，在气动马达的出气口安装排气节流阀，即可达到控制马达转速的目的。这种调速方法气动马达运行较平稳，受负载变化的影响较小，在实际应用中大多采用排气节流调速的方式。

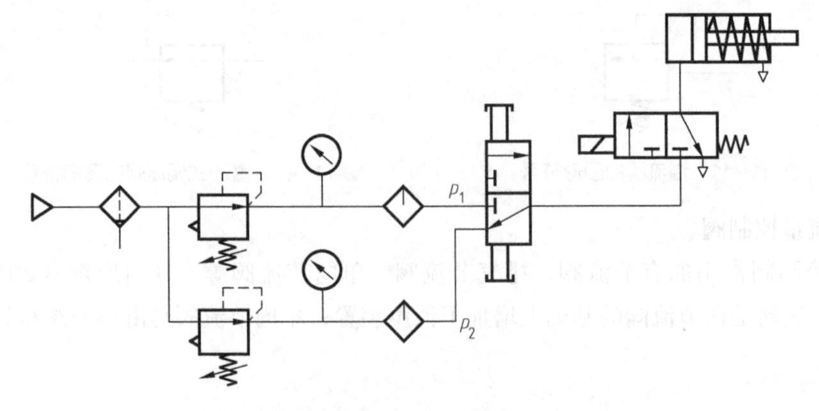

图 11-45 高、低压转换回路

提示：气动马达是将压缩空气的压力能转变为旋转的机械能的装置。

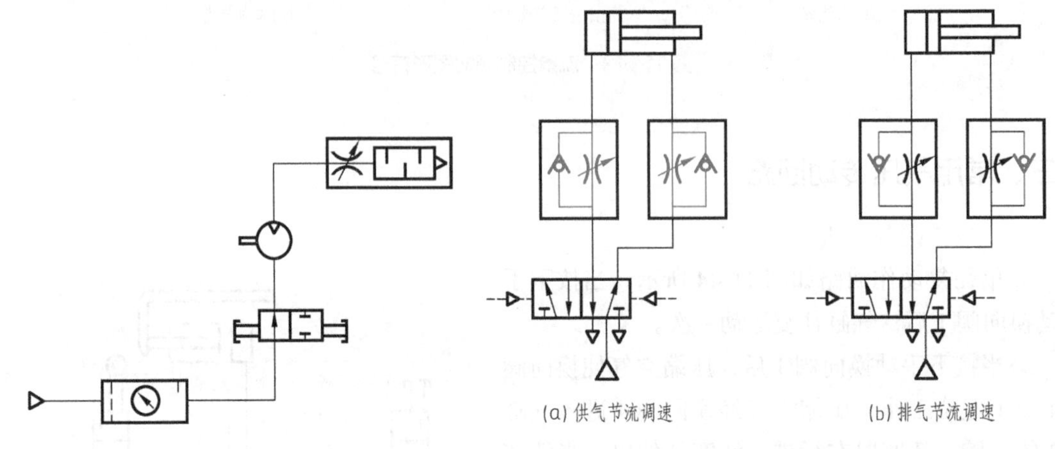

图 11-46 排气节流调速

图 11-47 采用单向节流阀的速度控制回路

（2）节流调速回路

采用单向节流阀的速度控制回路如图 11-47 所示，有供气节流调速和排气节流调速两种。

图 11-47（a）所示为供气节流调速，气缸排出的气流经单向阀从换向阀的排气口排出，这种控制方式可以防止气缸启动时的“冲击”现象，调速效果较好，但是当负载变化时，气缸运行不够平稳，一般用于要求启动平稳、单作用气缸或小容量气缸的启动系统。

图 11-47（b）所示为排气节流调速，气缸供气畅通无阻。在这种情况下，气缸活塞的两端都受气压作用，大大改善了气缸的进给性能，气缸运行平稳，因此实际应用广泛。

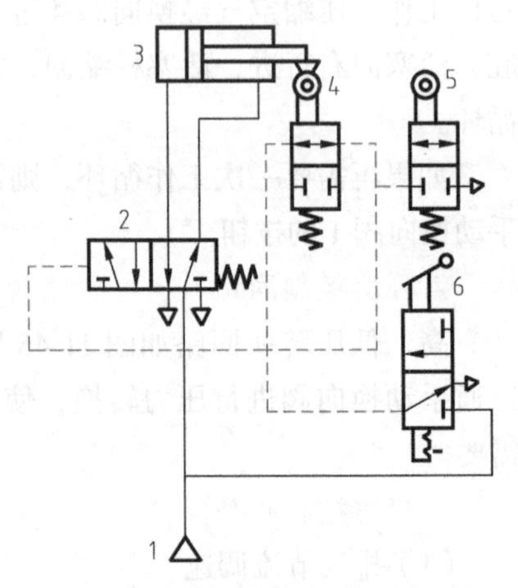

图 11-48 气动连续往复动作回路

1—气源；2，6—换向阀；3—气缸；4，5—行程阀

【例 11-3】 气动连续往复动作回路如图 11-48 所示，分析其工作原理。

解 气动连续往复动作回路工作原理如下。

（1）启动系统，活塞开始运动

如图 11-48 所示，扳动手动换向阀 6 的手柄，使换向阀 6 处于上位工作，压缩空气经换向阀 6、行程阀 4 使换向阀 2 处于左位工作，压缩空气经换向阀 2 进入气缸 3 的左腔，活塞杆向右伸出。

活塞杆向右伸出后，行程阀 4 复位处于下位工作将气路封闭，单气控换向阀 2 仍左位工作，活塞杆继续向右伸出。

（2）活塞杆返回

当活塞杆到达行程终点压下行程阀 5 时，单气控换向阀 2 的控制气路排气，换向阀 2 复位至右位工作，压缩空气经换向阀 2 进入气缸 3 的右腔，活塞杆向左缩回。

当活塞杆到达图 11-48 所示位置，系统完成一个工作循环。活塞杆压下行程阀 4，控制气路再次接通，系统开始下一个工作循环，从而形成连续往复动作。

（3）系统停止

当扳动手柄使换向阀 6 处于下位工作，控制气路被截止，活塞杆向左运动至左端终点位置，系统停止工作。

【思考与练习 11】

一、填空题

1. 液压传动是以油液为____，通过动力元件（液压泵）将____转变为油液的____；再通过控制元件，借助执行元件（液压缸或液压马达）将压力能转变为机械能，驱动负载实现____或____运动；通过控制元件对___和___的调节，可以调节执行元件的力和速度。

2. 液压系统主要由_______、________、_______、______和_____等五部分组成。

3. 动力部分（液压泵）将原动机的机械能转变为油液的_____。

4. 执行部分将液压泵输入的油液压力能转换为机械能，执行元件有_____和_____。

5. 控制部分（各种阀）用来控制和调节油液的_____、____和_______。

6. 液压控制阀分为______、______和______三大类。

7. 控制油液流动方向的阀称为_______，按用途方向控制阀分为_____和_____。

8. 换向阀是利用阀芯在阀体内的移动，改变阀芯和阀体的相对位置，以变换油液流动的方向及接通或关闭油路，从而控制执行元件的_____、_____和_____。

9. 三位换向阀的阀芯处于中间位置时，各油口的连通方式称为阀的_____。阀的中位机能通常用一个字母表示。

10. 压力控制阀是控制液压传动系统的___或利用系统中_____来控制其他液压元件动作的控制元件，简称压力阀。

11. 压力阀是利用作用在阀芯上的液压力与弹簧力相平衡来工作的，按照用途不同，可以分为_____、_____、_____和_____等。

12. 溢流阀在液压系统中主要有两方面的作用：一是起___作用，保持液压系统的压力恒定；二是___用，防止液压系统过载。

13. 顺序阀是利用液压系统中油液的压力变化来控制油路的通断，从而使某些液压元件按一定的______。

14. 流量控制阀是通过改变节流口的______来调节通过阀口的流量，从而控制执行元件运动的速度。常用的流量控制阀有______和______。

15. 液压基本回路按功能可分为______、______、______和______回路。

二、应用题

1. 图 11-49 所示为平面磨床的液压传动系统，分析工作台的工作情况。

2. 液压系统如图 11-50 所示，分析各组成元件的名称、作用。

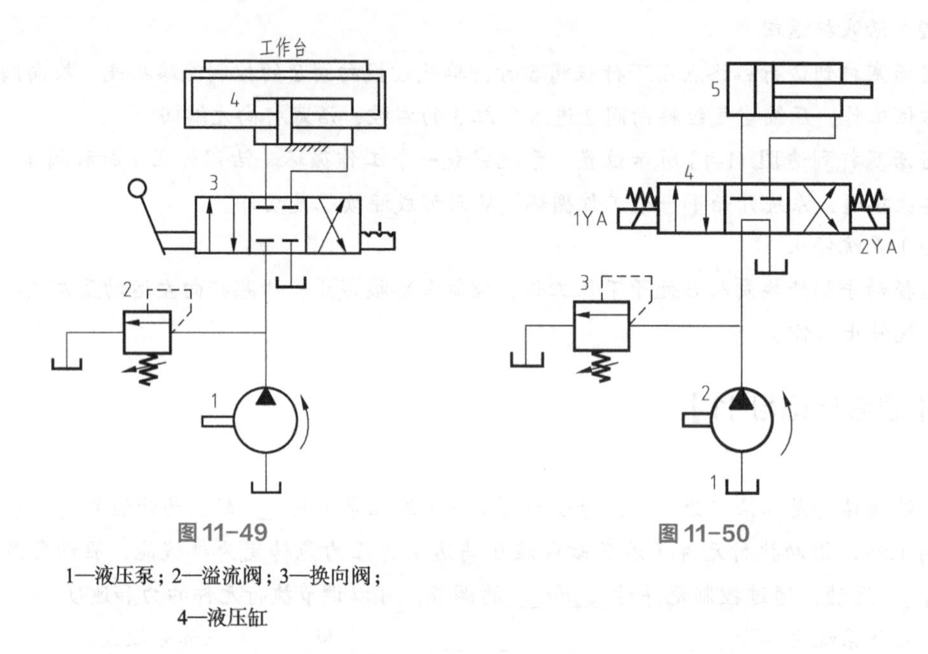

图 11-49

1—液压泵；2—溢流阀；3—换向阀；
4—液压缸

图 11-50

3. 液压系统如图 11-51 所示，分析该系统与图 11-50 所示系统相比有何不同。

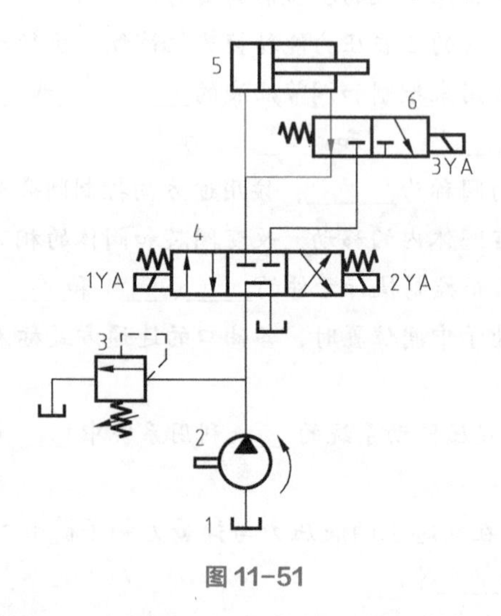

图 11-51

4. 图 11-52 所示为液压泵卸荷的保压回路，其中压力继电器用于控制二位二通电磁换向阀的动作，试完成下列各题：

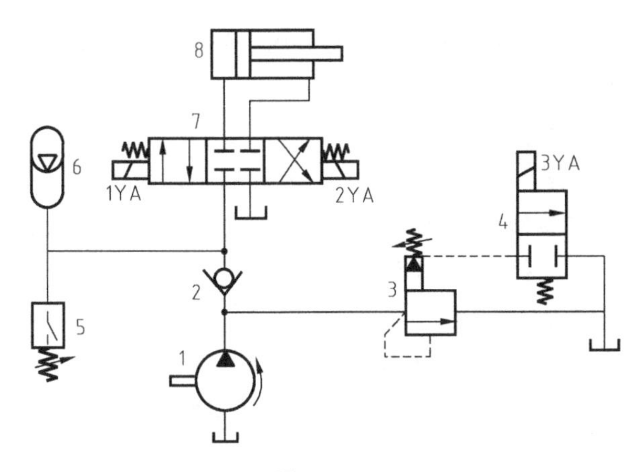

图 11-52

（1）指出各液压元件的名称。

（2）分析系统的卸荷并填空：

当油液压力升高到一定值时，_____发出电信号，使_____的电磁铁通电，二位二通电磁换向阀 4___位接入系统，______实现液压泵卸荷。_______关闭，防止压力油液倒流。

（3）分析系统保压并填空：

液压泵卸荷时，液压缸的压力由________保压，因为液压系统的泄漏会使液压缸的压力逐渐降低，当压力不够时，_______自动复位，使液压泵重新工作，此时二位二通电磁换向阀3___位接入系统，先导式溢流阀处于____状态。

5. 图 11-53 所示为二位二通机动换向阀（行程阀）控制的快速、慢速换接回路，可以实现快进、工进和快退三种运动，试分析该系统并完成下列各题。

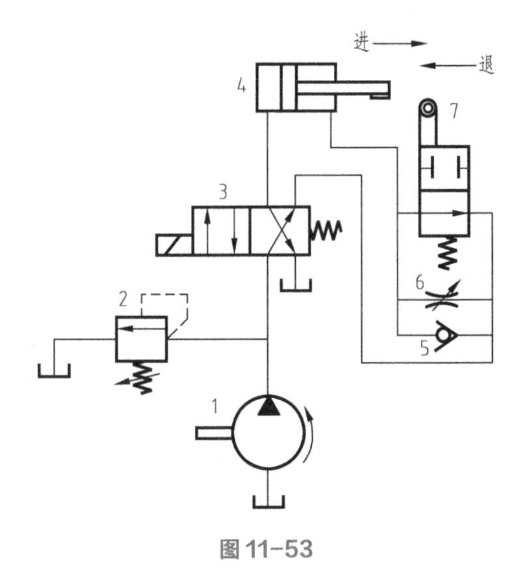

图 11-53

（1）指出各液压元件的名称。

（2）分析系统的快进工作并填空：

二位四通电磁换向阀 3 通电，液压泵输出的压力油液经换向阀 3 的____位进入液压缸 4 的____腔，此时二位二通机动换向阀（行程阀）处于____位工作，液压缸右腔的油液经________、________流回油箱，实现活塞杆快进。

（3）分析系统的工进并填空：

当液压缸活塞杆上的挡块压下________时，换向阀（行程阀）7 处于___位工作，换向阀（行程阀）7 关闭油路，液压缸右腔的油液必须经________才能流回油箱，活塞杆的运动速度因节流阀 6 的作用而降低，系统处于工进状态。

（4）分析系统的快退并填空：

二位四通电磁换向阀 3__电，液压泵输出的压力油液经换向阀 3 的___位、____进入液压缸 4 的___腔，此时液压缸 4 的左腔的油液经________流回油箱，系统处于快退状态。

【思考与练习 11】 答案

一、填空题

1. 工作介质、机械能、压力能、直线、回转、压力、流量 2. 动力部分（液压泵）、执行部分（液压缸或液压马达）、控制部分（各种阀）、辅助部分、工作介质 3. 压力能 4. 液压缸、液压马达 5. 压力、流量、流动方向 6. 方向控制阀、压力控制阀、流量控制阀 7. 方向控制阀、单向阀、换向阀 8. 换向、启动、停止 9. 中位机能 10. 压力、压力的变化 11. 溢流阀、减压阀、顺序阀、压力继电器 12. 溢流调压及稳压、限压保护 13. 顺序动作 14. 通流面积、节流阀、调速阀 15. 方向控制回路、压力控制回路、速度控制回路、顺序动作控制

二、应用题

1. 扳动手柄使换向阀 3 处于左位，液压泵 1 输出油液经换向阀 3 进入液压缸的左腔，活塞杆与工作台一起向右运动，系统压力由溢流阀 2 调定。扳动手柄使换向阀 3 处于中位，换向阀 3 的 O 型中位机能使液压缸 4 锁紧，液压泵 1 输出油液经溢流阀 2 溢流回油箱。扳动手柄使换向阀 3 处于右位，液压泵 1 输出油液经换向阀 3，进入液压缸 4 的右腔，活塞杆与工作台一起向左运动。扳动手柄使换向阀 3 处于中位，使液压缸 4 锁紧，完成一个工作循环。

2.（1）元件 1　油箱，除用于储油外，还起散热及分离油中的杂质和空气的作用。

（2）元件 2　单向定量泵，向液压传动系统提供压力油液，单向旋转、油液单向流动。

（3）元件 3　溢流阀，有两方面的作用：一是起溢流调压及稳压作用，保持液压系统的压力恒定；二是限压保护作用，防止液压系统过载。

（4）元件 4　三位四通电磁换向阀，利用阀芯在阀体内的移动，改变阀芯和阀体的相对位置，以变换油液流动的方向及接通或关闭油路，从而控制执行元件的换向、启动和停止。

（5）元件 5　双作用单杆液压缸，单边有杆，双向液压驱动，双向的推力和速度不相等。

3.（1）图 11-50 所示系统，执行元件液压缸有三种工作状态：工进→快退→停止。

当 1YA 通电时，换向阀 4 处于左位工作，液压泵 2 输出油液经换向阀 4 进入液压缸 5 的左腔，活塞杆向右运动（工进）；当 2YA 通电时，换向阀 4 处于右位工作，液压泵 2 输出油液经换向阀 4，进入液压缸 5 的右腔，活塞杆向左运动（快退）。

当 1YA 断电、2YA 断电时，换向阀 4 处于中位工作，液压缸处于锁紧状态（停止）。

（2）图 11-51 所示系统，增加了二位三通换向阀 6，液压缸有四种工作状态：快进→工进→快退→停止。

当 1YA 通电（3YA 断电）时，换向阀 4 处于左位工作、换向阀 6 处于左位工作，使液压缸处于差动连接状态，液压泵 2 输出油液经换向阀 4，进入液压缸 5 的左腔，液压缸 5 的右腔排出的油液经换向阀 6 也进入液压缸 5 的左腔，活塞杆快速向右运动（快进）。

当 1YA 通电、3YA 通电时，换向阀 4 处于左位工作、换向阀 6 处于右位工作，液压泵 2 输出油液经换向阀 4 进入液压缸 5 的左腔，液压缸 5 的右腔排出的油液经换向阀 6、换向阀 4 流回油箱，活塞向右运动（工进）。

当 2YA 通电、3YA 通电时，换向阀 4、换向阀 6 都处于右位工作，液压泵 2 输出油液经换向阀 4、换向阀 6，进入液压缸 5 的右腔，液压缸 5 左腔排出的油液经换向阀 4 流回油箱，活塞杆快速向左运动（快退）。

当电磁铁都断电时，换向阀 4 处于中位工作，液压缸处于锁紧状态（停止）。

4.（1）元件 1：单向定量泵；元件 2：单向阀；元件 3：先导式溢流阀；元件 4：二位二通电磁换向阀；元件 5：压力继电器；元件 6：气囊式蓄能器；元件 7：三位四通电磁换向阀；元件 8：双作用单杆液压缸。

（2）压力继电器、换向阀 4、上、先导式溢流阀 3、单向阀 2

（3）气囊式蓄能器、压力继电器、下、常闭

5.（1）元件 1：单向定量泵；元件 2：溢流阀；元件 3：二位四通电磁换向阀；元件 4：双作用单杆液压缸；元件 5：单向阀；元件 6：节流阀；元件 7：二位二通机动换向阀（行程阀）。

（2）左、左、下、换向阀 7、换向阀 3

（3）二位二通机动换向阀、上、节流阀 6

（4）断、单向阀 5、右、换向阀 3

参考文献

［1］ 马德成 . 机械图样的识读 . 北京：化学工业出版社，2010.

［2］ 胡建生 . 焊工识图 . 北京：机械工业出版社，2015.

［3］ 王茂元 . 机械制造技术 . 北京：机械工业出版社，2007.

［4］ 果连成 . 机械制图 . 第 7 版 . 北京：中国劳动社会保障出版社，2018.

［5］ 果连成 . 机械制图习题册 . 第 7 版 . 北京：中国劳动社会保障出版社，2018.

［6］ 王希波 . 机械基础 . 第 6 版 . 北京：中国劳动社会保障出版社，2018.

［7］ 宋文革 . 极限配合与技术测量基础 . 第 5 版 . 北京：中国劳动社会保障出版社，2018.